中 国 植 物 园

Botanical Gardens of China

第 二 十 五 期

No. 25

中国植物学会植物园分会编辑委员会　编

Edited by Chinese Association of Botanical Gardens

中国林业出版社
中CF中PH中　China Forestry Publishing House

图书在版编目（CIP）数据

中国植物园. 第二十五期／中国植物学会植物园分会编辑委员会编.
—北京：中国林业出版社，2022.10
　ISBN 978-7-5219-1933-2

　Ⅰ. ①中…　Ⅱ. ①中…　Ⅲ. ①植物园-中国-文集　Ⅳ. ①Q94-339

　中国版本图书馆 CIP 数据核字（2022）第 199905 号

责任编辑　张　华
出版发行　中国林业出版社（100009　北京西城区德内大街刘海胡同 7 号）
电　　话　（010）83143566
印　　刷　北京博海升彩色印刷有限公司
版　　次　2022 年 10 月第 1 版
印　　次　2022 年 10 月第 1 次印刷
开　　本　787mm×1092mm　1/16
印　　张　18.5
字　　数　405 千字

定　　价　88.00 元

目 录

岭南园林在华南植物园兰园规划中的应用分析
Application of Lingnan Garden Styles in the Planning of South China Botanical Garden

张雅慧[1] 谢思明[1,2] 温铁龙[1] 张玲玲[1*]

（1. 中国科学院华南植物园、华南国家植物园，广东广州，510650；

2. 广东省数字植物园和科学传播重点实验室，广东广州，510650）

ZHANG Yahui[1] XIE Siming[1,2] WEN Tielong[1] ZHANG Lingling[1*]

（1. *China Botanical Garden*，*Chinese Academy of Sciences/South China National Botanical Garden*，*Guangzhou*，*510650*，*Guangdong*，*China*；2. *Guangdong Provincial Key Laboratory of Digital Botanical Garden and Popular Science*，*Guangzhou*，*510650*，*Guangdong*，*China*）

摘要：华南植物园将兰科植物独特的生态学特性与岭南园林的造景手法有机结合，打造出景观优美、保育功能完善、岭南园林风格鲜明的特色专类园。本文简述了华南植物园兰园的历史沿革、定位及规划原则，分析了其整体规划布局与空间应用，以期为兰科植物专类园的景观营建提供借鉴。

关键词：兰园；专类园；岭南园林；规划设计；兰花

Abstract：South China Botanical Garden organically combines the unique ecological charm of orchid plants with the landscaping techniques of Lingnan gardens to create a special garden with beautiful landscapes，complete conservation functions，and distinctive Lingnan garden styles. This article briefly describes the historical evolution，positioning and planning principles，and analyses the application of the overall layout pattern space in the orchid garden of South China Botanical Garden，in order to provide reference for the landscape construction of orchids garden in China.

Keywords：Orchid garden；Specialized garden；Southern China Landscape Architecture；Planning and design；Orchid

植物园是拥有活植物收集区，并对收集区内的植物进行记录管理，使之用于科学研究、保护、展示和教育的机构。纵观植物园发展历史，艺术外貌始终是植物园的重要特征。专类园是以植物收集、研究、展示、观赏为主，兼顾生产的园区（贺善安，顾姻，2004），是植物园展示植物多样性和造园艺术的重要场所。一个高水平的植物园应建造一些景观优美的专类园，以达到科学、艺术与文化的完美统一（胡永红，2006）。

兰科（Orchidaceae）植物，是起源最古

基金项目：中国科学院战略生物资源建设项目（Y9212420）、物种保育功能领域资助。

作者简介：张雅慧（1992—），女，硕士，工程师，主要从事风景园林规划与设计。谢思明（1987—），女，本科，工程师，主要从事植物园数字化管理。温铁龙（1965—），男，中专，技师，主要从事兰花栽培相关研究。

通讯作者：张玲玲（1985—），女，工程师，主要从事兰科植物保育与开发利用研究，E-mail：azhanglingling@scbg.ac.cn。

老的种子植物之一,也是进化程度最高的植物类群,广泛分布于全球多种陆地生态系统中。全世界有兰科植物 800 多属 30000 多种,约占所有高等植物总数的 1/10。我国兰科植物资源丰富,有 190 属 1600 余种(唐振缙,程式君,2016)。兰科是世界性的濒危植物,所有物种均已列入《野生动植物濒危物种国际贸易公约》(CITES),占 CITES 保护植物种类的 90% 以上,是全球植物保护的"旗舰"类群。中国所有野生兰科植物均已列入了《中国物种红色目录》中,是我国野生植物保护的重点类群。

本文介绍了岭南园林主要特征及其表现形式,探讨了华南植物园兰园中岭南元素在兰园规划与建设中的应用意义。

1　兰园历史沿革与定位

华南植物园以"科学内涵、艺术外貌、文化底蕴"为建园理念,以"山清水秀、鸟语花香、峰回路转"的岭南园林为建设目标,兰园是其最具新岭南园林特色的专类园之一。兰园位于华南植物园中心展示区东侧,占地面积 1.5hm²,始建于建园之初的 1958 年。1962 年,被后人尊称为"中国植物园之父"、国际著名园林大师陈封怀先生任华南植物园主任,他指出"植物园是综合美丽山水园林,含有科学研究内容的科学与艺术的结晶"(任海,段子渊,2017)。兰科植物的保育、研究及兰圃建设得到该园的高度重视,并聘请唐振缙和程式君两位先生主持兰科植物的保育和展览荫棚设计(唐振缙,1966)(图1)。60 余年来,历经几代园林规划设计师及园艺师的努力,兰园建设完成了从简陋荫棚为载体的科研生产型专类园,到以园林建筑、小品为综合载体的多功能综合型专类园的转型与发展过程,但其始终秉承科学性、艺术性和功能性相统一的原则,以兰科植物收集、保育和研

究需求为宗旨,以中国古典园林造园手法为表现形式,着意打造高洁淡雅的兰文化风情和意境唯美的岭南庭院式的园林景致(唐孝祥,郭焕宇,2005),建设成集兰科植物多样性保育、科学研究、园林展示和公众教育于一体的综合型特色专类园。

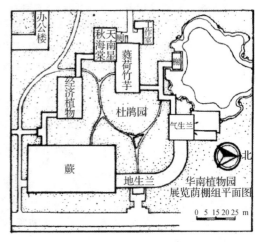

图1　华南植物园展览荫棚组平面图(引自唐振缙《华南地区展览荫棚的设计》,1966)

Fig. 1　Plan of shade in exhibition area of South China Botanical Garden (from Tang Zhenzao's *shade design of exhibition area in South China*, 1966)

2　兰园的规划设计原则

2.1　科学性原则

作为专类园,兰园的首要功能是兰科植物收集保育,而遵循生态学原理、顺应自然规律,因地制宜、合理配置则是植物保育的基础。兰园建设在规划设计时首先应充分考虑兰科植物的生物学特征、生态习性及栽培适应性,如遵循兰科植物地生、附生和腐生的生活型及其生态学习性,营造多样化栽培环境以满足不同生活型兰科植物对生境的需求;根据其个体矮小的生物学特征,以丛植、群植为主,模拟自然群落结构,合理配置种植密度,实现物种多样性的高度富集;依据兰科植物的生长特点和对

特殊生境的需求,合理构建园林构筑物(如荫棚)及叠山、理水,以保证植物的正常生长和群落、景观的稳定,最大限度地发挥其物种保育和展示功能,并为兰科植物相关研究、资源发掘提供研发平台[7]。

2.2　艺术性原则

可观可赏可游性是专类园建设的基本要求,园林设计中除讲究平面构图之美外,还需在立面布置上形成多层次空间序列。因此,在规划设计中应充分利用兰科植物的独特生长方式,结合岭南庭院的建筑、假山、水池、枯木等造景元素的应用,营造出多层次、多样化的景观空间,并合理组织景观视线,从不同视角展示园林景致及兰科植物的审美价值。

2.3　以人为本原则

科普教育、休闲旅游是植物园的重要功能,从源头上体现了植物园以人为本的建园宗旨。在植物配置及园林建筑、小品、水体、道路、休闲平台建设时,应针对不同游客群体的生理、心理需求进行个性化设计,以满足不同群体的喜好及观赏、休闲需求。同时,置入互动式、渗透式的科普设施,使游客在游览中收获科学、文化知识,领略兰园独特魅力。

3　岭南园林及特点

岭南文化作为中华文化的重要组成部分,和中原文化一脉相承,但受五岭阻隔,地理环境相对封闭,中原文化对岭南的影响相对薄弱,反而保留了岭南某些原生文化元素,加之岭南有临海之利,海外通商历史悠久,使岭南很早就受到西方不同文化影响。正是由于岭南本土文化与中原、西方文化的交融与碰撞,形成了独具特色的岭南文化;特别是受世俗务实、兼容并蓄、敢于实践、勇于创新的海洋文化影响,近代岭南文化具有开放灵活、多元、兼容及讲求实效、不断开拓进取等特性。

岭南园林是中国古典园林中极为重要的分支之一,其起源最早可追溯至秦汉时期的南越国御苑;唐代佛教经海上丝绸之路传入岭南,促进了岭南寺庙园林的发展;到宋代,随着私家园林、寺庙园林、书院园林及衙署园林稳步发展,岭南园林进入兴盛期;至明清时期,岭南园林由全面发展至走向完全成熟。受多元文化的渗透与影响,岭南园林风格以中国古典园林为基础,吸收了西方外来的园林风格,多元兼容,讲求庭园的实用性。与北方园林、江南园林相比,岭南园林的风格特征表现为"疏朗通透、兼蓄秀茂"。在景观的空间构成以及意境营造方面,岭南园林不拘一格的造园手法,逐步形成了随意闲适、功能实用、更富民间气息和生活趣味的园林风格,呈现出独具特色的庭院空间格局(唐孝祥,郭焕宇,2005)。

4　岭南园林在兰园总体规划的应用

岭南地区气候湿热,建筑必须满足通风隔热的需求,庭院空间往往采取建筑围合庭园的空间布局形式,平面布局多采用简单规整的几何形空间组合和图案方式,通过建筑布局形成"冷巷""穿堂风"。华南植物园兰园整体采用岭南庭院式风格进行设计,同时通过空间、比例、尺度、气氛等控制,实现了岭南园林建筑的现代表达。

由于岭南园林地处丘陵山地,规模相对狭小,必然要求其立面具有更活泼多变的造型和不拘一格的空间形式,从而获取空间的多变性和丰富性,形成相互渗透、变化多样的空间序列和绚丽多姿的装饰艺术表现(梁明捷,2013)。兰园整体空间亦是采用灵活自由的多进式院落格局,整体布局以几何形为主,将整个园区分割成不同景观特色的庭院空间,重点突出,主次分明,力求做到"巧于因借、精在体宜"。园区景观空间可归纳为"一轴、三片、八区、八节

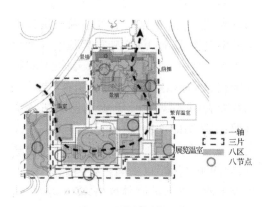

图2　兰园规划布局图
Fig. 2　Planning layout of orchid garden

点"的总体布局(图2)。"一轴"即一条主
游览轴线呈半弧形贯穿整个园区;"三片"
包括由景观荫棚构建的内庭院精品兰花展
示区、外庭院的生境展示区以及外围的空
中花园展示区;"八区"即为精品兰展区的
华南原生兰(地生兰)展区、中国兰展区、兰
花景观温室和珍奇兰花展览温室,外庭院
展区的阳生兰展区、热带兰展区,空中花园
展示区的华南原生兰(附生兰)展区,以及
兰园入口石斛居及连廊构成的兰文化展
示区。

　　不同于江南园林的"开池浚壑、理石挑
山",兰园的建设遵循了岭南园林的空间布
局形式,更多的是将园林建在真实的自然
山水之中,避免过多的调整改造,利用外部
优美的环境,通过景观组织、视线引导,将
园内外空间有机结合,以达到增加空间层
次的目的。兰园布局顺应山势,由前厅入
园后,曲折的连廊依地形蜿蜒向下,将内外
庭院区分开来的同时,为外庭院展示区提
供了自然、适宜的生长环境,有效解决了附
生兰、阳生兰等不同需求兰花的生活环境
和生长空间。

　　兰园在园林欣赏方式上以静观近赏为
主,动观浏览为辅,不拘泥于传统古典园林
的造园手法,用材多元、用色大胆,装修、装

饰精美华丽,门窗隔扇、花罩漏窗等大量运
用"三雕两塑"的民间传统技艺,呈现出的
景色犹如一幅幅玲珑剔透的山水织锦(屈
寒飞,2007)。兰园的正厅——主景区"精
品兰展示区",进入展览荫棚才能体会到岭
南庭园中"方寸之地可以营造锦绣"的空间
构图之精妙。建筑内空间虽然呈围合封闭
形态,但在景观构图与视线组织上,却借助
园外景色,使园内景观空间得以扩展,以达
到丰富空间层次的效果。建筑物通过格
栅、景石、花罩等形式(图3),将整个建筑
物内部空间分割再重组,使相对单一的
内部空间增添了层次感,营造出看似简单
实则繁复变化的一系列精致小巧而又连续
的灰空间;并利用漏窗、博古架等形式,使
视觉景观内外连通,形成明暗交错、层次分
明的景观效果,既扩大了空间感,亦给人以
"庭院深深深几许"之感。同时,通透的空
间形成了良好的通风条件,庭院内的水景、
大乔木也有效保证了环境的湿度和郁
闭度。

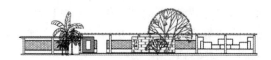

图3　展览荫棚立面图
Fig. 3　Elevation of shade in exhibition area

　　园林意蕴的表达也是岭南园林规划中
必不可少的造园要素,夏昌世、莫伯治先生
指出,岭南园林注重水石花木的应用,强调
自然气息与建筑空间的融合(李晓雪,
2016)。兰园在植物元素的应用方面,除模
拟自然外,还依据岭南园林造园手法,将植
物的特质进行文化处理,赋予丰富的象征
意义。通过以"物"喻"理",寓情于景的手
法,整体围绕着兰花"坚韧""高雅""淡薄"
的特质来展开,如"兰亭越韵""宁静致远"
"雨打芭蕉"等景观点,无不通过园林手法

体现营造清新悠远的景观氛围,展现岭南人"中庸、中和"的人文情怀。

5　结论

兰园的园建设施首先要以满足物种保育、植物生长的功能性为主要前提,然后在此基础上满足艺术性,同时融入特色地域文化,打造独特景观风格。除此之外,还应融入我国传统的兰花文化精神,寓情于景,再现兰花的高洁和傲骨。在兰园景观建设过程中,可参考岭南园林的造园手法,利用场地现有自然条件,合理设置整体空间结构,营造出环境通风、高郁闭度、湿度适宜、适合兰科植物生长繁殖的生存环境与小气候,形成植物与园建相契合的良性景观。为兰科植物专类园建设提供了借鉴。

参考文献

贺善安,顾姻,2004. 植物园学[M]. 北京:中国农业出版社.

胡永红,2006. 专类园在植物园中的地位和作用及对上海辰山植物园专类园设置的启示[J]. 中国园林(7):50-55.

梁明捷,2013. 对岭南园林风格观点的统一认识[J]. 艺术百家,29(S1):146-148.

任海,段子渊,2017. 科学植物园建设的理论与实践[M]. 北京:科学出版社.

唐孝祥,郭焕宇,2005. 试论近代岭南庭园的美学特征[J]. 华南理工大学学报(社会科学版)(2):49-53.

唐振缁,1966. 华南地区展览荫棚的设计[M]// 中国科学院植物园工作委员会. 植物引种驯化期刊第二集. 北京:科学出版社:131-138.

唐振缁,程式君,2016. 中国主要野生兰手绘图鉴[M]. 北京:科学出版社.

容器体验花园设计与应用

——以国家植物园北园容器体验示范花园为例

The Design and Application of Experience Container Garden

——Take the Experience Demonstration Container Garden in the North Garden of the National Botanical Garden as An Example

张钰箫　蒋靖婉　王伟菡　张辉　闫帅

(国家植物园,北京市花卉园艺工程技术研究中心,城乡生态环境北京实验室,北京 100093)

ZHANG Yuxiao　JIANG Jingwan　WANG Weihan　ZHANG Hui　YAN Shuai

(*China National Botanical Garden*, *Beijing Floriculture Engineering Technology Research Centre*, *Beijing Laboratory of Urban and Rural Ecological Environment*, *Beijing* 100093, *China*)

摘要:容器花园是近几年新兴的一种绿化形式,是改善城市生态环境、提高城市景观面貌的重要方式之一。由于其组合方式灵活、展示形式多样、见效快、可重复利用等优点深受人们喜爱。本文在阐述容器体验花园的概念、设计原则、植物配置的基础上,在国家植物园(北园)设计一处容器体验示范花园,通过 logo 景墙、混合花境、容器组合盆栽、手工 DIY 区域等景观设计展示新优及乡土花卉,将花卉展示与园艺体验相结合,让游客增强动手能力同时也与大自然更加亲密地接触,充分感受到园艺福祉。各功能分区应用不同类型植物搭配,起到不同功能与作用,旨在为今后容器体验花园在园林景观中应用提供参考与借鉴。

关键词:容器花园;体验示范;景观设计

Abstract: Container garden is an emerging form of greening in recent years, which is an important way to improve the urban ecological environment and the appearance of urban landscape. It is popular with people because of its flexible layout, various forms, instant outcomes, and recycled materials. Based on the concept, design principle and plant configuration of container experience garden, we designed a model experience container garden in the National Botanical Garden (North). Through the landscape design of wall, mixed flower border, combined container, manual area to show new and indigenous flowers, visitors can not only participate in the flower show and gardening experience to enhance manual ability, but also get closer to nature and feel the benefits of gardening. In order to provide reference for the application of container experience garden in park landscape in the future, different types of plants are applied in each functional area to play different functions and effects.

Keywords: Container garden; Model experience; The landscape design

随着园林绿化行业的快速发展,人们对园林景观要求越来越高。然而,随着城市化进程加快、人口增加,越来越多的环境问题摆在人们面前,公共绿地面积减少,人

基金项目:北京市科学技术委员会课题(课题编号:Z201100008020004)

第一作者:张钰箫,1997 年 2 月出生,女,助理工程师,15116950154,1006225274@qq.com,环境设计、景观营建。

们的户外休闲空间也变得紧张(高翔等,2009)。如何利用有限的绿化空间资源改善公园或植物园的景观面貌,成为多数绿化工作者面临的问题。容器花园是近几年新兴的一种绿化形式,其以扩大城市绿色空间为目的,是改善城市生态环境、提高城市景观面貌的重要途径,同时由于其摆放方式灵活、形式多样、成效快,又是不同植物、不同容器组合而成的混合体,更能吸引人们的目光,它也可用于屋顶绿化、阳台绿化,提高环境质量及景观质量(英国皇家园艺学会,2002;王海鸥,2007)。容器花园的建设已成为现代公园绿化的重要组成部分。

1　容器花园概念与现状

1.1　容器花园概念

容器花园(Container gardening),是指将同种或数种观赏植物栽植于容器中,运用美学的原理,采取搭配、衬托、对比、均衡等造景手法,将景观效果达到最佳,是近年来国外较流行的微型花园模式。容器花园看上去像是简单的组合盆栽,实则同样蕴涵着园林造景艺术的精髓,且容器与植物的搭配具有施工方便、形式多样、占用空间少、可重复利用、成效明显等特点(曹阳,2017)。

在容器花园中,可选取的植物种类丰富、类型多样,包括花卉、多肉植物、药用植物、蔬菜、水果甚至小灌木。相对于花园植物,植物在容器花园中栽植有许多优点:无论放置在室内阳台、户外露台、屋顶花园,还是放在餐厅、办公室、卧室,都能保持最佳视觉观赏效果、旺盛生命力以及环境整洁。

1.2　容器花园现状

中国盆栽艺术与容器花园形式极为相似,但容器花园是作为一种新型迷你花园模式先流行于欧美后传入中国。它是将同

种或数种的观赏植物栽植于容器之中,采取色彩搭配、对比衬托、和谐均衡等技术手法,展现最佳的观赏效果,符合现代年轻人的思想和生活方式,增加生活和工作的小乐趣(赵宇佳,2018)。

目前,容器花园的研究在国内尚属新兴领域,由于研究时间较短,仍处于探索阶段。容器花园近年来在中国逐步出现在公园与植物园中,随着游人的喜爱,受到越来越多的关注,再加上容器花园新颖、独特、美观以及方便移动的特性,这种模式也逐渐被更多游人所接受(卢玉洁,2011)。

2　容器体验花园设计与应用实践

基于园艺体验技术产品研发与应用示范课题研究,拟在国家植物园北园建立一个容器体验示范花园。花园位于南门内广场,面积约300m²(图1)。所在区域海拔高度50m,年降水量400~700mm,平均温度6~10℃,日照时数多年平均为2600~2700h,植物生长期225d左右,属北温带半湿润大陆性季风气候,土壤为棕土偏碱性。

图1　容器花园现状平面图
Fig. 1　Current plan

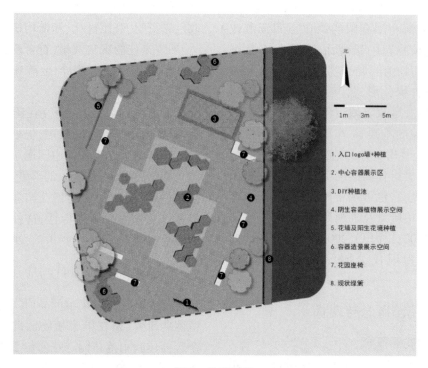

图 2　总平面图

Fig. 2　General layout

2.1　设计理念

体验花园设计方案以"蜜蜂"为主题，利用造型和不同材质的盆器做花卉容器组合，以六边形为设计线条，高高低低的六边形容器仿佛是蜜蜂采蜜的小蜂巢(图2)。游人置身于花园中像小蜜蜂一样在这个城市里探索、前进、突破，最终收获生活的乐趣，感受容器体验花园的美好。希望游人都化身勤奋的小蜜蜂，可以动手DIY花园，在体验中收获快乐，感受容器花园带来的美好。

2.2　设计原则

首先，美观性原则。容器花园是在特殊的立地条件下常规绿化的一种补充。因此，无论从形态、色彩还是功能上，它的设计都要体现时代和社会的审美情趣。其次，经济性原则。在布置容器花园时，必须结合实际情况，所选植物尽量为多年生植物，所选容器应经久耐用，在满足景观效果

和功能的前提下尽量降低造价和后期维护成本。最后，人文性原则。容器花园的建造本身便是一种人性化的体现，设计必须充分体现出以人为本。

2.3　分区设计

游客来到容器体验花园，入口 logo 景墙和雕塑首先映入眼帘，吸引游人参观和体验。容器体验花园整体布局分为中心体验区与四周展示区(图3)。中心体验区由中心容器展示区与 DIY 种植池组成，以组合容器栽植和植物 DIY 种植为主要体验方式。四周展示区通过立体花墙、不同类型的容器种植以及花境栽植的形式展示植物。花园体验与展示相结合，用不同的游览方式呈现出一个不断变化的生长花园。

2.4　体验活动

花园以小蜜蜂采蜜、筑巢、贮存为体验故事的主线，引导游客在参与的过程中收获知识与快乐。体验区采用六边形模具特

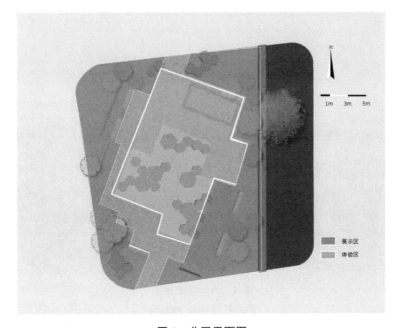

图 3　分区平面图

Fig. 3　**Partition plan**

制容器,容器中栽植鲜艳花卉,让游人仿佛置身蜂巢中,提高了认识和观察植物的兴趣。特制容器底座下安装滑轨成为可移动容器,游人可以将容器组合成自己喜欢的图案,简单操作就能体验花园的设计。在北侧还有 DIY 种植区,游人可以选择自己喜欢的花卉种植在种植池中,体验园艺劳动的趣味与新鲜感,增加了园艺动手能力同时也与大自然更加亲密的接触。置身花园中容易被混合花境与容器组合盆栽展示的新优及乡土花卉所吸引,所以周围配置花园座椅、植物展示架,使游客可以在花园中观赏花卉、放松心情、拍照留念。

3　容器体验花园植物配置

3.1　配置原则

植物配置是制作容器体验花园的重要环节,配置时通过植物特有的色泽、质感、层次变化及线条美感,营造出美好自然意境及景致。植物材料的选择,株型、株高、色彩的搭配等都是花卉配置的关键。同

时,容器体验花园大小有限,色彩切忌杂乱无章。花色搭配可采用近似色或同色系搭配,互补色搭配、过渡色搭配、对比色搭配等方法(曹阳,2017)。

多种植物配置时根据整体的设计构思,要有焦点物、骨架物和填充物等组成。焦点物多选用色彩艳丽、造型优美的花卉,放在视觉的中心位置。骨架植物用来确定整个容器花园的造型,主要是配合焦点物使用,突出焦点物的同时达到丰富层次和质感作用。填充物则根据需要栽植在有空隙处。

以乡土植物为主,适当引进新品种。乡土植物对当地的气候有高度的适应性,在立地条件相对差的容器内,选用乡土植物有事半功倍之效。但是,为了丰富绿化景观,还要适当引进新优品种(胡长龙,2002),提高景观效果。

3.2　植物配植

在入口区以容器结合白色以及淡紫色芳香植物为主(图4),选用八仙花(*Hydran-*

图4 入口区效果图

Fig. 4 Effect picture

gea macrophylla)、百里香(Thymus mongolicus)、藿香(Agastache rugosa)、荆芥(Nepeta cataria)等,让游人在进入花园的同时体会到干净、轻快的感受,并可以触碰芳香植物,起到了加快新陈代谢、增加活力的作用。在阴生容器展示空间多栽植香荚蒾(Viburnum farreri)、海棠(Malus spectabilis)、玉簪(Hosta plantaginea)、矾根(Heuchera micrantha)、箱根草(Hakonechloa macra)、掌叶橐吾(Ligularia przewalskii)等,深绿色的叶片增加了空间延展性,浅色花卉可以对心脏、精神、神经和情绪起到一个很好的安抚作用,有助于减轻身体疼痛。四周花境栽植区域应用以橙红色、粉色花卉为主,如千屈菜(Lythrum salicaria)、松果菊(Echinacea purpurea)、八宝景天(Sedum spectabile)、紫菀(Aster tataricus)、钓钟柳(Penstemon campanulatus)、舞春花(Calibrachoa hybrids)、蔓生天竺葵(Pelargonium peltatum)、垂吊金鱼草(Antirrhinum majus)、旱金莲(Tropaeolum majus)等,增加花园整体朝气激情与活力,营造热烈与甜蜜的体验。

中心容器体验区应用以混色适于栽植容器的花卉为主,如木茼蒿(Argyranthemum frutescens)、天竺葵(Pelargonium hortorum)、六倍利(Lobelia erinus)、鬼针草(Bidens pilosa)、美女樱(Verbena hybrida)等,考虑到游人会参与手工栽植花卉等DIY活动,可搭配一些株形独特、生长健壮的花卉,如桔梗(Platycodon grandiflorus)、绵毛水苏(Stachys lanata)、麦秆菊(Helichrysum bracteatum)、千日红(Gomphrena globosa)、香雪球(Lobularia maritima)、耧斗菜(Aquilegia viridiflora)等。这些花卉不同的株型与颜色可以搭配出截然不同的效果,更加吸引游人注意力。游人动手参与到园艺活动当中不仅愉悦心境、陶冶情操,还增加了花卉植物知识,培养了耐心和恒心。园艺体验也是一种身体的锻炼,可以增强体质与免疫力,获得更多健康与自信。

4 结语

容器体验花园随着城市园林绿化美化水平的提高逐渐成为公园景观一大亮点,因其美观、丰富、整洁等优点,可以增加生活和工作的乐趣,被广大游人所接受与喜爱。在国外,容器花卉装饰已经十分流行,并在室内外多次举办专题主题花卉展览。容器花园的设计过程中要遵循美观性、经济性、人文性原则,植物搭配也要从植物色彩、造型、层次等多方面进行考虑,能充分调动人们的感官,植物选择中建议乡土植物与新优品种相结合。随着社会经济的发展和人们审美品位的提高,容器花园的应用范围不断扩大,容器类别更加多样,花园设计形式上也逐渐向多层次、多季节方向发展,在今后的城市园林中必将成为不可或缺的一部分。

图 5　实景图

Fig. 5　Actual photograph

图 6　实景图

Fig. 6　Actual photograph

图 7　实景图

Fig. 7　Actual photograph

参考文献

曹阳,2017. 浅谈容器花园在城市景观中的应用[J]. 规划设计(14):36-39.

高翔,徐婧舒,2009. 容器绿化的设计与应用[J]. 园林(8):58-59.

胡长龙,2002. 园林规划设计[M]. 北京:中国农业出版社:148,178-180,214-224.

卢玉洁,2011. 屋顶花园景观设计与探讨[J]. 科学与生活(7):20-22.

王海鸥,2007. 屋顶开放空间设计研究[D]. 大连:大连理工大学:18-30.

英国皇家园艺学会,2002. 吊篮花卉彩色图说[M]. 周武忠,等译. 北京:中国农业出版社.

赵宇佳,2018. "重生"酒瓶花园的应用研究[J]. 绿色科技(15):10-11.

我国历史上由"草木"到"植物"称名演绎的初步考证 *
Preliminary Textual Research on the Term's Deduction from "herb-wood" to "plant" in Chinese History

许再富

(中国科学院西双版纳热带植物园,云南勐腊,666303)

XU Zaifu

(*Xishuangbanna Tropical Botanical Garden*, *Chinese Academy of Sciences*, *Mengla*, 666303, *Yunnan*, *China*)

摘要:我国古代先贤根据植物的生活型,最早把它们区分为"草""木"两大类,并把其合词"草木"作为"植物"的统称,这在世界上是难能可贵的。又根据其分布与功能,视它们为"原本山川 極命草木",这与西方近代对"植物"的"Any thing that grows from the ground"何其相似。"植物"这个科学词汇应是在17~18世纪西方科学开始传入我国后才在有关文献中出现的,而作为"植物"的最早一词的"草木"则在我国的相关文献和民间一直被沿用了2000多年。

关键词:何谓"植物";考证;植物古称"草木";从"草木"到"植物"的历史演绎

Abstract:Based on plant life-form, Chinese ancients divided plant into two types as "herb" and "wood", and they then be combined as "herb-wood" for the name of all plant, this is rare and commendable in the world. Afterwards, on the basis of plant distribution and specific property, they were cognized that "herb-wood" being the things with vitality and growing on the land, which is quite similar with the plant definition as "Any things, that grows from the ground" by the west sciences in the modern history. As the scientific term, "plant" was disseminated from the West to China during the period of the 17~18 centenary. The tern of "herb-wood" however had been used as "plant" in relative Chinese literature and folk as long as over 2000 years.

Keywords:What's plant; Textual research; "herb-wood" as plant name in ancient China; The term deduction from "herb-wood" to "plant"

在昆明国家植物博物馆"展陈大纲"的编写研讨会上,专家们对于如何向公众简单明了地解释"何谓植物"以及这一科学名词何时在我国出现等问题进行了见仁见智的热烈讨论而未获其果。又由于从"草木"到"植物"称名的演绎对植物园普及植物科学和我国历史上的植物文化也是很必要的,所以,笔者便萌生了对其进行考证的想法。然而,由于受到所能找到的我国历史上有关古籍及其知识所限,所以,本文就权作抛砖引玉吧!

1 何谓"植物"

在生物学或植物学教科书中,对于植物以及与动物的异同早已有较详细的解释,不必赘言。而对于何谓"植物",中外的一些辞典则做了一些简单明了的解释。如1974年版的 *Oxford Learner's Dictionary of*

---

* 非基金项目的自选课题。

作者简介:许再富,男,出生于1939年9月,研究员,Tell:13708497698, E-mail:xzf@ xtbg. org. cn。主要从事生物多样性保护、民族森林-植物文化、植物园建设及其科普教育等的科学研究。

English 称："植物是有别于动物的生命有机体，尤其指小于树木、灌木的种类"（Hornnby，1974）；而 1981 年版的 *Oxford Elementary Learner's Dictionary of English* 则解释："从地上生长的东西就是植物"（Burrige，1981）。由于作者未做进一步的考证，故不清楚西方对"plant"的认知始于何时。在我国，近代出版的《辞海》《现代汉语词典》等对于"植物"的解释分别是"自然界中有生命物体的一部分，与动物和微生物共同组成生物界"（辞海编辑委员会，1965）和"生物的一大类，这一类生物的细胞多具有细胞壁。一般有叶绿素，多以无机物为养料，没有神经，没有感觉"（中国社会科学院语言研究所词典编辑室，1981）。上述的辞（词）典中除了《牛津初级学习辞典》对于"植物"作了简单明了的解释外，基本上都是从植物学或生物学教科书的角度对何谓"植物"进行解释。那么，作为具有五千年文明史的我国，先贤们对于何谓"植物"，有什么样的认知呢？

值得一提的是，曾被毛泽东称为"中国植物学界老祖宗"的原北平静生生物调查所所长胡先骕先生应是对"植物"一词的含义有深刻的理解吧！所以，在 1938 年，他与当时云南省教育厅厅长龚自知商定成立的"云南农林植物研究所（今之中国科学院昆明植物研究所前身）"时，他们便提出了把"原本山川　极命草木"作为该所所训，并由龚自知书写刻石镶于该所的墙上。也就是说，他们那时就把"草木"视为我国古人对"植物"的统称。对于此语，中国科学院昆明植物研究所周俊院士认为："前人解释为'陈说山川之原本，尽明草木之所出'"。后来，由中国科学院植物研究所韩兴国博士进行考证，表明了此八字出自汉代辞赋家枚乘所撰《七发》一书中（周俊，2018）。经笔者查阅《七发》原著，知道汉时，"楚太子有疾"而有一"吴客往问之"，

为其诊治并建议楚太子"登景夷之台，南望荆山，北望汝海，左江右湖，其乐无有。于是使博辩之士，原本山川，极命草木，比物属事……"。后太子"涩然汗出，霍然病已"。所以，对于"原本山川，极命草木"一语之义，既可以理解为在汉朝以前，我国古人所说的"草木"就是近代的"植物"称谓，又可以得知枚乘把生长在"山川""纷纭玄绿"之物视为与人类休戚相关之物。而精通我国古文的胡先骕之所以把此八字作为原云南农林植物研究所的所训，就是期于"他日利用（云南）厚生资源"（胡宗刚，2005）的宗旨是一脉相承的。

又值得一提的是，笔者曾对地处滇南的西双版纳傣族进行过"植物"认知的调查。一些"波涛"（老大爹）说，他们的祖先传下了以"宏哦宾（hong-e-bin）"一词去称呼所有的植物。该词中的"宏"是"物质或东西"的总称，"哦"是"出、长出"之意，而"宾"指的是"活、有生命的"。也就是说，在传统上，傣族认为"从地上长出来而具有生命的东西"就是"植物"（许再富，黄玉林，1991），这与《牛津初级学习辞典》对"plant"的解释不仅异曲同工，而且还更科学。此外，傣族还有一句"弄拔歪（nong-ba-wai）牟多（mou-duo）韩怪棍（han-guai-gun）"的俗语。其意为"'弄拔歪'（风吹摇动的植物）"没有"'韩怪棍'（有尾巴的动物）"好吃。也就是说，傣族又认为"植物"是"风吹会摇动"的东西（许再富等，2015）。若把前两者结合起来，傣族先民是把"从地上长出、风吹摇动而具生命的东西"视为"植物"和"有尾巴"的东西是"动物"。这令人惊叹傣族先民的聪明才智！所以，若能对我国古代浩瀚文献的进一步考证以及对更多民族的调研，相信对何谓"植物"也许会有更多的发现。

2 "植物"一词在我国最早出现的各种见解

在古代,世界上所有民族对于他们周围的多种植物都有本民族的名字,但由于缺乏高度的概括能力,都没有抽象的"植物(plant)"这个科学名词(Berlin, 1973; Martin, 1995)。对于"植物"一词,我国古人以其主要生活型的"草木"去概括所有的植物,可见其聪明才智,令人钦佩和自豪。

至于"植物"一词何时在我国出现的问题,学术界一般认为,那是随着西方的"德和赛"(democracy & science)两先生的传入,而于 18~19 世纪在我国出现的,如吴其濬在 1848 年出版的《植物名实图考》一书就被认为是我国第一部以"植物"命名的书籍(王锦秀,2014)。而作为一门学科的"植物学"则是李善兰和英国人 Williamson A 等合译而在 1858 年出版的《植物学》一书(中国植物学会,1994)。

对于"植物"的称谓在我国历史上何时由"草木"向"植物"演绎问题,《中国植物学史》一书有"植物"一词出于 2000 多年前的《周礼·大司徒》。该书认为,我国古代"最初把植物区分为草、木两类……以'草木'连称,概括一切植物。直到春秋时期及其以后,才逐渐出现'植物'和'百卉''百谷''百果''百蔬''百药'等名称"(中国植物学会,1994)。

对此,笔者查阅了《周礼·大司徒》以后的从东汉至明朝的一些古籍,其中确实有不少"植物"一词的内容。如东汉张衡在其作品《西京赋》中有"缭垣绵联,四百余里。植物斯生,动物斯止";唐朝白居易的《养竹记》中有"竹植物也,于人何有哉?"2000 年由上海古籍出版社出版的《唐五代笔记小说大观·酉阳杂俎》一书的前集卷十六至十九均有"动植(动物、植物)"的之一至四的目录;宋朝欧阳修的《养鱼记》中

有"修竹环绕荫映,未尝植物";明代刘基的《苦斋记》有"风从北来者……故植物中之"等。凡此种种,似乎《中国植物学史》上述之言有据。然而,笔者对其所言,以及对上述的从汉、唐、宋、明各代诸古籍所出现的"植物"一词却有疑虑,故认为必须加以分析与讨论。

3 讨论与结论

早期,关于涉及"草木"的描述,可见于《论语·阳货》。子曰:"《诗》,可以兴,可以观,可以群,可以怨。迩之事父,远之事君。多识于鸟兽草木之名。"迄今约有 2500 年。然而,笔者总是怀疑《中国植物学史》所说的"植物"一词出于《周礼·大司徒》。既然《周礼·大司徒》对"植物"一词早已有记载,为何 2000 多年来,我国历史上悉知和崇敬《周礼》的诸多文人雅士,他们在众多的有关医药、农作、园艺等经典著作,如公元 306 年由嵇含撰的、被认为是世界上最早的地方植物志的《南方草木状》和由唐代郑樵(1102—1160)所著的《昆虫草木略》等都是用"草木"而不用"植物"去命其书名呢?而除上述东汉张衡的《西京记》到明朝刘基的《苦斋记》诸书有"植物"的记载外,在历史上的更多名著,在提到植物时都用"草木"而不是用"植物"一词。这除了上述汉代枚乘所撰的《七发》所云的"原本山川,極命草木"外,还有很多例子,如东汉王充的《论衡·物势篇》有"草木生于实核",《管子·水地篇》有"水集于草木",南北朝的《齐民要术》有"观草木而肥墝之势可知"和《晋书·符坚载记》一书有成语"草木皆兵"等。又既然《酉阳杂俎》一书的目录已有"广动植",还有为何自唐代以后,我国历史上的有关典籍也都不用"植物",而还是用"草木"一词?如唐代后期宰相李德裕所著的《平泉山居草木记》一书;宋人刘斧所著的《海山记》称"鸟兽草木";

而清代的《花镜》提到的是"天地生长,草木荣枯,岂人得而主之"之句等,所写的都是"草木"而不是"植物"一词(董恺忱,范楚玉,2000)。

笔者认为,问题在于在公元前4世纪左右编撰的《周礼·大司徒》中的一段文字中是否有"植物"一词的出现。所以,笔者查阅了《周礼·大司徒》中的那一段文字,其原文是:"大司徒之職掌建邦之土地之圖與其人民之數以佐王安擾邦國以天下土地之圖周知九州之地域廣輪之數辨其山林川澤丘陵墳衍原隰之名物"。该段文字是文言文,而且没有标点符号,更没有提到"植物"一词。之所以被认为出现"植物"和"动物"词汇,那显然是清代乾隆年间,由纪晓岚主持的《钦定四库全书·周礼注疏》卷十(汉)中由郑(司农)氏对上述文字的注疏如次:"以土会之法,辨五地之物生,一曰,山林,其动物宜毛物,其植物宜早物……二曰川泽,其动物宜鳞物,其植物宜膏……因此,五物者民之常,而施十有二教焉"。其注疏用的是白话文,且多用近代的简体字和标点符号。尤其"郑司农之'植物,根生之属'"之说与 Oxford Elementary Learner's Dictionary of English 的"从地上生长的东西就是植物"的定义(Burrige,1981)具有异曲同工。所以,《中国植物学史》中所说的"植物"一词出现于2000多年前的《周礼·大司徒》,是误把《钦定四库全书》的注疏当成了《周礼·大司徒》的原文所言,弄错了的。

至于《酉阳杂俎》是唐代段成式所撰写的,该书已佚。在历史上存世的有:宋嘉定七年(1214)永康周登刊本(只刻前集)和嘉定九年(1216)武阳邓复刊定的前集、续集,明刻的脉望馆本、闽琅环斋本、李云鹄本和《律迷秘书》本,以及清刻的《学律讨原》。而在近代则有1981年中华书局出版的方南生点校本和上述的由上海古籍出版社在

2000年出版的《唐五代笔记小说大观·酉阳杂俎》一书。由于后者的目录"卷十八·广动植之三"和"卷十九·动植类之四"中除了有"广""动"两个中文简体字外,而在其"木篇""草篇"的内容中,既没有出现"动""植"的文字内容,又有多达数十个的简体字。至于上述从东汉张衡的《西京赋》到明代刘基的《苦斋记》诸书的有关"植物"的描述中,笔者见到的都不是文言文,而是白话文,而且几乎都有多少不同的简体字和现今的标点符号。鉴于我国文字的简体字是在1956年开始推行的,所以,笔者肯定该"广动植"目录及其内容不是《酉阳杂俎》的宋、明、清诸版本所固有的,应是1981年由方南生对《酉阳杂俎》古刻本"点校"的结果。至于我国的白话文和真正意义上的标点符号的使用是在清代的中、末期以后。所以,笔者有理由怀疑,上述的由张衡的《西京赋》到刘基的《苦斋记》所记载的"植物"并不是诸书的原版所言,而是经近代人的注疏或点校,才由"草木"变为"植物"的结果。

由于《四库全书》是在清乾隆年间(1711—1799)钦定编修的,而且在康熙年间,就已有西方的传教士到我国传教和一些自然科学家到我国进行科学考察和交流,所以科学词汇的"植物"是在17～18世纪就开始在我国出现的结论是符合其历史背景的。至于最早出现在何时、何人的著作,还有待去考证。之所以让人误解"植物"一词是在《周礼》和《酉阳杂俎》等书出现过,那是因为人们把后人对古籍的"注疏""点校"的书,指鹿为马地当成原著吧!即便如此,由于我国在近代的经济社会发展严重滞后、科学技术水平和文化普及的低下,使得较长的时间里,"植物"这一科学词汇只是偶然出现在一些达官贵人、文人雅士和科学教育界等的书写文字之中,而还未成为大众的语言,所以民间还习惯于

用"草木"之词去讲"植物"。例如,我国民间源长流广的一句"人非草木,孰能无情",所说的"草木"一词,当然指的就是"植物"。此外,上述所提到的成语"草木皆兵",以及在《齐民要术》中曾提到的"草木灰"等的"草木"也是民众习以为常的用语。

也就是说,作为"植物"同义词的"草木"已在我国流行了 2000 多年了。

致谢:本文考证的有关我国古代典籍是由笔者的再传弟子,中国科学院植物研究所王锦秀博士和其他有关专家提供的。特此说明和对他们的大力支持深表谢意!

参考文献

辞海编辑委员会,1965. 一九五六年编本辞海. 香港:中华书局香港分局:2511.

董恺忱,范楚玉,2000. 中国科学史·农学卷[M]. 北京:科学出版社.

胡宗刚,2005. 不该遗忘的胡先骕[M]. 武汉:长江文艺出版社:101-105.

王锦秀,2014. 吴老与植物考证研究[M]. 中国科学院昆明植物研究所编. 吴征镒纪念文集. 昆明:云南科技出版社:191-193.

许再富,黄玉林,1991. 西双版纳傣族民间植物命名与分类系统研究[M]. 云南植物研究,13(4):383-390.

许再富,岩罕单,段其武,等,2015. 植物傣名及其释义(西双版纳)[M]. 北京:科学出版社:5.

中国社会科学院语言研究所词典编辑室编,1981. 现代汉语词典[M]. 北京:商务印书馆:470.

中国植物学会编,1994. 中国植物学史[M]. 北京:科学出版社:6,11,41,122.

周俊,2018. 原本山川　極命草木——贺吴老九十华诞[M]//中国科学院昆明植物研究所编. 吴征镒纪念文集. 昆明:云南科技出版社:278-279.

Berlin B, 1973. Folk systematic in relation to biological classification, Nomenclature [J]. Ann Rel Ecol Syst, 4:259-271.

Burridge S, 1981. Oxford elementary learner's dictionary of current english [M]. London:Oxford University Press, 430.

Hornnby A S, 1974. Oxford Advanced Learner's Dictionary of Current English [M]. London Oxford University Press. ;67-68.

Martin G J, 1995. Ethno-botany [M]. London:Chapmand Hall:215-221.

丁香北京瘿蚊蛹的发育起点温度和有效积温研究
Study on Developmental Temperature Threshold and Effective Thermal Summation for the Pupa of *Pekinomyia syringae*

付怀军　王白冰　李菁博　全晗　周达康　张振

［国家植物园(北园),北京市花卉园艺工程技术研究中心,城乡生态环境北京实验室,北京,100093］

FU Huaijun　WANG Baibing　LI Jingbo　QUAN Han
ZHOU Dakang　ZHANG Zhen

［*China National Botanical Garden* (*North Garden*) , *Beijing Floriculture Engineering Technology Research Centre* , *Beijing Laboratory of Urban and Rural Ecological Environment* , *Beijing* , 100093, *China*］

摘要:为明确丁香北京瘿蚊(*Pekinomyia syringae* Jiao & Kolesik)蛹的发育起点温度和有效积温,在14℃、17℃、20℃、23℃和25℃5个恒温条件下,分别观测了蛹的发育历期。根据昆虫有效积温法则,采用最小二乘法计算蛹的发育起点温度和有效积温;采用 Logistic 曲线模型拟合,根据 Lagrange 中值定理,计算蛹发育的适宜温区。结果表明,在14~25℃范围内,丁香北京瘿蚊蛹的发育历期随温度升高而缩短,蛹的发育起点温度为(7.12±0.27)℃,有效积温为(108.14±2.21)d·℃。蛹发育最适温度为18.22℃,适宜温区为9.63~26.81℃。研究结果为丁香北京瘿蚊成虫发生期预测预报和适时防治提供了理论依据。

关键词:丁香北京瘿蚊;发育历期;发育起点温度;有效积温

Abstract: Developmental duration for the pupa of *Pekinomyia syringae* Jiao & Kolesik was studied at 14℃, 17℃, 20℃, 23℃, 25℃. According to the law of effective accumulated temperature of insects, developmental temperature threshold and effective thermal summation were calculated by the least square method. A suitable temperature range for development of pupa was calculated by Logistic curve model fitting and Lagrange mean value theorem. The results indicated that the duration of development for the pupa of *P. syringae* was shortened with increasing temperature in the range of 14 ~ 25℃. The developmental temperature for the pupa was determined to be (7.12±0.27)℃, and the effective accumulated temperature was (108.14 ± 2.21) d · ℃. The optimal temperature was 18.22℃, with a suitable temperature range from 9.63℃ to 26.81℃. The predictive period was basically consistent with measured period in actual observation.

Keywords: *Pekinomyia syringae*; Developmental duration; Developmental temperature threshold; Effective thermal summation

丁香北京瘿蚊(*Pekinomyia syringae* Jiao & Kolesik)隶属双翅目(Diptera)瘿蚊科(Cecidomyiidae)瘿蚊亚科(Cecidomyiinae)毛瘿蚊总族(Lasioptidi)北京瘿蚊属(*Pekinomyia*)(Jiao et al. ,2020)。2005年在北京植物园内首次发现,在北京多区均有分布,是北京丁香(*Syringa reticulata* subsp. *pekinensis*)、暴马丁香(*Syringa reticulata*

基金项目:北京市植物园科研课题项目(BZ201701)。
作者简介:付怀军,1973年9月,女,高级工程师,18911887249,2285060338@ qq. com。

subsp. *amurensis*）和'金园'北京丁香（*Syringa reticulata* subsp. *pekinensis* 'Jin Yuan'）的主要食叶害虫之一（付怀军等，2019）。该瘿蚊幼虫孵化后潜入叶肉组织内吸食植物汁液隐蔽为害，4~9月为害状不明显，10月叶片正面出现的黄色或褐色微肿起虫瘿也极易和秋季黄叶混淆，不易发现。幼虫老熟后脱落在1cm表土层内结茧越冬。随着虫口数量的连年增加，受害植株树势逐年衰弱，叶片变小，提前脱落，严重影响园林景观和绿化效果。

目前，对丁香北京瘿蚊的研究主要在形态学、为害特点、生活史习性等方面（Jiao et al.，2020；付怀军等，2019），关于温度对丁香北京瘿蚊蛹发育的影响尚无研究报道。本试验在室内5个恒温条件下分别测定丁香北京瘿蚊蛹的发育历期，对蛹的发育起点温度和有效积温等进行了研究，为丁香北京瘿蚊成虫发生期预测测报和适时防治提供了理论依据。

1　材料与方法

1.1　试验仪器

试验仪器有智能光照培养箱 PGX-250A（宁波海曙赛福实验仪器厂）、Olympus体视显微镜 SZ61、昆虫针、培养皿（Ø=9cm）、温湿度计等。

1.2　供试虫源

2018年1月陆续取北京植物园的丁香北京瘿蚊越冬虫茧，在体视显微镜观察下用昆虫针剥茧选健康幼虫放入培养皿内，置于培养箱升温培养待化初蛹备用。

1.3　试验方法

试验在智能光照培养箱中进行。设定14℃、17℃、20℃、23℃和25℃5个恒温处理，培养箱内放置2个装满水的塑料餐盒（16cm×11cm×7cm），箱内相对湿度（50±10）%，光照周期设为 L∶D=12h∶12h，光照强度约为1500lx。

在体视显微镜观察下挑选同一天化成的初蛹，每皿放10头并标记初化蛹日期，将初蛹培养皿放入设定温度的培养箱内培养，每20头蛹为1个重复，每一温度处理设3个重复。每天16∶00后观察记录蛹的羽化成虫数量和羽化日期，然后取出成虫、蛹壳，将蛹继续放回恒温培养至羽化结束。

1.4　数据处理及模型拟合分析

试验数据采用 Microsoft Excel 和DPS9.5软件进行统计分析。

1.4.1　发育起点温度和有效积温

昆虫完成某一阶段的发育，需要一定的有效积温。按照时间和温度在发育速率上的直线关系，可计算出昆虫完成发育所需要的有效积温（丁岩钦，1994），即 $K=N(T-C)$。其中，K 为完成某一发育阶段需要的有效积温，N 为该阶段的发育历期，T 为该发育阶段所处的环境温度，C 为该发育阶段的发育起点温度。发育起点温度和有效积温可通过试验测得（张国安，赵惠燕，2012）。

发育历期 N 的倒数为该温度下的发育速率 V，即 $V=1/N$ 本试验分别观测5个温度处理下丁香北京瘿蚊蛹羽化成虫的发育历期，计算不同温度下蛹的加权平均发育历期 N 和发育速率 V，用 Duncan's 新复极差法进行多重比较分析（刘政等，2012）。

利用 Microsoft Excel 软件，根据有效积温法则 $K=N(T-C)$，采用最小二乘法，由公式（1）和（2）得出发育起点温度 C 和有效积温 K，建立发育速率和温度的线性回归方程 $T=KV+C$。根据有效积温法则 $T'=C+KV$ 计算理论温度值 T'，$\bar{V}$ 为发育速率的平均值，再运用公式（3）和（4）计算出蛹的有效积温 K 和发育起点温度 C 的标准误差 S_k 和 S_c。用 t 值检验法公式（5）对建立的回归方程相关显著性进行检验，式中 r 为相关系数，n 为样本数，当 $|t| \geq t_{0.01,n-2}$，表明方程中温度和发育速率存在极显著相关。计

算公式如下(杨忠岐,2000;宗世祥等,2004;蔡英等,2012;路常宽等,2009;高宇等,2009;魏吉利等,2012;周慧等,2015;于娜等,2017):

$$C = \frac{\sum V^2 \sum T - \sum V \sum VT}{n \sum V^2 - (\sum V)^2} \quad (1)$$

$$K = \frac{n \sum TV - \sum V \sum T}{n \sum V^2 - (\sum V)^2} \quad (2)$$

$$S_k = \sqrt{\frac{\sum (T - T')^2}{(n-2) \sum (V - \bar{V})^2}} \quad (3)$$

$$S_c = \sqrt{\frac{\sum (T - T')^2}{(n-2)} \left[\frac{1}{n} + \frac{\bar{V}^2}{\sum (V - \bar{V})^2} \right]} \quad (4)$$

$$t = \frac{r \sqrt{n-2}}{\sqrt{1 - r^2}} \quad (5)$$

1.4.2 Logistic 曲线拟合发育速率和温度的关系

采用 Logistic 曲线模型拟合发育速率和温度的关系,计算公式如下:

$$V = \frac{k}{1 + e^{a - bT}} \quad (6)$$

式中,k 为发育速率的上限估计值,T 为试验温度,V 是温度为 T 时对应的发育速率,a、b 为参数,e = 2.718(王如松等,1982)。

通过建立的 Logistic 方程(6)计算蛹发育的最适温度和适宜温区(刘钦朋等,2020)。Logistic 曲线上斜率最大点的横坐标即为昆虫发育最适宜温度(岳健等,2009),方程中拐点 $C(a/b, 0.5k)$ 斜率最大,即 $T = a/b$ 为丁香北京瘿蚊蛹的发育最适温度 T_{mid}。设其发育适宜温度的上、下限为 T_{max} 和 T_{min},根据 Lagrange 中值定理,计算公式如下(盛祥耀,2007;连翔,刘朝晖,1993):

$$T_{max} = \frac{a - ln(S - \sqrt{S^2 - 1})}{b} \quad (7)$$

$$T_{min} = \frac{a - ln(S + \sqrt{S^2 - 1})}{b} \quad (8)$$

$$S = \frac{(a+1) + e^a (a-1)}{e^a - 1} \quad (9)$$

式中,a、b 为 Logistic 方程(6)中的 a、b。

因 Logistic 曲线是一条关于拐点呈中心对称的曲线,所以两切点 T_{max} 和 T_{min} 也关于 C 点对称,可知 T_{mid} 计算公式为:

$$T_{mid} = \frac{T_{max} + T_{min}}{2} = \frac{a}{b} \quad (10)$$

2　结果与分析

2.1　不同温度下丁香北京瘿蚊蛹的发育历期和发育速率

在 14℃、17℃、20℃、23℃和25℃不同恒温条件下,观测丁香北京瘿蚊蛹的发育历期,计算各温度下的发育历期及发育速率。试验结果表明,在 14~25℃温度范围内,丁香北京瘿蚊蛹的发育历期与温度呈负相关,即发育历期随温度升高而缩短,在25℃的平均发育历期比 14℃时减少 9.97d(表1)。采用 Duncan's 新复极差法进行多重比较,5 个恒温条件下的发育历期差异极显著($P<0.01$)。在试验温度范围内,丁香北京瘿蚊蛹的发育速率与温度密切相关(相关系数 r 为 0.9997),随温度的升高发育速率加快,其线性关系极显著(表2),可见温度是影响丁香北京瘿蚊蛹发育的主要因素之一。

2.2　丁香北京瘿蚊蛹的发育起点温度和有效积温

在 5 个恒温条件下测得丁香北京瘿蚊蛹的发育速率后,利用 Microsoft Excel 软件,根据公式(1)~(4)计算丁香北京瘿蚊蛹的发育起点温度 C、有效积温 K 及其标

准误差。结果表明（表 2），丁香北京瘿蚊蛹的发育起点温度 C 为(7.12±0.27)℃，有效积温 K 为(108.14±2.21)d·℃。建立丁香北京瘿蚊蛹的发育速率与温度的线性回归方程为 $T=108.14V+7.12$，相关系数 r 为 0.9994，t 值为 49.97，$t_{0.01,3}$ 为 5.841，对相关系数进行 t 值检验，$|t| \geq t_{0.01,3}$，表明丁香北京瘿蚊蛹的发育速率和温度存在极显著相关。

表1　5 个恒温条件下丁香北京瘿蚊蛹的发育历期和发育速率[*]

Table 1　The development duration and developmental rate for the pupa of
P. syringae at 5 kinds of constant temperature condition[*]

处理组 n Treatment Group	温度 T/℃ Temperature	蛹羽化成虫数/头 Number of emerged adults	发育历期 N/d Development duration	发育速率 V Development rate
1	14	60	(16.07±0.19)a	0.062228
2	17	60	(10.83±0.31)b	0.092236
3	20	60	(8.27±0.19)c	0.120919
4	23	60	(6.80±0.22)d	0.147059
5	25	60	(6.10±0.37)e	0.163934

* 不同小写字母表示在 0.05 水平差异显著($P<0.05$)。

Different lowercase letters show significant difference between groups($P<0.05$).

表2　丁香北京瘿蚊蛹的发育起点温度、有效积温和温度与发育速率的线性回归方程

Table 2　Regression equations about temperature and development rate for the pupa of *P. syringae*

虫态 Stage	发育起点温度 C/℃ Developmental temperature threshold	有效积温 K/d·℃ Effective thermal summation	温度与发育速率的线性回归方程 Regression equations for temperature and development rate	相关系数 r Correlation coefficient	t 值 T-value
蛹 Pupa	7.12±0.27	108.14±2.21	$T=108.14V+7.12$	0.9994	49.97

2.3　蛹发育速率与温度关系的 Logistic 方程及蛹发育的适宜温区

应用 DPS9.5 软件系统建立丁香北京瘿蚊蛹的发育速率与温度关系的 Logistic 模型方程，并利用 Logistic 方程中的 a、b 值，根据公式(7-10)计算蛹发育的适宜温区上限、适宜温区下限和最适温度，拟合 Logistic 方程和计算结果见表 3。由表 3 显示，建立丁香北京瘿蚊蛹的发育速率与温度关系的 Logistic 方程为 $V=\dfrac{0.2067}{1+e^{3.5535-0.195T}}$，相关系数 r 为 0.9997，可见方程能很好地拟合蛹发育速率与温度的关系。利用 Logistic 方程计算蛹发育的最适温度为 18.22℃，适宜温区上限为 26.81℃，适宜温区下限为 9.63℃。

3　讨论

老熟幼虫初化蛹时间的判断是准确测定蛹发育历期的关键环节。沙棘木蠹蛾是老熟幼虫结茧后在茧内完成化蛹，宗世祥等对沙棘木蠹蛾采用手按压虫茧感觉内部虫体是否摆动的间接观察法进行化蛹判断(宗世祥等，2004)。丁香北京瘿蚊也是老

表3 丁香北京瘿蚊蛹发育速率和温度关系的 Logistic 方程及发育适宜温区
Table 3 The logistics equation and suitable temperature range about temperature and development rate for the pupa of _P. syringae_

虫态 Stage	Logistic 方程 $V=\dfrac{k}{1+e^{a-bT}}$	相关系数 r Correlation coefficient	发育最适温度/℃ Optimal temperature	适宜温区上限/℃ Upper limit of suitable temperature range	适宜温区下限/℃ Lower limit of suitable temperature range
蛹 Pupa	$V=\dfrac{0.2067}{1+e^{3.5535-0.1957T}}$	0.9997	18.22	26.81	9.63

熟幼虫在茧内化蛹,但由于瘿蚊老熟幼虫虫体微小(体长1.2~2mm),初蛹既不能通过用手按压的方法判断,也不能透过茧观测判断,故其蛹发育起点温度和有效积温的研究比较困难。调查发现,林地自然状态下有无茧的瘿蚊越冬幼虫仍然可以化蛹羽化成虫。为了便于第一时间获得刚化的初蛹,减少试验误差,本试验通过在体视显微镜观察下剥开茧露出幼虫后再进行升温培养,后期精确选取同日龄健康初蛹,准确测定丁香北京瘿蚊蛹的发育历期。

昆虫在自然界的发育处于变温之中,在一定的变温环境下昆虫的发育往往比相应的恒温快。室内恒温条件与自然的状态和变温环境存在差异,在恒温和自然变温下蛹的发育速率也不同,因此有效积温和发育起点温度的测定结果与自然状态也存在一定误差。本试验室内测定丁香北京瘿蚊蛹的发育起点温度为(7.12±0.27)℃,有效积温为(108.14±2.21)d·℃,发育适宜温区为9.63~26.81℃,最适温度为18.22℃。结合北京植物园往年的气象资料,推测丁香北京瘿蚊成虫的发生期为3月下旬至4月上中旬,经林地实际调查发现推测值与实际发生期基本吻合。本研究结果可为丁香北京瘿蚊成虫发生期预测和适时防治提供理论依据。北京植物园调查发现,丁香北京瘿蚊成虫发生与其寄主植物北京丁香的展叶之间形成密切的物候关系,3月底至4月初北京丁香叶芽开放初展叶时与丁香北京瘿蚊成虫羽化产卵盛期吻合,在实际测报防治工作中也可结合北京丁香的萌芽展叶时间,监测丁香北京瘿蚊成虫发生期(付怀军等,2019)。

参考文献

蔡英,南小宁,贺虹,2012.温度对食锈菌瘿蚊蛹发育及成虫寿命的影响[J].植物保护,38(2):130-132,146.

丁岩钦,1994.昆虫数学生态学[M].北京:科学出版社:318-329.

付怀军,李菁博,周达康,等,2019.为害北京丁香的新害虫——丁香瘿蚊[J].中国植保导刊,39(12):37-42.

高宇,王志英,熊忠平,等,2009.白蜡吉丁啮小蜂蛹期发育起点温度和有效积温的研究[J].林业科技,34(1):30-32.

连翔,刘朝晖,1993.常温下昆虫发育速率温度效应的"S"形关系中最适温区的定量确定方法[J].辽宁林业科技(3):31-34.

刘钦朋,袁忠林,罗兰,2020.云眼斑螳发育起点温度和有效积温的研究[J].中国植保导刊,40(3):32-36,44.

刘政,王少山,孙艳,等,2012.白星花金龟发育起点温度和有效积温的研究[J].西北农业学报,21(3):198-201.

路常宽,张东风,赵春明,等,2009.刺槐叶瘿蚊发育起点温度和有效积温[J].昆虫知识,46(4):613-615.

盛祥耀,2007.高等数学:上[M].北京:高等教育出版社:106-107.

王如松,兰仲雄,丁岩钦,1982.昆虫发育速率与温度关系的数学模型研究[J]. 生态学报, 2(1): 47-57.

魏吉利,黄诚华,潘雪红,等, 2012. 甘蔗红尾白螟蛹发育起点温度和有效积温[J]. 中国植保导刊, 32(6): 38-40.

杨忠岐, 2000. 白蛾周氏啮小蜂的有效积温及发育起点温度研究[J]. 林业科学, 36(6): 119-122.

于娜,庞宪伟,王丹凤,等, 2017. 褐梗天牛蛹期有效积温的测定[J]. 中国森林病虫, 36(3): 32-35.

岳健,何嘉,张蓉,等, 2009. 多异瓢虫的发育与温度的关系[J]. 昆虫知识, 46(4): 605-609.

张国安, 赵惠燕, 2012. 昆虫生态学与害虫预测预报[M]. 北京: 科学出版社: 199-203.

周慧,汪兴鉴,韩松,等, 2015. 斑翅康瘿蚊的发育起点温度和有效积温研究[J]. 植物保护, 41(3): 64-67.

宗世祥,王涛,骆有庆,等, 2004. 沙棘木蠹蛾蛹的发育起点温度和有效积温研究[J]. 国际沙棘研究与开发, 2(2): 31-34.

Jiao K L, Zhou X Y, Wang H, et al, 2020. A new genus and species of gall midge (Diptera: Cecidomyiidae) inducing leafgalls on Peking lilac, *Syringa reticulata* subsp. *pekinensis* (Oleaceae), in China [J]. Zootaxa, 4742(1): 194-200.

国家植物园(北园)引种植物适应性评价与筛选
Adaptability Evaluation and Selection of Introduced Plants in China National Botanical Garden (North Garden)

王扬 包峥焱 曹颖 池森 王东军

[国家植物园(北园),北京市花卉园艺工程技术研究中心,城乡生态环境北京实验室,北京,100093]

WANG Yang BAO Zhengyan CAO Ying CHI Miao WANG Dongjun

(*China National Botanical Garden*, *Beijing Floriculture Engineering Technology Research Centre*, *Beijing Laboratory of Urban and Rural Ecological Environment*, *Beijing*, 100093, *China*)

摘要:国家植物园(北园)于2003—2015年将引种植物从苗圃种植到植物园展览区展示。共入园401种(含品种),根据规划分别栽植于树木园、夏园、绚秋园和丁香园内。2019—2020年调查得出:成活221种(含品种),占55%。对其中81种植物的生长势、抗逆性及观赏性状进行观测、记录,完善引种植物技术资料。使用"百分法"进行综合打分,筛选出八角枫、玉玲花、[金叶]复叶槭、血皮槭、[黄鸟]玉兰、红柄白鹃梅、[大果]山茱萸等18种适合北京地区园林应用的植物,并对其生物学特性及园林应用进行总结。

关键词:引种植物;定植;调查;评价;筛选

Abstract:Some introduced plants were planted from botanical garden's nursery to public area in China National Botanical Garden (Northern Garden) from 2003 to 2015. A total of 401 species (cultivars) were planted in Arboretum, Summer Garden, Autumn Garden and Lilac Garden follow plant collection planning. According to the investigation from 2019 to 2020, the result showed that 221 species (cultivars) were survived, accounting for 55%. The growth potential, stress resistance and ornamental characters of 81 species of plants were observed and recorded, and the relevant technical data of introduced plants were supplied. The "Percentage method" was used for comprehensive evaluation and scoring, and 18 species (cultivars) of plants suitable for garden application in Beijing were selected, such as *Alangium chinense*, *Styrax obassius*, *Acer negundo* 'Aureum', *Acer griseum*, *Magnolia* 'Yellow Bird', *Exochorda giraldii*, and *Cornus mas* 'Macrocarpa' and others. The biological characteristics and garden application of these plants were summarized.

Keywords:Introduced plant;Planting;Investigation;Evaluation;Selection

生物多样性是植物园永恒的主题,丰富多彩的活植物是植物园成果的主要标志。"活植物收集"是植物园的基础工作,世界上著名植物园内植物品种均达上万种之多,如英国的邱园拥有植物5万种(孔令娜,2021),俄罗斯科学植物园是欧洲最大的植物园,拥有植物1.8万种(邵郁等,2021),美国的纽约植物园收集植物4万种(胡永红,黄卫昌,2001)。国家植物园是集科普、科研和游览等功能为一体的综合性植物园,植物收集是重要的工作之一,包括引种、登录、驯化实验、种植设计、定植、养护管理、观察记录等多项工作。引种植物经观察与驯化后定植于园区内,对其适应性、园林应用特点等进行研究,为丰富物种多样性及园林绿化植物种类奠定基础。

植物的引种收集须有严格、准确、连续的数据记录,引种成功与否需由定植后的生长表现来判断。为了准确地掌握引种植物在园区生长状况,针对 2003—2015 年入园植物的成活率、生长势、观赏特性等进行调查,为建立植物动态数据库及后期的园林应用提供基础资料。

1　入园植物统计调查

2003—2015 年,引种植物经驯化后分批次移栽至树木园、丁香园、夏园、绚秋园等区域。引种来源包括野外采集、种子交换和国内外苗圃购买。为了更加准确地掌握相关数据资料,对入园植物种类、生长表现进行全面调查。入园后大部分植物表现良好,在北京地区能够完成完整的生活周期。部分植物由于立地条件的改变、养护措施不到位等原因,表现不尽人意。部分植物移栽时挂牌丢失造成品种混乱,不能辨别确认。

1.1　调查方法

2019 年、2020 年每周 3d 实地勘察,采用观测记录及现场拍照方法。以定植图为依据普查定植苗木,对生长势、物候、主要观赏性状等进行观测记录,死亡植株记录名称及数量。对所有资料进行统计、分析与总结,形成基础数据资料。

1.2　结果分析

2003—2015 年共栽植植物 401 种(含品种),5000 余株。其中死亡 180 种,成活 221 种(含品种)。成活植物中学名正确的仅 81 种(含品种),包括树木园内 63 种(含品种)、夏园 4 种、绚秋园 12 种、丁香园 2 种,长势良好的共有 44 种。这 81 种植物中观株型 3 种,观花植物 25 种,观叶植物 38 种,观果植物 5 种,花、果同观 6 种,叶、果同观 1 种,花、叶同观 2 种,花、枝同观 1 种(表 1)。通过对植物耐阴性实地观察评价,筛选耐阴植物 5 种,分别为皱叶荚蒾、

[布拉金]荚蒾、牛奶子、[火箭]落基山圆柏、翅果油树。

成活苗木中有 140 种(含品种)植物由于栽植时挂牌丢失或后期定植图未完善造成品种混乱,其中包括荚蒾属 8 个品种、椴木属 6 个品种和柽柳属 8 个品种,今后需继续确认。

此次调查死亡 180 种,占入园总量的45%。造成死亡的原因多样,通过查阅原始栽植记录表和班组植物养护记录表,得出由于疫情期间特殊情况造成死亡的有 61 种(品种),不适应北京本地气候死亡的有69 种(品种),移栽时间不适合造成死亡的有 20 种(品种),另有 30 种苗木的死亡原因有待进一步考证。

2　入园植物适应性评价与筛选

2.1　评价标准

北京地区冬季寒冷,春、秋多风干燥、夏季高温多雨。其气候特征及地理条件决定了植物引种后的生长表现,其生态适应性以物候期(植物展叶期、花期、结果期、春梢始长期、落叶期等与当地气候条件的适宜度)、观赏性(株型丰满度、花色、花期、观叶观果、香味等)、耐阴性、抗旱性、抗病性、抗寒性等作为基本的评价标准(李庆国,刘君慧,1982)。外来植物在当地栽植多年均能够完成展叶、开花、结实、落叶等完整的生长周期,并且表现出与原生地相似观赏特性即可确认引种成功,对增加本地物种的丰富度及改善城市园林生态具重要作用。

北京地区园林植物筛选标准为:可在北京露地栽培及健康生长,且具较高观赏价值和较强抗逆性,包括抗旱、抗病和抗寒的功能特点(张日清,何方,2001)。采用"百分法"对这 81 种植物进行综合打分,设置生长势、花、叶、抗寒性、抗旱性、抗病性 6 个指标,分值分别为 20,20,20,20,10,

表1 成活植物记录表

Table 1 Record of surviving plants

序号 No.	名称 Chinese name	拉丁名 Latin name	科 Family	属 Genus	生长状况 Growth condition	观赏部位 Ornamental part	栽植地点 Planting site	生活型 Life form
1	[矮生]欧洲白蜡	*Fraxinus excelsior* 'Nana'	木犀科	白蜡属	中	叶	树木园	乔木
2	八角枫	*Alangium chinense*	八角枫科	八角枫属	好	花	树木园	乔木
3	白棠子树	*Callicarpa dichotoma*	马鞭草科	紫珠属	中	果	树木园	灌木
4	[百年]日本毛玉兰	*Magnolia stellata* 'Centennial'	木兰科	玉兰属	中	花	树木园	乔木
5	欧洲七叶树	*Aesculus hippocaslanum*	七叶树科	七叶树属	差	花,叶	树木园	乔木
6	[贝帝]木兰	*Magnolia* 'Betty'	木兰科	玉兰属	中	花	树木园	乔木
7	[变色]龙玉兰	*Magnolia* 'Chameleon'	木兰科	玉兰属	好	花	树木园	乔木
8	[伯金森]白蜡	*Fraxinus pennsylvanica* 'Bergeson'	木犀科	白蜡属	中	叶	树木园	乔木
9	翅果油树	*Elaeagnus mollis*	胡颓子科	胡颓子属	中	花,果	树木园	灌木
10	[垂枝]白蜡	*Fraxinus excelsior* 'Pendula'	木犀科	白蜡属	中	株型	树木园	乔木
11	[大果]山茱萸	*Macrocarpium mas* 'Macrocarpa'	山茱萸科	山茱萸属	好	花,果	树木园	乔木
12	[地图]白蜡	*Fraxinus excelsior* 'Atlas'	木犀科	白蜡属	中	叶	树木园	乔木
13	[顶级]白蜡	*Fraxinus pennsylvanica* 'Summit'	木犀科	白蜡属	中	叶	树木园	乔木
14	复叶槭	*Acer negundo*	槭树科	枫属	好	叶	树木园	乔木
15	[金叶]复叶槭	*Acer negudo* 'Aureum'	槭树科	枫属	好	叶	树木园	乔木
16	[格莱斯]玉兰	*Magnolia* 'Galaxy'	木兰科	玉兰属	中	花	树木园	乔木
17	[格雷帝]紫珠	*Callicarpa bodinieri* 'Giraldii'	马鞭草科	紫珠属	好	花,果	树木园	乔木
18	[火箭]落基山圆柏	*Juniperus scopulorum* 'Skyrocket'	柏科	刺柏属	中	常绿	树木园	乔木
19	[贾斯]欧洲白蜡	*Fraxinus excelsior* 'Jaspidea'	木犀科	白蜡属	中	叶	树木园	灌木
20	[金边]梣叶槭	*Acer negundo* 'Aureomarginatum'	槭树科	枫属	中	叶	树木园	乔木
21	[金叶]山茱萸	*Cornus mas* 'Aurea'	山茱萸科	山茱萸属	中	叶	树木园	乔木
22	[金叶]雪松	*Cedrus deodara* 'Aurea'	松科	雪松属	中	叶,常绿	树木园	乔木
23	[卡尔]雪松	*Cedrus deodara* 'Karl Fuchs'	松科	雪松属	好	叶,常绿	树木园	乔木
24	科尔切斯省沽油	*Staphylea colchica*	省沽油科	省沽油属	中	花	树木园	灌木
25	[密冠]卫矛	*Euonymus alatus* 'Compactus'	卫矛科	卫矛属	中	叶	树木园	灌木
26	拧筋槭	*Acer triflorum*	槭树科	槭树属	好	叶	树木园	乔木
27	牛奶子	*Elaeagnus umbellata*	胡颓子科	胡颓子属	好	叶	树木园	灌木
28	皱叶荚迷	*Viburnum rhytidophyllum*	忍冬科	荚蒾属	好	叶,常绿	树木园	灌木
29	[哨兵]银杏	*Ginkgo biloba* 'Princeton Sentry'	银杏科	银杏属	中	叶	树木园	乔木
30	新亮紫叶李	*Prunus cerasifera* 'Newport'	蔷薇科	李属	差	花,叶	树木园	乔木
31	[亚历山大]二乔木兰	*Magnolia soulangeana* 'Alexandrina'	木兰科	玉兰属	中	花	树木园	乔木

续表

序号 No.	名称 Chinese name	拉丁名 Latin name	科 Family	属 Genus	生长状况 Growth condition	观赏部位 Ornamental part	栽植地点 Planting site	生活型 Life form
32	玉玲花	*styrax obassius*	野茉莉科	野茉莉属	中	花	树木园	灌木
33	[柱型]白蜡	*Fraxinus excelsior* ‘Westhof’s Glorie’	木犀科	白蜡属	中	叶	树木园	乔木
35	[紫叶]榛	*Corylus maxima*‘Purperea’	桦木科	榛属	差	叶	树木园	灌木
36	[金叶]梓树	*Catalpa bignonioides* ‘Aurea’	紫葳科	梓树属	差	叶	树木园	灌木
37	[布拉金]荚迷	*Viburnum* ‘Pragense’	忍冬科	荚蒾属	好	叶,常绿	树木园	灌木
38	白刺花	*Sophora davidii*	蝶形花科	槐属	好	花	树木园	灌木
39	[白花]麦李	*Prunus glandulosa* ‘Alba’	蔷薇科	李属	好	花	树木园	灌木
40	东北扁核木	*Prinsepia sinensis*	蔷薇科	扁核木属	差	花,果	树木园	灌木
41	翅果连翘	*Abeliophylum distichum*	木犀科	翅果连翘属	好	花	树木园	灌木
42	大叶白蜡	*Fraxinus chinensis* var. *rhynchophylla*	木犀科	白蜡属	中	叶	树木园	乔木
43	[丽克]玉兰	*Magnolia* ‘Ricki’	木兰科	玉兰属	中	花	树木园	乔木
44	拐枣	*Hovenia dulcis*	鼠李科	枳椇属	中	果	树木园	乔木
45	红柄白鹃梅	*Exochorda giraldii*	蔷薇科	白鹃梅属	好	花	树木园	灌木
46	华北香薷	*Elsholtzia stauntonii*	唇形科	香薷属	中	花	树木园	灌木
47	[黄果]忍冬	*Lonicera tatarica* ‘Lutea’	木犀科	忍冬属	中	花,果	树木园	灌木
48	[黄鸟]玉兰	*Magnolia* ‘Yellow Bird’	木兰科	玉兰属	好	花	树木园	乔木
49	黄素馨	*Jasminum giraldii*	木犀科	茉莉属	好	花	树木园	灌木
50	加拿大紫荆	*Cercis canadensis*	苏木科	紫荆属	好	花	树木园	灌木
51	巨紫荆	*Cercis gigantea*	苏木科	紫荆属	好	花	树木园	乔木
52	流苏树	*Chionanthus retusus*	木犀科	流苏树属	好	花	树木园	乔木
53	美国白蜡	*Fraxinus americana*	木犀科	白蜡属	中	叶	树木园	乔木
54	橙桑	*Maclura pomifera*	桑科	橙桑属	中	叶	树木园	乔木
55	膀胱果	*Staphylea holocarpa*	省沽油科	省沽油属	好	花	树木园	灌木
56	火棘	*Pyracantha fortuneana*	蝶形花科	火棘属	中	花,果	树木园	灌木
57	山胡椒	*Lindera glauca*	樟科	胡椒属	中	叶	树木园	灌木
58	[玫瑰]香荚蒾	*Viburnum farreri* ‘Rosa’	忍冬科	荚蒾属	中	花	树木园	乔木
59	英国栎	*Quercus robur*	壳斗科	栎属	中	叶	树木园	乔木
60	杂种胡颓子	*Elaeagnus* × *ebbingei*	胡颓子科	胡颓子属	中	叶	树木园	灌木
61	香茶薦子	*Ribes odoratum*	茶薦子科	茶薦子属	中	花	树木园	灌木
62	[老金]刺柏	*Juniperus media* ‘Old Gold’	柏科	刺柏属	中	叶,常绿	树木园	灌木
63	红椋子	*Cornus hemsleyi*	山茱萸科	梾木属	中	叶,果	树木园	灌木
64	毛叶山桐子	*Idesia polycarpa* var. *vestita*	大风子科	山桐子属	中	果	绚秋园	乔木

续表

序号 No.	名称 Chinese name	拉丁名 Latin name	科 Family	属 Genus	生长状况 Growth condition	观赏部位 Ornamental part	栽植地点 Planting site	生活型 Life form
65	美洲朴	*Celtis occidentalis*	榆树科	朴树属	中	叶	绚秋园	乔木
66	柘树	*Cudrania tricuspidata*	桑科	柘树属	好	叶	绚秋园	乔木
67	蒙古荚蒾	*Viburum mongolicum*	忍冬科	荚蒾属	中	叶,常绿	绚秋园	灌木
68	[金叶]榆橘	*Ptelea trifoliate* 'Aurea'	芸香科	榆橘属	好	叶	绚秋园	灌木
69	榉树	*Zelkova serrata*	榆科	榉属	好	叶	绚秋园	乔木
70	[绿瓶]光叶榉	*Zelkova serrata* 'Green Vase'	榆科	榉属	好	叶	绚秋园	乔木
71	血皮槭	*Acer griseum*	槭树科	槭树属	好	叶	绚秋园	乔木
72	[安息香]锦带	*Weigela* 'Styriaca'	忍冬科	锦带花属	中	花	绚秋园	灌木
73	[奥博尔]锦带	*Weigela* 'Abel Carriere'	忍冬科	锦带花属	中	花	绚秋园	灌木
74	[红枝]阔叶椴	*Tilia platyphyllos* 'Rubra'	椴树科	椴树属	中	花,枝	绚秋园	乔木
75	[紫]梓树	*Catalpa bignonioides* 'Purpurea'	紫葳科	梓树属	差	叶	绚秋园	灌木
76	茶条槭	*Acer ginnala*	槭树科	槭树属	中	叶	绚秋园	灌木
77	垂枝欧洲光叶榆	*Ulmus carpinifolia* 'Umbraculiera'	榆科	榆属	好	株型	夏园	乔木
78	小叶垂枝榆	*Ulmus pumila* 'Pendula'	榆科	榆属	好	株型	夏园	乔木
79	华千金榆	*Carpinus cordata* var. *chinensis*	桦木科	鹅耳枥属	中	果	夏园	灌木
80	榆橘	*Ptelea trifoliata*	芸香科	榆橘属	好	果	丁香碧桃园	灌木
81	薄皮木	*Leptodermis oblonga*	茜草科	野丁香属	好	花	丁香碧桃园	灌木

10,总分100。

2.1.1 观赏性评分标准

观赏性状为重要指标,主要包括生长势、花、叶3个性状,分别设置不同等级及分值。

(1)生长势评分标准:分为强、中、弱三级。强:株型整齐,枝条饱满,无病虫害;中:株型欠饱满,少量枯枝,主枝或侧枝有少量虫蛀孔洞;弱:树干歪斜,分枝少,枯枝多,病虫害严重。得分依次为20,15,10。

(2)花性状评分标准:花色鲜艳或双色花,花朵繁密,得20分;花色浅,花朵较繁密,得15分;花小、色浅,花朵稀疏或不开花,得10分。

(3)叶性状评分标准:彩叶,得20分;常规叶色,得15分。

2.1.2 抗逆性评价标准

针对北京气候特点设置抗寒性、抗旱性和抗病性3项评价指标。

(1)抗寒性评分标准:一年生枝无抽条,得20分;一年生枝抽条小于1/2,得15分;一年生枝抽条大于1/2,得10分。

(2)抗旱性评分标准:在日最高温30℃以上且无降雨的时期对植物生长情况进行目测。强:植株生长正常,得10分;中:植株叶片或小枝有轻微灼伤或萎缩,得7分;弱:植物叶片严重干枯、发黄,得4分。

(3)抗病性评分标准:无病虫害或极少病害,得10分;感染病虫害的,7分。

2.2 评分结果

对81种植物进行综合打分,评分结果详见表2。这81种植物中,[大果]山茱萸、玉玲花、红柄白鹃梅、[玫瑰]香荚蒾的观赏性状评分较高;枇杷叶荚蒾、八角枫、白棠子树、翅果油树、流苏树、膀胱树、山胡椒等抗逆性评分较高。总分73分(含73)以上的为入选植物,共有18种:八角枫、玉玲花、[金叶]复叶槭、血皮槭、[黄鸟]玉兰、薄皮木、[大果]山茱萸、榆橘、[玫瑰]香荚蒾、毛叶山桐子、流苏树、榉树、翅果油树、黄素馨、红柄白鹃梅、膀胱果、皱叶荚蒾、白棠子树。这18种植物观赏价值高、抗逆性强,适合在北京地区推广应用。

此次筛选的目的是园林应用,所以重点对观赏性状和抗逆性进行了综合评价。有部分植物抗逆性强,但其观赏价值不高,如牛奶子、拐枣等,虽然未能入选,但可作为种质资源收集引入。部分植物观赏性很强,但抗逆性较弱,如紫叶榛、欧洲七叶树、英国栎、茶条槭等,不适用于北京园林应用,可根据其特性在其他地区进行推广。

3 优选植物形态特征与园林应用

对筛选出植物的形态特征、生态习性及园林应用进行总结,为今后推广应用奠定基础。

(1)八角枫(华瓜木)*Alangium chinense*

落叶乔木,高达15m,常呈灌木状;树皮淡灰色,平滑。单叶互生,卵圆形,长13~20cm,基部歪斜,全缘或有浅裂,叶柄红色。花瓣6~8,狭带状,黄白色,长1~1.5cm,花丝基部有毛;3~20朵组成腋生聚伞花序;6~7月开花。核果卵球形,长5~7mm。

产亚洲东南部及非洲东部,我国黄河中上游、长江流域至华南、西南各地均有分布。稍耐阴,耐寒性不强,可作庭荫树。

(2)玉玲花 *Styrax obassius*

落叶小乔木,高4~6m,叶互生或小枝最下两叶近对生,叶柄基部膨大;叶卵圆形至倒卵形,长5~10cm,缘有锯齿,背面密被灰白色星状毛。花白色,长约2cm;单生于枝上部叶腋或几朵成总状花序,花垂向花序一侧;5~6月开花。核果卵球形,长1.4~1.8cm。

产我国辽宁南部至华东、华中地区,朝鲜、日本有分布。喜光,较耐寒,喜湿润而排水良好的肥沃土壤。花美丽芳香,宜作庭院观赏,为极具观赏价值的园林树种(刘利,张梅,2005)。

（3）[金叶]复叶槭 *Acer negundo* 'Aureum'

落叶乔木,树高7~8m,小枝光滑,灰绿色。奇数羽状复叶对生,具3~5片小叶,叶缘有不整齐粗锯齿;叶春季金黄色,夏季黄绿色。花单性,无花瓣,先叶开放,黄绿色。雄花伞房状花序,雌花总状花序。翅果两翅展开成锐角。耐干旱、耐寒冷、耐烟尘、耐轻度盐碱。喜光,喜肥,喜凉爽气候。生长速度快,萌蘖能力强。我国华北、东北、西北及华东地区均作为园林绿化树种栽培。

本种早春开花,花蜜很丰富,是很好的蜜源植物。生长速度快,具有较广的适生范围,是城市美化、荒山绿化、色彩亮丽的观赏树种(沙文勇,2002),可作行道树或庭院树,用以绿化城市或厂矿。

（4）血皮槭 *Acer griseum*

落叶乔木,高10~20m。树皮红褐色,常呈卵形、纸状的薄片脱落。小枝圆柱形,当年生枝淡紫色,密被淡黄色长柔毛,多年生枝深褐色。复叶有3小叶;小叶纸质,卵形,长5~8cm,宽3~5cm,上面绿色,嫩时有短柔毛,渐老则近于无毛;下面淡绿色,略有白粉,侧脉9~11对;叶柄长2~4cm,有疏柔毛。聚伞花序有长柔毛,花淡黄色,杂性。小坚果黄褐色,长8~10mm,宽6~8mm,密被黄色绒毛;果张开近于锐角或直角。花期4月,果期9月。

产河南西南部、陕西南部和四川东部。生于海拔1500~2000m的疏林中。本种为优良的绿化树种,木材坚硬,可制各种贵重器具,树皮纤维良好,可以制绳和造纸。

（5）[黄鸟]玉兰 *Magnolia* 'Yellow Bird'

落叶乔木,株型高大挺拔。小枝深棕色。叶厚纸质,椭圆形,绿色,先端渐尖,叶背面有白色柔毛。花被片9,外轮花被片外面基部带绿色,整体黄色,花型杯状。花瓣长7~8cm,宽3~4cm,清香。外轮萼片3枚,长椭圆形,绿色,长1.5cm,花期较晚,4月下旬至5月上旬,花叶同放。该品种树型高大,观赏价值更高,适合于庭院、小区、校园、公园以及作为行道树栽植观赏。

（6）[大果]山茱萸 Cornus mas 'Macro-carpa'

落叶灌木或小乔木，高 3~8m。叶对生，卵圆形，先端渐尖，基部圆形，侧脉 5~6

对，背面脉腋有白色簇毛，叶柄短，秋季叶色为紫红色，花黄色，早春叶前开放，数朵簇生于老枝叶腋。核果长椭圆球形，长 2cm 左右，熟时紫红色，有光泽。为欧洲山茱萸的品种，原种产欧洲南部。北京、上海等地有少量栽培，喜光，耐寒，耐干旱，抗病虫害，花、果均可观赏，宜植于庭院观赏。

（7）白棠子 Callicarpa dichotoma
落叶灌木，高 1~1.5m；小枝带紫色，有星状毛。叶对生，椭圆形。花淡紫色，夏季绿叶繁茂，秋季紫果累累。白棠子的果实经冬不落，具有良好的观赏效果，是一种很有价值的观果树种。近年来，该树种已逐渐引起人们的重视。

（8）榆橘 Ptelea trifoliate
树高约 3m。树冠圆形，二年生枝赤褐色；无顶芽。叶互生，有 3 小叶，小叶无柄，卵形至长椭圆形，长 6~12cm，宽 3~5cm，基部两侧略不对称，叶背脉上有疏毛，侧脉纤细。伞房状聚伞花序，花序宽 4~10cm；花梗被毛；花蕾近圆球形；花淡绿或黄白色，

略芳香;萼片长1~2mm,花瓣椭圆形或倒披针形,边缘被毛,长约8mm。翅果外形似榆钱,扁圆,横径1.5~2cm,顶端短齿尖,网脉明显。花期5月,果期8~9月。

原产美国。我国辽宁大连及熊岳、北京均有栽种。

(9)[玫瑰]香荚蒾 Viburnum farreri 'Rosa'

落叶灌木,高达3m。当年小枝绿色,近无毛;二年生小枝红褐色,后变灰褐色。叶纸质,椭圆形,长4~8cm,顶端锐尖,基部楔形至宽楔形,幼时上面散生细短毛,侧脉5~7对;圆锥花序生于短枝之顶,长3~5cm,有多数花,花先叶开放,芳香;花冠蕾时粉红色,开后变白色;花期4~5月。

香荚蒾早春开放,花期极早,浓香,为高寒地区主要的早春观花灌木。植株枝叶稠密,叶形优美,可布置庭院、林缘,也可孤植、丛植于草坪边、建筑物前。其耐半阴,可栽植于建筑物的东西两侧或北面。耐瘠薄,对土壤要求不严,不耐积水。

产河南、甘肃、青海等地。

(10)毛叶山桐子 Idesia polycarpa var. vestita

观果乔木。叶下面有密的柔毛;叶柄有短毛。花序梗及花梗有密毛。成熟果实长圆球形至圆球状,血红色。花期4~5月,果期10~11月。

产陕西、甘肃、河南三地的南部和中南、华东、华南及西南等地。生于海拔900~3000m的深山区和浅山区的落叶阔叶林中。

树形优美,果实长序,结果累累,果色朱红,形似珍珠,风吹袅袅,为山地、园林的观赏树种;果实、种子均含油。

(11)流苏树 *Chionanthus retusus*

落叶乔木,树高达6~20m;树干灰色,大枝树皮常纸状剥裂。单叶对生,卵形至倒卵状椭圆形,长3~10cm,全缘,偶有小齿,近革质,叶柄基部常带紫色。花单性异株,白色,花冠4裂片狭长,长1.5~3cm,筒部短;5月初开花。核果球形,黑色;9月下旬成熟。

产我国黄河中下游及其以南地区;朝鲜、日本有分布。喜光、耐寒;生长较慢。初夏开花,满树白雪,清新可爱,宜植于园林绿地观赏。

(12)榉树 *Zelkova serrata*

树高可达20m以上,树冠球形;小枝紫褐色,无毛。叶质地较薄,表面光滑,亮绿色,背面无毛,叶缘有尖锐锯齿,尖头向外斜张,侧脉8~14对。果径3~4mm,有皱纹。

产陕西(南部)、甘肃(东南部)、安徽等地;日本、朝鲜有分布。喜光,喜湿润土壤,在石灰岩谷地生长良好;寿命长。树形优美壮观,秋叶变黄色、古铜色或红色,是优良的园林绿化树种。

(13)薄皮木 *Leptodermis oblonga*

落叶灌木,高约 1m;小枝具柔毛。叶对生,椭圆状卵形至长圆形,长 1~2cm,全缘,表面粗糙,背面疏生柔毛。花冠紫红色,呈漏斗状,筒部细,长 1.5~1.8cm,无花梗;数朵簇生于枝端叶腋。蒴果 5 瓣裂。花果期 5~6 月。

产河北、山西、陕西等地;越南有分布。北京山区多野生,种植于庭院观赏或栽作盆景。

(14)翅果油树 *Abeliophylum distichum*

落叶小乔木,高 5~10m;幼嫩枝、叶及芽均被星状鳞毛。叶卵形或卵状椭圆形,长 6~9cm,表面绿色,疏生腺鳞,背面疏生银白色腺鳞,侧脉在背面隆起。花淡黄色,芳香;1~3 朵或更多簇生叶腋;4~5 月间开花。核果椭圆状球形,长 1.5~2.5cm,有 8 条翅状纵棱脊。

中国特有种(吴征镒,1980),是现存第四纪冰川作用后的孑遗植物之一(谢树莲,凌元洁,1997),国家二级保护植物(NPS-2V)(贺善安,1998)。喜温暖气候及深厚肥沃的沙壤土,耐瘠薄,不耐水湿,多生于阴坡或半阴坡;萌芽能力强,生长快,根系发达,富根瘤菌,有固氮作用。种仁含油量高,供食用、医用及工业用,是优良的油料和水土保持树种,也可以用于城市园林绿化。

(15)黄素馨 *Jasminum floridum* subsp. *giraldii*

直立或攀缘灌木,高 0.4~3m。小枝有毛;小叶 3(5),卵状长椭圆形,表面无毛或疏生柔毛,背面有白色长柔毛。花萼裂片较萼筒短;聚伞花序或伞状聚伞花序顶生,3~9 朵花,花冠黄色,近漏斗状。花期 5~10 月;果期 8~11 月。

产陕西、甘肃、四川等地。秦岭多野生。

(16)红柄白鹃梅 *Exochorda giraldii*

株高达 5m。叶卵状椭圆形,长 3~4cm,先端急尖或圆钝,基部广楔形,全缘或中部以上有钝齿;叶柄常红色。花白色,径 3~4cm,花瓣具长爪,花萼内侧呈红色,花近无梗;花期 5 月。

产秦岭山脉及其邻近地区,花美丽,宜植于庭院观赏。

(17)膀胱果 *Staphylea holocarpa*

落叶灌木或小乔木,高3~10m,幼枝平滑,三小叶,小叶近革质,无毛,长圆状披针形至狭卵形,长5~10cm,基部钝,先端突渐尖,边缘有硬细锯齿,侧脉10,有网脉,侧生小叶近无柄,顶生小叶具长柄,柄长2~4cm。伞房花序,长5~10cm,花白色或粉红色,花期5月。果为3裂、梨形膨大的蒴果,长4~5cm,宽2.5~3cm,基部狭,顶平截,种子近椭圆形,灰色,有光泽。

产陕西、甘肃、湖北、湖南、广东、广西、贵州、四川、西藏东部(《中国植物志》第46卷,1981)。

(18)皱叶荚蒾 *Viburnum rhytidophyllum*

常绿灌木或小乔木,高可达4m。全株均被星状绒毛,老枝黑褐色。叶大形,厚革质,卵状长圆形,两侧常不对称,长10~20cm,上面叶脉凹陷呈皱状,下面叶脉突起,且小横脉明显。复伞形花序,呈伞房状;花期4~5月;果期9~10月。果椭圆形,红色,成熟后转黑,有光泽,组成直径10~15cm的果序。造景时可用做近景的绿色材料,成片栽植,营造整齐而又郁郁葱葱的植物景象。

4 讨论与结论

引种是进行活植物收集的手段,植物性状的观察记录、驯化、养护管理、示范应用等是引种的重要工作内容。引种植物在园林中得以应用，不仅能够提升绿化景观效果，还能带来社会效益。我园早年引种的海棠、锦带、绣线菊的品种等已在北京城市园林中得到大量应用，并已推向其他地区(李炜民，2009)。通过对国家植物园(北园)内栽植的引种植物进行调查，了解其在北京的生长状况、观赏表现等，为今后在北方地区推广奠定基础。随着植物育种手段的提高，园林植物新品种不断增加，绿化市场中对新品种的应用越来越多，但同时却忽视了对原生植物的利用。我国地大物博，野生植物资源丰富，充分挖掘与利用野生植物资源，能更好地体现中国特色。此次筛选的植物中，大部分为中国原产、观赏性状佳的植物，不仅丰富北京的植物资源，而且其独特的观赏性亦可提升景观效果。根据植物的生长发育规律、生态习性、观赏特性、物候规律等进行合理地园林配植，展现植物时空动态美，营造三季有花、四季有绿的景观植物效果。

引种植物能否成活受栽植环境及养护管理方法等多种因素的影响。通过调查发现，部分八仙花属和山梅花属植物不适应北京冬季寒冷、春季多风的气候，早春抽条严重，如种植于北湖南侧空旷处的山梅花，冬季虽对根部进行培土和无纺布包裹，亦难以成活。对这类植物选择背风向阳的小环境，且加强冬季防寒保护，才可避免或减轻伤害。

养护管理亦是引种苗成活的关键因素。调查发现，部分木兰属植物，如'黄河''香云'等品种由于春水、冻水未能及时浇足、浇透而造成生长势逐渐衰弱，最终死亡。北京地区4月气温回升较快，植物根系及各器官生理活动加强，及时足量灌溉才能满足植物生长所需水分。杂草亦会影响植物的成活，部分绣线菊属植物，如'雪山'蓝绿绣线菊、'皱叶'绣线菊等在较粗放管理下被周边杂草欺死。槭树属的银后槭、马氏槭等受蛀干害虫侵害，树干有流胶现象，严重影响树势，每年春季都发生抽条。植物栽植后应加强养护管理措施，生长旺季施速效肥，雨季注意排涝，秋季施有机肥或复合肥，合理修剪，冬季来临前对部分植物进行根部培土、树干包裹等措施进行防寒保护，可增强植物的生长势，减少病虫害侵害。

本研究对401种(含品种)入园植物的生长表现、物候特征及观赏性状进行调查，结果表明，植株成活率为55%且大部分长势良好，观赏类型包括株型、叶、花、果等。对植物死亡原因进行分析，其中养护不善造成31%植株死亡，气候不适应造成38%植株死亡，施工造成3%植物死亡，移栽时间不适造成11%植物死亡，另有17%植株的死亡原因有待进一步考证。对引种植物的生长势、抗逆性和观赏性等进行综合评价，筛选出18种适于北京地区生长的植物，并对其观赏特性、生态习性及园林应用形式进行总结，为今后推广应用提供理论基础。

表2　81种植物综合打分表

Table 2　Comprehensive scoring table of 81 species of plants

名称 Chinese name	生长势 Growth condition	花 Flower	叶 Leaf	抗寒性 Cold resistance	抗旱性 Drought resistance	抗病性 Disease resistance	总分值 Total score
[矮生]欧洲白蜡	10	10	20	15	10	7	72
八角枫	15	20	15	15	10	10	85

续表

名称 Chinese name	生长势 Growth condition	花 Flower	叶 Leaf	抗寒性 Cold resistance	抗旱性 Drought resistance	抗病性 Disease resistance	总分值 Total score
白棠子树	15	10	15	15	10	10	73
[百年]日本毛玉兰	15	15	15	10	7	7	69
欧洲七叶树	10	15	15	10	7	7	64
[贝帝]木兰	15	15	15	10	7	7	69
[变色龙]玉兰	15	15	15	10	7	7	69
[伯金森]白蜡	15	10	15	10	7	7	64
翅果油树	15	10	15	15	10	10	75
[垂枝]白蜡	10	10	15	10	10	7	62
[大果]山茱萸	20	15	20	15	10	10	90
垂枝欧洲光叶榆	15	10	15	15	7	7	69
小叶垂枝榆	15	10	15	15	7	7	69
[地图]白蜡	15	10	15	10	7	7	64
[顶级]白蜡	15	10	15	10	7	7	64
复叶槭	15	10	15	10	7	7	64
[金叶]复叶槭	15	10	20	15	7	7	74
[格莱斯]玉兰	15	15	15	10	7	7	69
[格雷帝]紫珠	15	10	15	10	10	7	67
[火箭]落基山圆柏	10	10	15	15	7	7	64
[贾斯]欧洲白蜡	10	10	15	15	10	7	67
[金边]梣叶槭	15	10	15	10	10	7	67
金叶山茱萸	10	10	15	10	10	7	62
[金叶]雪松	10	10	15	10	10	10	65
榆橘	15	10	15	10	10	10	70
[金叶]榆橘	10	10	15	10	10	10	65
光叶榉树	15	10	20	15	10	10	80
[卡尔]雪松	10	10	15	10	10	10	65
科尔切斯省沽油	10	15	15	10	10	7	67
[绿瓶]光叶榉	10	10	20	15	10	7	72
密冠卫矛	10	10	20	10	10	7	67
拧筋槭	15	10	15	10	10	7	67
牛奶子	10	10	15	15	10	7	67
枇杷叶荚蒾	15	10	15	20	10	7	77
[哨兵]银杏	10	10	15	10	10	7	62
新亮紫叶李	10	10	15	10	7	7	59

续表

名称 Chinese name	生长势 Growth condition	花 Flower	叶 Leaf	抗寒性 Cold resistance	抗旱性 Drought resistance	抗病性 Disease resistance	总分值 Total score
血皮槭	15	10	20	15	10	10	80
[亚历山大]二乔木兰	10	15	15	10	7	10	67
玉玲花	15	20	15	10	7	10	77
[柱型]白蜡	10	10	15	10	10	7	62
[柱型]栾树	10	10	15	15	10	7	67
[紫叶]榛	10	10	20	10	10	7	67
[安息香]锦带	10	15	15	10	10	7	67
[奥博尔]锦带	10	15	15	10	10	7	67
[布拉金]荚蒾	10	10	15	10	10	7	62
[红枝]阔叶椴	10	10	15	10	10	7	62
[金叶]梓树	10	10	15	10	10	7	62
[紫叶]梓树	10	10	15	10	10	7	62
白刺花	15	10	15	10	10	7	67
白花麦李	10	10	15	10	7	7	59
薄皮木	10	20	15	15	10	7	77
东北扁核木	10	10	15	10	7	7	59
茶条槭	10	10	20	10	7	7	64
翅果连翘	10	10	10	10	7	7	54
大叶白蜡	10	10	15	10	7	7	59
[丽克]玉兰	15	15	15	10	7	7	69
拐枣	10	10	15	15	10	7	67
红柄白鹃梅	15	20	15	15	10	7	82
华北香薷	10	10	15	10	10	7	62
[黄果]忍冬	10	10	15	10	10	7	62
[黄鸟]玉兰	15	20	15	15	10	7	78
黄素馨	15	15	15	15	15		79
加拿大紫荆	10	15	15	10	10	7	67
巨紫荆	15	15	15	10	7	10	72
流苏树	15	15	15	15	10	10	80
毛叶山桐子	15	15	20	15	10	10	85
美国白蜡	10	10	20	10	10	7	67
美洲朴	10	10	15	10	10	7	62
橙桑	10	10	15	10	10	7	62
膀胱果	15	15	15	15	10	10	80

续表

名称 Chinese name	生长势 Growth condition	花 Flower	叶 Leaf	抗寒性 Cold resistance	抗旱性 Drought resistance	抗病性 Disease resistance	总分值 Total score
火棘	10	15	15	10	10	10	70
山胡椒	10	10	15	10	10	7	62
华千金榆	10	10	15	10	7	7	59
[玫瑰]香荚蒾	15	20	15	15	7	7	79
英国栎	10	10	15	10	7	7	59
杂种胡颓子	20	10	15	10	7	7	69
香茶藨子	10	10	15	10	4	7	56
柘树	20	10	15	10	7	7	69
[老金]刺柏	10	10	15	10	7	7	59
红椋子	10	10	15	10	4	7	56
蒙古荚蒾	10	10	15	10	7	7	59

参考文献

贺善安,1998. 中国珍稀植物[M]. 上海:自然科学出版社:23-101.

胡永红,黄卫昌,2001. 美国植物园的特点——兼谈对上海植物园发展的启示[J]. 中国园林,17(4):94-96.

孔令娜,2021. 植物园发展体系及案例分析[J]. 安徽农学通报,27(13):92-94.

李庆国,刘君慧,1982. 树木引种技术[M]. 北京:中国林业出版社.

李炜民,2009. 北京城市园林植物的应用与展望[C]. 北京生态园林城市建设研讨会:195-200.

刘利,张梅,2005. 玉玲花实生苗繁殖技术研究[J]. 林业实用技术(11):38-39.

沙文勇,2002. 槭类丰姿——欧洲流行园林树种介绍[J]. 中国花卉园艺(18):18-19.

邵郁,Budilovskaia Aleksandra,徐靖然,等,2021. 俄罗斯植物园特色与活力营造[J]. 中国城市林业(19)2:35-40.

吴征镒,1980. 中国植被[M]. 北京:科学出版社.

谢树莲,凌元洁,1997. 珍稀濒危植物翅果油树的生物学特性及其保护[J]. 植物研究,17(2):153-157.

张日清,何方,2001. 植物引种到化理论与实践评述[J]. 广西林业科学,30(1):1-6.

中国科学院中国植物志编辑委员会,1981. 中国植物志:第46卷[M]. 北京:科学出版社.

植物园与植物分类学
Botanical Gardens and Plant Taxonomy

马金双

[国家植物园(北园),北京,100093]

MA Jinshuang

[*China National Botanical Garden (North Garden) Beijing*, 100093, *China*]

摘要:回顾植物园简史的基础上,论证了植物分类学的重要性,同时阐述了植物园与植物分类学的本质关系。呼吁业界重视植物分类学,办好植物园离不开植物分类学,特别是21世纪的今天。只有打好植物分类学的基础,做好志书与名录,彻底搞清楚植物资源的家底,植物园才能够明确今天的目标与任务,知道有什么并保护什么或者防范什么,这样才能够真正起到保护植物资源和充分利用资源,进而达到今天建立植物园的基本目的。

关键词:植物园;植物分类学;中国

Abstract: On the basis of reviewing the brief history of botanical gardens, this paper demonstrates the importance of plant taxonomy, and expounds the essential relationship between botanical gardens and plant taxonomy. We call on the field to pay attention to plant taxonomy, and it is inseparable from plant taxonomy in order to run a botanical garden well; especially in the 21st century today. By laying a good foundation for plant taxonomy, doing a good job of floras and catalogues, and thoroughly understanding plant resources, only in this way can the botanical garden be able to clarify its own goals and tasks today, know what to have and what to protect and what to prevent, so that it can truly protect plant resources and make full use of resources to achieve the basic purpose of establishing botanical gardens today.

Keywords: Botanical garden; Plant taxonomy; China

植物园源于欧洲并随着欧洲植物学的发展而形成(贺善安等,2001;Faraji & Karimi, 2020; Menzies, 2021),特别是早期的分类学(马金双,2020;Raven et al., 1971)。欧洲最早的植物园建立于16世纪,如意大利的比萨植物园(Orto Botanico di Pisa, 1543年,1591年移入现址)、帕多瓦植物园(Orto Botanico di Padova, 1545)、荷兰的莱顿植物园(Hortus Botanicus Leiden, 1590)、法国的蒙彼利埃植物园(Jardin des Plantes de Montpellier, 1593)、德国的耶拿植物园(Botanischer Garten Jena, 1586)、莱比锡植物园(Leipzig Botanical Garden, 1580)等一批以草药为主的先驱性植物园,其内涵则是以维持基本生存为主要目的并兼有一些教学功能(Menzies, 2021; Rakow & Lee, 2015)。然而,随着人类生存需求的进一步提高,特别是随着航海时代与殖民地的扩张,以衣食住行的经济植物和休闲观光的观赏植物为主要目的的综合性植物园便逐渐涌现于欧洲等发达国家和地区。除上述之外,世界上知名的植物园基本都是如此,如法国巴黎药用植物园(Jardin Royal des Plantes Médicinales, 1635)、苏格兰爱丁堡皇家植物园(Royal Botanic Garden Edinburgh, 1670)、德国柏林植物园与植物博物馆(Botanischer Garten und Botanisches Museum Berlin,1679,1910 年移入现址)、日本东京大学小石川植物园(Koishikawa Botanical Garden,1684)、西班牙马德里植物园(Real Jardin Botanico,1755)、俄罗斯卡马洛夫植物研究所彼得大帝植物园(常因为所在地,而被称为圣彼得堡植物园,Peter the Great Botanical Garden of the V. L. Komarov Botanical Institute,1713)、英国的皇家植物园邱园(Royal Botanic Gardens, Kew,1759)、印度加尔各答植物园(今印度植物园,Indian Botanic Garden, Howrah,1786)等(Menzies, 2021; Raven, 1981)。进入 19 世纪,世界植物园的发展,除上述传统功能之外,特别是结合观赏植物及休闲娱乐为主要目的的综合型植物园成为主流。进入 20 世纪后期,随着人类对资源的不断猎取以及所产生的影响,植物园在学术界的影响更加明显,尤其是保护资源并合理利用资源的呼声日益高涨。近几十年来各类国际组织以及机构的建立(如 BGCI[①], Heywood, 1987),相关的宣言(贺善安,1987)及红色名录[②],以及国家与地区的珍稀濒危保护名录(如中国重点野生植物保护名录[③])的颁布与实施等,对野生物种的保护提高到前所未有的程度(任海等,2022; Chen & Sun,2018)。

植物是人类赖以生存的基础,人类的生活、生产和生态活动都离不开植物(Menzies, 2021; Miller et al. , 2015; Rakow & Lee, 2015)。植物园的发展简史非常明确地显示,建立植物园无疑就是人类如何研究并利用植物;而随着人类对植物资源的认识的不断提高,直至今日由于人类对环境的长期干扰甚至破坏,以至于不得不进行保护(Heywood, 2017; Raven, 1981)。然而,利用植物首先就要知道有什么植物,哪些可用或者不可用并如何利用(Menzies, 2021; Nesbitt et al. , 2010)。植物学最基本的学科——植物分类学,便是人类对植物认识与发展的总结,不论是当初的草药园还是后来的系统园,植物分类学由始至终地与植物园共同发展;即使是 21 世纪的今天,纵观世界植物园的发展几乎无一例外(Kachare & Suryawanshi, 2010; Raven, 1981)! 植物园在长达几个世纪的发展进程中,其科学研究内涵始终贯穿其中,既奠定了 18 世纪植物分类学的根基,也对 18 世纪以来许多生物学发现及其理论体系的建立作出了不可磨灭的贡献(黄宏文, 2018b)。

经历几个世纪的发展,如今世界上著名的植物园,无一不是以分类学为基础而发扬光大。笔者两年前在《中国植物园》(第 23 期)撰文(马金双,2020),介绍了世界上 20 个以科研为主的世界著名植物园及其科研成就(爱尔兰的国家植物园,澳大利亚的国家植物园和维多利亚皇家植物

① Botanic Gardens Conservation International (BGCI) is a plant conservation charity based in Kew, Surrey, England. It is a membership organization, working with 800 botanic gardens in 118 countries, whose combined work forms the world's largest plant conservation network. Founded in 1987, BGCI is a registered charity in the United Kingdom, and its members include the Royal Botanic Gardens, Kew and the Royal Botanic Garden, Edinburgh, as two of its key supporters. The founder and director from 1987 to 1993 was Professor Vernon H. Heywood. He was followed in 1994 by Dr. Peter Wyse Jackson (as Secretary-General) who led BGCI till 2005 when Sara Oldfield succeeded him. She was then followed by Paul Smith in 2016 (current acting Secretary-General of BGCI) (Online June 6, 2022, https://en. wikipedia. org/wiki/Botanic_Gardens_Conservation_International).

② Established in 1964, the International Union for Conservation of Nature's Red List of Threatened Species has evolved to become the world's most comprehensive information source on the global extinction risk status of animal, fungus and plant species (Online June 6, 2022, https://www. iucnredlist. org/about/background-history).

③ 国家重点保护野生植物名录 (http://www. gov. cn/zhengce/zhengceku/2021 - 09/09/content_5636409. htm,2022 年 6 月 6 日进入)。

园,巴西的里约热内卢植物园,比利时的梅西植物园,德国的柏林植物园与植物博物馆,俄罗斯的圣彼得堡植物园,法国的国家自然历史博物馆,瑞士的日内瓦市温室与植物园,斯里兰卡的皇家植物园,美国的哈佛大学阿诺德树木园,密苏里植物园和纽约植物园,南非的克斯腾伯斯国家植物园,西班牙的马德里皇家植物园,新加坡的新加坡植物园,印度的印度植物园,印度尼西亚的茂物植物园,苏格兰的爱丁堡皇家植物园和英国的皇家植物园邱园),无不以植物分类学为其主要方向;他们不但承担起本国或本地区的分类学重任,而且成为世界公认并至今领导世界植物分类学新趋势(Antonelli et al.,2020;Borsch et al.,2020;Kier et al.,2005;Rakow & Lee,2015;Royal Botanic Gardens,Kew,2016;Willis,2017)。众所周知,即使是国内著名的植物园,无一不是植物分类学起家并至今引领中国植物园发展壮大与成长(黄宏文,2018a;任海等,2022;Menzies,2021)。本文送审后修改阶段,世界著名的英国邱园、美国的史密森学会和玻利维亚等多个机构的分类学者们发表特产于南美睡莲科王莲属(*Victoria*)的修订工作(2022年7月4日)。学者们通过团队的多年野外观察与室内实验,使用多重且综合手段最终确认王莲属实际上代表4个分类群(3种1变型),包括新种玻利维亚王莲(Smith et al.,2022)。这一全方位引领学科发展的里程碑式的修订工作,再一次说明植物园与植物分类学的重要性及其与植物多样性保护的紧密关系。

就中国的植物资源现状而言,尽管我们有两版国家级植物志《中国植物志》,1959—2004,*Flora of China*,1994—2013)、每个省(自治区、直辖市)基本上都开始了自己的植物志编写并有很多完成了第一版甚至第二和第三版(Du et al.,2020b)。但

实事求是地讲,我们基本植物分类学志书中的一些基本内容不仅时过境迁有待更新,而且不同地区的发展并不平衡;特别是有些热点地区的物种远没有查清(洪德元,2016;杨亲二,2016),一部分省市区的植物志还没有全面完成或者遥遥无期(马金双,2014)。仅就比较清楚的维管束或者高等植物而言,每年还有大量的物种发现或者记录,或者修订,或者名称发生变化(Du et al.,2020a)。特别是与西方发达国家的水平相比,还有很长的路要走,更有很多工作要做(洪德元,2016;杨亲二,2016;马金双,2014)。无论是从野外采集还是信息整理,从植物志到专科专属(Marhold & Stuessy,2013;Raven,1981),从纸质版实体书到电子版乃至数字核实甚至网络信息等(Christenhusz & Byng,2016;Patterson et al.,2016;Thomson et al.,2018),可谓极其艰巨且任重道远(黄普华,2019;马金双,2014;Knapp,2015)。

2021年12月28日,国务院批复在北京设立国家植物园,由国家林业和草原局、住房和城乡建设部、中国科学院、北京市人民政府合作共建,依托中国科学院植物研究所和北京市植物园构建南、北两个园区统一规划、统一建设、统一挂牌、统一标准、可持续发展的新格局,同时要求相关部门统筹规划、合理布局,稳步推进全国国家植物园体系建设(马金双,2022b)。国家植物园,自1944年胡先骕首次正式提议(杨烉,2022),历经几代植物学家近80年的梦想。2022年4月18日,国家植物园于北京正式揭牌。2022年7月11日,华南国家植物园正式揭牌!2022年5月22日,世界生物多样性日;《中国科学报》2022年5月23日第一版要闻发表三十余位院士和专家联合签名呼吁抢救——分类学者已经成为"濒危物种"!同日,科学网博客发表中国科学院动物研究所朱朝东博士等人的生物分类学

科思考并被精选,多达 75 位新生代为主的分类学者对国内生物学领域分类学的现状与需求、挑战与机遇、扩展与提升、期待与展望进行了详细论述①;可见形势非常严重!

作为植物学最基础的学科植物分类学,为何走到今天这个地步? 说来话长,可谓冰冻三尺非一日之寒! 早在 20 世纪 80 年代业界就对此呼吁过植物分类学人才断档——"文化大革命"十年没有招生等各种相关的因素所致。进入 90 年代,特别是随着 SCI 等考核与评价机制在科研院所以及高等院校的开展,而产生的问题愈加明显——考核机制与评价体制所致;而到了 21 世纪,中国大型研究机构的植物园,不但没有对分类学给予足够的重视,而且所在的研究领域可谓日益萎缩(马金双,2014;杨亲二,2016),植物分类学面临的现状与挑战十分严峻。中国专门植物园(或曰所谓的植物园)领域可谓有过之而无不及。一方面,限于僵化的体制与教条的管理,整天忙于行业内的各种行政繁杂琐事,新的采集与引种等学术活动,特别是引种于自己国度且需求保护或者珍稀濒危等植物并展示给观众则非常有限,甚至远不如海外相关机构引种中国的物种(苏雪痕,1987;武建勇等,2011;Taylor, 2009);另一方面,缺少相关的分类学专业人员,有的甚至从未有过相关的分类学人员或者从事相关的工作。更有甚者,植物种类学名的结构都说不清、道不明,也不知道因由;更缺乏基本的种子采集以及种子交换等植物园最基本的常规业务。可悲的是不知道自己的无知;也不晓得外边的世界,尽管国际出访与参观甚至培训等国际旅费和学费没少交,但意识到或者理解到人家的真谛则非常有限! 一方面,最起码的植物分类学常识甚至通识都可以视而不见;另一方面,从事植物分类学工作的学者不被重视,而其分类

学成果被视为可有可无;有的植物园既没有图书馆也没有标本馆,也没有完整的引种档案保存或者相关的科研记录;有的相关人员退休之后其分类学研究领域无人问津或者不管不顾,有的甚至标本馆和图书馆等都可以忽略不计! 植物园如何研究植物,首先需要知道有什么(或曰收集什么),利用什么(或曰开发什么),保护什么(或曰挽救什么)(洪德元,2016)。中国专门植物园领域,显然相差甚远!

总之,多重压力之下,终于使得从 20 世纪分类学人才的断档到今天成为一种"濒危类群"。归根结底,考核机制导致人才流失,残酷的竞争导致人心浮躁,活生生的现实使得学者认识到冷板凳确实无法生存! 特别是分子生物学容易发表高影响因子的今天,不顾一切地一边倒地追求"高大上"(如高档次刊物、高影响因子、高引用率文章),使得奄奄一息的分类学科雪上加霜! 至于长远的学科发展、团队建设、人才培养,则成为一些有话语权人士的纸上谈兵,其美其名曰的各种规划最后现实中成为"鬼话",华丽动听的演讲或者呼吁大话,最终成为业界有目共睹的"笑话"。

21 世纪的今天,作为园林之母的中国,植物资源还远没有彻底查清,对植物种类具体的分布以及种群状态等了解依然不够深入或者非常有限;一些类群的具体分类学状态还需要进一步地考察与研究(杨亲二,2016)。我们只是资源大国而不是强国,植物分类学还有很多事情要做(马金双,2022a),植物园应该撑起这一重任。正如三位院士与专家等所言,中国生物本底资料远未完成,而且还有很长的路要走!高水平的科学发展需要更加坚实的基础。具有高影响因子的 SCI 文章引领科学创新

①https://blog. sciencenet. cn/blog-536560-1339801. html(2022 年 5 月 24 日进入)。

固然重要,特别是探索未知前沿与新的未知领域,但是没有坚实的分类学基础则很难继续深入!当代分子方法的应用固然解决了一些过去无法解决的很多分类学与系统学问题,但暂时仍无法解决现有学科的全部所有问题。分子时代经典分类学不是无事可做,而是研究任务更加繁重,主要体现在两个方面,特别是在中国:一是现代的分子水平研究工作需要更加坚实的经典分类学作为基础,没有可靠的经典数据与信息支撑,现代的分子水平研究工作不可能深入,更无法完善。二是过去尚未完成的经典工作遗留问题甚多,欠账多而且解决

非常艰难;如果没有具体的导向与果断的措施,很难做好也不可能做好(马金双,2022a)。正如九十多岁高龄的王文采院士2020年所言,"我们现在,只是万里长征第一步"(吴月辉,2020)。分子生物学的今天,基础性学科植物分类学更加需要投入并给予倾斜,只有这样才能夯实基础,植物园事业才能发扬光大。中国不仅是世界公认的园林之母,而且还要成为世界公认的植物大国与植物研究强国,并引领世界发展新趋势与新潮流。

21世纪的今天,做好植物分类学工作,显然是摆在中国植物园面前的重要任务!

参考文献

贺善安,1987. 保护植物种质的重要文件——大加那利岛宣言[J]. 植物杂志,1:7.

贺善安,顾姻,褚瑞芝,等,2001. 植物园与植物园学[J]. 植物资源与环境学报,10(4):48-51.

洪德元,2016. 三个"哪些":植物园的使命[J]. 生物多样性,24(6):728.

黄宏文,2018a. 中国植物园[M]. 北京:中国林业出版社.

黄宏文,2018b. "艺术的外貌、科学的内涵、使命的担当"——植物园500年来的科研与社会功能变迁(二):科学的内涵[J]. 生物多样性,26(3):304-314.

黄普华,2019. 中国植物分类学发展之我见[J]. 植物研究,39(6):970-971.

马金双,2014. 中国植物分类学的现状与挑战[J]. 科学通报,59(6):510-521.

马金双,2020. 世界主要科研型植物园简介[J]. 中国植物园,23:19-24.

马金双,2022a. 东亚高等植物分类学文献概览[M]. 2版. 北京:高等教育出版社.

马金双,2022b. 国家植物园设立为何首选北京?[J]. 生物多样性,30(1):1-2.

任海,文香英,廖景平,等,2022. 试论植物园功能变迁与中国国家植物园体系建设[J]. 生物多样性,30(4):1-11.

苏雪痕,1987. 中国园林植物在英国[J]. 植物杂志,4:48.

武建勇,薛达元,周可新,2011. 皇家爱丁堡植物园引种中国植物资源多样性及动态[J]. 植物遗传资源学报,12(5):738-743.

吴月辉,2020. 醉心植物分类学七十载,94岁仍伏案办公:王文采——他为中国植物建档案(自然之子)[N]. 人民日报(2020年6月16日,第13版).

杨亲二,2016. 我国植物种级水平分类学研究刍议[J]. 生物多样性,24(9):1024-1030.

杨炀,2022. 志之所趋,无远弗届:胡先骕的"国家植物园"梦想[J]. 人文历史(8):114-119.

Antonelli A, Fry C, Smith R J, et al, 2020. State of the World's Plants and Fungi 2020 [M]. Royal Botanic Gardens, Kew.

Borsch T, Berendsohn W, Dalcin E, et al, 2020. World Flora Online:Placing taxonomists at the heart of a definitive and comprehensive global resource on the world's plants [J]. Taxon, 69(6):1311-1341.

Chen G, Sun W B, 2018. The role of botanical gardens in scientific research, conservation, and citizen science. Plant Diversity 40(4):181-188.

Christenhusz M J M, Byng J W, 2016. The number of known plant species in the world and its annual increase［J］. Phytotaxa, 261（3）: 201 -217.

Du C, Liao S, Boufford D E, et al, 2020a. Twenty years of Chinese vascular plants novelties, 2000 through 2019［J］. Plant Diversity, 42(4): 393 -398.

Du C, Liu Q R, Wang Y, et al, 2020b. Introduction to the local floras of China［J］. Journal of Japanese Botany, 95(3): 177-190.

Faraji L, Karimi M, 2020. Botanical gardens as valuable resources in plant sciences［J］. Biodiversity and Conservation. https://doi. org/10. 1007/s 10531-019-01926-1.

Heywood V H, 1987, Editorial［J］. Botanic Gardens Conservation News, Magazine of the IUCN Botanic Gardens Conservation Secretariat, 1(1): 3.

Heywood V H, 2017. The future of plant conservation and the role of botanic gardens［J］. Plant Diversity, 39(6): 309-313.

Kachare S W, Suryawanshi S R, 2010. History of plant classification in ancient Indian science ［J］. International Journal of Current Research, 8:56-59.

Kier G, Mutke J, Dinersten E, et al, 2005. Global patters of plant diversity and floristic knowledge ［J］. Journal of Biography, 32: 1107-1116.

Knapp S, 2015. Botanists of the 21st century: Roles, challenges and opportunities［J］. Taxon, 64 (1): 187-189.

Marhold K, Stuessy T, 2013. The future of botanical monography: Report from an international workshop, 12-16 March 2012, Smolenice, Slovak Republic［J］. Taxon, 62(1): 4-20.

Menzies N K, 2021. Ordering the myriad things［M］. Seattle: University of Washington Press:290.

Miller A J, Novy A, Glover J, et al, 2015. Expanding the role of botanical gardens in the future of food［J］. Nature Plants, 1: 1-4.

Nesbitt M, McBurney R P H, Broin M, et al, 2010. Linking biodiversity, food and nutrition: The importance of plant identification and nomenclature［J］. Journal of Food Composition and Analysis, 23: 486-498.

Patterson D, Mozzherin D, Shorthouse D, et al, 2016. Challenges with using names to link digital biodiversity information［J］. Biodiversity Data Journal, 4: e8080.

Rakow D A, Lee S A, 2015. Western botanical gardens: History and Evolution［J］. Horticultural Review, 43: 269-310.

Raven P H, 1981. Research in botanical gardens ［J］. Botanische Jahrbücher fur Systematik, Pflanzengeschichte und Pflanzengeographie, 102 (1/4): 53-72.

Raven P H, Berlin B, Breedlove D E, 1971. The Origin of Taxonomy［J］. Science, 174(4015): 1210-1213.

Royal Botanic Gardens, Kew, 2016. The State of the World's Plants Report 2016［M］. London: Royal Botanic Gardens, Kew.

Smith L T, Magdalena C, Przelomska N A S, et al, 2022. Revised species delimitation in the giant water lily genus victoria（Nymphaeaceae）confirms a new species and has implications for its conservation［J］. Frontiers in Plant Science 13: 883151. doi: 10. 3389/fpls. 2022. 883151.

Taylor J M, 2009. The global migrations of ornamental plants-how the world got into your garden［M］. St. Louis: Missouri Botanical Garden Press:312.

Thomson S A, Pyle R L, Ahyong S T, et al, 2018. Taxonomybased on science is necessary for global conservation［J］. PLoS Biology, 16（3）: e2005075.

Willis K J, 2017. State of the world's plants 2017 ［M］. London: Royal Botanic Gardens, Kew.

邱园面向学生群体的植物园教育对国内植物园的启示
The Enlightenment of the Botanical Garden Education for Students in Kew Gardens to Botanical Gardens in China

陈郁郁[1]   翟俊卿[1]   王西敏[2]

（1. 浙江大学,浙江杭州,310058;2. 上海辰山植物园,上海,201602）

CHEN Yuyu[1]   ZHAI Junqing[1]   WANG Ximin[2]

（1. Zhejiang University, Hangzhou Zhejiang, 310058, China; 2. Shanghai Chenshan Botanical Garden, Shanghai, 201602, China）

摘要：本文以邱园面向学生开展的植物园教育为主要研究内容。通过分析邱园的教育背景和现状,以及具体教育项目内容的数据分析,为我国植物园教育的可持续发展提供有益参考,为探寻多元化的、优质的植物园教育发展提供新思路。

关键词：植物园教育;伦敦邱园;植物科普;研学课程

Abstract：This paper focuses on the education of students of Kew Gardens. Through the analysis of the educational background and current situation of the Kew gardens, as well as the data analysis of specific educational projects, it provides useful reference for the sustainable development of botanical garden education in China, and provides new ideas for the development of diversified and high-quality botanical garden education.

Keywords：Botanical garden education; Kew Gardens; Plant-based science education; School trip

1 引言

植物园拥有多样性的植物资源、安全的自然环境、丰富的教育信息和可靠的专业保障,是提升公众对生态环境保护以及增强对生态系统认知的理想场所,也是满足公众多元化学习需求的非正式学习场所。国外植物园经历了400多年的发展,在公众教育方面已经具备较为成熟的体系。中国植物园虽然发展迅速,植物园教育功能也越来越受到重视,但与国外发达国家的植物园教育体系相比,仍存在较明显的差距,呈现出教育需求与发展之间不协调不平衡的状况（娄志平等,2011）。

笔者通过前期的文献研究发现,国内外学术界对于植物园教育的研究主要聚焦植物园教育功能的研究（Ballantyne & Packer, 2002; Tampoukou, 2015; Sanders, 2018）、围绕植物园教育的案例研究（Morgan, 2009; Zelenika, 2018; 胡永红等, 2017）、关注植物园教育的作用和价值研究（Ballantyne et al., 2008; He & Chen, 2011; Williams et al., 2015）,总体上缺乏对具体的植物园教育项目或课程的研究。同时,

基金项目：上海绿化和市容管理局辰山专项（项目编号：G212414）。

作者简介：陈郁郁,女,1993年11月,浙江大学教育学院硕士研究生,研究方向：比较教育学,Email：cyy122600@163.com. 翟俊卿,男,1982年9月,浙江大学教育学院副教授,研究方向：户外教育、非正式情境中的科学与环境教育,Email：jqzhai@zju.edu.cn。

学生群体是植物园教育的主要目标群体，在面对这类群体时所采用的教育内容、方法和形式等有必要详细去研究，以此来最大化地挖掘植物园教育的潜力。

　　邱园作为国际知名的植物园，向来是世界各地植物园学习的目标，其面向学生群体开展的植物园教育也很有特色。本文旨在以邱园的植物园教育项目作为案例研究的对象，以基于归纳法的内容分析法为主要数据分析法，对邱园教育项目课程主题、学习模式、习得技能和国家课程关联等方面进行分析，以期对中国的植物园科普教育有所启示。

2　邱园面向学生群体的科普课程介绍

　　本文研究了邱园植物园官方网站"Learning"板块下的"Schools trips to Kew Gardens"（在邱园的研学课程）和"Endeavour"（线上教育平台）的课程文本资料，其中包括60项针对六个年龄段学生的研学课程资料和34项针对五个年龄段学生的线上教育课程资料。通过研究邱园线下和线上的面向学生群体的教育项目，发现其面向学生开展的教育项目具有如下特点：

2.1　课程主题多元化，重点培塑学生21世纪技能

　　邱园对面向学校的教育项目较为重视，开发的课程主题内容丰富多元（图1）。从线下教育项目和线上教育平台的课程资源来看，邱园教育项目的主题较集中于植物学和生态学的相关知识与实践。根据不同年龄层次的学生开发适应其身心发展规律的课程内容。如针对5~7岁学生，让其去温室观察植物并通过速描等方法加深对植物结构的印象；针对11~14岁学生，通过野外实地调查让学生学习生物采样技术等。除了与科学和地理相关的专业知识学习外，邱园教育工作者还重视对学生的行

为、习惯、情感和态度等方面的积极影响。尤其是在可持续发展维度，邱园教育工作者积极开发相关课程，旨在让学生对生物多样性保护、生态环境破坏、人与自然的关系等方面有自己的看法和正确的认识（图2）。

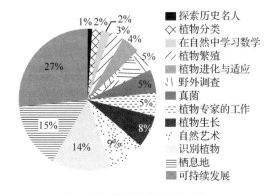

图1　邱园教育主题（线上+线下）
Fig. 1　Education theme at Kew（online & offline）

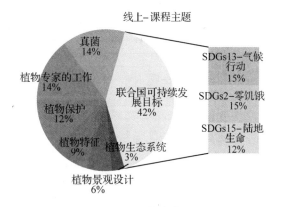

图2　线上教育主题
Fig. 2　Online education themes

　　相应地，在技能培养上，除植物识别、分类、比较以及科学探究等基本知识型技能以外，邱园教育工作者最为关注的是培养学生应对未来挑战的通用型技能（图3）。尤其是"21世纪技能"，如批判性思维、创造性思维、解决问题的能力等（张义兵，2012）。

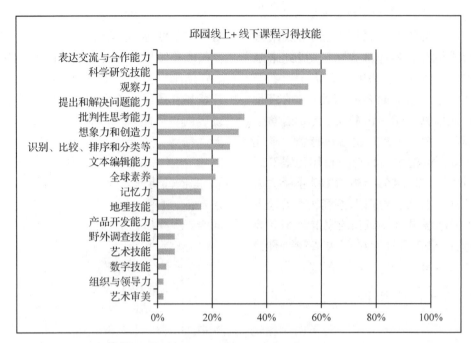

图3 邱园习得技能(线上+线下)

Fig. 3 Competence and skills acquired at Kew(online & offline)

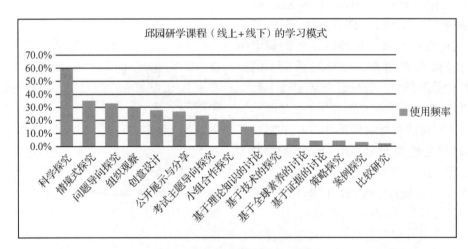

图4 邱园学习模式(线上+线下)

Fig. 4 Learning models at Kew(online & offline)

2.2 学习模式多样化,聚焦"以学习者为中心"的理念

邱园面向学校的教育项目主题内容多元化,教育工作者以多样化的学习模式来实现科普知识的多维度传输(图4)。在学习模式上,邱园教育工作者把握"以学习者为中心"的理念,为了充分发挥学生的主动性,给予学生更多的学习自由和开放探究。教育项目的实施过程基本是以"游园参观+体验教育+探究讨论"的形式进行,教育工作者在其中起着引导作用,重点强调学生的自主构建、自主探究与自主反思。邱园

的线上课程主要是以问题导向的合作探究与展示和创意设计两种形式为主。其中，问题导向的合作探究与展示，主要是以联合国可持续发展目标为问题导向，以小组合作、探究讨论、公开演讲汇报的形式展开。创意设计主要包括了让学生制作漫画或海报、设计探险包、设计改造方案、制作地图等形式，充分调动学生的创造力、想象力和动手能力。

从邱园的教育项目以科学探究、组织观察和情境式探究等几种主要学习模式实施的情况可以发现，无论是知识普及还是互动体验上都体现了教学的科学性和探究性，并以学生为教学开展的主导者。线上教育项目更是从多项特色鲜明的创意设计教学和问题导向的合作探究与展示可以看出，学生的主动权较大，教育工作者和教师起到协助引导作用。

值得注意的是，每一个年龄阶段的学习模式是不同的（图5）。以邱园线下课程为例，在3~5岁幼儿阶段是属于启蒙引导阶段。这个阶段的课程中被使用最多的学习模式是组织观察。在 KS1 阶段①，属于打牢基础阶段，主要针对5~7岁儿童。这些课程中被使用较多的是情境式探究和组织观察，与幼儿阶段的学习模式类似，但不同的是情境式探究略多于组织观察，其次是公开展示和基于技术的探究。在 KS2 阶段（7~11岁），属于巩固基础的阶段。这一阶段使用较多的形式仍然是组织观察，其次是情境式探究和科学探究，使用较少的是问题导向探究和野外调查。

KS3 阶段是属于承上启下的过渡阶段，在进一步巩固基本的植物和生态知识以外，开始向专业化学习转变。这个阶段主要针对11~14岁学生，被使用最多的学习模式是科学探究。从 KS4 阶段开始，学习模式总体迈入了专业知识化阶段。这一阶段针对14~16岁学生，其中基于专业知识的探究和考试主题导向探究被使用最多。在 KS5 阶段的学习模式中，专业知识化的特征得到进一步深化，其中科学探究的学习模式被使用最多，其次是考试主题导向探究和问题导向探究。

2.3　开发课程与国家课程相联系，学校参与度高

无论是线下的研学项目还是线上教育课程，邱园教育工作者都重视将课程主题、学习模式和技能要求等方面与英国国家课程与考试标准相联系。邱园教育工作者一直以来都十分重视与学校的联系，关注强化学校教育与植物园教育的有效结合，一定程度上增强了植物园教育的专业性和学科性。

同时，对学校教师、学生以及家长来说，寓教于乐的同时能够学习、巩固和强化课本知识是很有价值和吸引力的。以 KS2（7~11岁）阶段线下课程为例，邱园研学课程主要涉及科学、英语、历史、地理、数学和艺术与设计学科（表1）。

2.4　教育形式多维化，线上线下并行，拓宽受教育范围

邱园教育项目不只是单一的线下游园参观，而是通过线下和线上两种形式实现学生的多维度参与。邱园的线下教育除了面向学校群体的教育项目以外，还主要包括园区内的主题活动、讲座、解说系统等。线上教育主要包括通过邱园的官方网站进行科普、Endeavor 平台网络课程、推特类的自媒体平台等。尤其是在新冠疫情暴发后，学校教育和线下教学受到较为严重的打击，面临多种挑战。邱园在疫情期间同样面临闭园、停止各项教育活动等状况。

① 英国中小学教育被划分为5个阶段（KS1~KS5），即 Key Stage 1（5~7岁）、Key Stage 2（7~11岁）、Key Stage 3（11~14岁）、Key Stage 4（14~16岁）、Key Stage 5（A/AS-level 课程，16岁以上）。

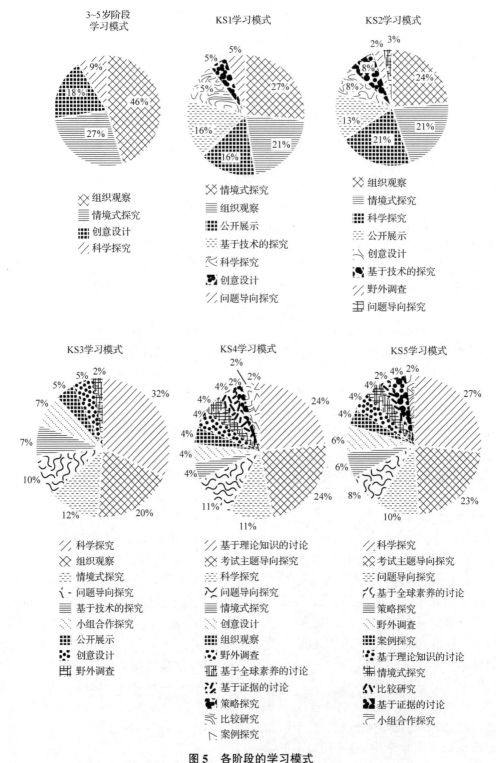

图 5 各阶段的学习模式

Fig. 5 Learning models for each stage

表 1 KS2 阶段课程与国家课程相关联

Table 1 KS2 curriculum linked to the National Curriculum

KS2(7~11 岁)	国家课程	知识点	阶段内占比（%）
	科学 science	科学地工作 Year3 植物 Year4 动物（含人类） Year4、5、6 生物及其栖息地 Year6 进化与遗传	38.2
	英语 English	关键单词的学习：如形状、形式、功能、创造力、图案、结构等 口头表达能力	32.4
	历史 History	地方史研究 对英国历史中一个方面或主题的研究	2.9
	地理 Geography	地理技能和实地考察（Geographical skills and fieldwork） 使用地图、地图集、地球仪和计算机制图来定位国家并描述特征 描述和理解自然地理的关键方面，包括：气候带和生物群落 确定纬度、经度、赤道、北半球、南半球、北回归线的位置和意义	17.6
	数学 Maths	Lower KS2：测量简单的二维形状的周长；使用条形图、象形图和表格来解释和呈现数据；确定直角；对数字进行估计和四舍五入 Upper KS2：解决度量问题；认识并理解百分比；计算长方形和正方形的面积；认识圆的直径、半径和周长；知道角度的测量单位是度	2.9
	艺术与设计（Art and design）	提高学生对艺术和设计技术的掌握，包括使用各种材料进行绘画和雕刻 发展学生的技术能力，包括他们对材料的控制和使用，增强学生的创造性、实验性和对不同种类的艺术和设计的认识 认识历史上伟大的艺术家	5.9

但邱园教育工作者顺势开发了一系列在线课程与资源，为在家学习提供了高效的软件支撑，同时也大大降低了疫情对植物园科普工作的影响。其中邱园的线上 Endeavor 平台网络课程是极具特色的一个教育项目。该线上教育平台为学校教师提供了便捷的信息资源获取渠道，教师可以在平台上下载教学指南、相关视频、材料和学生测验题等。同时，线上教育平台还为学校教师评估学生学习成效提供了很好的帮助，如设置教学前后的测试题、以竞赛挑战的形式来评价学生的学习成果等。

3 邱园面向学生群体的课程对中国植物园的启示

邱园作为世界一流的综合性植物园，其在植物园教育活动创新和迭代方面也颇具特色，并形成了一套相对成熟的、具有邱园特色的课程体系。我国正处在植物园发展的良好时期，特别是国家植物园的建设方兴未艾，对开展高质量的科普活动有着强烈的需求。他山之石，可以攻玉，从邱园的课程来看，对我国的植物园教育有如下启示。

3.1　重视和学校课程的联系,形成可持续的、长期稳定的教育课程体系

与学校产生紧密合作是植物园教育得以持续发展的重要因素。邱园教育活动与学校教育全面对接,每个活动课程都有明确的国家课程关联,切实满足了学校教育的需求。同时,邱园将学校课程的目标与植物园科普教育有效结合,利用植物园自身优势和资源与学校课程进行对接,如地理、生物、艺术等学科。在保证邱园科普教育的特色和独特优势的基础上,能够符合学生、家长和学校的更多实际需求,保证了教育活动的可持续化发展。总体上来说,国内植物园科普教育和校内教育的结合度不强,特别是和中小学教师的交流较少。

3.2　线上教育有很大的拓展空间,可创新植物园教育的形式和丰富受教育机会

邱园在新冠肺炎疫情暴发后十分重视线上教育的发展,相继开发了多个线上教育活动和学习系统。尤其是为学校和家长开发了"Endeavour"免费线上教育平台系统,面向学校教师和家长开放。系统上为他们提供了不同年龄层次的植物园教育资源、素材和教学过程等详细的工具包,能保证在疫情期间植物园闭园的情况下也能进行科普教育。国内植物园也普遍开展线上科普教育,但主要集中于微信、微博、抖音等平台,以科普小视频、直播和图文知识为主要形式,缺乏系统性和连贯性,更像一次次的活动而非系统的课程。

3.3　植物园教育主题应该更多元化、具有国际视野

植物园教育应紧跟时代热点,呈现更多元化的可能性。邱园在注重植物的基础知识以外,对可持续发展目标和个人技能提升方面较为重视。相较于国内植物园,邱园的主题内容更加多元化,涉及范围更加广,吸引力更大。比如,邱园根据国际热点并结合植物园优势开设了与可持续发展目标相关的课程(如气候变化等),既开拓了学生的视野和丰富了科学知识,也增强了学生和植物园履行社会责任的使命感。而国内的植物园开展的活动还是以介绍植物学知识为主,也会关注生物多样性保护,但很少有涉及联合国可持续发展目标。

面向公众的科普教育始终是植物园的一项重要功能,为中小学生提供高质量的校外教育更是植物园的重点工作,也是植物园社会效益的核心指标之一。通过对邱园的课程体系的了解,可以让我们对植物园的教育功能有更深入的认识,从而更好地设计和实施符合我国青少年生理和心理年龄特点的课程体系,服务于我国生态文明建设。

参考文献

胡永红,杨舒婷,杨俊,等,2017. 植物园支持城市可持续发展的思考——以上海辰山植物园为例[J]. 生物多样性,25(9):951-958.

娄治平,苗海霞,陈进,等,2011. 科学植物园建设的现状与展望[J]. 中国科学院院刊,26(1):80-85.

张义兵,2012. 美国的"21世纪技能"内涵解读——兼析对我国基础教育改革的启示[J]. 比较教育研究,34(5):86-90.

Ballantyne R, Packer J, Hughes K, 2008. Environmental awareness, interests and motives of botanic gardens visitors: implications for interpretive practice[J]. Tourism Management, 29(3): 439-444.

Ballantyne R, Packerm, 2002. Nature-based excursions: school students´ perceptions of learning in natural environments[J]. International Research in Geographical and Environmental Education, 11(3):218-236.

He He, Chen J, 2011. Visiting motivation and satisfaction of visitors to Chinese botanical gardens [J]. Biodiversity Science (5):589-596.

Morgan S C, Hamilton S L, Bentley M L, et al, 2009. Environmental education in botanic gardens: exploring brooklyn botanic garden's project green reach [J]. The Journal of Environmental Education, 40(4):35–52.

Sanders D L, Ryken, E Stewart K, 2018. Navigating nature, culture and education in contemporary botanic gardens [J]. Environmental Education Research, 24(8):1077–1084.

Tampoukou Anna, Papafotiou Maria, Koutsouris Alexandros, et al, 2015. Teachers' perceptions on the use of botanic gardens as a means of environmental education in schools and the enhance-ment of school student benefits from botanic garden visits [J]. Landscape Research, 40(5):610 –620.

Williams S J, Jones J P, et al, 2015. Gibbons, botanic gardens can positively influence visitors' environmental attitudes [J]. Biodiversity and Conservation, 24 (7): 1609–1620.

Zelenika I, Moreau T, Lane O, et al, 2018. Sustainability education in a botanical garden promotes environmental knowledge, attitudes and willingness to act [J]. Environmental Education Research, 24(11):1581–1596.

黄河三角洲自然保护区外来入侵植物调查报告

The Survey Reports on Alien Invasive Plants in the Yellow River Delta National Nature Reserve

郝强　崔夏　张祎　周达康　王白冰　王涛　王瑞珍　马金双

（国家植物园,北京市花卉园艺工程技术研究中心,北京,100093）

HAO Qiang　CUI Xia　ZHANG Yi　ZHOU Dakang
WANG Baibing　WANG Tao　WANG Ruizhen　MA Jinshuang

（*China National Botanical Garden*，*Beijing Floriculture Engineering Technology Research Centre*，*Beijing*，100093，*China*）

摘要：外来入侵生物对区域生物多样性和当地生物安全具有严重影响。2021年国家林业和草原局委托北京植物园开展湿地生态系统外来入侵物种普查试点（黄河口）工作。通过两次实地调查共发现外来入侵植物17种,结合样方调查对其危害性进行评估发现,其中有7种植物的居群数目超过2个,应当对其加强监测和治理。此次调查获得的数据和实施经验对更新和完善最终版的全国普查方案提供了有力支持。

关键词：外来入侵植物;黄河三角洲自然保护区;湿地生态系统

Abstract：Alien invasive species have seriously affected the biodiversity and the biosafety of invaded areas. In 2021, we carried out the pilot survey of alien invasive species in the wetland ecosystem (the Yellow River Delta) which was granted by the National Forestry and Grassland Administration. A total of 17 species of alien invasive plants were found and 7 species had more than 2 populations among them through field surveys and quadrat surveys. For these species, monitoring and management should be strengthened. The data and implementation experience obtained from this survey provide strong support for updating and improving the final version of the national alien invasive plants survey.

Keywords：Alien invasive plants; The Yellow River Delta National Nature Reserve; Wetland ecosystem

伴随着经济全球化发展和全球性气候变暖,外来入侵植物已经对我国森林、草原和湿地生态系统造成严重威胁。外来入侵植物,是指通过有意或者无意带入,通过逸生完成归化并进一步对生物多样性产生威胁的植物种类。2020年12月出版的5卷本《中国外来入侵植物志》共收录入侵植物68科224属402种(马金双,2020),对我国现阶段入侵植物相关研究进行了系统总结。然而,受调查范围和调查方法的影响,目前所掌握的信息并不全面和详细。尤其是在以碳中和为目标的新形势下,在林草系统开展外来入侵物种普查,并针对不同生态系统和生态地理区开展系统性调查,将有助于全面、准确、客观、科学地掌握我国外来入侵物种的种类、分布等基本信息

基金项目：国家林业和草原局项目:2021070317资助。

作者简介：郝强,工程师,E-mail: haoqiang@ chnbg. cn.

和危害规律。在大规模开展全国性普查之前对有代表性的森林、草原、湿地生态系统进行试点,是对现有普查方案可行性的一次检验,也为下一步成功开展全国性普查提供保证。

1 黄河三角洲自然保护区基本情况

山东黄河三角洲国家级自然保护区地处山东省东营市黄河口,是 1992 年设立的以保护新生湿地生态系统和珍稀濒危鸟类为主的湿地类型生态自然保护区。地理坐标 118°33′~119°20′E,37°35′~38°12′N,总面积 15.3 万 hm²,其中陆地 82700hm²,潮间带 38250hm²,低潮时负 3m 浅海面积 32050hm²,气候类型属暖温带季风型大陆性气候。包括黄河入海口(南区)和 1976 年以前引洪的黄河故道(北区)两部分,下设大汶流、黄河口(南区)和一千二(北区)等三个管理站(图 1),大汶流和黄河口管理站重点保护新生湿地生态系统,一千二保护站重点保护珍稀濒危鸟类。

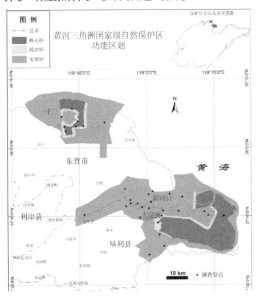

图 1 黄河三角洲国家级自然保护区功能区划
Fig. 1 Functional zoning map of the Yellow River Delta National Nature Reserve

2 调查过程和方法

在 2021 年 7 月和 10 月两次对保护区所辖 3 个管理站所辖片区 32 个点位进行调查。调查方案参照国家林业和草原局(以下简称林草局)制定的《全国森林、草原、湿地生态系统外来入侵物种普查工作方案》进行。使用林草局开发的地面调查APP,结合实地踏查开展野外作业,并以《林草生态系统重点外来入侵物种名单》为参考对目标物种进行拍照、采集和标本制作,对踏查发现的外来入侵植物数据资料利用 APP 进行实时上传和保存。植物分类学鉴定参照《中国外来入侵植物志》《中国外来入侵植物彩色图鉴》《中国湿地高等植物图志》以及植物志网络资源等文献资料。

3 调查结果

3.1 黄河三角洲自然保护区外来入侵植物种类

本项目共调查鉴定到外来入侵植物 17种(表 1)。按科分类包括豆科 5 种,菊科 4种,苋科和柳叶菜科各 2 种,禾本科、大戟科、锦葵科和伞形科各 1 种。有 7 种植物的野外居群数超过 2 个,表明其危害程度和扩散风险较大。其中互花米草、钻叶紫菀、小蓬草和黄顶菊 4 种植物已被列入我国生态环境部发布的外来入侵植物名单(表 2,图 2)。

3.2 黄河三角洲自然保护区外来入侵植物的危害特征

黄河三角洲自然保护区按照土地和植被特性可以划分为 3 类:滨海湿地滩涂区域、林地区域和农田区域。针对 3 种不同的区域,不同的外来入侵植物呈现出不同的种群危害特征。

表1 黄河三角洲自然保护区外来入侵植物

Table 1 The alien invasive plants in the Yellow River Delta National Nature Reserve

序号	中文名称	拉丁学名	中文科名	拉丁科名	分布地	居群数
1	互花米草	*Spartina alterniflora*	禾本科	Gramineae（Poaceae）	滩涂	4
2	合被苋	*Amaranthus polygonoides*	苋科	Amaranthaceae	林地	2
3	皱果苋	*Amaranthus viridis*	苋科	Amaranthaceae	林地,农田	3
4	紫穗槐	*Amorpha fruticosa*	豆科	Leguminosae	林地	1
5	钻叶紫菀	*Aster subulatus*	菊科	Asteraceae	林地	4
6	婆婆针	*Bidens bipinnata*	菊科	Asteraceae	林地	1
7	小蓬草	*Conyza canadensis*	菊科	Asteraceae	林地	2
8	斑地锦	*Euphorbia maculata*	大戟科	Euphorbiaceae	林地	1
9	小花山桃草	*Gaura parviflora*	柳叶菜科	Onagraceae	林地	1
10	紫苜蓿	*Medicago sativa*	豆科	Leguminosae	林地	1
11	草木犀	*Melilotus officinalis*	豆科	Leguminosae	农田	1
12	小花月见草	*Oenothera parviflora*	柳叶菜科	Onagraceae	林地	1
13	刺槐	*Robinia pseudoacacia*	豆科	Leguminosae	林地	1
14	苘麻	*Abutilon theophrasti*	锦葵科	Malvaceae	农田	4
15	野胡萝卜	*Daucus carota*	伞形科	Apiaceae	农田	1
16	黄顶菊	*Flaveria bidentis*	菊科	Asteraceae	农田	1
17	田菁	*Sesbania cannabina*	豆科	Leguminosae	农田	2

在濒海滩涂区域,主要植物种群包括芦苇和碱蓬,外来入侵物种互花米草在堤岸区域与二者形成竞争关系。互花米草生长速度快,常常形成单优群落,占据原有本土植物的生态位,并可能通过产生不同的微生物群落而改变堤岸区域的生物群落结构,进而对保护区水鸟的取食和繁衍后代造成不利影响。

在林地区域,主要有柽柳林、黄蜡林、杨树林等人工林。外来入侵植物如小蓬草、钻叶紫菀、皱果苋、合被苋等常在林下和路边占据一定生态位,特别是小蓬草极易形成单优群落(图2B)。这些外来入侵植物会挤压本土植物的生存空间,破坏原有生物多样性分布结构。

在农田区域,旱地主要种植小麦、玉米和大豆,水田主要种植水稻等作物。这些区域受人类活动影响较大,苘麻、田菁、皱果苋这些农田常见杂草时常发生。这些杂草主要分布于农田周边,自然扩散能力极强,而且极易与农作物种子混杂从而持续传播并降低农作物的产量和品质。本次调查在一处农田的建筑物旁边发现一株之前在保护区内未见报道的外来入侵植物黄顶菊,该入侵物种扩散速度极快,在东营市周边的农田已经有大规模入侵报道,本次发现的黄顶菊显然是农户有意或者无意带入保护区,具有潜在扩散风险(图2E)。

3.3 黄河三角洲自然保护区外来入侵植物的传播途径

按照外来入侵植物的原产地划分,在17种外来入侵植物中,原产地为美洲的有12种,其他原产亚欧大陆的有4种,大洋洲1种。从引入方式来看,作为观赏、饲草、护坡植物等有意引进的有10种,其余7种为无意引入(表2)。

通过比较分析这些外来入侵植物的繁殖特性和传播方式,我们发现种子产量大、自然扩散能力强是所有陆生外来入侵植物的共同特征。而水生植物互花米草则利用其强大的根茎无性繁殖能力实现快速扩张(表2)。

图2　黄河三角洲自然保护区的外来入侵植物

A:互花米草;B:小蓬草;C:钻叶紫菀;D:合被苋;E:黄顶菊;F:草木犀

Fig. 2　Alien invasive plants in the Yellow River Delta National Nature Reserve

A:*Spartina alterniflora*;B:*Conyza canadensis*;C:*Aster subulatus*;D:*Amaranthus polygonoides*;E:*Flaveria bidentis*;F:*Melilotus officinalis*

表2　黄河三角洲自然保护区外来入侵植物的传播特性

Table 2　The dispersal characteristics of alien invasive plants in the Yellow River Delta National Nature Reserve

序号	中文名称	原产地	引入方式	传播方式	危害性
1	**互花米草**	美国东南部海岸	1979年作为护滩保堤植物有意引入江苏南京	利用根茎无性繁殖快速扩张	侵占芦苇生境,破坏滩涂生态系统
2	合被苋	中北美洲	无意引入	种子细小量大,可随风、水流传播	田园杂草
3	皱果苋	中美洲	无意引入	种子细小量大,可随风、水流传播	田园杂草
4	紫穗槐	美国东北部及东南部	作为护坡植物有意引入	种子产量大,自然扩散能力强	可形成优势群落,破坏生物多样性
5	**钻叶紫菀**	北美洲	无意引入	种子细小量大,可随风、水流传播	田园杂草
6	婆婆针	美洲	无意引入	种子顶端有刺芒,随动物、风、水流传播	田园杂草
7	**小蓬草**	北美洲	无意引入	种子产量大,自然扩散能力强	田园杂草

序号	中文名称	原产地	引入方式	传播方式	危害性
8	斑地锦	加拿大和美国	无意引入	种子产量大,自然扩散能力强	田园杂草,全株有毒
9	小花山桃草	北美中南部	约1950年作为观赏植物有意引入河南	种子产量大,自然扩散能力强	田园杂草
10	紫苜蓿	西亚	作为牧草和蜜源植物有意引入	种子靠重力和风力传播	田园杂草
11	草木犀	西亚至南欧	约1918年作为饲草和蜜源植物有意引入	种子产量大,自然扩散能力强	田园杂草,易形成单优群落
12	小花月见草	美国东部和中部	约1950年作为观赏植物有意引入辽宁	种子产量大,自然扩散能力强	田园杂草
13	刺槐	北美洲	约1877年作为观赏树种由日本引入江苏南京	种子产量大,可根蘖繁殖	可形成优势群落,破坏生物多样性
14	苘麻	印度	史前归化植物,作为纺织材料有意引入	种子靠重力和风力传播	田园杂草
15	野胡萝卜	欧洲	无意引入	果实表面具钩毛,易随动物和交通工具传播	田园杂草
16	**黄顶菊**	南美洲	2001年作为观赏植物有意引入天津	种子产量大,自然扩散能力强	田园恶性杂草
17	田菁	澳大利亚至西太平洋岛屿	约1930年作为饲草有意引入台湾	种子产量大,自然扩散能力强	具化感作用,易形成单优群落

注:中文名称加粗的4个物种被列入我国生态环境部(环境保护部)发布的《中国外来入侵物种名单》,其中互花米草为2003年第一批,黄顶菊为2010年第二批,钻叶紫菀和小蓬草为2014年第三批。

4　讨论

4.1　外来入侵植物对湿地生态系统的影响

在全球气候变暖和城市化日益加剧的今天,湿地生态系统对保护生物多样性和调节城市水分循环、防止洪涝自然灾害等方面具有不可替代的生态价值。我国湿地总面积在0.53亿 hm² 以上,已建立了602处湿地自然保护区,保护湿地植物2315种、湿地鸟类327种。外来入侵物种的扩张必然会导致本土生物多样性的破坏。如互花米草在黄河三角洲的快速扩张使得本土物种盐地碱蓬和芦苇向陆地迁移,进而导致以本土植物为食物或栖息地的鸟类、昆虫和微生物等物种的多样性和丰富度降低(解雪峰等,2020)。

随着地理条件和气候的持续改变以及城市规划和人为干预程度的变化,外来入侵植物的种类和危害程度也在不断变化。通过本项目的调查我们发现,黄河三角洲自然保护区内存在17种外来入侵植物,其中如互花米草、小蓬草和钻叶紫菀等7种外来入侵植物已经形成多个居群,需要加强日常监测和防治工作。2006年刘庆年等报道黄河三角洲有外来入侵植物48种(刘庆年等,2006),其中一些已经通过人工防治进行消除。本次调查结果表明,近年来保护区对外来入侵植物的防治取得很大成效,有效地降低了属地内外来入侵植物的种类数量。但是对于保护区内新出现的黄顶菊等新的外来入侵植物则需要定期调查监测,防止大规模爆发和扩散。因此,有必要对外来入侵植物分布的空间格局动态进行周期性监测,分析其中的变化规律以进一步指导后续的防治工作(赵彩云等,

2022)。

4.2 湿地生态系统中外来入侵植物的管控

外来入侵植物的发生绝大多数是由于人口流动、交通物流和商业贸易等过程造成的。对于自然保护区这一特殊性的地域尤其需要加强宣传和管控，对进入保护区的人员和车辆进行检疫和生态安全教育，从源头上堵住外来入侵植物的扩散途径（张绪良等，2010）。

防范和防治是外来入侵植物管控的主要手段。互花米草曾是黄河三角洲自然保护区的主要外来入侵植物，近年来保护区持续投入人力和财力对滨海滩涂区域的互花米草进行机械防治，即在互花米草开花期对其进行机械收割。目前保护区内的互花米草范围已日渐缩小，仅在远离海岸的地区尚有少量分布。对其他田园杂草类的外来入侵植物，除对种植者进行生物安全宣传教育外，还需要对发现的外来入侵植物及时进行防治指导（殷万东等，2020）。

外来入侵植物一般具有很强的繁殖和传播能力，在防治的同时必须加强本土物种的繁育和研究工作，适当人工辅助扩大本土植物群落，使其占据更多的生态位从而具有更强的竞争能力。

参考文献

刘庆年，刘俊展，刘京涛，等，2006. 黄河三角洲外来入侵有害生物的初步研究[J]. 山东农业大学学报(自然科学版)，(4):581-585.

马金双，2020. 中国外来入侵植物志[M]. 上海:上海交通大学出版社.

解雪峰，孙晓敏，吴涛，等，2020. 互花米草入侵对滨海湿地生态系统影响研究进展[J]. 应用生态学报，31:1-11.

殷万东，吴明可，田宝良，等，2020. 生物入侵对黄河流域生态系统的影响及对策[J]. 生物多样性，28(12):1533-1545.

张绪良，李永科，徐宗军，等，2010. 山东省的外来有害植物入侵及防治对策[J]. 湖北农业科学，49(1):82-86.

赵彩云，柳晓燕，李飞飞，等，2022. 我国国家级自然保护区主要外来入侵植物分布格局及成因[J]. 生态学报，42(7):2532-2541.

面向中小学生团体的植物园半日活动学习单设计
Design of Botanical Garden Half-day Activity Study Sheet for Primary and Secondary Students

师丽花　　左小珊

(北京教学植物园,北京,100061)

SHI Lihua　　ZUO Xiaoshan

(*Beijing Teaching Botanical Garden*, *Beijing*, 10061, *China*)

摘要:随着教育改革的推进,更加凸显出植物园对中小学生的实践育人价值,高质量学习单使用是提升植物园团体学生实践活动质量的重要抓手。本文介绍了学习单的定义、功能、设计流程及原则,并以具体案例进行相关分析。

关键词:实践活动;学习单;设计

Abstract:With the development of education reform, the value of botanical garden for primary and secondary students is more prominent. The use of high-quality study sheets is an effective means to improve the quality of botanical garden practical activities for group students. This paper introduces the definition, function, design process and principle of study sheet, and analyzes them with specific cases.

Keywords:Practical activity; Study sheet; Design

近年来,随着我国植物园科普教育内容和形式日趋丰富和多样化,吸引着越来越多的中小学生团体走进植物园,植物园日趋成为重要的中小学生实践学习场所。北京教学植物园、上海辰山植物园、广西药用植物园等 10 家植物园分别于 2016 年、2017 年被教育部认定为"全国中小学生研学实践教育基地"。另外,2022 年 2 月公布的全国科普教育基地中也包含 25 家植物园。随着我国教育改革的持续推进,更加重视实践育人的价值。2022 年 4 月发布的《义务教育课程方案》中突出强调教育方式变革,强化学科实践,加强课程与社会实践的结合,更加凸显出学校对高质量社会实践教育资源的需求。"十四五"时期进入了植物园的高质量发展期,以学习单优化提升植物园团体学生实践活动质量既可以发挥植物园实践育人的作用,亦可促进植物园高质量发展。

1 学习单的定义及功能

自 20 世纪 60 年代起,英格兰和威尔士为促进个性化学习和以儿童为中心的教育开始使用学习单(James F. Kisiel,2003)。我国关于学习单的研究起步较晚,最早的研究为 2004 年大连自然博物馆馆校结合教育工作学习单的研究(孟庆金,2004)。国内也有学者将学习单定义为便于引导学习者围绕某个知识点或教育专题进行自主学习、自主探索的一种学习资料,可以是单页或多页(陈静静,2020)。学习单在面向中小学生团体开展的植物园实践活动中,既可以作为教学载体,将教学目标转化为学习任务,引导学生进行自主学习;

也可以是学生思维外显的可视化工具,是评价学生学习成果的重要手段。

2 植物园半日活动学习单设计流程

当下的校内外教育更加强调学生立场,更加关注学生的学习体验及学习过程中的实际获得,追求深度学习的发生。在深度学习理念下,植物园实践活动学习单的设计流程可采用教学设计基本模型——ADDIE模型来进行,其包含了分析(Analysis)、设计(Design)、开发(Development)、实施(Implement)、评价(Evaluation)5个阶段。分析阶段,即首先要从不同学段学情分析入手,对标新课标、综合考虑资源特色

进行分析。设计阶段,即在分析的基础上,选定活动主题,按照逆向教学设计思路,进行学习目标设计、评价设计,进而进行学习活动的设计。这两个阶段初步形成活动方案,明确了学习单应用时间及场景。开发阶段,即进入学习单的开发环节,重点从学习单结构要素、任务开发、版面设计几方面考虑。实施阶段,即学生活动的开始、学习单的试用,并进行使用效果观察、统计、收集反馈信息。而评价是伴随着各个阶段进行,根据研发团队、相关领域专家、学生的反馈信息,不断反思、修改完善,进行学习单的迭代升级,形成最终适合学生团体使用的学习单(图1)。

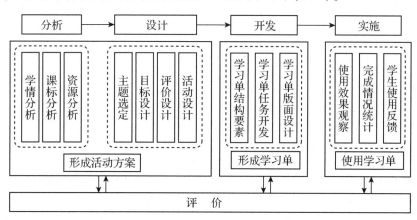

图1 学习单设计流程

Fig. 1 Flow chart of study sheet

3 植物园半日活动学习单开发原则

3.1 学习单结构要素

面向中小学生团体的实践活动,无论是植物园教育专员带着学生开展活动,还是由学校教师带着学生开展活动,学习单的最终使用者一定是学生。如前所述,学习单具有重要的导学功能,所以在设计时要关注学生视角,亦即学生拿到学习单能获取如下信息:"我将学什么?在哪里学?学多长时间?怎么学?学习的结果是什么?"深度学习理论下,学生的一次外出活

动,不只是外出学习半天或一天的学习,而是一个由行前、行中、行后三阶段构成学习闭环。理想的学习单设计应当是将行前引导、行中实践、行后拓展有机结合、系统考虑。但各校行前安排参差不齐,植物园作为实践场所可以重点从行中学习引导、行后拓展来考虑学习单要素。基于此,学习单可以包括:活动主题、适合学段、关联学科概念、学习目标、学习场所信息、学习时长、行中学习任务、行后拓展阅读或任务等。

3.2 学习单任务开发

学习任务是学习单的核心要素,在充分

考虑各年龄段学生认知发展的基础上,学习单任务设计可以从三个角度进行考虑:第一,从任务难度设置角度,应遵循低阶思维学习任务与高阶思维学习任务相结合的原则;第二,从任务数量角度,应遵循"少即是多"的原则,每课时设计聚焦于核心概念下的 2~3 个关键问题即可;第三,从任务呈现形式来看,应遵循封闭性问题与开放性问题相结合的原则,重视对学生实践学习方法的引导,尽可能呈现形式多样化。在认知维度及匹配任务设计上,可参考图2(认知维度及任务呈现形式对应)进行设计。

认知维度		认知维度类目	任务呈现形式
低阶思维	记忆	再认 回忆	适合证实、匹配和选择反应类型任务 呈现形式:适合以封闭性问题呈现,如是非题、匹配题、选择题、填空题等
	理解	解释、举例、分类 概要、推论、比较、说明	适合建构反应活动选择反应任务 呈现形式:适合以封闭性问题呈现,如选择题、填空题、作(绘)图、简答题等
	运用	执行 实施	适合练习性或者问题性任务 呈现形式:适合以封闭性问题呈现,如选择题、作(绘)图、计算题、操作说明等。
高阶思维	分析	区分 组织 归属	适合建构反应或选择任务 呈现形式:适合开放性问题,如多选题、材料分析、列提纲、写步骤等形式呈现。
	评价	核查 评判	适合核查性任务 呈现形式:适合开放性问题,如(对产品说明书、实验假设等)阅读改错、分析论述(假设、方案等的合理性)、自我评价(给定方案要求与自我实施过程一致性)等形式呈现
	创造	生成 计划 产生	适合建构反应任务 呈现形式:适合开放性问题,如提出标准或要求,以研究假设、研究或实施步骤、研究方案、产品说明书、设计图等呈现

图2　认知维度及任务呈现形式对应

Fig. 2　The correspondence between cognitive dimension and task form

3.3　学习单版面设计

学习单作为学生实践学习的重要载体,其版面设计对于学生学习效果的达成具有辅助作用。好的版面设计有助于学习者快速获取学习单关键信息,为学习者学习提供有效支持。学习单版面设计要循序以下原则:

一是整体协调原则。学习单的文字、图形、图像、线条、色彩等元素要进行统一、和谐的编排,使得各元素之间相互呼应,保持整体的秩序和协调。比如,学习单主色调的色彩要与活动主题相呼应,版面的其他色调尽量选择其相邻色系,使版面形成统一和谐的风格。

二是重点突出原则。学习单的设计要突出主题、关键学习方法、核心任务等重点,所以在设计时要通过图文比例控制、字体字号的变换、留白处理等,衬托学习单的重点内容。

三是简洁清晰原则。学习单的设计应简洁明快,在图片、色彩的选择上不宜太过花哨,宜选用简洁明快的浅色调;在元素的使用上要有意识地引导学习者的视觉流动。

四是生动趣味原则。在兼顾科学性与艺术性的前提下,可根据学习单使用者的年龄特点及生活经验,考虑增加夸张、想象的元素,以增强体验的趣味性、生动性。

4　以"叶叶各不同"学习单为例介绍

北京教学植物园作为全国唯一一家面向中小学生开展教育教学的专类植物园,早在 20 世纪 80 年代就注重与校内结合,面向中小学生个人、团体、教师开展各类活动。例如,面向中小学生个人开设植物文化、少儿农艺等跨学科学期课程(每次2课时,每学期16次课),面向中小学生团体(1~10个班级同时开展)开设"植物大课堂"半日实践活动。"植物大课堂"活动,是以科学、生物学科实践为主的一项活动,每月设1个大活动主题,由室外自然探索与室内动手活动相结合,1~9年级共设4个学段开展活动。本文以6月主题活动"叶叶各不同"5~6年级学段学习单设计为例进行介绍(图3)。

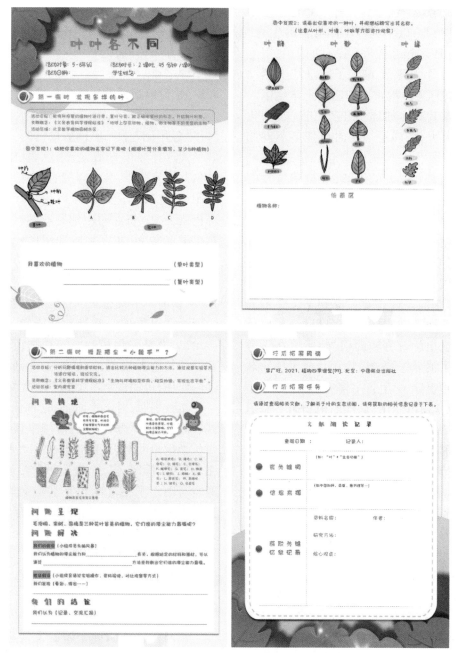

图3 "叶叶各不同"学习单

Fig. 3 Study sheets of different leaves

4.1 活动设计整体思路分析

按照 ADDIE 流程模型，首先，考虑到 5～6 年级学生尚处于经验型的抽象逻辑思维特点，确定了开展户外自然观察与实验探究相结合的活动。根据 6 月植物园资源状况，《义务教育科学课程标准》"地球上存在动物、植物、微生物等不同类型的生物""生物与环境相互作用、相互协调，实现生态平衡"2 个大概念，确定了以"叶"为活动主线。按照逆向教学原理明确了学生学习目标及与其对应的评价任务，进一步细化具体学习方式，即第一课时以任务驱动的形式引导学生在自然中学会科学观察叶，主动建构对叶形态的认知，在自我探索的过程中感受多样的叶。第二课时以问题情境引导学生开展探究活动，引导学生形成提出问题—作出假设—验证假设（实验、观察、数据搜集、资料查询等）—得出结论的思维方式。特别是户外活动（发现多样的叶）学习单的设计还要考虑到学生在不同线路活动能达到同样的学习目标，在设计中更要突出学习方法的引导，所以在学习单中少了很多具体的植物图片或者植物名称。教师引导、学生自主探究、师生共同小结，辅以学习单使用，这样的植物园实践活动，一方面能最大限度达成学生学习目标，另一方面能更好地应对大规模学生接待。

4.2 学习单任务设计思路分析

本学习单包含实践活动中（行中）、活动后（行后）两个阶段的学习引导，整体是按照低阶思维与高阶思维学习任务相结合的原则设计。第一课时设计了两项任务，任务一为"理解"层面任务，通过给定概念及图示，引导学生对所观察到的叶进行分类，为封闭性问题，以填空形式呈现；任务二为"运用"层面任务，学生按照给定的观察方法对叶进行观察，这里观察对象为"叶"但不局限于某一物种，所以带有一定的开放性，以绘图形式呈现。第二课时为一项整体性任务，包括分析维度、创造维度的学习任务，属高阶学习任务。学生需综合分析问题情境、呈现问题、提供的材料与工具，作出相关假设，并通过实验进行验证，进而得出结论。最后，对学生行后学习做了相关拓展引导，特别是以表格形式引导学生掌握获取信息方法，能通过分析、组织获取有用信息，这也是对学生高阶思维的一种培养。

4.3 学习单版面设计思路分析

根据前面提到的设计四原则，在进行"叶叶各不同"学习单排版设计时，考虑内容形式选择竖向排版，整体色调以浅米黄暖色调作为背景，装饰以绿色的叶片为主，首尾相呼应；主标题用深棕色和绿色与装饰色调统一，每课时主标题底部衬托装饰突出重点文字；文字字体选用比较活泼的卡通字体，一共使用了 3 种字体，分级统一字体；将需要学生进行记录和绘制的区域留白，以便学生快速获取任务指向信息；第二课时学习单中一些指导性语句，没有直接给出，而是采用植物园吉祥物苗苗和芽芽对话气泡图呈现，这样既能达到信息传递的作用，也使得学习单更生动活泼。

实践表明，对学生而言，这种任务驱动式、问题引导式学习单的使用不仅能促进每位学生参与到真正的学习活动中，经历主动思考、探究、实践、表达等学习过程，同时也有助于学生之间相互学习交流，形成良好的互学关系。对植物园教育专员而言，学习单的应用便于其活动前与校方沟通交流、活动中促进教学目标的达成、活动后评价与效果检测。

5 小结

新时代植物园处于新的发展机遇期，围绕植物园丰富的人文和自然资源，设计面向中小学生团体实践活动学习单，既能满足教育发展需求，同时也是提升植物园中小学生团体活动质量,促进植物园活动产品化的有效途径之一。

参考文献

陈静静,2020. 学习共同体:走向深度学习[D]. 上海:华东师范大学.

孟庆金,2004. 学习单:博物馆与学校教育合作的有效工具[J]. 博物馆研究 (3):15-19.

James F Kisiel,2003. Teachers, museums and worksheets: a closer look at a learning experience [J]. Journal of Science Teacher Education, 14 (1):3-21.

郑州植物园自然体验教育活动探索

Exploration of Natural Experience Education Activities in Zhengzhou Botanical Garden

郭欢欢　杨志恒　赵建霞　付夏楠　侯少沛　孟志永

（郑州植物园，河南郑州，450042）

GUO Huanhuan　YANG Zhiheng　ZHAO Jianxia　FU Xianan

HOU Shaopei　MENG Zhiyong

（*Zhengzhou Botanical Garden*，*Zhengzhou*，450042，*Henan*，*China*）

摘要：自然体验教育可以促进儿童的全面发展，有助于建立儿童与自然之间的联系，提升儿童的生态素养。近几年，郑州植物园通过自然观察、自然游戏、活动探究、手工制作、园艺体验等形式，尝试开展自然体验教育活动，受到参与群体的一致好评。本文针对郑州植物园开展自然体验教育活动的内容和方式进行讨论分析，引发我们对植物园自然体验教育活动的深入思考。

关键词：自然体验教育；生态素养；自然观察；园艺体验

Abstract：Nature experience education can promote children´s all-round development，help to establish a connection between children and nature，and improve children´s ecological literacy. In recent years，Zhengzhou Botanical Garden has tried to carry out nature experience education activities through nature observation，nature games，activity exploration，handmade，gardening experience and other forms，which have been well received by the participants. This paper discusses and analyzes the content and methods of nature experience education activities in Zhengzhou Botanical Garden，and causes us to think deeply about nature experience education activities in zhengzhou Botanical Garden.

Keywords：Nature experience education；Ecological literacy；Natural observation；Gardening experience

自然体验教育是一种以自然环境为场所，通过有目的、系统性体验式活动的方式使学生获得直接感受与经验，从而得到综合性知识，提高其实践能力，并因而与自然建立情感联系的教育形式（徐凤雏，2020）。自然体验教育本身具有情境性、过程性、综合性以及行动性4个显著特征。自然体验教育不仅可以促进儿童的全面发展，有助于建立儿童与自然之间的联系，同时也可以提升儿童的生态素养。近几年来，郑州植物园尝试开展自然体验教育活动，受到参与群体的一致好评。

1 自然体验教育的意义

1.1 重建人与自然关系

儿童在观察生命生长的过程中能够感受到自然的变化，意识到自然生物同人类自身一样具有追求生存的权利，从而自觉地规范自己的行为，避免出现采摘花果、折枝等不文明行为，产生尊重大自然、尊重生命的意识，形成与自然共生的生活理念。

1.2 认识生命的意义

通过自然体验式教育，儿童可以实现与大自然的亲密接触，能够释放自己的天性,保持纯洁而善良的心灵,从而对大自然产生热爱和敬畏之情,帮助儿童体验生命最纯真的自由和快乐,进而明白生命、生存的意义。

1.3 学校教育的有益补充

学校教育更加注重知识的传播效率,往往采用灌输式的教育方式,不利于孩子的个体发展。自然体验式教育方式能够对孩子进行生态理念引导,让孩子在与自然的接触中获得对自然的认知和情感的联系,有助于孩子人格的完整性发展(肖巧玲、张气,2015)。

2 自然体验教育的主要方式

2.1 科普公益宣传活动

在生态文明建设的大背景下,政府和非政府组织都积极向公众宣传生态环境保护知识,培育全民生态意识。很多地方政府或民间组织在进行生态环境保护科普公益活动中会增加自然体验教育内容,这是一种自上而下的推动和传播,旨在让人们走进自然,融入自然,提高公众的生态意识。例如,乐水行一项关注城市水环境的公益活动,号召公众沿着城市河流进行徒步考察,感受河流之美,记录河流之痛;再如,武汉市中小学绿色生态研学旅行活动,号召武汉市中小学生走进大自然,探索并感受自然的秘密(王继承、张伟,2018)。

2.2 综合实践活动

综合实践活动是学校或社会机构开展的自然体验教育活动方式之一,主要强调学生的亲身经历,立足学生的生活体验和实践对学生进行教育。例如,国家生态环境部联合中国儿童中心组织的"全国青少年自然笔记大赛"就推动了自然笔记在青少年教育中的流行,帮助孩子们用文字和绘画的方式,将自己所观察到的自然现象进行记录,完成观察日记。再如,武汉市第十二中学开展的"守护长江精灵 印记濒危鱼种"实践活动,引导孩子们深入实地进行科学考察,采集鱼类信息,并将形成的成果展现给社会,使孩子们真切地感受到生态环境对生物生存的影响,从而激发其树立生态意识,践行生态行为(蔡君,2019)。

3 郑州植物园自然体验教育的活动形式

郑州植物园内开展的自然体验教育活动形式主要有自然观察、自然游戏、活动探究、手工制作、园艺体验5种形式。

3.1 自然观察

自然观察主要是让参与活动的孩子在活动过程中,对主题花卉、树木、藤本等植物的突出形态进行观察,引导他们在观察自然物的过程中运用比较、分类的技能,对所观察的自然物的特征、变化规律等进行归纳总结,并记录下来(图1)。例如,植物园开展的"探秘植物的叶片",就是让参加活动的孩子分成不同的小组,每组寻找一类叶片(掌状叶、羽状叶、条形叶、椭圆形叶等),观察记录叶片的结构,通过比较、分类的方式总结不同类型叶片的特点及叶片之间的区别,进而掌握植物叶片的基本知识。同时,我园将自然观察与自然笔记相结合,引导孩子们将自己的观察、感想等记录下来。这一形式得到参与孩子及随行家长的一致好评。

图 1 自然观察
Fig. 1 Natural observation

3.2　自然游戏

孩子的天性就是爱玩。游戏是儿童获得认知的一种方式。自然游戏包括大自然寻宝游戏和自然角色扮演(图2)等,前者鼓励孩子到大自然中去观察和寻找自然物,进而实现与自然真实的接触;后者通过模拟自然中的不同物种,来获得大自然物种的生长规律。例如,植物园开展的"七彩葵花对对碰"活动,就是让孩子们拿着准备好的品种卡片,到向日葵展区寻找与卡片上一样的向日葵品种,过程中需要孩子们仔细观察向日葵的花盘、叶片、分枝等指标;"寻找大自然的色彩"游戏,是让孩子们在园内寻找不同的色叶植物,区分色叶植物呈现出的不同颜色,充分调动孩子们的感官去感受大自然,进而获得对自然的认知。

图2　自然角色扮演
Fig. 2　Natural role play

3.3　活动探究

对大自然开展探究型的活动是提高儿童科学素养的有效方式。孩子们在科普引导员的提示下,借助一定的材料和线索,在自然体验中发现问题,提出自己的思考,并寻找解决问题的方法,最后完成任务。如"多彩向日葵"活动,每个孩子领取一张探究卡,在向日葵展区探寻3~5种不同的向日葵品种,重点调查花盘直径、株高、分枝,同时观测同一品种向日葵在不同区域的长势情况,探索影响向日葵生长的环境因素(图3)。

图3　向日葵观测记录
Fig. 3　Observation record of sunflower

3.4　手工制作

手工制作是最吸引孩子的活动之一,可以提高孩子的动手能力和艺术创作能力。孩子利用在自然中找到的叶片、果实或者其他植物材料进行创作,制作成书签、粘贴画等纪念品(图4)。例如,植物园组织孩子们在园内找寻掉落的树叶,利用白纸、剪刀、胶水、冷裱膜等工具制作压花书签或者叶片粘贴画;用玉米皮作为向日葵花的花瓣,用废旧纸箱作为向日葵花盘,制作向日葵花;用红枫叶子、月季花瓣、金鸡菊花瓣作为颜料进行拓印,感受植物色彩的传递;利用因秋季变色形成的深浅不一的樱花树叶片,制作叶片色卡等。

图4　制作树叶粘贴画
Fig. 4　Make leaf stickers

3.5　园艺体验

园艺体验可以让孩子们体验中国传统

园艺文化,感受园林工作的乐趣。孩子们通过参与除草和浇水、观察种子的发芽与成熟的过程,了解植物不同的生长阶段。例如,植物园组织孩子们观察不同品种向日葵种子的颜色、大小,测量种子的重量;观察花生、玉米、绿豆的发芽过程,总结单子叶植物与双子叶植物芽的生长规律;组织孩子们播种向日葵,栽植多肉植物、绿萝等,体验种植的乐趣(图5);组织中学生为园林绿地浇水、除草、修剪,感受园林工作的不易,收获劳动带来的快乐。

图5　栽植活动
Fig. 5　Planting activities

4　问题与讨论

植物园开展的自然体验教育活动虽然取得了一定的成绩,得到参与人员的肯定,但也存在需要改进和完善的地方。

4.1　活动细节需要完善

植物园开展的自然体验活动目标明确,内容丰富、主题鲜明,教学任务能够有层次有步骤地完成,但是缺乏具体活动细节的描述,不利于学生对学习内容的掌握,也不利于活动效果的评估。活动中容易出现部分学生游离于课堂之外的状况。

首先,需要加强自然教育课程资源的开发,以丰富的、科学的、多层次的活动来拓宽园内自然体验教育空间,让孩子们回归自然、融入实践课程。其次,需要对课程进行更加科学的设计,注重活动目标的层次性,将教育与趣味相融合,同时需要讲师注意活动过程中孩子们的反应,活动后及时总结,为下一次活动的开展做好准备。

4.2　科普讲师力量薄弱

自然体验教育对讲师的要求较高。从活动的实施上来说,目前植物园参与活动的讲师数量有限,且工作完成质量有待提高。我园科普讲师队伍均是研究生以上学历,专业集中在林学、植物学、栽培园艺学等,具有扎实的专业基础,但在培养学生教育和教学实践能力方面相对欠缺,对青少年群体的心理发展规律认识不足。虽然活动之前已经通过查阅资料、参加培训课程等方式提升自身开展教育实践的能力,但活动过程中在帮助学生认识自然、与自然情感联结的引导等方面没有发挥出较好的作用,导致孩子们参与自然体验教育实践活动的效果并不理想。

基于此,建议组织科普讲师参加自然体验教育的培训与研讨,加强与其他单位自然教育工作者的沟通与交流,重点在课程的设计与实施、教学策略、学生心理等方面的培训(鲍雅琴,刘志忠,2012),促进讲师自身自然观念的提升和教学方法的拓展,不断提高科普讲师的工作能力和业务素质。同时,组建自己的科普志愿者团队,吸纳有经验的科普讲师参与进来,共同开展自然教育活动。

4.3　活动场所和设施欠缺

郑州植物园具有丰富的植物资源,并专门设有儿童探索园和科普体验馆,但仍然满足不了自然体验教育的需要。各个专类园虽然植物种类丰富,但利用不足,没有进行有主题的、成系统的开发,且专类园解说系统是面向大众游客的,没有单独针对中小学生群体设置自然教育内容。

一方面,需要对儿童探索园进行改造提升,同时对园内资源进行排查,选择最适宜的专类园及场地开展自然体验教育活动。另一方面,充分依托现有资源打造"自然教育径"(王若琦,2021)或者"自然社区"等主题教育场所,增加科普展示牌等科普媒介及相应服务设施,为开展青少年自然体验教育开辟专有线路与场所。

参考文献

鲍雅琴, 刘志忠,2012. 素质教育中教师角色的转变[J]. 内蒙古师范大学学报(教育科学版),25(5):42-45.

蔡君,2019. 公园作为学习场所——国家公园解说和环境教育发展探讨[J]. 风景园林,26(6):91-96.

王继承, 张伟, 2018. 心系汉江水, 浓浓湿地情——武汉市大兴路小学生态文明教育纪实[J]. 环境教育(4):97.

王若琦,2021. 基于自然教育的近自然营造式郊野公园规划实践研究——以郑州龙王郊野公园为例[D]. 北京:北京林业大学.

肖巧玲, 张气, 2015. 生态体验式游戏:中小学环境教育的实践探索[J]. 教育评论(7)6:106-110.

徐凤雏,2020. 重建儿童与自然教育的联结——自然体验教育的理论与实践研究[D]. 上海:华中师范大学.

郑州市乡土植物的应用现状及分析
Application Status and Analysis of Native Plants in Zhengzhou

郭欢欢　杨志恒　赵建霞　付夏楠　孟志永　侯少沛

（郑州植物园,河南郑州,450042）

GUO Huanhuan　YANG Zhiheng　ZHAO Jianxia

FU Xianan　MENG Zhiyong　HOU Shaopei

（*Zhengzhou Botanical Garden*,*Zhengzhou*,450042,*Henan*,*China*）

摘要:本文从乡土植物的特性及景观优势入手,对郑州市城市园林中乡土植物的资源及应用情况进行分析,提出问题,寻找对策,为乡土植物的进一步推广应用提供参考,同时对郑州植物园在乡土植物领域开展的工作进行总结,发挥优势,助力乡土植物推广应用。

关键词:乡土植物;城市园林;应用研究

Abstract:Based on the characteristics and landscape advantages of native plants, this paper analyzes the resources and application of native plants in urban gardens of Zhengzhou, puts forward some problems and finds some countermeasures to provide reference for the further promotion and application of native plants. Meanwhile, it summarizes the work of Zhengzhou Botanical Garden in the field of native plants, gives full play to its advantages and helps the promotion and application of native plants.

Keywords: Native plants;Urban landscape;Application

乡土植物相比引种植物在城市园林中的应用,其不仅具有较强适应性,能够更好地发挥涵养水源、水土保持等作用,而且在保护物种多样性,稳定生态上也有十分重要的作用(赵明国,李国仓,2007)。

20世纪80~90年代对乡土生物多样性的强调使得世界各国把乡土物种保护作为重要的生态和环境保护战略(向国红,2010)。我国高度重视乡土植物的保护与利用。2021年5月18日,国务院办公厅颁布了《关于科学绿化的指导意见》,其中提道:"……积极采用乡土树种草种进行绿化,审慎使用外来树种草种。各地要制定乡土树种草种名录,提倡使用多样化树种营造混交林……"在这一指导意见颁布之后,乡土植物的应用将会更加广泛。因此,研究乡土植物在城市园林中的应用,对于优化城市环境、提升城市园林整体生态性、丰富观赏植物种类等具有促进作用。郑州市作为"生态园林城市""国家中心城市",研究郑州市乡土植物的应用现状,对郑州市的城市生态可持续发展有着重要意义。

1　乡土植物概念

乡土植物,狭义上被定义为生长在乡间的本地植物,尤指容易被忽视的野草之类的植物,如狗尾草、苔藓等。广义的乡土植物,是指经过尝试自然选择及物种演替后,对某一特定地区有着高度的生态适应性的自然植物区系成分的总称(孙卫邦,2003)。现代景观学中定义的园林乡土植物,是指具有一定观赏价值且能够代表本土风情的,可应用于园林造景的本地植物(高琰,2019)。

2 乡土植物的特性

2.1 生物学特性

乡土植物因为经过了长期的自然选择,对当地的气候、土壤环境、光照强度等生长环境均有一定的适应性。同时,乡土植物面对洪涝、干旱等极端天气以及病虫害等,能展现出较好的抗性。尤其是一些乡土植物能够呈现出独特魅力,形成特色园林景观,从而展现较高的观赏价值(陈建宇,2019)。

2.2 地域特性

乡土植物的地域特性主要包括两个方面,一个是由地区特定的水土、气候、光照等生态因子造就的,如植物叶形、叶色、树形等特有的理化性质,植物的喜湿、喜阴等生长特性;另一个是由当地特色的宗教信仰或民俗文化等人文特色对植物赋予的地域文化。不同地域环境下,自然生长的乡土植物均具地域性特征,如海南的椰子(*Cocos nucifera* L.)、新疆的胡杨(*Populus euphratica* Oliv.)等。

2.3 文化特性

乡土植物的文化特性是与人类息息相关的,主要是植物对于人类的用途而言,如作为食物、经济作物、药物及建筑材料等,是人类文明不可缺少的一部分。如古希腊文学作品中月桂树(*Laurus nobilis* L.)的枝叶象征着和平与胜利;中国古典园林中用竹子展现园主人的君子气节。

2.4 生态特性

乡土植物的生态特性在于城市园林绿化中所表现出的景观群落结构。乡土植物构成的群落结构具有一定的稳定性及多样性,展现出较强的抗逆性和自我修复能力,可有效增加城市整体植物群落结构的稳定性,在改善区域生态系统方面具有一定的优良作用。

3 乡土植物的景观优势

3.1 增加植物多样性,稳定生态系统

乡土植物应用于城市园林景观中,不仅能增加本地植物指数,提升群落的植物多样性,营造出类似本地的自然生境,进而建立起相应的人工生态绿地系统,提升城市的生物多样性,而且能增加群落的整体抗干扰能力,建立群落的稳定性,同时还可以营造一个与当地环境相适应的健康生长环境,从而提升园林景观的生态性,发挥其生态调节功能,进而起到调节区域生态平衡,稳定生态系统的作用(李清雨,2019)。

3.2 突出地域特色,营造地域文化

乡土植物作为一个地区特有的地域特色代表元素之一,是地域文化的特殊符号。应用乡土植物在城市中构建园林景观,能够很好地展现城市地域风貌,突出特有的人文特色和地区性自然风貌特色,形成多元化的园林景观,从而展现更具有地域性的观赏特色。

3.3 净化空气,改善环境

乡土植物具有植物资源的固有生态功能,可以在炎热天气遮挡光线、吸收空气中的有害气体,吸收二氧化碳进行光合作用并释放氧气;可以调节空气质量从而改善大气环境,并形成城市小气候,对于改善整个城市的生态环境具有积极的作用(杨福贵等,2003)。

3.4 养护管理便捷,节约投资成本

由于乡土植物具有先天的种质基因优势、抵抗病虫害、耐贫瘠土壤等优良特征,在园林应用上的性价比高,养护管理成本低,并且能够营造出很好的景观效果(谢怀建,2001)。

4 乡土植物应用现状

4.1 研究概况

21世纪开始,国内对乡土植物在园林

中的应用分析主要在乡土植物应用的优势与劣势、乡土植物应用资源、乡土植物的文化内涵、乡土植物与其他园林要素的协调搭配、乡土植物树种的筛选与造景等方面。例如,尹擎等人对昆明市乡土植物在园林中的应用进行分析(尹擎等,2001);孙卫邦对乡土植物的多样性、资源可持续利用等进行探讨,指出乡土植物对现代城市风景园林建设的重要意义;唐红军对乡土植物在城市绿化中应用的优势以及存在的局限性进行分析,并制定相应的解决方案(唐红军,2004);龚琴、周劲松等筛选了适合广梧高速公路绿化应用的乡土植物资源(龚琴等,2007);吴宪亮等对乡土植物在沈阳地区园林绿化中的应用现状进行了分析(吴宪亮等,2009);陈文德等对成都市重点公园乡土植物应用情况进行分析;卢紫君等分析了广州城市公园乡土植物的应用状况(卢紫君,涂慧萍,2012);高琰对银川市乡土植物资源、应用频率、生活类型等进行分析,并建立乡土植物园林应用评价体系(高琰,2019)。

4.2 郑州市乡土植物应用概况

4.2.1 乡土植物资源概况

张东斌 2007 年对郑州园林绿化中的乡土植物进行了调查,结果显示:郑州市园林树木 69 科 417 种,其中乡土植物 41 科 85 种,占了 20.4%,数量不足 10%(张东斌等,2007);王鹏飞 2009 年对郑州市公园绿地的研究表明,郑州市公园绿地木本植物共 54 科 103 属 173 种,其中本地种占总数的 16.8%(王鹏飞,2009);周笑男 2016 年对郑州市 8 个口袋公园植物进行调查,共有植物 70 种,分属于 33 科 58 属,多数植物生长状况为优,其中长势优良的多为乡土树种,同时筛选在郑州地区生长良好的耐旱植物与乡土树种,科学配置植物生态群落(周笑男,安运华,2016);马媛 2020 年对郑州市龙子湖公园植物资源进行调查,结果表明郑州市有乡土植物 215 种,龙子湖公园内有乡土树种 73 种,占 33.95%,乔木类乡土植物占调查区乔木总物种数量的 66%(马媛,李懿轩,2020)。

4.2.2 乡土植物应用中的难点

4.2.2.1 资源单一,储备不足

郑州地区可用于城市园林绿化的乡土植物资源十分丰富,如丝棉木(Euonymus maackii Rupr.)、白皮松(Pinus bungeana Zucc. ex Endl.)、流苏树(Chionanthus retusus Lindl. et Paxt.)、泡桐[Paulownia fortunei (Seem.) Hemsl.]等,有很多,且河南具有观赏价值的观花、观果、观叶、观形的野生植物 686 种(常海荣等,2016),但是却没有苗圃进行规模化种植。因此,乡土植物在应用过程中,缺乏苗木来源,更别提不同规格苗木的分级,市场上没有大批量的资源储备,缺乏植物材料的多样性(胡胜昔,2019),且市场上现有的乡土植物种类单一,可选择性非常低。

4.2.2.2 认知不足,推广滞后

经过对郑州园林行业从业人员的粗略调查,发现不同领域对乡土植物的认知均有不足。如苗圃,仅仅种植常见的、好卖的乡土苗木,且不会大量种植,因为存在风险;如规划设计人员,对乡土植物本就了解不多,设计图上运用就更少,主要挑选耳熟能详的乡土种。对于公众来说,根本不会关心公园绿地应用的是否为乡土植物,仅仅关心园林景观是否好看,对乡土植物生态价值的了解欠缺。

4.2.2.3 常规配置,缺乏特色

现有少数在城市园林中应用的乡土植物,也仅作为常规园林植物进行配置,做出的景观大同小异,没有突出乡土植物的应用特色(董楠楠等,2020)。从已知郑州地区乡土植物的研究文献中,虽然提到过乡土植物的配置应用,但是暂时没有筛选搭配模式,指导性不足。

5 郑州植物园乡土植物工作

郑州植物园作为一个具有科研科普功能的植物园,从建园初期就注重乡土植物资源的引种保育、科学研究、科普服务、景观展示等工作。

5.1 引种保育

郑州植物园多次组织专业技术人员赴河南桐柏山、伏牛山、太行山等地开展野生资源调查工作,同时有计划地开展河南乡土植物资源引种保育。目前,乡土植物专类园内共收集乡土植物 45 个科 96 个属 358 种 5000 余棵,为乡土植物的应用奠定了资源基础。

5.2 科学研究

郑州植物园专门设置乡土植物科研课题组,重点开展乡土植物资源的适应性研究、物候期观测、种子发芽、扩繁技术、养护管理等工作。对秤锤树(*Sinojackia xylocarpa* Hu)、黑壳楠(*Lindera megaphylla* Hemsl.)、青檀(*Pteroceltis tatarinowii* Maxim.)、鸡桑(*Morus australis* Poir.)、蒙桑[*Morus mongolica* (Bur.) Schneid.]、白桦(*Betula platyphylla* Suk.)、刺楸[*Kalopanax septemlobus* (Thunb.) Koidz.]、山白树(*Sinowilsonia henryi* Hemsl.)等 40 余种乡土树种进行了耐热性、耐寒性以及抗病虫能力的评价与研究,优选适宜推广应用的乡土树种。对血皮槭[*Acer griseum* (Franch.) Pax]、秤锤树、建始槭(*Acer henryi* Pax)、翅果油树(*Elaeagnus mollis* Diels)、铜钱树(*Paliurus hemsleyanus* Rehd.)、文冠果(*Xanthoceras sorbifolium* Bunge)、黑壳楠、大果榉(*Zelkova sinica* Schneid.)等乡土植物进行了扩繁研究。结合乡土植物研究,课题组申请河南省科协、林业局等单位的重点项目 4 个,发表科技论文 10 余篇,申请郑州市地方标准 2 项,为下一阶段乡土植物资源在郑州市城市园林中的应用提供理论支持与技术支撑。

5.3 公众科普

郑州植物园肩负着向市民公众开展科普教育的职能。一方面利用世界地球日、世界环境日等节点组织开展乡土植物主题科普宣传活动;另一方面利用工作交流会的有利时机向园林同行宣传乡土植物生态及应用价值,为推动乡土植物在郑州城市园林中的应用贡献力量。

5.4 景观展示

园内各处乡土植物搭配合理。例如,水景区域空气清新、幽静安逸,水边种植有大量的耐湿植物,以旱柳(*Salix matsudana* Koidz.)、垂柳(*Salix babylonica* L.)较多。垂柳的枝条垂入水中,与水中的倒影相互映衬,自然柔美(周维权,1990)。绿地内的安静休息区空间围合、安静私密,采用植物群落组团的栽植方式,减少外界的干扰,乔木以法桐[*Platanus acerifolia* (Aiton) Willd.]、重阳木[*Bischofia polycarpa* (Levl.) Airy Shaw]、枇杷[*Eriobotrya japonica* (Thunb.) Lindl.]、白蜡树(*Fraxinus chinensis* Roxb.)、雪松[*Cedrus deodara* (Roxb. ex D. Don) G. Don]等为主,小乔木以西府海棠(*Malus × micromalus* Makino)、白梨(*Pyrus bretschneideri* Rehd.)、蜡梅[*Chimonanthus praecox* (L.) Link]、红叶李(*Prunus cerasifera* 'Atropurpurea')等为主,灌木以迎春、连翘、贴梗海棠等为主。

乡土植物专类园采用多重缓坡的地形变化,营造山地乡土植物景观。入口处:分级种植乔木、地被和观花植物,营造纷繁多姿的植物景观;缓坡下部,种植地被、野花组合、观花植物、观赏草等形成田园式景观;缓坡中上部,种植多花胡枝子(*Lespedeza floribunda* Bunge)、糯米条(*Abelia chinensis* R. Br.)、秤锤树、建始槭等花灌木及乔木,营造自然群落景观。

6　乡土植物应用的建议

查阅文献可知,乡土植物的优势逐渐得到郑州市园林行业的认可,特别是关于郑州地区龙子湖公园、田园公园、小游园等植物资源的调查中,都有关于乡土植物的调查及应用。综合考虑乡土植物在郑州园林上的应用现状及难点,从科学研究、宣传推广、示范应用等方面进行综合考虑。

6.1　丰富植物资源

乡土植物资源若要得到广泛的推广应用,需要做好资源储备工作。一是推动林木研究机构已有乔木类、灌木类、藤本类等不同类型乡土植物资源研究成果的转化,将好的乡土植物资源成功转入市场;二是建议郑州地区有一定规模的苗圃,率先投入优秀乡土植物资源的扩繁,丰富郑州地区园林建设用乡土植物的苗木资源和多样性。

6.2　加强宣传推广

在郑州市园林行业相关领域中,面向不同的群体开展有针对性的宣传推广:如设计师群体,重点宣传不同乡土植物的观赏价值与生态习性,在设计中进行合理配置;苗木生产群体,宣传乡土植物的经济价值与生态价值,鼓励其开展乡土植物的生产存储。同时,面向市民公众群体,宣传乡土植物的历史沿革、文化价值、生态价值、节约型园林等,不断提高其对乡土植物的接受程度。郑州植物园要充分发挥科普服务的功能,积极在乡土植物的宣传推广上走在前头,贡献力量。

6.3　开展乡土植物建设示范

建议在郑州地区选择不同绿地类型,对不同生态位乡土植物的配置、不同种植区域乡土植物的景观设计、乡土植物与外来植物的搭配等,建设相应的乡土植物示范园,为乡土植物的景观营造提供切实可行的参考方案。郑州植物园亦发挥植物园优势,率先在园区不同绿地类型设置乡土植物配置示范区,为乡土植物在园林中的应用提供参考。

参考文献

常海荣,郭二辉,崔秋芳,等,2016．郑州市节水型园林营建现状调查与分析[J]．浙江农业科学,57(2):214-218．

陈建宇,2019．浅谈乡土植物在园林中种植与应用[J]．农业与技术,39(11):156-157．

董楠楠,马昊一,张丽云,2020．上海郊野景观中的乡土植物应用与挑战研究[J]．园林(10):2-7．

高琰,2019．生态园林城市建设下的银川市乡土植物应用研究[D]．成都:成都理工大学．

龚琴,周劲松,等,2007．乡土植物在广梧高速公路生态绿化中的应用[J]．生态环境(2):486-491．

胡胜昔,2019．浅析乡土植物在园林中的应用[J]．南方农业,13(12):55,63．

李清雨,2019．乡土植物在园林绿化中的应用分析[J]．花卉(24):76-77．

卢紫君,涂慧萍,2012．广州城市公园乡土植物应用现状与对策[J]．福建林业科技,39(1):156-159,164．

马媛,李懿轩,2020．郑州市龙子湖公园植物资源调查分析[J]．现代园艺(6):105-106．

孙卫邦,2003．乡土植物与现代城市园林景观建设[J]．中国园林(7):63-65．

唐红军,2004．乡土树种在城市绿化中缺少利用的原因[J]．中国园林(6):73-74．

王鹏飞,栗燕,杨秋生,2009．郑州市公园绿地木本植物物种多样性研究[J]．中国园林(5):84-87．

吴宪亮,梁雪,杨帆,2009．乡土植物在沈阳地区园林绿化中的应用[J]．沈阳农业大学学报(社会科学版),11(6):734-737．

向国红,2010．岳阳市园林绿化植物种类及应用配置情况调查[J]．农业科技通讯(6):94-

100.

谢怀建,2001.城市绿化的生态和文化原则[J].
　　生态经济(7):83-85.

杨福贵,刘思土,曹贵良,2003.浅谈园林设计中
　　的景观植物配置[J].江西农业大学学报
　　(S1):132-134.

尹擎,但国丽,吕元林,等,2001.昆明市园林绿化
　　乡土植物选择初探[J].云南大学学报(自然
　　科学版)(S1):52-56,70.

张东斌,范定臣,骆玉平,2007.乡土植物在郑州

园林绿化中的应用研究[J].黑龙江生态工
　　程职业学院学报,20(5):11-12,35.

赵明国,李国仓,2007.乡土植物在园林中对生物
　　多样性保护的作用[J].广东林业科技(4):
　　73-77.

周维权,1990.中国古典园林史[M].北京:清华
　　大学出版社.

周笑男,安运华,2016.郑州市口袋公园植物景观
　　调查与分析[J].长江大学学报(自然科学
　　版),13(15):17-20.

不同程度干旱胁迫下 5 种胡枝子属 *Lespedeza* 种子萌发响应及抗旱性评价

Seed Germination Response and Drought Resistance Evaluation of 5 *Lespedeza* Species under Different Degrees of Drought Stress

杨志恒　张娟　董姬秀　李翰书　孙艳*

（郑州植物园，河南郑州，450042）

YANG Zhiheng　ZHANG Juan　DONG Jixiu

LI Hanshu　SUN Yan

（*Zhengzhou Botanical Garden*，*Zhengzhou*，450042，*Henan*，*China*）

摘要：采用不同浓度 PEG-6000 溶液模拟干旱胁迫的方法，对 5 种胡枝子属植物种子的萌发特性和抗旱性进行了研究。结果表明，在不同程度的干旱胁迫下，5 种胡枝子种子的发芽率、发芽指数、胚根胚芽长和活力指数均有所不同。总体表现为，随着干旱胁迫程度的增加，发芽率和发芽指数呈递减趋势，萌发活力指数和胚根胚芽生长下降明显，多花胡枝子、美丽胡枝子和胡枝子对低水平的干旱胁迫具有一定的耐受性。通过隶属函数法进行综合评价，耐旱萌发能力大小为美丽胡枝子>多花胡枝子>胡枝子>细梗胡枝子>截叶铁扫帚。

关键词：胡枝子属；干旱胁迫；种子萌发响应；隶属函数法

Abstract：The experiment was conducted to estimate the seed germination characteristics and drought resistance of 5 *Lespedeza* species by simulating drought stress using different concentrations of PEG-6000 solution. The results indicate that the germination rate, germination index, radicle and bud length and vigor index of seeds were different under various degrees of drought stress. In general, with the increase of drought stress, the germination rate and germination index showed a decreasing trend, while the germination vigor index and radicle and germ length decreased significantly. The *L. floribunda*, *L. Formosa* and *L. bicolorhad* had certain tolerance to low level of drought stress. Comprehensive evaluation was carried out by membership function method and the germination ability of drought resistance was in the order of *L. formosa*> *L. floribunda*> *L. bicolor*> *L. virgata*> *L. cuneata*.

Keywords：*Lespedeza*；Drought stress；Seed germination response；Membership function method

胡枝子属（*Lespedeza*）植物为豆科（Leguminosae）多年生草本或落叶灌木，我国约有 26 种，除新疆外，广泛分布于各省区，其中河南省分布有 20 种（丁宝章等，1988）、

基金项目：河南省科学技术协会 2021 年度河南省青年人才托举工程项目（2020）93 号。

作者简介：杨志恒（1971—），男，河南郑州人，高级工程师，主要从事园林管理及植物迁地保护研究。E-mail：Yangzhiheng1031@163.com。

通讯作者：孙艳（1993—），女，河南新乡人，硕士研究生，主要从事园林植物生理生态研究。E-mail：sunyan0117@foxmail.com。

(中国植物志编写委员会,1999;张云霞等, 2010),是河南地区的优良乡土树种。胡枝子属植物生态适应性良好,多数种耐干旱、耐贫瘠、耐盐碱,是理想的水土保持、防风固沙植物。其中,多花胡枝子(*L. floribunda*)、美丽胡枝子(*L. formosa*)等花期长、花色鲜艳美丽、姿态优美,具有较高的观赏价值和园林应用前景。

种子萌发是种苗建成及存活的关键过程,也是研究植物抗旱性的一个重要时期。研究胡枝子属植物的耐旱性特点与机理,可为干旱地区的造林绿化提供理论参考依据。PEG(聚乙二醇)是一种高分子聚合物,可导致植物细胞和组织失水,不同浓度的PEG具有不同的渗透压,可用于模拟不同程度的干旱胁迫,是测定种子发芽期抗旱潜力的常用方法,目前已广泛应用于沙棘(*Hippophae rhamnoides*)、紫穗槐(*Amorpha fruticosa*)、沙蒿(*Artemisia desertorum*)等干旱区绿化植物的耐旱性研究(刘燕燕等, 2014;雷晓强等,2015;陈东凯等,2021)。干旱胁迫对美丽胡枝子和胡枝子(*L. bicolor*)的种子萌发以及幼苗生理生化的研究已有报道(高琼等,2005;马彦军等,2009;陈嘉欣等,2020;韩晓霞等,2021),但是对细梗胡枝子(*L. virgata*)、截叶铁扫帚(*L. cuneata*)、多花胡枝子等的种子萌发期耐旱性研究较少。为此,本试验拟采用PEG-6000溶液模拟干旱胁迫,通过对5种胡枝子属植物的发芽率、发芽指数、胚根胚芽长、活力指数等多个指标测定分析,采用隶属函数法对不同胡枝子的抗旱性进行综合评价,以期为耐旱性较好的胡枝子属资源的开发利用提供科学依据。

1　材料与方法

1.1　试验材料

供试的细梗胡枝子、美丽胡枝子、胡枝子、截叶铁扫帚、多花胡枝子种子于2020

年10月采集于河北定州燕青苗木基地,所用聚乙二醇PEG-6000为分析纯。

1.2　干旱胁迫处理

种子发芽实验在光照培养箱中进行,采用纸上培养法,将种子置于发芽盒中进行培养。在发芽盒中分别加入10mL蒸馏水配制的5%、10%、15%、20%、25%的PEG-6000溶液(g/g)进行不同程度的干旱胁迫处理,以加入10mL蒸馏水为对照(CK)。胡枝子种子经1% NaClO处理5min,蒸馏水冲洗数遍,然后放入铺有2层滤纸的发芽盒中,每个发芽盒放置50粒种子,每个处理3个重复,每2d更换1次发芽床。在恒温25℃和相对湿度60%的条件下,黑暗培养8d,每天定时记录种子萌发数。种子萌发以种子露白为标志,萌发结束后分别测量胚根、胚芽长度。

计算发芽率(GR)、发芽指数(GI)和活力指数(VI)。

发芽率(%)=(正常发芽种子数/供试种子数)×100%

$$发芽指数=\Sigma Gt/Dt$$

其中,*Gt*为*t*时间内的发芽数;*Dt*为相应的发芽日数。

活力指数=发芽指数×(胚根+胚芽)长度

1.3　抗旱性综合评价方法

使用隶属函数值法对5种胡枝子种子抗旱性进行综合评价。

隶属函数值计算方法如下:

若某一指标与抗旱性呈正相关,则:

$$X(\mu)=(X-X_{min})/(X_{max}-X_{min}) \qquad (1)$$

式中,*X*为某种胡枝子属植物种子某一指标测定值的平均值;X_{min}为所有种中该指标的最小值;X_{max}为所有种中该指标的最大值。

若某一指标与抗旱性呈负相关,则:

$$X(\mu)=1-(X-X_{min})/(X_{max}-X_{min}) \qquad (2)$$

每个胡枝子属植物种子的抗旱性综合评价值就是将某一种的隶属函数值进行累

加并计算平均值。

1.4 数据统计分析

用 SPSS20.0 和 Excel 2016 对数据进行统计分析。

2 结果与分析

2.1 干旱胁迫对 5 种胡枝子种子发芽率的影响

随着 PEG 浓度的增加,种子萌发受到的干旱胁迫加剧,5 种胡枝子属植物种子发芽率各有不同(表 1)。从总发芽率来看,5 种种子均表现出随着干旱胁迫的增加,发芽率呈现递减趋势,且与对照组有显著差异;多花胡枝子和胡枝子在 5% PEG 胁迫下,发芽率与对照组无显著差异,细梗胡枝

子和截叶铁扫帚仍有 60% 以上的种子萌发,在 10%PEG 浓度下的发芽率则显著降低;胡枝子和美丽胡枝子的种子发芽率对干旱胁迫较为敏感,在 10%PEG 浓度下,发芽率分别为 29.33% ± 0.88% 和 26.66% ± 1.76%,显著低于 5%PEG 浓度下的发芽率;较高浓度的 PEG 溶液对 5 种胡枝子种子的发芽率显示出较强的抑制作用,种子萌发数量较少,细梗胡枝子、截叶铁扫帚和美丽胡枝子的发芽率在 PEG 浓度为 20% 和 25% 时无显著差异。从种子发芽率可以看出,干旱胁迫对胡枝子种子的萌发具有不同程度的抑制作用,多花胡枝子和胡枝子对低水平的干旱胁迫具有一定的耐受性。

表 1　干旱胁迫对 5 种胡枝子种子发芽率的影响(%)

PEG 浓度/%	多花胡枝子	细梗胡枝子	截叶铁扫帚	胡枝子	美丽胡枝子
0	93.33±1.20 a	85.33±1.45 a	87.33±0.88 a	87.33±0.88 a	86.66±2.40 a
5	83.33±2.96 a	66.66±1.45 b	68.66±1.76 b	77.33±1.45 a	58.66±0.88 b
10	43.33±1.76 c	36.00±0.57 c	44.66±2.60 c	29.33±0.88 b	26.66±1.76 c
15	26.00±2.08 d	17.33±0.88 d	25.33±2.33 d	20.00±1.15 c	15.33±0.88 d
20	16.66±2.4 de	10.66±0.66 e	14.00±0.57de	10.66±0.33 d	9.33±0.88 de
25	11.33±0.66 f	5.33±0.88 e	10.66±2.33e	2.66±0.33 e	3.33±0.33 e

2.2 干旱胁迫对 5 种胡枝子种子发芽指数的影响

由表 2 可以看出,干旱胁迫下,5 种胡枝子种子的发芽指数显著低于对照组,且随着干旱胁迫程度的增加,发芽指数呈显著降低趋势。在 PEG 浓度为 5% 处理下,多花胡枝子和美丽胡枝子的发芽指数低于对照组,但其差异不显著,显

示出对低水平干旱胁迫具有一定的耐受性;当 PEG 浓度为 25% 时,5 种胡枝子种子的发芽指数低于 20%PEG 处理,但其差异不显著,表现出高水平的干旱胁迫种子发芽指数的抑制作用差别不大。这部分结果表明,多花胡枝子和美丽胡枝子对低水平的干旱胁迫具有一定的耐受性。

表 2　干旱胁迫对 5 种胡枝子种子发芽指数的影响

PEG 浓度/%	多花胡枝子	细梗胡枝子	截叶铁扫帚	胡枝子	美丽胡枝子
0	74.95±4.40 a	49.38±3.54 a	56.92±1.98 a	39.90±1.13 a	43.55±4.92 a
5	69.11±3.47 a	38.59±2.47 b	38.45±3.83 b	26.44±1.66 b	46.93±1.50 a
10	29.40±1.21 b	20.61±2.58 c	25.71±1.01 c	16.33±0.82 c	16.04±0.67 b

PEG 浓度/%	多花胡枝子	细梗胡枝子	截叶铁扫帚	胡枝子	美丽胡枝子
15	22.21±0.93 c	9.62±0.14 d	9.52±0.17 d	8.06±1.12 d	5.97±0.46 c
20	9.38±0.84 d	8.06±0.92 d	7.04±1.29 d	3.88±0.04 e	3.50±0.82 d
25	6.46±1.36 d	3.50±1.97 d	3.98±1.55 d	0.97±0.29 e	0.92±0.04 d

2.3　干旱胁迫对 5 种胡枝子幼苗生长的影响

由表 3 和表 4 可以看出,5 种胡枝子的胚芽长、胚根长对干旱胁迫的响应相似,随着干旱胁迫的加剧,胚根胚芽长度出现不同程度的减短;多花胡枝子在 PEG 浓度为 10%和 15%时,胚芽长度显著长于对照组,表现出低程度干旱胁迫对胚芽伸长具有一定的刺激作用,随着 PEG 浓度的继续增加,胚芽长度降低;截叶铁扫帚的胚芽长度未表现出显著差异;细梗胡枝子、胡枝子和美丽胡枝子的胚芽长度随着 PEG 浓度增加而减小,在 20%和 25%的高浓度 PEG 胁迫下与对照组有显著差异。

表 3　干旱胁迫对 5 种胡枝子胚芽长的影响(cm)

PEG 浓度/%	多花胡枝子	细梗胡枝子	截叶铁扫帚	胡枝子	美丽胡枝子
CK	2.42±0.20 bc	6.17±0.15 a	1.72±0.21 a	5.43±0.60 a	6.49±0.80 a
5	3.40±0.55 ab	6.26±0.59 a	2.23±0.33 a	5.50±0.37 a	5.12±0.31 ab
10	4.51±0.35 a	4.31±0.48 b	3.30±0.47 a	4.73±0.46 a	4.23±0.43 bc
15	4.06±0.55 a	4.44±0.54 b	3.20±0.86 a	3.67±0.71 ab	3.86±0.58 c
20	2.53±0.37 bc	2.96±0.28 bc	2.48±0.52 a	2.34±0.61 b	3.22±0.12 cd
25	1.75±0.13 c	2.05±0.41 c	1.92±0.37 a	2.12±0.37 b	2.35±0.21 d

表 4　干旱胁迫对 5 种胡枝子幼苗胚根长的影响(cm)

PEG 浓度/%	多花胡枝子	细梗胡枝子	截叶铁扫帚	胡枝子	美丽胡枝子
CK	0.99±0.10 a	0.44±0.04 b	0.54±0.04 bc	0.48±0.05 bc	2.10±0.11 a
5	0.82±0.06 a	0.40±0.04 b	0.88±0.11 a	1.91±0.20 a	2.05±0.15 a
10	0.59±0.05 b	0.40±0.03 b	0.43±0.04 c	2.08±0.12 a	2.09±0.10 a
15	0.56±0.06 b	0.85±0.13 a	0.65±0.07 abc	0.86±0.16 b	1.01±0.07 b
20	0.55±0.04 b	0.54±0.08 b	0.73±0.08 ab	0.56±0.05 b	0.66±0.05 bc
25	0.45±0.08 b	0.42±0.09 b	0.42±0.07 c	0.32±0.02 c	0.50±0.04 c

2.4　干旱胁迫对 5 种胡枝子种子活力指数的影响

种子萌发中,胚根和胚芽的生长对干旱胁迫响应相似,对种子的活力指数具有重大影响。由表 5 可以看出,5 种胡枝子种子的萌发活力指数对干旱胁迫不同程度的响应。其中,在 5%PEG 浓度处理下,细梗胡枝子、胡枝子和美丽胡枝子的活力指数显著低于对照组,多花胡枝子和截叶铁扫帚活力指数低于对照组,但差异不显著。随着干旱胁迫的程度增加,5 种胡枝子种子萌发活力指数均呈现出显著下降趋势,在 20%和 25%PEG 浓度下,下降趋势减小,无显著差异。

表 5   干旱胁迫对 5 种胡枝子种子活力指数的影响

PEG 浓度/%	多花胡枝子	细梗胡枝子	截叶铁扫帚	胡枝子	美丽胡枝子
0	255.60±15.00 a	326.46±23.45 a	128.64±4.49 a	236.13±6.72 a	374.14±42.32 a
5	249.44±14.67 a	257.05±16.46 b	119.58±11.91 a	196.06±12.33 b	193.09±10.8 b
10	149.98±6.21 b	97.07±12.16 c	95.91±3.79 b	111.37±5.65 c	101.38±4.25 c
15	102.63±4.30 c	51.01±0.77 d	36.68±0.67 c	36.59±5.08 d	29.15±2.28 d
20	28.92±2.61 d	28.24±3.24 de	22.67±4.16 cd	11.27±0.14 e	13.58±3.21 d
25	36.04±7.58 d	8.66±4.88 e	9.34±3.65 d	2.38±0.72 e	2.63±0.13 d

2.5   5 种胡枝子萌发期抗旱性的综合评价

用隶属函数法对 5 种胡枝子属植物的发芽率、发芽指数、活力指数、胚芽长和胚根长进行了综合评价,得到 5 种胡枝子的隶属函数平均值。由表 6 可知,5 种胡枝子属植物的耐旱萌发能力大小为:美丽胡枝子>多花胡枝子>胡枝子>细梗胡枝子>截叶铁扫帚。

表 6   5 种胡枝子种子耐旱萌发指标隶属函数值及综合评价

种	干旱胁迫隶属函数值						
	发芽率	发芽指数	活力指数	胚芽长	胚根长	平均值	名次
多花胡枝子	0.68	0.60	0.63	0.56	0.39	0.572	2
细梗胡枝子	0.57	0.58	0.62	0.55	0.24	0.512	4
截叶铁扫帚	0.59	0.63	0.51	0.4	0.41	0.508	5
胡枝子	0.62	0.61	0.59	0.55	0.4	0.554	3
美丽胡枝子	0.64	0.64	0.69	0.55	0.56	0.616	1

3   结论与讨论

水分既是影响植物种子萌发的重要因素,也是制约植物生长和分布的重要因素(李新荣等,1999)。植物在干旱环境中能否生存,主要取决于种子发芽能力和活力大小,发芽率、发芽指数和活力指数是种子萌发活力的重要指标(姜生秀等,2018)。种子萌发期抗旱性相关问题已有学者做了大量研究,但不同植物表现可能不尽相同。罗布麻(*Apocynum venetum*)、高羊茅(*Festuca elata*)、豚草(*Ambrosia artemisiifolia*)等随着干旱胁迫程度的增强,种子发芽率、发芽指数和活力指数等均呈现下降趋势(徐振朋等,2015;霍可以等,2021;袁梦琦等,2021);也有低水平干旱胁迫促进种子萌发的报道,如轻度干旱可促进紫花苜蓿(*Medicago sativa*)和柠条锦鸡儿(*Caragana korshinskii*)的种子萌发,表现出对干旱生境的长期适应性和进化的结果(刘佳月等,2018;闫兴富等,2016)。本研究结果表明,干旱胁迫对 5 种胡枝子种子的发芽率具有不同程度的抑制作用,多花胡枝子和胡枝子对低程度的干旱胁迫具有一定的耐受性,这可能与种子萌发期对干旱胁迫的敏感程度有关。

植物的抗旱性是一个复杂数量性状,不同植物对不同指标的响应规律不尽相同(霍可以等,2021)。因此,许多研究采用综合多个指标的隶属函数法来评价抗旱性强弱(李林瑜等,2020;孙艳茹等,2015)。秦文静等对毛苕子(*Vicia villosa*)、沙打旺(*As-*

tragalus adsurgens)等 4 种豆科牧草种子萌发期进行干旱胁迫处理并进行综合评价(秦文静等,2010)。潘平新等利用隶属函数法对胀果甘草(*Glycyrrhiza inflata*)、苦豆子(*Sophora alopecuroides*)、柠条锦鸡儿(*C. korshinskii*)等荒漠植物的萌发及其抗旱性

进行综合评价,胀果甘草的抗旱能力最强(潘平新等,2021)。本研究采用隶属函数法对胡枝子种子萌发的 5 项指标进行综合评价,抗旱性顺序依次为美丽胡枝子>多花胡枝子>胡枝子>细梗胡枝子>截叶铁扫帚。

参考文献

陈东凯,骆汉,马瑞,等,2021. 沙蒿种子萌发对 NaCl 及聚乙二醇胁迫的响应[J]. 水土保持通报,41(1):161-166.

陈嘉欣,张玲玲,张国庆,等,2020. 6 种园林植物耐旱性分析[J]. 热带亚热带植物学报,28(3):310-316.

丁宝章,王遂义,1988. 河南植物志:第二册[M]. 郑州:河南科学技术出版社:280-397.

高琼,陈晓阳,杜金友,等,2005. 不同种和种源胡枝子的耐旱性差异研究[J]. 北华大学学报(自然科学版)(3):257-260.

韩晓霞,马小军,2021. 不同干旱程度下 4 种豆科牧草种子萌发期抗旱性评估[J]. 内蒙古水利(11):12-14.

霍可以,刘英,向仰州,等,2021. 聚乙二醇浸种对高羊茅种子萌发的影响[J]. 种子,40(10):74-79

姜生秀,严子柱,吴昊,2018. PEG6000 模拟干旱胁迫对 2 种沙冬青种子萌发的影响[J]. 西北林学院学报,33(5):130-136.

雷晓强,王竞红,杨成武,等,2015. 干旱胁迫下三种护坡植物种子萌发特性研究[J]. 森林工程,31(3):7-11.

李林瑜,方紫妍,艾克拜尔·毛拉,等,2020. 自然干旱胁迫对两种小檗幼苗生长和生理生化指标的影响[J]. 北方园艺(4):80-86.

李新荣,张新时,1999. 鄂尔多斯高原荒漠化草原与草原化荒漠灌木类群生物多样性的研究[J]. 应用生态学报(6):665-669.

刘佳月,杜建材,王照兰,等,2018. 紫花苜蓿和黄

花苜蓿种子萌发期对 PEG 模拟干旱胁迫的响应[J]. 中国草地学报,40(3):27-34,61.

刘燕燕,张聃,曹昀,等,2014. 水分胁迫对紫穗槐种子萌发及幼苗生长的影响[J]. 江苏农业科学,42(9):145-147.

马彦军,曹致中,李毅,2009. 八种胡枝子属植物种子萌发期抗旱性的比较[J]. 甘肃农业大学学报,44(5):124-128,146.

潘平新,马彦军,任小燕,等,2021. 5 种荒漠植物种子萌发与生长抗旱性比较[J]. 甘肃农业大学学报,56(5):120-127,136.

秦文静,梁宗锁,2010. 四种豆科牧草萌发期对干旱胁迫的响应及抗旱性评价[J]. 草业学报,19(4):61-70.

孙艳茹,石屹,陈国军,等,2015. PEG 模拟干旱胁迫下 8 种绿肥作物萌发特性与抗旱性评价[J]. 草业学报,24(3):89-98.

徐振朋,宛涛,蔡萍,等,2015. PEG 模拟干旱胁迫对罗布麻种子萌发及生理特性的影响[J]. 中国草地学报,37(5):75-80.

闫兴富,周立彪,思彬彬,等,2016. 不同温度下 PEG-6000 模拟干旱对柠条锦鸡儿种子萌发的胁迫效应[J]. 生态学报,36(7):1989-1996.

袁梦琦,王梅芳,李黎明,等,2021. 干旱胁迫对豚草种子萌发及幼根生长的影响[J]. 植物检疫,35(6):27-32.

张云霞,黄红慧,朱长山,等,2010.《河南植物志》豆科补遗[J]. 河南师范大学学报(自然科学版),38(6):164-166.

中国植物志编写委员会,1999. 中国植物志:四十一卷[M]. 北京:科学出版社:131-159.

植物园儿童自然教育景观规划设计策略研究
——以北京教学植物园为例
Landscape Planning and Design Strategy of Children's Natural Education in Beijing Teaching Botanical Garden as An Example

左小珊　明冠华　刘美丽　马凯

（北京教学植物园,北京，100061）

ZUO Xiaoshan　MING Guanhua　LIU Meili　MA Kai

（*Beijing teaching botanical garden*，*Beijing* 100061,*China*）

摘要:本文以北京教学植物园为例,在整理目前已开展的自然教育活动类型及不同活动对于景观场地差异化需求的基础上,从整体和局部设计的角度提出可供借鉴的儿童自然教育景观规划设计策略和方法。

关键词:植物园;自然教育;景观设计;儿童参与

Abstract:Taking Beijing teaching botanical garden as an example，this paper puts forward the planning and design strategies and methods of children′s natural education landscape from the perspective of overall and local design on the basis of sorting out the types of natural education activities that have been carried out at present and the differentiated needs of different activities for landscape sites.

Keywords：Botanical garden;Nature education;Landscape design;Children′s participation

　　根据 1998 年国际植物园保护联盟（BGCI）对植物园的定义:植物园是"拥有活植物收集区,并对收集区内的植物进行记录管理,使之用于科学研究、保护、展示和教育的机构"（Jackson，Sutherland,2000）。植物园成为普及科学文化知识、提高公众科学素养、增强环境保护理念等方面不可替代的场所,像英国皇家植物园邱园、美国莫顿树木园、纽约植物园、新加坡植物园、澳大利亚墨尔本皇家植物园等甚至都专门配备有设施齐全的儿童园,为儿童开展了大量的自然教育活动（王西敏等,2021）。北京教学植物园作为全国唯一一所专门为青少年科普教学服务的植物园,

除了植物收集之外,更专注于针对青少年进行自然科学研究和教育,经过 60 多载,积累了丰富的科普教学经验和成熟的服务体系,每年服务北京市中小学生十多万人,在儿童自然教育景观建设方面也一直在探索和实践。

1 儿童自然教育景观设计概述

　　自然教育的最初实践来自英国爱丁堡的"观察塔楼",是现代生态规划设计先驱盖迪（Patrick Geddes）于 1982 年所建,也由此可以看出自然教育从开始便与风景园林有关。丹麦在 20 世纪中期诞生了森林学校,随后,各个国家开始发展森林幼儿园,

第一作者:左小珊,1984 年 5 月出生;女;职称:中级;联系电话:13810666756;E-mail:191207297@ qq. com。

如美国、德国等,通过各个国家的实践与发展,结合各国历史、地域及自然特征,逐渐形成了各具特色的教育实践模式。我国从2010年开始才陆续出现一些以自然教育为办学理念的机构和学校,主要以广东、上海、北京、浙江等一二线城市为主,近几年逐渐扩展到三四线城市,并且呈现井喷式发展的态势。组织者主要包括学校倡导的户外自然教学、私营型自然教育机构与非营利性环保组织等,以户外教学、休闲娱乐、自然教育、亲子互动等为主要开发模式(窦瑞等,2021)。而植物园一直是进行儿童自然教育的最佳场所,目前国内的自然教育机构也多依托植物园或者植被系统丰富的森林公园或郊野公园进行自然教育,这也是目前能够让国内儿童有效亲近自然的最常见途径。

在知网(CNKI)数据库以"儿童自然教育景观设计"为关键词进行搜索,截止到2022年6月19日,查阅到相关主题的文献共计66篇,其中学术期刊26篇,硕士学位论文40篇,研究范围集中在与儿童自然教育相关的校园景观设计、居住区景观设计、农业园景观设计、城市公园设计、郊野公园设计等。如图1所示,该主题的研究内容主要集中在自然教育理念在景观设计中的体现、儿童自然教育对场地的需求、景观材料和植物的选取等方面。由检索结果可以看出,相关研究从2018年开始发展,到2022年逐年上升。

从最新的《2020年中国自然教育发展报告》中可以看出,在一二线城市中,九成左右的城市居民每月都会至少参与一次在自然中进行的活动,显示出了在发展水平较好的城市中,公众对于自然教育的了解和参与度都已经达到不俗的高度(董秀维,2021)。居民对于自然教育活动品质的追求逐步提高,势必带来参与者对于景观场地的需求更加精细化。对于植物园来说,

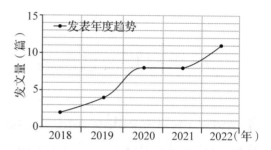

图1 中国知网"儿童自然教育景观设计"主题相关文献分析

Fig. 1 Analysis of relevant literature on the theme of "landscape design for children's natural education" on CNKI

科普教育一直是其重要职责,针对儿童的科普教育需求也在不断地增加,如何为儿童提供更优质、更系统、更具有教育意义的景观场地是急需解决的问题。

2 北京教学植物园儿童自然教育类型

作为全国唯一一所面向青少年开展活动的专类植物园,北京教学植物园一直深耕于儿童自然教育的沃土,经过60多年的积累,逐步形成了独具特色的自然教育理念,除了简单的自然科普,更注重发挥儿童自然教育活动的校内外协同育人功能。目前初步涵盖了自然感知、劳动教育、文化体验、参与建造和综合类活动等不同类型自然教育活动(表1),而这些活动都需要利用植物园区作为教学资源或者教学场所。同时,开展这些教学活动对于园区景观的功能和风貌都有不同程度的需求,为了让景观设计更加实用,需要深入剖析自然教育活动的实际需求。

3 北京教学植物园自然教育景观规划设计策略

3.1 统筹现有场地资源,规划自然教育线

根据北京教学植物园现有场地资源,结合自然教育活动类型,统筹规划出四条

表 1　北京教学植物园自然教育活动类型

Table 1　Types of natural education activities in Beijing Teaching Botanical Garden

活动类型	教育目标	活动举例
自然感知类	在自然中观察动、植物,学习生物多样性和生态系统相关知识	植物大课堂、夜游植物园、自然笔记
劳动教育类	种植农作物,学习传统和现代农业知识	少儿农艺课
文化体验类	联系生活,在活动中体验与学习衣、食、住、行相关的植物文化知识	植物文化体验课
参与建造类	在教学活动中引导儿童参与植物园的设计与建造	Esteam 儿童生态建造营;节气花园种植课
综合活动类	以植物种植、植物科学、自然探索为主要内容,在活动中发挥协同育人功能	植物栽培大赛、绿色科技俱乐部、夏(冬)令营

教育导览线(图 2),包括:植物文化教育线、生态环保教育线、自然科学教育线、劳动实践教育线。线路及节点基本涵盖目前开展的各项活动类型,部分空间节点已经满足开展活动的基本需求,在规划设计中重点将需要改造的节点进行合理的设计和建造。在植物文化教育线路中增加草药文化、造园文化等多种文化;在生态环保教学线路中梳理设计雨水收集、落叶收集、堆肥展示等生态教育点;在自然科学教学线路中增加与科学家相关的教学点;在劳动实践教学路线中增加树木维护、绿篱修剪、花草养护等教学内容。

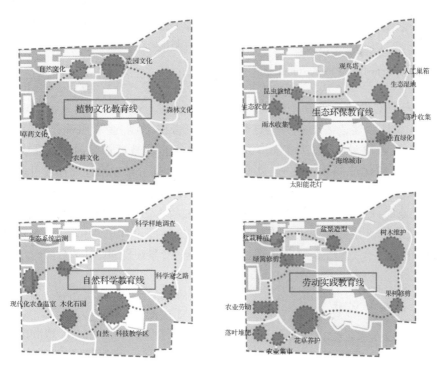

图 2　北京教学植物园教育线路规划图

Fig. 2　Educational route plan of Beijing Teaching Botanical Garden

3.2 场地设计深度对接教育活动需求

在明确了自然教育线和需要改造的节点空间之后,再进行具体的场地设计。场地改造设计需要充分调研活动内容对于场地功能的需求,在形式与外观上进行把控,保持园区景观风貌协调统一。例如,在进行昆虫旅馆(一期)场地建设的过程中,考虑到活动内容中包含昆虫居住特性,选址在临近水源、远离主路的隐蔽区域,且此区域没有栽种珍稀植物物种;场地内平整开阔,适合学生进行自然教育活动;场地铺设天然树皮,生态环保且适合昆虫栖息,贴合教育活动目标;昆虫旅馆在教学活动中完成设计和建造,形成独具内涵的景观风貌。

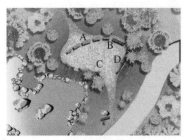

A.昆虫旅馆
B.宣传展示牌
C.树皮铺地
D.原木座椅

图3　昆虫旅馆场地设计图
Fig. 3　Design drawing of insect hotel site

3.3 儿童参与景观设计与建造

参与景观设计和建造活动本身就是非常有意义的自然教育过程,以生态营建活动作为景观设计和建造的手段之一,不仅可以让学生动手实践,了解生态环境问题和解决方法,还能让学生的作品成为园区特殊的景观(图4)。在工程建设中将活动的建造内容充分融合,适当添加宣教展示牌、学生作品摆放区等,让开展活动后的场地能够有效地循环利用。

图4　学生参与景观设计和建造
Fig. 4　Student participation in landscape design and construction

3.4 工程建设与活动课程协同进行

在已经建成的植物园内进行场地改造应遵循尊重现状、打造精品的原则。北京教学植物园结合现有教育教学活动需求,在充分调研和广泛征求意见的基础上,先期制定《园区规划设计纲要》和《重点项目投资估算库》,将需要进行深度对接活动内容的场地进行重点设计,分期申报和开发,让每个空间都成为学生探索自然、学习收获的园地。

4 小结

通过上述儿童自然教育景观设计策略的思考和实践,逐步明确了在植物园中进行儿童自然教育景观规划设计应将儿童作为主体,部分景观设计和建设可以结合儿童自然教育活动逐步开展。在后期的工作中,将继续深入开展以自然教育活动为主体的景观场地空间设计思考和实践,逐步完善儿童自然教育景观规划设计的具体内容。

参考文献

董秀维,2021. 休闲农业园儿童自然教育景观规划设计策略研究[D]. 重庆:西南大学.
窦瑞,王崑,张献丰,等,2021. 基于儿童自然教育的寒地社区花园景观营造与设计[J]. 北方园艺(8):79-84.
王西敏,何祖霞,胡永红,2021. 植物园的科学普及[M]. 北京:中国建筑工业出版.

部分忍冬属植物花粉形态的数量分类研究
Numerical Taxonomy of Pollen Grain Morphology in Some Species of *Lonicera* L.

陈燕　付怀军　刘浡洋　刘东焕*

[国家植物园(北园),北京市花卉园艺工程技术研究中心

北京城乡生态环境北京实验室,北京,100093]

CHEN Yan　FU Huaijun　LIU Boyang　LIU Donghuan*

[*National Botanical Garden(North Garden)*, *Beijing Floriculture Engineering Technology Research Centre*,

Beijing Laborary of Urban and Rural Ecological Environment, *Beijing*, 100093, *China*]

摘要:选取不同引种地的 12 种忍冬属植物的花粉进行扫描电镜观测,选取 10 个形态指标进行测量,并根据观测结果对研究材料分别进行主成分和聚类分析。结果显示:忍冬属花粉均为球形或近球形,中等或大花粉,3 环或 4 环状萌发孔沟,外壁纹饰为相对较粗糙的刺突或微疣。聚类分析表明,在欧式距离为 10 处,可将所有样本花粉分成 5 类,蕊被忍冬及刚毛忍冬,与空枝组的关系较近,聚为第 1 类;金银花与其变种红白忍冬关系最近,聚为第 2 类;贯月忍冬、盘叶忍冬及唐古特忍冬均与其他忍冬关系较远,各成一类。轮花亚属更显示其原始性。

关键词:忍冬属;花粉形态;扫描电镜;聚类分析;亲缘关系

Abstracts:The pollen morphology of 12 species in *Lonicera* from different introduction sites were observed and analyzed by scanning electron microscopy (SEM). The principal components analysis and cluster analysis based on 10 pollen grain morphological characteristics were conducted. The Results showed that the pollen grains of all *Lonicera* were spheroidal shape, medium or large size with tricolporate or tetracolporate, and extine ornamentation was scabrous echinate or microverrucate. All samples were clustered into 5 groups when Euclidean distance was 10. *L. gynochlamydea*, *L. hispida* and Sect. *Coeloxylosteum* had relatively close relationship and clustered the first group; *L. japonica* and *L. japonica* var. *chinesis* clustered the second group with close relationship; *L. sempervirens*, *L. tragophylla* and *L. tangutica* clustered the third, fourth and last group respectively, apart from other species. Subgen. *Lonicera* was more primitive.

Keywords: *Lonicera*; Pollen grain morphology; Scanning electron microscope; Cluster analysis; Genetic relationship

忍冬属(*Lonicera* L.)植物隶属川续断目忍冬科,全球约 143 种,为北温带广布种(Yang et al.,2011)。我国有 67 种,西南地区为该属植物多样性中心(林秦文和李晓东,2021)。本属有不少药用植物和有观赏价值的植物,具有重要的生态、观赏和经

基金项目:北京市科委"基于改善本地生态功能的植物引进、筛选、培育研究及示范"(D171100007117002)。

第一作者简介:陈燕(1981—),女,高级工程师。研究方向:园林植物引种选育。电话:18010096494. E-mail:chenyan1999_0@ sina. com。

*　**通讯作者**:刘东焕(1973—),女,教授级高级工程师。研究方向:植物生理。E-mail:ldh1166@ 163. com。

济价值。

　　花粉是植物的雄性生殖器官,其形态主要受基因型调控,是研究植物分类和亲缘关系的重要依据之一(程璧瑄等,2021;顾欣等,2013)。目前,对于忍冬科及忍冬属的系统分类存在不同的分法,特别是忍冬属经历了6个主要分类系统,分类体系尚未完全一致,一些分类问题尚需继续研究和解决(林秦文,李晓东,2021;汤彦承和李良千,1996;许腊等,2011),而亲缘关系的远近对于物种间杂交育种的成败起着重要作用。胡佳琪和贺超兴(1988)通过对我国忍冬科12属31种植物划分的电镜扫描观测,认为花粉形态特征在忍冬科植物分类上具有重要意义。例如,发现全科花粉类型主要分为花粉粒较小、长球形、孔沟狭长、外壁纹饰网状和花粉粒较大、球形或扁球形、孔沟短宽、外壁纹饰刺状等两大类,前者主要为接骨木属和荚蒾属,后者都为忍冬科剩余10个属,这与早期学者将忍冬科分为接骨木族和忍冬族的分法相一致;曲波等(2016)、朱丽等(2007)对东北地区忍冬属植物花粉的形态进行了描述;Maciejewskai I(1997)对波兰地区的忍冬科部分植物花粉形态进行了观测比较;Li等(2013)、李群等(2016)、黄丽华等(2010)对

药用金银花种类进行了花粉粒形态观测;霍俊伟等(2008)对不同蓝靛果种群的花粉形态进行了观测;Bozek M.(2007)对忍冬 *L. kamtschatica* Dippel. 的花粉形态和产量进行了测定。综上,对该属植物花粉形态研究多以药用金银花或某一地区的植物为主,而对该属不同种源地、不同物种及部分品种之间的花粉形态数量分类尚未见报道。

　　本文运用扫描电镜对该属12种(含品种)植物的花粉形态特征进行观察比较和统计学分析,探讨物种之间的亲缘关系,旨在为分类和杂交育种工作提供依据。

1　材料与方法

1.1　试验地概况

　　试验地为北京植物园苗圃,北京植物园位于北纬39.56°,东经116.20°,属暖温带大陆性季风气候,四季分明,降水集中,年平均降雨量620mm。年平均气温13℃,1月平均气温为-3.7℃,7月平均气温为25.2℃。

1.2　试验材料

　　样本为2017—2020年在全国各地引种收集的12种忍冬属植物,见表1。栽种于北京植物园苗圃内,正常养护管理,并已开花结实。

表1　实验材料及引种地

Table 1　Materials and their introduction sites

编号 No.	分组 Groups	名称 Name	引种地 Introduction sites	经度/° Longitude	纬度/° Latitude	海拔/m Altitude
1		阿诺德红新疆忍冬 *L. tatarica* 'Arnold Red'	欧洲	—	—	—
2		黄果新疆忍冬 *L. tatarica* 'Lutea'	北京植物园	116.45	40	61.60
3	空枝组 Sect. *Coeloxylosteum*	新疆忍冬 *L. tatarica* L.	新疆乌鲁木齐	87.50	43.60	695
4		金银木 *L. maackii* (Rupr.) Maxim.	河北兴隆	117.80	40.48	571
5		长白忍冬 *L. ruprechtiana* Regel.	吉林临江	126.61	42.09	490.23

续表

编号 No.	分组 Groups	名称 Name	引种地 Introduction sites	经度/° Longitude	纬度/° Latitude	海拔/m Altitude
6	大苞组 Sect. *Bracteatae*	刚毛忍冬 *L. hispida* Pall. ex Schult.	甘肃漳县	104.09	34.94	2878
7	蕊被组 Sect. *Gynochlamydeae*	蕊被忍冬 *L. gynochlamydea* Hemsl.	甘肃天水	106.15	34.34	1570
8	囊管组 Sect. *Isika*	唐古特忍冬 *L. tangutica* Maxim.	四川甘孜	99.64	27.91	3371
9	忍冬组 Sect. *Nintooa*	红白忍冬 *L. japonica* Thunb. var. *chinensis* (P. WATSON) BAKER.	安徽岳西	116.15	31.09	800
10		金银花 *L. japonica* Thunb.	河北邢台	113.89	37.08	1005
11	红黄花组 Sect. *Phenianthi*	贯月忍冬 *L. sempervirens* L.	北美	—	—	—
12	欧忍冬组 Sect. *Lonicera*	盘叶忍冬 *L. tragophylla* Hemsl.	陕西柞水	108.94	33.48	1500

1.3 试验方法

2021 年分别在各种植物初花时期,取尚未开放的花蕾,剥离花药后放在干燥通风的室内自然风干。散粉后将干燥的少许花粉均匀涂在粘有双面胶带的金属样品台上,用常规真空喷镀法喷金处理后,将样品置于 Hitachi S-4800 型扫描电镜下观察,选取完整饱满外形和大小有代表性的花粉粒,在清晰视野下观察花粉的形状、大小、萌发孔、表面纹理等特征,并摄像。

每种材料各随机选取摄像清晰的 10 粒花粉,保存图片用 Image J 软件分别测定花粉的极轴长(P)、赤道轴长(E)、边缘直立的刺突长度(L)、正面刺突基部直径(Dia)、刺突密度(D)、萌发孔长度和萌发孔宽度等定量数据,以及表面纹饰和花粉类型等定性指标,其中用花粉粒表面中部每 15μm×15μm 所分布的刺突数,衡量花粉表面刺突的密度(D),定性指标则采用分解法进行编码(表 2)。描述术语参照《孢粉学术语》(席以珍和李继新,1995)和《孢粉学手册》(Erdtman,1978)。

表2 花粉性状及编码
Table 2 Characters and codes

编号 No.	形态指标 Morphological index	编码类型 Code type	编码分解 Code decomposition
1	极轴长(P)	定量指标	
2	赤道轴长(E)	定量指标	
3	P/E	定量指标	
4	刺突长度 L	定量指标	
5	刺突基部直径(Dia)	定量指标	

编号 No.	形态指标 Morphological index	编码类型 Code type	编码分解 Code decomposition
6	刺突密度(D)	定量指标	花粉粒表面中部每(15×15)μm² 所分布的刺突数
7	萌发孔长度	定量指标	
8	萌发孔宽度	定量指标	
9	花粉类型	定性指标	$1:N_3P_4C_3$; $2:N_3P_4C_5$; $3:N_4P_4C_3$
10	表面纹饰	定性指标	1:刺突状+具条纹覆盖层;2:刺突状+具穿孔覆盖层;3:微疣

1.4 数据分析

利用 SPSS19 软件将数据方差分析后,对测定指标进行主成分分析,然后对各主成分采用类平均法和欧氏距离进行系统聚类分析,画出聚类分析图。

2 结果与分析

2.1 花粉大小与形状

从图 1 及表 3 可以看出,供试样本赤道面观均为球形或近球形(1.03< P/E <1.15),极面观为三裂或四裂圆形。除了红白忍冬、贯月忍冬等 4 种藤本类忍冬为大花粉(50~100μm),其余均为中等花粉(25~50μm)。其中盘叶忍冬花粉粒最大,唐古特忍冬最小。

2.2 花粉萌发孔特点

所有样本均为环状萌发孔沟类型,且沟普遍较短,除了刚毛忍冬孔沟明显有较深的孔洞外,其余从表面看内孔却不显著。属内各种植物花粉的萌发孔数量、位置及特征各有不同,花粉类型也呈现多样化,其中刚毛忍冬为 $N_3P_4C_5$ 型、盘叶忍冬为 $N_4P_4C_3$ 型,其余为 $N_3P_4C_3$ 型。

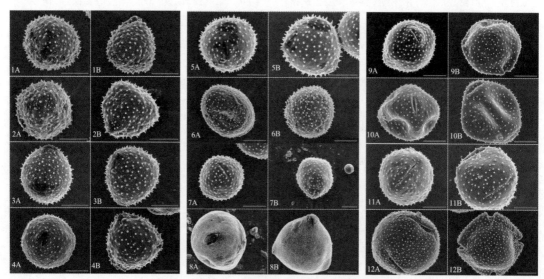

图 1 忍冬属 12 个样本的花粉形态电镜扫描图

A:赤道面观,B:极面观。1-12 编号同表 1。Bar=20μm

Fig. 1 Pollen grain morphology of 12 samples in *Lonicera* by SEM

A: Equatorial view; B: Polar view. Figture No was keeping with No in Tab. 1. Bar=20μm

2.3 花粉表面纹饰

本属花粉外壁纹饰粗糙状,除了唐古特忍冬花粉外壁为密度较大的微疣外,其余各种均为刺状,其中空枝组和刚毛忍冬外壁纹饰为刺突状及具有微小的、不规则条纹的覆盖层表面,4 种藤本忍冬为刺突状与具有微小的、浅薄的穿孔状覆盖层组合。

表 3 忍冬属植物花粉形态特征

Table 3 The morphological characteristics of pollen grains in *Lonicera*

编号 No.	样本 Samples	花粉形状 Pollen shape			刺突 Echinae			萌发孔沟 Aperture		表面纹饰 Extine ornamentation
				花粉类型				长度/μm	宽度/μm	
		$P \times E/\mu m^2$	P/E	Pollen type	L/μm	Dia/μm	D	Length	Width	
1	阿诺德红新疆忍冬	44.11c×39.62d	1.11	$N_3P_4C_3$	1.59a	1.15cd	24.23b	4.71c	0.90b	刺突状+具条纹状覆盖层
2	黄果新疆忍冬	40.81c×38.55d	1.06	$N_3P_4C_3$	1.17bcde	1.33abc	26.37b	17.13b	1.08b	刺突状+具条纹状覆盖层
3	新疆忍冬	44.00c×40.01d	1.1	$N_3P_4C_3$	1.49ab	1.47ab	25.88b	12.32bc	1.21b	刺突状+具条纹状覆盖层
4	金银木	53.01b×48.22c	1.1	$N_3P_4C_3$	1.44abc	1.51ab	17.08b	9.60bc	1.23b	刺突状+具条纹状覆盖层
5	长白忍冬	40.88c×38.34d	1.07	$N_3P_4C_3$	1.36abcd	1.13cd	18.77b	8.75bc	1.01b	刺突状+具条纹状覆盖层
6	刚毛忍冬	47.16c×42.79d	1.1	$N_3P_4C_5$	1.18bcde	0.82e	24.53b	11.35bc	1.64b	刺突状+具条纹状覆盖层
7	蕊被忍冬	46.22c×42.24d	1.09	$N_3P_4C_3$	1.08cde	1.25bcd	17.03b	17.44b	1.66b	刺突状+具穿孔覆盖层
8	唐古特忍冬	41.51c×38.36d	1.09	$N_3P_4C_3$	0.32f	0.32f	324.88a	5.92c	4.05a	微疣
9	红白忍冬	56.62b×49.94c	1.13	$N_3P_4C_3$	0.89e	1.02de	16.65b	15.15bc	2.76ab	刺突状+具穿孔覆盖层
10	金银花	59.21b×51.18bc	1.15	$N_3P_4C_3$	1.29abcd	1.12cd	22.70b	17.80b	2.71ab	刺突状+具穿孔覆盖层
11	贯月忍冬	56.67b×55.01b	1.03	$N_3P_4C_3$	1.44abc	1.55a	11.30b	30.65a	1.20b	刺突状+具穿孔覆盖层
12	盘叶忍冬	71.86a×64.20a	1.12	$N_4P_4C_3$	1.01de	1.11cd	18.81b	31.41a	3.58a	刺突状+具穿孔覆盖层

注:同列不同小写字母数值间表示达到 0.05 显著水平。

Note:The values of different lowercase letters in the same column represent the significant level of 0.05.

2.4　数据分析

2.4.1　主成分分析

主成分分析是一种降维或将多个指标转化为少数几个综合指标的一种多元统计分析方法,通过软件分析得到特征值和特征向量于表4。可以看出,第 1 主成分的贡献率约为41.34%,第 2 主成分的贡献率约为 35.17%,第 3 主成分的贡献率约为 12.32%,第 4 主成分的贡献率约为 7.12%。前 4 个成分的累计贡献率已经达到 95.95%,可见前 4 个成分足以反应原始数据信息,作为数据有效成分,进一步得到 12 个样本各自的成分得分于表 5。

表4　4个主成分初始特征值和贡献值

Table 4　Eigenvalues of 4 principal components and their contribution

主成分 Principal component	特征值 Eigenvalue	贡献率(%) Contribution	累积贡献率(%) Cumulative contribution
1	4.134085381	41.34085381	41.34085381
2	3.516985212	35.16985212	76.51070593
3	1.231538684	12.31538684	88.82609277
4	0.712149727	7.121497269	95.94759004

表5　4个主成分得分

Table 5　4 Principal component scores

编号 No.	样本 Samples	主成分 Component scores			
		1	2	3	4
1	阿诺德红新疆忍冬	−1.824878086	−0.905068787	1.169273962	0.037806256
2	黄果新疆忍冬	−1.653617856	−0.70931843	−0.915940888	−0.568806935
3	新疆忍冬	−1.850313981	−0.301183248	0.367204227	0.167334877
4	金银木	−1.474305976	0.514505754	0.50476848	0.455447239
5	长白忍冬	−1.784416509	−1.157061271	−0.074086718	−0.551709731
6	刚毛忍冬	−0.120185114	−0.308909742	0.97035179	−1.582866923
7	蕊被忍冬	−0.199583333	−0.297094957	−0.588509998	0.420079825
8	唐古特忍冬	4.151947363	−3.972505768	−0.800926696	−0.040388558
9	红白忍冬	1.409709782	0.312566699	0.644596618	0.968658725
10	金银花	1.057999055	1.001649965	1.104797654	1.419768372
11	贯月忍冬	−0.807157615	2.001668365	−2.698128187	0.368172173
12	盘叶忍冬	3.094802271	3.820751419	0.316599758	−1.09349532

2.4.2　聚类分析

采用表5中主成分得分代替原始指标对样本进行聚类分析,结果见图2。从图2中可以看出,在欧氏距离10处将样本分为 5组,第一组为空枝组加上蕊被忍冬和刚毛忍冬等7个样本,共有特征是花粉普遍较小,表面纹饰为刺突状,且其覆盖层具有微小的不规则条纹;第二组为忍冬组的红白忍冬和金银花,特征是大花粉,萌发沟短,表面纹饰为刺突状和具有微小的、浅薄的穿孔状覆盖层组合;第三组为花粉较大、萌发沟较长的贯月忍冬;第四组为具有 4 萌发孔沟的盘叶忍冬;第五组为体量最小、表面纹饰为密度大的微疣状唐古特忍冬。在欧氏距离 5 处可将第一组进一步划分为空枝组、蕊被组的蕊被忍冬和大苞组的刚毛忍冬。在欧氏距离 1 处,可以看到空枝组

的新疆忍冬和金银木关系最近,黄果新疆忍冬和长白忍冬关系最近,红白忍冬和金银花关系最近。这大致与现行忍冬属植物分类系统相吻合,但也存在个别差异,如隶属忍冬亚属(Subgen. *Chamaecerasus*)囊管组的唐古特忍冬与该亚属其他各组的距离最远,超过了轮花亚属(Subgen. *Lonicera*)的贯月忍冬和盘叶忍冬,这主要是其表面纹饰差异过大造成的。

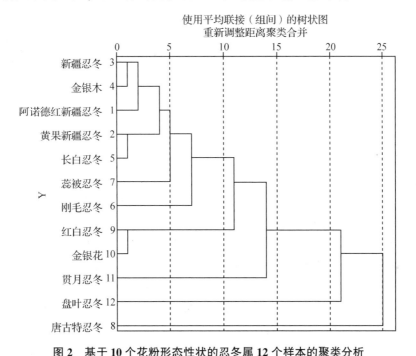

图 2　基于 10 个花粉形态性状的忍冬属 12 个样本的聚类分析

Fig. 2　The cluster analysis of 12 samples based on 10 pollen grain morphological characteristics

3　讨论与结论

3.1　花粉形态确定分类关系与演化趋势推导

花粉形态很少受到环境因素的影响,在进化过程中具有保守性,可用于物种亲缘关系和分类研究(李京璟等,2017)。忍冬属花粉均为球形或近球形,中等或大花粉,3 环或 4 环状萌发孔沟,外壁纹饰为相对较粗糙的刺突或微疣状。通过花粉形态

的聚类分析表明,蕊被忍冬及刚毛忍冬与空枝组的关系较近,可以在欧式距离为 10 处聚为一类;金银花与其变种红白忍冬关系最近,可聚为一类;贯月忍冬、盘叶忍冬及唐古特忍冬,均与其他忍冬关系较远,各成一类。聚类结果总体上支持现行形态学和分子分类结果,但也出现了一些不一致的情况。例如,隶属忍冬亚属的唐古特忍冬与本亚属其他物种花粉形态差异过大,遗传距离最远,因此不能完全依据花粉形

态确定植物的分类地位,特别是对于有基因交流的品种,情况则更复杂多样。如本研究中对于空枝组内长白忍冬、金银木、新疆忍冬及其种下两个品种阿诺德红新疆忍冬和黄果新疆忍冬在欧式距离为4时聚为一类;而在更小距离范围内,原种新疆忍冬和金银木的亲缘关系最近,黄果新疆忍冬和长白忍冬的关系最近。形成这种聚类结果可能是,新疆忍冬和长白忍冬在被引种到欧美国家后,与当地的莫氏忍冬(*L. morrowii* Gray.)、硬骨忍冬(*L. xylosteum* L.)进行不同组合的杂交和回交,产生很多包括阿诺德红新疆忍冬和黄果新疆忍冬在内的新疆忍冬复合体(Green P S, 1966),因带有长白忍冬等其他物种的遗传信息而在花粉形态上和原种新疆忍冬也产生了差异。

目前普遍认为花粉是从大向小、从外表光滑到粗糙的顺序演化,即相对原始的被子植物花粉体积相对较大、外壁相对光滑(刘秀丽等,2018)。本次供试样本中盘叶忍冬个体最大,外壁刺突相对平滑柔和,而隶属中等大小花粉的空枝组外壁粗糙,为刺突状与覆盖层具条纹状凸起的结合,空枝组内物种比盘叶忍冬进化,这与汤彦承等所述的"轮花亚属保留较多的原始性状,显示其古老性"相符合(汤彦承,李良千,1996)。

3.2 花粉形态与花形态比较

花粉大的植物,其花朵也相对较大,如4种藤本类忍冬均为大花粉,其花朵也相对较大;而唐古特忍冬的花朵和花粉体量都是最小的,花朵大小、花粉数量与花粉大小的关系需做进一步研究。另外,从花粉形态聚类分析可以看出,遗传距离较近的物种花期也较接近,如空枝组、蕊被忍冬与刚毛忍冬均为4月左右开花,而与其关系较远的种类开花时间也相继不同,植物物候期和亲缘关系是否存在相关性、花期不同是否存在生殖隔离等也需要进一步地探讨。

3.3 花粉形态分类结果对杂交育种的指导

将上述亲缘关系分析运用于杂交育种实践中,发现除了空枝组内部、忍冬组内部杂交可以结实,空枝组与大苞组的刚毛忍冬杂交同样也可以获得杂种。但需要注意正反交,如红白忍冬为母本、金银花为父本的组合可以结实,反之则不能结实,这和父母本大小孢子发育情况相关,还需做进一步研究。

参考文献

Erdtman G, 1978. 孢粉学手册[M]. 北京:科学出版社:1-120.

程璧瑄,于超,周利君,等,2021. 蔷薇属月季组植物的花粉形态学研究[J]. 云南农业大学学报(自然科学),36(2):314-323.

顾欣,张延龙,牛立新,2013. 中国西部四省15种野生百合花粉形态研究[J]. 园艺学报,40(7):1389-1398.

胡佳琪,贺超兴,1988. 中国忍冬科植物花粉形态及其在分类上的意义[J]. 植物分类学报,26(5):343-352.

黄丽华,李娟,陈训,2010. 黄褐毛忍冬花形态结构研究[J]. 种子,29(11):62-63.

霍俊伟,睢薇,杨国慧,等,2008. 东北地区野生蓝靛果忍冬花部形态变异研究[J]. 东北农业大学学报,39(7):21-24.

李京璟,张日清,马庆华,等,2017. 榛属植物花粉形态扫描电镜观察[J]. 电子显微学报,36(4):404-413.

李群,吴和珍,田代志,等,2016. 花粉形态数量化分析在忍冬属花类药材的鉴别及分类中的应用[J]. 中国现代中药,18(7):857-865.

林秦文,李晓东,2021. 中国迁地栽培植物志·忍冬科[M]. 北京:科学出版社:336-488.

刘秀丽,陈金金,王晨宇,2018. 37个玉兰品种的花粉形态及数量分类研究[J]. 分子植物育种,16(7):2389-2400.

曲波,翟强,许玉凤,等,2016. 4种忍冬属(*Lonice-ra*)植物花粉的形态比较[J]. 沈阳农业大学学报,37(1):96-98.

汤彦承,李良千,1996. 试论东亚被子植物区系的历史成分和第三纪源头——基于省沽油科、刺参科和忍冬科植物地理的研究[J]. 植物分类学报,34(5):453-478.

席以珍,李继新,1995. DZ/T 0134-1994. 孢粉学术语[S]. 北京:中华人民共和国地质矿产部.

许腊,陆露,李德铢,等,2011. 川续断目的花粉演化[J]. 植物分类与资源学报,33(3):249-259.

朱丽,谢朋,王桂娟,等,2007. 4种忍冬属植物花粉形态结构的扫描电镜观察[J]. 吉林林业科技,36(4):10-11.

Bozek M, 2007. Pollen productivity and morphology of pollen grains in two cultivars of honeyberry [*Lonicera kamtschatica* (Sevast.) Pojark]. Acta Agrobotanica, 60(1): 73-77.

Green P S, 1966. Identification of the species and hybrids in the *Lonicera tatarica* Complex[J]. Journal of the Arnold Arboretum, 47(2): 75-88.

Li J J, Jia G L, Li J F, et al., 2013, Comparison of the pollen morphological characteristics of different *Lonicera japonica* germplasms[J]. Medicinal Plant, 4(3): 1-4,7.

Maciejewska I, 1997. Pollen morphology of the Polish species of the family Caprifoliaceae. Part 2 [J]. Acta Societatis Botanicorum Polonniae, 66 (2): 143-151.

Yang Q E, Landrein S, Osbome J, 2011. Caprifoliaceae[M]//Wu Z Y, Raven P H, and Hong D Y. Flora of China (vol 19). Science Press, Beijing, China & Missouri Botanical Garden Press, St Louis, USA: 616-641.

文冠果研究进展
The Research Progress on *Xanthoceras sorbifolia*

杨志恒　林博　李翰书　杨雪艳　董姬秀*

（郑州植物园,河南 郑州,450042）

YANG Zhiheng　LIN Bo　LI Hanshu

YANG Xueyan　DONG Jixiu

（*Zhengzhou Botanical Garden*,*Zhengzhou*,450042,*Henan*,*China*）

摘要：文冠果是我国北方特有的木本油料树种,是荒山绿化、水土保持及防风固沙的先锋树种,同时还是优良的园林绿化树种。本文简要地介绍了文冠果的种质资源、育苗技术、开发利用及园林应用等研究情况,为以后其引种驯化、良种选育及推广应用提供理论依据。

关键词：文冠果;育苗技术;开发利用;园林应用;种质资源

Abstract：*Xanthoceras sorbifolia* is a unique woody oil plant in the north of China. It is not only a pioneer tree species for barren mountain greening, water and soil conservation, windbreak and sand fixation, but also an excellent landscaping tree species. Germplasm resource, breeding technique, development and utilization, garden application of the research situation on *Xanthoceras sorbifolia* were briefly introduced. It provides theoretical basis for its introduction and domestication, selective breeding of superior varieties, popularization and application in the future.

Keywords：*Xanthoceras sorbifolia*; Breeding technique; Development and utilization; Garden application; Germplasm resource

文冠果(*Xanthoceras sorbifolia* Bunge.)是无患子科文冠果属的落叶灌木或小乔木,为单种属,别名木瓜、文官果。其树皮灰褐色,小枝褐红色;叶互生,奇数羽状复叶,小叶4~8对,顶生小叶通常3深裂,膜质或纸质,披针形或近卵形,边缘有锐利锯齿,表面深绿色,背面鲜绿色;花单性、两性及杂性,花序先叶抽出或与叶同时抽出,两性花为顶生圆锥花序,雄花为腋生总状花序;花瓣5个,白色,基部紫红色或黄色,有清晰的脉纹;蒴果,种子黑色有光泽。花期4~5月;果期8~9月。分布于东北及华北各省,河南太行山和伏牛山有少量野生,生于向阳的山坡(中国科学院,1985;丁宝章,王遂义,1997)。

文冠果是我国北方特有的优良木本油料树种,其种子含油量为35%~40%,素有"北方油茶"之称。其根系发达,耐寒、耐旱、耐瘠薄,具有较强的适应性和抗逆能力,是荒山绿化、水土保持及防风固沙的先

基金项目：河南省林业厅2021年省级财政林木种质资源项目,豫林计字[2020]55号。

作者简介：杨志恒(1971—),男,河南郑州人,高级工程师,主要从事园林管理及植物迁地保护研究。E-mail：Yangzhiheng1031@163.com。

通讯作者：董姬秀(1989—),女,河南济源人,硕士研究生,主要从事园林植物研究。E-mail：djx8083@163.com。

锋树种。同时,文冠果花大色艳,观赏价值高,还是优良的园林绿化树种和蜜源植物。文冠果具有非常高的食用、药用、观赏和生态价值,被广泛用于保健品、化妆品、医药等行业,大规模种植文冠果,对促进区域经济发展、根治盐碱地以及改善生态环境意义重大。

1 文冠果种质资源研究

近年来,文冠果作为"生物质能源"树种,被纳入国家木本粮油发展规划。专家们对不同种源地的文冠果种质资源展开全面调查,分析其分布状况和生境特点,对不同情况的文冠果种质资源进行收集、保护,开展优良基因选择,筛选出高产油或观赏型良种。

经刘福忠等(2017)实地调研,宁夏贺兰山野生文冠果分布零散,存量较少且濒临灭绝,他们以人工栽培的文冠果一年生种苗为砧木,用嫁接方式对贺兰山野生文冠果种质资源进行异地保存,达到保护现有野生文冠果种质资源的目的。任宣百等(2016)在吉林九台建立文冠果种质资源收集圃,从内蒙古赤峰高海拔天然林、经济林场等地采集不同的种源,通过生长量测定和评价等方法,筛选出优树品系。姚保生和巩国洋(2020)对豫西地区文冠果种质资源进行了全面调查分析,选育了文冠果优良品种,其中高产油品种'中豫1号''中豫2号',红花型园林观赏品种'火焰''嫣红'通过了河南省林木良种认定。郑州因其独特的气候、土壤、土地资源等条件,成为文冠果最适合种植的地区之一,在郑州建立文冠果种质资源收集圃,对其引种驯化、良种选育、培育优良新品种提供理论依据,对促进油料植物栽培及文冠果副产品产业化发展,建设节约型生态环境和实施可持续发展战略具有重要意义。

2 文冠果育苗技术研究

2.1 文冠果播种育苗技术研究

目前,文冠果育苗常以播种繁殖为主。但文冠果种子的外种皮有一层蜡状物,水分不易浸透,自然发芽率极低。实际生产中可采用多种方法使文冠果种子解除休眠,提高萌芽率。有研究表明,以60~80℃的热水浸泡文冠果种子,或把文冠果种子放在80℃的水浴加热10min,均能有效打破种子休眠(吴玉霞等,2018;赵丹等,2016),经过层积催芽处理的文冠果种子发芽率高达69%(王漫等,2015)。此外,植物生长调节剂处理对文冠果种子萌芽有良好的促进作用。实验显示,ABT处理5d的文冠果种子发芽率可达87.6%(马新等,2017),500mg/L GA_3 浸种24h也可打破文冠果种子休眠(张丽等,2016)。

文冠果播种季节分春播和秋播。春播适宜时间是3月下旬到4月上旬,生产上多采用春播(祁永江,2016)。秋播多在9~10月,种子采收后至土壤封冻前都可进行播种,随采种随播种(杨小艳等,2014)。研究表明,文冠果播种育苗时采用3cm的覆土厚度、20cm×10cm的播种密度苗木质量最好(刘晓慧等,2012)。喷施植物生长调节剂可以延缓种苗苗高生长和促进地径生长,提高育苗质量。喷施2次700mg/kg的矮壮素(CCC)、500mg/kg的多效唑(PP333)和200mg/kg的缩节胺(DPC),种苗苗高的总生长量均最小;喷施2次300mg/kg的矮壮素(CCC)和50mg/kg的多效唑(PP333)及喷施1次150mg/kg的缩节胺(DPC)时,种苗地径的总生长量均最高(杨越,蔡静,2018)。

2.2 文冠果嫁接育苗技术研究

文冠果嫁接育苗有芽接、切接、劈接、腹接、插皮接等方法。赵剑颖和安帅(2016)认为,以带木质部大片芽接法进行嫁接,效果较好;刘俊晨(2019)认为腹接法嫁接文冠果成活率较高;王景学(2018)认为劈接法嫁接文冠果,成活率也很高;韩淑贤等(2012)认为以改良嵌芽接法进行文冠果嫁接育苗效果最佳,成活率为57.44%。其中,改良嵌芽接法操作简单,嫁接速度快,砧木和接穗的利用率也高,可推广应用。

嫁接时间上,陈超(2021)认为春季嫁接的文冠果成活率能达到90%以上,明显高于夏季嫁接;尹万元等(2019)研究认为,8月下旬进行嵌芽接,成活率高达85%;张宝和冯长虹(2016)认为文冠果在冬季也可嫁接成功。春季嫁接常在树液刚开始流动、芽萌动前进行。常月梅等(2013)研究认为,3~4月带木质芽接成活率最高,达93.6%。选用粗度大于0.4cm的砧木也有利于提高嫁接成活率。向小芹等(2012)研究表明,接芽长度为2~3cm可以增加接芽和砧木切口的愈合面积,大幅提高嫁接成活率。王慧琳(2019)认为,在我国北方地区嫁接文冠果时,温度控制在26~30℃、选择下部枝段作为接穗,形成愈伤组织的能力最好。此外,不同的嫁接人员采用相同的嫁接方法,嫁接技术水平对成活率的影响也很大(韩淑贤等,2012)。

2.3　文冠果扦插育苗技术研究

文冠果扦插育苗主要有根插、嫩枝扦插和硬枝扦插,但多数研究表明,根插的生根率和成活率明显高于嫩枝扦插和硬枝扦插(王艺林等,2014)。刘英吉(2017)认为,采根在前一年封冻前进行,并进行冬藏,根插成活率能达到90%左右。同时,插穗粗度≥0.4cm、长度≥15cm是保证文冠果育苗质量的关键。吴玉洲等(2011)认为,文冠果根插前用浓度为250mg/L的NAA或ABT处理插穗基部30s,生根率可达93.6%;按株行距20cm×10cm进行扦插,成活率在90%左右。宋群雁(2013)认为,最

佳根插基质为草炭∶蛭石∶珍珠岩∶沙子(4∶2∶2∶1)。

刘毓璟等(2013)表明,以500mg/L的IBA处理对文冠果嫩枝扦插生根的促进生根效果明显。李响(2019)研究证明,文冠果进行嫩枝扦插时,插穗采用200mg/L的ABT-1浸泡2h,可提高成活率。李金霞等(2020)试验表明,文冠果嫩枝扦插时,插穗用浓度500mg/L的IBA+NAA(1∶1)进行处理,生根率可达77.78%。

李响(2019)研究证明,地窖沙藏越冬处理可以促进文冠果硬枝扦插的成活率,插穗长度范围为9~11cm、粗度范围为0.6~0.8cm时,根系生长良好。宗建伟等(2012)采用硬枝作为插穗时,用浓度为800mg/L的IBA浸泡插穗基部4h,可增粗根系,改善根系质量。汤鑫等(2016)等在硬枝扦插时,采用浓度125mg/L的IBA+NAA(1∶1)处理插穗根部6h,扦插生根率达90.67%。

2.4　文冠果组培育苗技术研究

近年来,文冠果的组织培养技术也逐步发展起来。宋群雁(2013)认为,文冠果实生苗幼嫩叶片作为外植体诱导愈伤组织效果最好,DKW是叶片愈伤组织诱导的最佳培养基。李响(2019)认为,文冠果带芽茎段培养效果最佳,且最佳外植体是腋芽,MS是腋芽诱导的最佳基础培养基。卢影影等(2018)认为,WPM+6-BA1.0mg/L+IBA1.0mg/L+IAA2.0mg/L培养基更适于茎段侧芽的萌发,诱导率为94.44%。宋群雁(2013)认为,最适合文冠果愈伤组织诱导的培养基为:DKW+6-BA 0.5mg/L+NAA 0.5 mg/L+2,4-D 1.0 mg/L,诱导率高达93%。陈淼(2014)通过多次重复试验发现,文冠果最佳生根培养基为1/2MS+IBA 1.0mg/L+NAA 0.5mg/L,组培苗的生根率为55.6%。

移栽是文冠果组织培养技术的最后环

节,也是决定组培苗能否成活并生长的重要因素。孟飞轮(2018)试验表明,文冠果组培炼苗的适宜条件:开瓶炼苗9d、温度为15~20℃、光照强度为2466lx,炼苗成活率可达94.46%。宋群雁(2013)认为,炼苗后移栽最佳基质:草炭:蛭石:珍珠岩(4:2:3),移栽存活率可达90%。

3 文冠果开发利用研究

3.1 文冠果经济价值研究

文冠果是我国特有的油料植物,具有巨大的经济价值。邓红等(2011)测定文冠果果实含油率为30.4%,去壳后种仁含油率高达55%~66%。文冠果油清澈透明、色泽金黄、味道甘美、香气浓郁、营养丰富,为食用油之王。文冠果油多数是以文冠果籽仁为原料,经过物理压榨提取、索氏萃取抽提、超临界 CO_2 萃取、水酶法、超声波及微波辅助提取等方法提取后精炼而成的(刘金凤等,2018)。文冠果油可作为生产合成生物清洁能源的原料,制备生物柴油(尚琼等,2017)。除食用和工业生产生物柴油外,文冠果油经常用作高级润滑油,其制成的高级润滑油可以进行生物降解,是一种环境友好型润滑油制品(白雪等,2016)。

此外,文冠果兼具药用和食用价值,开发利用前景广泛。其枝叶、果实中含有黄酮类、三萜皂苷类、甾类、香豆素类、脂肪酸类等多种化学成分,具有抗炎、抗肿瘤、抑菌、抗氧化、改善学习记忆功能,抑制人类免疫缺陷病毒(HIV)蛋白酶、促进 NGF 介导的神经突触生长等药理作用(商庆辉和孙妍,2015)。其叶片、果实中还含有17种氨基酸、粗蛋白、可溶性糖、维生素 C、维生素 E、多酚等活性物质,以及丰富的 P、Ca、K、Mg、Na、Cu 等微量元素,是优质食品原料(陆昕等,2021;胡杨,2020)。其鲜叶可加工成绿茶,具有较高的茶叶品质(陈玮琳等,2021)。

3.2 文冠果园林应用研究

文冠果用作城市绿化观赏树种,具有其他树种不可替代的作用。文冠果树形美观,花色绚丽,气味清香,是难得的观花小乔木,在园林中应用不仅能丰富园林绿化品种,还能体现自身的地域特色(张芳,2015)。汤鑫(2017)从城市园林观赏层面进行调查分析,得出文冠果观花价值有以下几点:①花期长,持续开花 20d 左右;②花色多变,同一时间每个植株花开五颜六色,是园林上难得的高观赏价值树种;③花型多样,有单瓣花与重瓣花之分,同时花序多样,圆柱形、总状花序等,花繁叶茂,非常壮观;④主干明显,分枝角度大,叶片浓绿,树冠呈圆头形或开心形。

近年来,文冠果在城市公园、植物园中的应用越来越多。在公园、广场、植物园、旅游景点等风景区成片造林,可以展现整体气势之美;在城市园林街道两侧栽植,可给城市绿化带来勃勃生机;采用单行、双行、多行等形式在绿化带中呈行列式栽植,可以增强仪式感;在花坛中心单株栽植树形优美的文冠果树,可以突出个体美。此外,文冠果还可在住宅小区中按照孤植点缀或群植等配置栽植,或在庭院出口两侧栽植,赋予建筑物时间和空间的生机动态感(朱新勇等,2015;李伟,2013)。

有不少学者亦详细研究了文冠果在各地区园林绿化的应用情况,如李伟(2013)详细介绍了文冠果在建平县园林绿化中的应用及对策,张芳(2015)探讨了文冠果在固原市园林绿化中的选择及应用,王艳丽(2013)分析了文冠果在园林栽植中的注意事项。总之,文冠果在园林绿化中应用广泛,景观效果良好。

4 存在问题及发展趋势

经过多年的探索和研究,文冠果各项工作取得了一定的成果,但其开发时间较晚,还存在一些问题和不足,影响和制约着文冠果产业的发展。一是文冠果良种和新品种数量不足。文冠果结实率非常低,有"千花一果"之称,虽然近年来其育种初见成效,但丰产的优良品种和新品种数量不能满足发展的需要。二是缺乏配套的丰产栽培管理技术。对不同立地条件下的种植模式、栽培密度、整形修剪、施肥、病虫害防治等技术,没有因地制宜的丰产栽培技术规程。三是移栽成活率低。文冠果为深根性树种,且为肉质根,起苗时根系受损后愈合能力差,极易造成烂根,甚至会影响移栽成活率。

　　总而言之,文冠果集食用、药用、观赏、生态等多种价值于一身,是值得开发利用的优良经济树种和观赏树种。要想加快文冠果产业快速发展,可从以下几个方面着手:首先是培育文冠果优良新品种。现可以通过常规的优良品系间杂交及芽变选育新品种,也可采用化学试剂诱变育种,如秋水仙素处理可获得多倍体新品种;同时还可通过基因工程辅助育种研究,选育出高产高油、花多色艳、抗逆性强等的新品种。其次是加强配套栽培管理技术研究。根据不同的立地条件,从繁殖技术、栽植措施、整形修剪、水肥管理、移栽方法、株行距等方面详细研究文冠果的栽培管理技术,提高其单位面积产量,达到高效、丰产的目的。最后是加大文冠果副产品开发力度。目前市场上文冠果产品比较单一,只有食用油和文冠果茶等初级产品,应深入开展文冠果营养成分分析、保健功能研究,挖掘其在食品、保健品等行业的应用和发展潜力,开发符合市场需求的文冠果新产品。

参考文献

白雪, 胡文忠, 姜爱丽, 2016. 文冠果种仁油开发和应用的研究进展[J]. 食品工业科技(9): 393-396, 400.

常月梅, 张彩红, 2013. 文冠果嫁接繁殖技术[J]. 经济林研究, 31(2): 154-156.

陈超, 2021. 不同嫁接时期和嫁接方法对文冠果高接换头的影响[J]. 特种植物(3): 41, 44.

陈玮琳, 吴桂君, 马一凡, 2021. 文冠果绿茶制作工艺的优化[J]. 安徽农业科学, 49(15): 162-165, 191.

陈森, 2014. 文冠果组织培养再生体系的建立[D]. 呼和浩特: 内蒙古农业大学.

丁宝章, 王遂义, 1997. 河南植物志: 第三卷[M]. 郑州: 河南科学技术出版社: 558.

邓红, 曹立强, 付凤奇, 等, 2011. 水酶法提取文冠果油工艺的优化[J]. 中国油脂, 36(1): 38.

韩淑贤, 彭明喜, 李冬云, 2012. 不同嫁接方法对文冠果嫁接成活率的影响[J]. 园艺与种苗(7): 72-74.

胡杨, 2020. 文冠果营养及活性成分的研究[D]. 呼和浩特: 内蒙古农业大学.

李伟, 2013. 文冠果在建平县园林绿化中的应用及对策[J]. 防护林科技(11): 67-68.

李响, 2019. 文冠果扦插生根影响因素与高效育苗技术研究[D]. 太原: 山西农业大学.

李金霞, 郭小军, 李娜, 2020. 文冠果嫩枝扦插繁育技术研究[J]. 大庆: 黑龙江农业科学(10): 80-83.

刘福忠, 寇光涛, 宋华, 等, 2017. 宁夏贺兰山野生文冠果植物种质资源保存初探[J]. 宁夏农林科技, 58(8): 29-30.

刘金凤, 张倩茹, 尹蓉, 2018. 文冠果油成分及加工工艺的研究进展[J]. 农产品加工, 8: 69-71.

刘俊晨, 2019. 不同嫁接方法对文冠果成活率影响研究[J]. 农家参谋, 5: 99.

刘晓慧, 肖红叶, 叶推玲, 等, 2012. 文冠果播种育苗及壮苗培育的初步研究[J]. 吉林农业, 12: 156.

刘英吉, 2017. 文冠果引种及繁殖栽培技术研究[D]. 泰安: 山东农业大学.

刘毓璟, 赵忠, 陈盖, 2013. IBA对文冠果嫩枝扦插生根过程中2种氧化酶活性的影响[J]. 西北林学院学报(3):104-107.

刘毓璟,赵忠,陈盖,2013. IBA 对文冠果嫩枝扦插生根过程中 2 种氧化酶活性的影响[J]. 西北林学院学报(3):104-107.

卢影影,金华,郭建磊,等,2018. 文冠果组培快繁体系的建立[J]. 天津农业科学,24(1):1-3.

陆昕,李显玉,杨素芝,2021. 文冠果种仁营养物质和脂肪酸组成与氨基酸的评价[J]. 中国粮油学报,36(6):74-80.

马新,姜继元,董鹏,等,2017. 不同植物生长调节剂处理对文冠果种子萌发和幼苗生长的影响[J]. 河南农业科学,46(4):104-107.

孟飞轮,2018. 文冠果成熟胚组织培养及炼苗技术研究[D]. 呼和浩特:内蒙古农业大学.

祁永江,2016. 浅析文冠果圃地播种育苗技术及文冠果发展前景[J]. 园林园艺,33(16):115,104.

任宣百,李树春,李凤鸣,等,2016. 文冠果基因种质资源收集圃营建及幼树生长量评价[J]. 吉林林业科技,45(1):22-25.

尚琼,陈小庆,魏云霞,2017. 文冠果生物柴油的性质及与硅橡胶的兼容性[J]. 中国油脂,42(8):53-57.

商庆辉,孙妍,2015. 文冠果的化学成分和药理作用研究进展[J]. 中国药房,26(30):4316-4320.

宋群雁,2013. 大庆地区文冠果高效繁殖体系的研究[D]. 黑龙江八一农垦大学.

汤鑫,2017. 文冠果的观花特性及其在园林绿化上的应用[J]. 现代园艺(23):58-59.

汤鑫,于庆福,2016. 外源激素对文冠果硬枝扦插生根的影响[J]. 辽宁林业科技,(6):23-24,28,31.

向小芹,刘光哲,李巧芹,2012. 文冠果嫁接研究[J]. 安徽农业科学,12(40):7202-7203.

尹万元,李守科,田金龙,2019. 嫁接时间和处理方式对文冠果嵌芽接成活率的影响[J]. 山东林业科技(3):34-37.

王漫,叶雅玲,任晓远,等,2015. 不同处理方式对文冠果种子育苗的影响[J]. 防护林科技(11):61-62.

王艳丽,2013. 独具特色的园林绿化树种——文冠果[J]. 防护林科技(3):71-72.

王景学,2018. 辽西地区良种文冠果嫁接扩繁技术[J]. 中国园艺文摘(6):101-102.

王艺林,刘贤德,边彪,2014. 干旱荒漠区文冠果扦插繁殖技术研究[J]. 安徽农业科学,42(32):11363-11365.

王慧琳,2019. 不同温度、枝段部位对文冠果愈伤组织形成的效果影响[J]. 防护林科技(7):48-49.

吴玉霞,王海峰,姜继元,等,2018. 热水浸种对文冠果种子发芽及幼苗生长的影响[J]. 经济林研究,36(4):165-169.

吴玉洲,赵继英,张国辉,2011. 文冠果林学特性及育苗技术[J]. 北方园艺(11):61-62.

杨小艳,石晓峰,锁喜鹏,等,2014. 文冠果秋播育苗技术[J]. 现代园艺(7):46-47.

杨越,蔡静,2018. 3 种植物生长调节剂对文冠果种苗生长的影响[J]. 经济林研究(2):49-57,79.

姚保生,巩国洋,2020. 豫西地区文冠果资源及产业化发展[J]. 河南林业科技,40(3):32-34.

张芳,2015. 固原市园林绿化现状及文冠果的选择应用[J]. 现代农业科技(10):187-188.

张丽,贾志国,王朋艳,2016. 不同处理方式对文冠果种子发芽的影响[J]. 贵州农业科学,44(6):115-117.

张宝,冯长虹,2016. 黄土高原文冠果的冬季嫁接技术[J]. 林业科学(5):125.

赵丹,金华,宋鹏飞,等,2016. 文冠果种子休眠解除方法研究[J]. 北方园艺(12):16-20.

赵剑颖,安帅,2016. 渭北黄土丘陵区文冠果播种育苗及嫁接技术[J]. 陕西林业科技(6):114-116.

中国科学院中国植物志编委会,1985. 中国植物志:47 卷[M]. 北京:科学出版社:72.

宗建伟,杨雨华,赵忠,等,2012. IBA 对文冠果硬枝扦插根系形态指标的影响[J]. 北方园艺(3):11-14.

朱新勇,李委元,周彦伟,等,2015. 园林绿化中文冠果栽培及管理技术[J]. 现代农业科技(15):53.

低维护花境营造方法研究

——以郑州植物园花境大道为例

Research On the Method of Low-maintenance
Flower Border Construction

—— Taking Flower Border Avenue of Zhengzhou Botanical Garden as An Example

王珂　李小康　王志毅

（郑州植物园,河南郑州, 450052）

WANG Ke　LI Xiaokang　WANG Zhiyi

（*Zhengzhou Botanical Garden*, *Zhengzhou*,450052,*Henan*,*China*）

摘要:本文以郑州植物园花境大道改造为例,提倡遵循节约资源、生态建设的理念,从设计思路、植物材料选择、种植设计、花境低维护等方面进行景观提质改造。尝试用科学合理的方式、方法,减少人为干预和资源消耗,提升花境植物群落的自我维护能力,形成维护成本低,景观效果好的低维护花境。

关键词:花境;植物材料;低维护;景观改造

Abstract: This paper based on the reconstruction of Zhengzhou Botanical Garden flower border avenue as an example , advocated following the concept of resource saving and ecological construction, and carried on the landscape renovation from the aspects of design ideas, plant material selection, planting design and low maintenance of the landscape. Try to reduce human intervention and resource consumption in scientific and reasonable ways and methods, improve the self-maintenance ability of floral landscape plant community, and form a low-maintenance floral landscape with low maintenance cost and good landscape effect.

Keywords: Flower border;Plant material; Low-maintenance; Landscape renovation

花境作为一种比较新颖的植物造景形式,逐渐在郑州地区推广应用。花境造景在选材和设计上为了获得好的景观效果,多选用一二年生草花,丰富花境色彩与景观,存在前期投入高、维护成本高等问题。本研究以郑州植物园花境大道改造提升为例,探讨低维护花境营造方法,对构建节约型园林城市具有重要作用。

1 郑州植物园花境大道概况

花境大道是 2007 年郑州植物园原设计中的轴线,连接西门出入口与芙蓉广场,大道两侧依次经过蔷薇园、热带植物展览温室、牡丹芍药园、木兰园、芙蓉广场,长约500m。花境大道由 8 个长条形花境组成,总面积约 1200m²。花境位于道路中央,最大的花境宽度 10m,长度约 24m,从西门开

作者简介:王珂(1988—),女,河南开封人,硕士研究生,主要从事园林植物研究。E-mail:543746249@qq.com。

始依次宽度逐渐变小,一直延伸至芙蓉广场(图1)。

花境大道改造前主要是以石楠球为主,贯穿整个花境大道。以锦带(*Weigela florida*)、小叶女贞(*Ligustrum quihoui*)、十大功劳(*Mahonia fortunei*)做绿篱依附在石楠球周围,花境边角地块则以时令草花成片栽植。

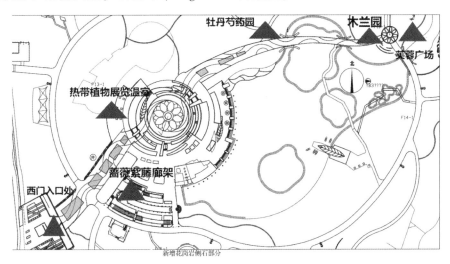

图 1   花境大道平面图

Fig. 1   Plan of flower border avenue

2   郑州植物园花境大道景观提升与植物选择

2.1   设计思路

花境大道共由 8 个地块组成,其中 7 个地块有石楠球,石楠球连成弧线将整个花境大道串联起来,并将每个花境分为两个部分。改造设计中,前 5 个花境地块较大,保留现有石楠球作为花境背景植物,除去了其他的所有绿篱和草花植物。其余 3 个花境除去所有植物(图2)。

图 2   花境大道改造前

Fig. 2   Before the renovation of flower border avenue

花境大道有 4 个主题,分别为"国色迎春""蔷薇献瑞""绿筠洒翠""芳草葳蕤"。4 个主题分别以牡丹芍药、月季玫瑰、竹子、观赏草 4 类植物作为花境大道的主题植物,通过 4 组花境展现中原地区植物特色和不同文化内涵。此外,花境大道遵循 2007 年的设计理念,将原设计中未实施的红、黄、蓝、三色沥青彩绘,在此次景观提升中落实该设计,增添花境大道的色彩与韵律。

2.2   植物材料选择

植物材料是花境中最重要也是最基本的要素,植物本身所展现的形态、色彩、香味及风姿都是最吸引人们注意的(叶彬彬,2016)。花境大道位于植物园主干道上,为体现可持续性及低维护的特性,花境植物材料选择主要以郑州地区适生宿根花卉植物、花灌木、常绿灌木、观赏草等为主,尽可能地减少更换花卉次数,降低后期管理维护成本。

"国色迎春"牡丹芍药主题花境中,植物材料体现春季季相特点的植物有垂枝梅(*Prunus mume* var. *pendula*)、山茶(*Camellia japonica*)、猬实(*Kolkwitzia amabilis*)、牡丹(*Paeonia* × *suffruticosa*)、芍药(*Paeonia lactiflora*)、欧石竹(*Carthusian pink*)等;具有夏季季相特点的植物有'无尽夏'绣球(*Hydrangea macrophylla* 'Endless Summer')、珍珠梅(*Sorbaria sorbifolia*)、绣线菊(*Spiraea salicifolia*)、醉鱼草(*Buddleja lindleyana*)、千屈菜(*Lythrum salicaria*)、百子莲(*Agapanthus africanus*)、紫菀(*Aster tataricus*)等;具有秋季季相特点的植物有蓝滨麦(*Leymusarenarius* Blue Dune)、迷迭香(*Rosmarinus officinalis*)等。

图3 国色迎春(春季)

Fig. 3 NationalBeauty Welcome Spring (spring)

图4 蔷薇献瑞(春季)

Fig. 4 The roses in delight (spring)

四季均有观赏特色的龟甲冬青(*Ilex crenata* var. *convexa*)、香桃木(*Myrtus communis*)、黄金枸骨(*Ilex cornuta* × *attenuata*

'Sunny Foster')、金线柏(*Chamaecyparis pisifera* 'Filifera Aurea')、花叶栀子(*Gardenia jasminoides* 'Variegata')、佛甲草(*Sedum lineare*)、欧石竹等。这些植物具有对当地环境最高的适应能力,对当地的生长环境具有良好的抗逆性,绿化景观表现稳定,能最大限度地发挥绿地功能和生态效益(图3)。

"蔷薇献瑞"月季玫瑰主题花境中,春季季相特点植物以树状大花月季、精品月季、微型月季、猬实为主;夏季季相特点植物以向日葵(*Helianthus annuus*)、千屈菜、百子莲为主;四季观赏植物选择银姬小蜡(*Ligustrum sinense* 'Variegatum')、龟甲冬青、灯芯草(*Juncus effusus*)、薹草(*Carex* sp.)、欧石竹等。四季观赏植物不仅能够四季成景,改善冬季色彩,同时具有持久性、稳定性,保留植物群落四季原本的动态景观(图4)。

"绿筠洒翠"竹子主题花境中,共选用8种竹子,分别是孝顺竹(*Bambusa multiplex*)、铺地竹(*Pleioblastus argenteostriatus*)、靓竹(*Sasa glabra* f. *alba-striata*)、箬竹(*Indocalamus tessellatus*)、美丽箬竹(*Indocalamus decorus*)、黄条金刚竹(*Pleioblastus kongosanensis* f. *aureostriatus*)、菲白竹(*Pleioblastus fortunei*)、菲黄竹(*Pleioblastus viridistriatus*)等。春季季相特点植物以猬实、月季(*Rosa chinensis*)、山茶点缀;夏季季相特点植物以火星花(*Crocosmia* × *crocosmiiflora*)、千屈菜、金边丝兰(*Yucca aloifolia* Marginata)、迷迭香为主;四季观赏植物选择亮晶女贞(*Ligustrum quihoui* 'Lemon Light')、火焰南天竹(*Nandina domestica* 'Firepower')、金叶石菖蒲(*Acorus gramineus* 'Ogan')、欧石竹等。所选植物与竹子类组合,增添色彩感和植物丰富度,形成高低错落、色彩丰富的景观效果(图5)。

图5 绿筠洒翠（春）

Fig. 5 Green sprinkling green（spring）

图6 芳草葳蕤（夏季）

Fig. 6 All the grass is luxuriant（summer）

最后是"芳草葳蕤"观赏草主题花境中,观赏草主要选用细叶芒（*Miscanthus sinensis* 'Gracillimus'）、斑叶芒（*Miscanthus sinensis* 'Zebrinus'）、花叶芒（*Miscanthus sinensis* 'Variegatus'）、玉带草（*Arundo donax* 'Versicolor'）、矮蒲苇（*Cortaderia selloana* 'Pumila'）、灯芯草、金叶石菖蒲、薹草等。春季季相特点植物以猬实、月季、山茶、欧石竹点缀;夏季季相特点植物以紫菀、火星花、千屈菜以及各类观赏草为主;秋季季相特点植物以火焰卫矛（*Euonymus alatus* 'Compactus'）以及各类观赏草等;四季观赏植物选择亮晶女贞、小叶扶芳藤（*Euonymus fortunei* var. *radicans*）、火焰南天竹、佩兰、欧石竹等（图6）。

2.3 花境种植设计

原有花境大道植物单一、"彩化"不够,尤其缺少季相色彩丰富的彩色树种。本次选取多年生花境植物对花境大道进行改造,因地制宜地增设景石等景观小品,并通过增加乡土植物和多年生宿根草本植物比例降低绿化养护成本,延长观赏期,减少更换频次;增强花境大道的层次及色彩,打造花境大道丰富景观。

花境大道的立面主要分三层进行设计,通过对不同株高及株型的多种植物材料进行不同层次植物的搭配应用,设计具有高低错落的立面层次变化的景观（吴越,2010）。其前景植物多以株高约30cm的比较低矮或匍匐生长的植物为主,如欧石竹、蓝羊茅（*Festuca glauca*）、金叶石菖蒲、小叶扶芳藤等多年生草本植物,修饰花境前景景观;中景主题植物则多选用30~100cm具有独特花型、株型或色彩主题的植物来形成主景景观,同时丰富立面层次,如牡丹、芍药、月季、绣球、火星花、火炬花（*Kniphofia uvaria*）、花叶栀子等的合理搭配与种植;背景植物则主要选用比较高的植株,修饰与丰富主景效果的同时也展现背景层的景观效果,如垂枝梅、猬实、竹子、流泉枫、千屈菜、美人蕉（*Canna indica*）、蓝冰麦等植物,还有一些常绿花灌木等植物。

该花境在季相设计方面,主要通过对不同花期、绿期的多种草本花卉植物、常绿植物、观赏草等进行选择和科学合理的搭配种植,有效错开不同花卉开花时间的方法,来延长花境的观赏期,保证四季的花境观赏期及观赏效果,做到三季观花、四季观景的同时也确保花境季相景观的可持续性。

2.4 道路色彩设计

花境大道由多个不规则的长方形花境组合而成,贯穿西门与芙蓉广场之间。由于道路较长且交叉路口较多,花境大道缺乏一定的连续性和整体性,为此将整个花境大道的柏油路面实施道路彩化工程,运用色彩道路引导游客游览观赏。彩化工程选取红黄蓝三原色在整个花境大道路面进行波浪形条状喷绘,让整个花境大道的路面彩化,增强花境的整体色彩,增加花境模块间的联系让花境大道整体感更强(图7)。

图7　花境大道鸟瞰图

Fig. 7　Aerial view of flower border avenue

3　花境低维护性及可持续性景观营造

3.1　适宜植物选择与植物比例调整

　　花境大道与改造前相比,在植物选择上不仅重视其装饰性,更加重视低维护花境群落的结构层。为了达到长时间的观赏效果,选用粗线条、质感相对硬朗、体量较大且一年四季形态相对稳定的花境植物,以耐粗放管理的乡土植物、宿根花卉和观赏草为主,很大程度上减少更换花卉次数(李昭毅,2017)。

　　花境改造前植物材料有石楠球、小叶女贞、十大功劳、锦带、金边麦冬、堆心菊(*Helenium autumnale*)、美女樱(*Glandularia × hybrida*)、羽衣甘蓝(*Brassica oleracea* var. *acephala*)、角堇(*Viola cornuta*)共9种植物,植物

品种少且景观效果没有结构层次。其中常绿灌木以规则的模纹形式占据了花境大道近1/3的面积,其余2/3的面积通常用一二年生草本花卉,需要每年更换草花3~4次,换花次数较多且成本高。改造后的花境大道中植物材料共用67种(表1),丰富了花境植物种类,其中宿根花卉17种,占比25.4%;常绿灌木15种,占比22.3%;观赏草12种,占比17.9%,落叶(乔)灌木10种,占比14.9%;观赏竹类8种,占比11.9%,一二年生花卉2种,占比2.9%。球、宿根花卉,常绿灌木,落叶灌木,观赏草,观赏竹类在花境种总占比在95%以上,不仅保证了每年的观赏性,减少了换花次数与换花面积,而且大幅降低了维护成本。与改造前相比,花境中增添了郑州市独特的植物类群,突出我国北方文化、地理特色,营造独特的园林景观,同时能够减少养护管理的成本(魏钰等,2009)。此外,表1显示改造后花境中49.3%的植物(33种)四季可观赏,47.8%的植物(32种)能够兼顾三季的观赏性,欧石竹和羽衣甘蓝的应用,即便是在冬季也能维持较好的效果,景观具有一定的可持续性。

3.2　低维护管养理念与方法

　　花境大道改造提升中,在设计和管理上都遵循节约资源、生态建设的理念,在减少资源消耗的同时获得较高的生态效益及可持续的景观效果。与改造前相比,花境大道根据实际情况采取一些既生态环保又科学的养护措施,提高了养护效率,减少了人工成本和资源的使用,更加利于植物群落完成自身演替;在管护时用自然引导自然,合理中耕除草、避免刻意修剪或人工修饰。花境所选植物大多能实现多年观赏,从而不需要精细维护和频繁更换,也能保持长久良好的花境景观。秋冬季节在花境地面土壤裸露部分铺一层有机覆盖物能够减少浇水的次数(魏钰,2007)和减少杂草

表 1 花境大道植物材料观赏期统计表

Table 1 Flower scenery avenue ornamental period of plant materials statistical table

序号 Number	中文名称 Chinese name	科属 Family genus	花期（月） Florescence（month）	观叶期 Foliage period	观赏期 Ornamental period	植物类型 Plant application
1	银叶菊	菊科 千里光属	6~9	四季可观赏	四季可观赏	宿根花卉
2	火炬花	百合科 火把莲属	6~10	三季可观赏	三季可观赏	宿根花卉
3	欧石竹	石竹科 石竹属	5~7	四季可观赏	四季可观赏	宿根花卉
4	八宝景天	景天科 八宝属	7~10	三季可观赏	三季可观赏	宿根花卉
5	'无尽夏'绣球	虎耳草科 绣球属	6~9	三季可观赏	三季可观赏	宿根花卉
6	水果蓝	唇形科 石蚕属	4~6	四季可观赏	四季可观赏	宿根花卉
7	佛甲草	景天科 景天属	4~5	四季可观赏	四季可观赏	宿根花卉
8	山桃草	柳叶菜科 山桃草属	5~8	三季可观赏	三季可观赏	宿根花卉
9	毛地黄钓钟柳	玄参科 钓钟柳属	5~10	四季可观赏	四季可观赏	宿根花卉
10	芍药	芍药科 芍药属	5~6	三季可观赏	三季可观赏	宿根花卉
11	千屈菜	千屈菜科 千屈菜属	6~9	三季可观赏	三季可观赏	宿根花卉
12	百子莲	石蒜科 百子莲属	7~8	三季可观赏	三季可观赏	宿根花卉
13	紫菀	菊科 紫菀属	7~9	三季可观赏	三季可观赏	宿根花卉
14	佩兰	菊科 泽兰属	7~11	三季可观赏	三季可观赏	宿根花卉
15	金边阔叶麦冬	百合科 山麦冬属	6~9	四季可观赏	四季可观赏	宿根花卉
16	火星花	鸢尾科 雄黄兰属	6~8	三季可观赏	三季可观赏	宿根花卉
17	玉簪	百合科 玉簪属	7~9	三季可观赏	三季可观赏	宿根花卉
18	向日葵	菊科 向日葵属	7~8	夏季	夏季	一二年生花卉
19	羽衣甘蓝	十字花科 芸薹属	4~5	三季可观赏	三季可观赏	一二年生花卉
20	石楠球	蔷薇科 石楠属	4~5	四季可观赏	四季可观赏	常绿灌木
21	小叶扶芳藤	卫矛科 卫矛属	6~7	四季可观赏	四季可观赏	常绿藤本
22	山茶	山茶科 山茶科	1~4	四季可观赏	四季可观赏	常绿灌木
23	香桃木	桃金娘科 香桃木属	5~7	四季可观赏	四季可观赏	常绿灌木
24	亮晶女贞	木樨科 女贞属	5~6	四季可观赏	四季可观赏	常绿灌木
25	花叶栀子	茜草科 栀子属	3~7	四季可观赏	四季可观赏	常绿灌木
26	火焰南天竹	小檗科 南天竹属	3~6	四季可观赏	四季可观赏	常绿灌木
27	银姬小蜡	木犀科 女贞属	4~6	四季可观赏	四季可观赏	常绿灌木
28	小叶女贞	木犀科 女贞属	5~7	四季可观赏	四季可观赏	常绿灌木
29	红花檵木	金缕梅科 檵木属	4~5	四季可观赏	四季可观赏	常绿灌木
30	金叶六道木	忍冬科 六道木属	5~11	四季可观赏	四季可观赏	常绿灌木
31	南天竹	小檗科 南天竹属	3~11	四季可观赏	四季可观赏	常绿灌木
32	黄金枸骨	冬青科 冬青属	5~6	四季可观赏	四季可观赏	常绿灌木
33	龟甲冬青	冬青科 冬青属	5~6	四季可观赏	四季可观赏	常绿灌木
34	迷迭香	唇形科 迷迭香属	11	四季可观赏	四季可观赏	常绿灌木

序号 Number	中文名称 Chinese name	科属 Family genus	花期(月) Florescence(month)	观叶期 Foliage period	观赏期 Ornamental period	植物类型 Plant application
35	金线柏	柏科 扁柏属	3~4	四季可观赏	四季可观赏	常绿灌木
36	牡丹	芍药科 芍药属	4~5	三季可观赏	三季可观赏	落叶灌木
37	珍珠梅	蔷薇科 珍珠梅属	7~8	三季可观赏	三季可观赏	落叶灌木
38	火焰卫矛	卫矛科 卫矛属	5~6	三季可观赏	三季可观赏	落叶灌木
39	金山绣线菊	蔷薇科 绣线菊属	6~8	三季可观赏	三季可观赏	落叶灌木
40	月季	蔷薇科 蔷薇属	4~9	三季可观赏	三季可观赏	落叶灌木
41	猬实	忍冬科 猬实属	5~6	三季可观赏	三季可观赏	落叶灌木
42	醉鱼草	马钱科 醉鱼草属	4~10	四季可观赏	四季可观赏	落叶灌木
43	金叶莸	马鞭草科 莸属	7~9	三季可观赏	三季可观赏	落叶灌木
44	垂枝梅	蔷薇科 李属	2~3	三季可观赏	三季可观赏	落叶小乔木
45	流泉枫	槭树科 槭树属	4~5	三季可观赏	三季可观赏	落叶小乔木
46	蓝羊茅	禾本科 羊茅属	5~6	三季可观赏	三季可观赏	观赏草类
47	狼尾草	禾本科 狼尾草属	7~10	三季可观赏	三季可观赏	观赏草类
48	蒲苇	禾本科 蒲苇属	9~10	三季可观赏	三季可观赏	观赏草类
49	细叶芒	禾本科 芒属	9~10	三季可观赏	三季可观赏	观赏草类
50	花叶芒	禾本科 芒属	9~10	三季可观赏	三季可观赏	观赏草类
51	斑叶芒	禾本科 芒属	9~10	三季可观赏	三季可观赏	观赏草类
52	晨光芒	禾本科 芒属	7~12	三季可观赏	三季可观赏	观赏草类
53	灯芯草	禾本科 灯芯草属	6~8	三季可观赏	三季可观赏	观赏草类
54	蓝冰麦	禾本科 赖草属	8~2	三季可观赏	三季可观赏	观赏草类
55	花叶芦竹	禾本科 芦竹属	9~12	三季可观赏	三季可观赏	观赏草类
56	玉带草	禾本科 玉带草属	6~8	三季可观赏	三季可观赏	观赏草类
57	金丝薹草	莎草科 薹草属	4~5	四季可观赏	四季可观赏	观赏草类
58	埃弗里斯特薹草	莎草科 薹草属	3~5	四季可观赏	四季可观赏	观赏草类
59	金叶菖蒲	天南星科 菖蒲属	4~5	四季可观赏	四季可观赏	观赏草类
60	菲白竹	禾本科 赤竹属	—	四季可观赏	四季可观赏	观赏竹类
61	菲黄竹	禾本科 赤竹属	—	四季可观赏	四季可观赏	观赏竹类
62	孝顺竹	禾本科 簕竹属	—	四季可观赏	四季可观赏	观赏竹类
63	铺地竹	禾本科 苦竹属	—	四季可观赏	四季可观赏	观赏竹类
64	靓竹	禾本科 赤竹属	—	四季可观赏	四季可观赏	观赏竹类
65	箬竹	禾本科 箬竹属	—	四季可观赏	四季可观赏	观赏竹类
66	美丽箬竹	禾本科 箬竹属	—	四季可观赏	四季可观赏	观赏竹类
67	黄条金刚竹	禾本科 大明竹属	—	四季可观赏	四季可观赏	观赏竹类

的数量,一定程度上预防了病虫害的发生,避免了不必要的养护工作。这种粗放式管理能使植物提高自身抗性,从而也能降低养护工作频率,以达到低成本、低维护的后期管理效果。

4 总结

郑州植物园花境大道设计中把低维护理念与可持续的生态种植思想相结合,将不同花境植物种植于适合的位置,以营造和谐稳定的花境群落。采用更加合理的选材和配置管理方式,发挥每种植物自身独特的观赏特点,尽量减少人为干预,提升花境植物群落的自我维护能力,保留植物群落四季原本的动态景观,以达到低维护的目的。

参考文献

李昭毅,2017. 免维护花境植物配置模式研究 [D]. 福州:福建农林大学.

魏钰,2007. 有机覆盖物在植物园的应用[J]. 科技潮(2):22-23.

魏钰,朱仁元,2009. 论营建低成本维护花境[J]. 现代农业科技(1):68-69,71.

吴越,2010. 北方花境植物材料选择与配置的研究 [D]. 哈尔滨:东北农业大学.

叶彬彬,2016. 多年生植物材料的筛选与可持续花境景观的营造[D]. 北京:中国林业科学研究院.

怀化植物园自然教育发展的 LR-CO 分析
LR-CO Analysis on the Development of Natural Huaihua Botanical Garden

李珂[1] 李娜[2] 陈锦科[1] 王耀辉[1]* 陆彦羽[1] 邓旭[1]

［1. 怀化市林业科学研究所(湖南中坡国家森林公园管理处),湖南怀化,418000;

2. 湘潭理工学院,湖南湘潭,411100］

LI Ke[1] LI Na[2] CHEN Jinke[1] WANG Yaohui[1]* LU Yanyu[1] DENG Xu[1]

［1. *Hu'nan Zhongpo National Forest Park Management Office*(*Huaihua Forestry Research Institute*), *Huaihua*, 418000,*Hu'nan*,*China*; 2. *Xiangtan Institute of Technology*; *Xiangtan*,411100,*Hunan*,*China*］

摘要:本文采用 LR-CO 分析法,对怀化植物园的地理位置(Location)、自身资源(Resource)、竞争与合作(Competition & Cooperatio)、机遇前景(Opportunity)这四个方面进行现状剖析,探讨怀化植物园自然教育发展前景。并对怀化植物园的人才队伍培养、基础设施建设、教育合作路径以及后期发展提出一定的对策与建议。

关键词:怀化植物园;自然教育;LR-CO 分析

Abstract:The paper analyzes the current situation of Huaihua Botanical Garden by using LR-CO analysis method, from four aspects: location, own resources, competition & cooperation and opportunity, and discusses the development prospect of natural education. It also puts forward some countermeasures and suggestions for the talent team training, infrastructure construction, educational cooperation path and later development of Huaihua Botanical Garden

Keywords: Huaihua Botanical Garden; Nature education; LR-CO analysis

1 背景

现代在自然中开展教育活动,亲近自然的教育活动最开始由 20 世纪 50 年代的丹麦开启,随后慢慢发展到世界各国,现在已经成为席卷全球的一种风潮,同时在欧美等发达国家也形成了具有一定自我本土特色的风格。美国作家理查德·洛夫在其 2005 年出版的著作《林间最后的小孩:拯救自然缺失症儿童》一书中,首次开创性地提出自然缺失症这一概念。自然缺失症是儿童远离自然,自身容易陷入孤独、焦虑、躁动、生气的情绪中,由此引发的一系列身心的问题。

随着我国现代文明的发展,城市化脚步的加快,现代儿童与自然越来越远离,儿童自然缺失症的现象层出不穷。根据红树林湿地保护基金会(MCF)在 2015 年 7 月发布的《城市中的孩子与自然亲密度的调研报告》,全国自然缺失症的儿童比例高达 16.33%。在受调查的儿童中,大部分儿童都是身处在高科技的电子世界中,除课本学习外,大部分注意力聚焦于平板、网络、电视等平台。基于此现状,我国自然教育

作者简介:李珂(1993—),女,农学硕士,工程师,主要从事森林游憩、森林培育研究;983459777@qq.com。

通讯作者:王耀辉,男,湖南衡阳人,研究员,主要从事经济林栽培与林木遗传育种研究。E-mail:hhycb@163.com。

的发展近几年来更是雨后春笋,各大培训机构和旅游服务公司都开始投身到自然教育。2016 年 12 月,教育部等 11 部委联合发文《关于推进中小学生研学旅行的意见》,将自然教育的地位贯穿到整个教育活动过程之中,管中窥豹、可见一斑,在怀化植物园开展自然教育势在必行,也是大势所趋。

2　自然教育现状

怀化植物园位于怀化市城北,规划面积 20505 亩**,森林覆盖率达 96.8%,地处大湘西雪峰山脉,林业资源丰富,拥有 1200 多亩科研基地林,560 亩树种基因库,5000 多亩次生林。其与"湖南中坡国家森林公园、中坡国有林场、怀化市林业科学研究所、钟坡风景名胜区"实行"四块牌子一套人马"的管理体制,为副处级公益一类事业单位。植物园有在职职工近 138 人,专业技术人员 49 人,其中研究员级工程师 2 人,高级工程师 12 人,硕士研究生 9 人。管理水平高超,科研能力雄厚。怀化植物园是一个全年免费开放的公益性公园,2015—2020 年五年期间年均游客吞吐量超 200 万人次,是怀化市人民的天然氧吧,被誉为"城市绿肺"。被中国林学会、湖南省科技厅、湖南省林业局与湖南省教育厅先后授予"全国林业科普基地""湖南省科普基地""湖南省生态文明教育基地""湖南省公园质量管理十佳单位""湖南省秀美林场"等称号。

目前现有的自然教育主要依托教育课程、教育场所、教育媒介、教育导师几方面。怀化植物园的教育课程主要以昆虫认知、林木认知、中药材认知等课程为依托,户外实践与室内讲解相结合,免费为怀化市的中小学生进行自然科普教育。园内自然教育场所众多,拥有 12 个植物专类园、2 个可开展互动的综合型实验室,以及品种齐全

的蝴蝶标本馆和可容纳近千人的游客服务中心,其中蝴蝶标本馆品种齐全,中国产世界珍蝶——宽尾凤蝶的新种发现弥补了世界空白。在此基础上,公园为加强自然教育的效果,自行制定并印发了一系列的自然教育相关资料,印发的森林公园简介更是从动物、植物、活动场所、导览图入手对公园的游览路线以及临场资料进行全面的概括。并率先引进了华南植物园先进的管理系统,对植物科普信息以及物种信息进行全方位监管,不仅如此,中坡为方便服务游客,正在逐步建设智慧公园系统,对公园内的入园人数、游客的安全、森林防火等进行全方位监控。智慧公园系统还对公园环境质量进行实时监测并告知游客,对游客进行潜移默化的自然科普。

3　LR-CO 条件分析

3.1　地理位置(Location)分析

怀化植物园位于湖南西南边陲城市——怀化。怀化市是湖南、湖北、重庆、广西、贵州四省的交界地,是一座典型的火车拉来的年轻城市,是著名旅游胜地张家界武陵源、凤凰高铁必经之地。怀化高铁 1.5h 经济圈可直达长沙、贵阳,3h 经济圈可直接到昆明与武汉。同时,怀化市在湖南省委第十届十五次全委(扩大)会议中被定位为辐射大西南、对接成渝城市群的新增长极和沪昆高铁经济带、张家界—吉首—怀化精品旅游生态文化经济带。

植物园地处沅水中上游,处于湖南省怀化市鹤城区境内,其位于怀化市北面城郊,最近处距离怀化市中心仅 0.5km,核心景区距离怀化市中心城区不足 8min 车程,是一座典型的城郊型森林公园,环城公路贯穿全园,景区内公交与市内连通,交通极为方便。同时公园与怀化芷江机场距离

** 1 亩 = 1/15hm²,不同。

33km,机场车程不足半小时。

3.2　自身资源(Resource)分析

3.2.1　旅游资源区位

公园属中亚热带季风湿润气候,四季分明,气候温和,雨量充沛,光照充足,无霜期长。年平均气温为 13.4~17.0℃,≥10℃的日平均气温持续 240~250d,活动积温 5060~5460℃。

在《湖南省森林旅游"十三五发展规划"》中,怀化植物园位于特色森林旅游区的"中西部雪峰峻岭风情森林旅游区",属"体验雪峰森林旅游精品线路"上的城郊型森林公园,并且处于张家界—凤凰古城—桂林山水"旅游走廊"黄金带上,位于怀化旅游服务业的龙头位置,合理的规划和开发可使项目地成为怀化城市良性健康发展的良性催化剂,打造怀化城市名片,带动相关产业调整升级及城市功能互补协同,成为中西部大开发的有力支点。并且怀化是"多民族文化村",少数民族占总人口40%。长期以来,侗、苗、瑶、土家等 50 个民族在这里繁衍生息,创造了浓郁多彩的民俗文化。

3.2.2　人才队伍建设

公园管理处具备承担公园管理、园林绿化、规划、建设、施工技术指导、森林培育保护和经营管理等专业技术和能力,人才众多。现有在职管理和从业人员 138 人,专业技术人员 49 人,2020 年引进硕士研究生 9 人,目前研究员级正高级工程师 3 名,副高级工程师 12 名,中级职称 18 名,助理工程师 10 人。

公园管理处要求所有专业技术工作人员在国家林草局管理干部学院或继续教育培训中接受自然教育课程培训,鼓励职工积极踊跃参与中国林学会自然教育分会举行的各类自然教育活动及课程设计比赛。公园获得中国林学会及相关专业机构认证的自然教育导师 4 名,获得中国林学会自然教育分会自然教育课程设计二等奖 1 项,获得湖南省省级研学旅游基地殊荣 1 项,获得省级及以上科普教育基地殊荣 2 份。虽然目前专职从事于自然教育的且经过系统专业化培训的持证自然教育导师尚有有一定的空缺,但公园专业技术人员均可承担一定的科普教育导师角色。怀化植物园一直与湖南省内各大自然教育机构保持良好的合作,每年不定期前往各大专业自然教育机构进行交流探讨,大大增强了园区自然教育导师队伍的专业性和先进性。

3.2.3　自然条件资源

怀化植物园属中国地势第二阶梯向第三阶梯过渡带,受雪峰古陆抬升和水蚀的影响,境内峰峦挺秀,林壑幽深,群山之中有小盆地发育。山势中间高、四周低,平均海拔 400~500m,最高海拔(穹顶峰)638.6m,最低海拔 233.1m,相对高差 405.5m。坡度相对平常,大多在 15°~25° 之间。公园内水域属沅江一级支流舞水流域,处于流域中下游地带,水资源较丰富,有大小溪流 10 余处,全部发源于中坡山。

植物园范围内有各类野生动物 100 余种,其中国家一级重点保护野生动物 3 种,二级重点保护野生动物有 17 种。怀化植物园场址现状森林覆盖率高达 96.8%,区域内有木本植物 850 余种,其中国家一级重点保护树种有银杏、银杉、水杉、南方红豆杉、珙桐、苏铁;国家二级重点保护树种有香果树、榉木、楠木、木莲、鹅掌楸、刺楸、厚朴、凹叶厚朴、黄杉、杜仲、伞花木、金钱松、华南五针松、香樟、福建柏、黄檗,百年以上古树名木共计 400 多株,植物种类丰富,林木群落结构多样,且有许多地域特色植物,已形成植物资源基底,植物种类成百上千,飞禽走兽时有出没。在此基础上,园区以怀化特有种——大花红山茶为切入点,积极引种其他各类山茶花种质,目前完善大花红山茶种质资源库 154 亩。共收集红山茶组物种 5 大类,涉及大花红山茶、广西红花油茶、滇山茶、浙江红花油茶、湘西扁果油茶等数十余种,各类名贵山茶花品种逾 50 个,成为植物园一大亮丽风景线,为广大游客所喜爱,亦是植物园自然教育主打课程实施地点。

综上,怀化市植物园的自身资源条件较为卓越,开展自然教育拥有得天独厚的先天优势。

3.3　竞争与合作(Competition & Cooperation)分析

随着国家对自然教育重视程度的加深,怀化市开展自然教育的场所也越来越多。距离怀化植物园车程不足 1h 的黄岩风景区、凉山风景区等均开展了自然教育与森林教育等课程。同时怀化植物园位于湘西,湘西地区多奇山异水,风景秀丽,可开展自然教育的场所众多。怀化植物园距离张家界森林公园车程 3h,而张家界是享誉国内外的知名胜地,更是近几年来各大机构开展自然教育的首选之地。

为加大合作提升公园的自身实力,怀化植物园积极开展"引进来、走出去"的对策,不仅纵向向省林业和草原局、国家林业和草原局等权威机构的专家请教,还横向积极与各大高校科研机构、培训机构取经探讨,同时还深入其他森林公园取经。怀化植物园被省林业局批准为"湖南省林业科学院怀化分院""湖南省森林植物园怀化分园"。通过依托湖南省林业科学院、湖南省森林植物园的平台,加深了与中国林业科学院、华南植物园等自然教育研究的先驱者进行学习的力度与强度。

3.4　机遇前景(Opportunity)分析

2015 年以来国家对自然教育不断重视,并连续出台了多项政策鼓励中小学生在自然中进行研究性学习。同时,人们的旅游需求也开始慢慢地从观光型需求到精神文化追求的需求,人们的环保意识也在慢慢地觉醒与提升,从对自然的索取到亲近自然走进自然,从最开始的"金山银山"到现在的"绿水青山就是金山银山"体现了人们对自然的渴望,而且"要像眼睛一样保护生态环境"彰显了人们对于保护大自然的生态意识。

国家政策的大环境支持和人们思想觉悟的转变与提升,这二者将是开展自然教育的极大外在保证和机遇,同时怀化植物园其得天独厚的地理区位也是其内在保障与机遇。

4　建议

4.1　提升公园内自身建设

4.1.1　加快科普场所的建设力度

自然教育不仅需要在自然中学习与研究,还需一定的高科技辅助设施,如 VR 技术、AR 技术、多媒体与网联网等。让游客可以在室内也能体验不一样的自然,认知不一样的自然。目前怀化植物园虽然可开展的自然教育的天然场所较多,但是可用于"智慧+"的多功能云端学习平台的综合型科普馆尚在建设过程中,需加快其建设力度,使其早日投入运营使用。

4.1.2　加强专业人才队伍建设

自然教育的效果很大一部分取决于自然教育导师,一个好的自然教育导师能够寓教于乐,大大提高自然教育的趣味性。目前怀化植物园的自然教育导师均由其专业技术人员兼职担任,在很大程度上距离专职自然教育导师有一定差距,同时一些志愿者的能力水平也相对欠缺。这要求公园管理处需在自然教育的人才队伍建设方面加大投入力度,在现有的专业技术人员中选拔一批优秀人才参加全国自然教育培训活动,并组建一支专业的专职自然教育导师队伍,并通过这些专职导师对志愿者进行系统的培训。

4.1.3 创建自然教育云端宣传与学习平台

中国是一个科技强国,互联网给人们带来了极大的便利。怀化植物园在开展自然教育的同时,也要与"互联网+"联动起来,利用微信公众号、抖音、火山小视频、直播等各类新兴的互联网工具,将公园的自然教育课程与全国各地人们进行共享,并将公园的绝美风景推向全中国,甚至是全世界。

4.2 加强与其他部门的联动

怀化植物园周边景区众多,公益类场所也较多。建议怀化植物园不仅要加强与其他景区的联动宣传拓展客源,人才共享提升人才软实力;还要加强与公益场所的合作,例如与怀化市科技展览馆进行联动合作开展自然教育等。

4.3 拓展"森林+"课程

在各大活动中,开展自然教育。例如,在研学、团建、亲子活动、露营等活动中开展各类自然教育,让自然教育不仅存在于儿童活动中,还存在于其他形式的活动中。

打造森林课堂,突出"森林"主题,寓教于乐,吸引游客接受自然教育,结合园内特有植物开展不同植物主题自然教育课堂。例如,设置以大花红山茶为主题的自然教育课程:大花红山茶与普通山茶的亲属关系、大花红山茶榨油的秘密、大花红山茶与小蜂间不得不说的故事、"永不放弃、坚守奉献"的科研精神等。

5 结论

怀化植物园的自然条件优越,资源丰富,是开展自然教育的绝佳场所。相信在国家大政策的支持下,怀化植物园的自然教育会开展得越来越好,成为大湘西地区甚至是湖南地区的自然教育标兵。

参考文献

HNPR—2016—01014. 湖南省人民政府办公厅关于印发《湖南省旅游业"十三五"发展规划纲要》的通知[S]. 湖南省人民政府办公厅, 2016.

欧阳文川, 2017. 自然天性、教育与"人道道德"——《爱弥儿》视野下的卢梭政治哲学研究[D]. 北京:中共中央党校.

闫保华, 2015. 城市儿童与自然亲密度调查[R]. 深圳:MCF.

严格, 李珂, 2018. 自然教育的概念探讨[J]. 旅游纵览(10):26-38.

张熙卓, 2019. 文化传承视域下对景德镇陶瓷研学的探索[D]. 景德镇:景德镇陶瓷大学.

牡丹自然笔记课程的设计与探索
Curriculum Design and Practical Exploration of Peony Nature Journaling

李文艳

（中国科学院华南植物园、华南国家植物园，广东广州，510650）

LI Wenyan

（China Botanical Garden，Chinese Academy of Sciences/South China National Botanical Garden，510650，Cuangdong，China）

摘要：牡丹自然笔记课程将牡丹植物科学知识、文化及绘画等多学科融合，为学校课堂教学提供支持和补充。该课程包含观察、探究、实践等寓教于乐的环节，以期提高学生的科学兴趣，培养科学素养，提升保护生态环境的意识。

关键词：牡丹；自然笔记；设计与开发

Abstract：Peony is the traditional famous flower of China. The nature journaling curriculum of peony offers multiple curriculum studies including plant science，Chinese traditional culture and drawing，which supports and is a supplement of the school study for students. This curriculum contains some fun parts such as watching，exploring and practicing from which the students can learn. This curriculum can also help students improve their Science Literacy，and promote their environmental awareness.

Keywords：Peony；Nature journaling；Design and explore

自然笔记指的是有规律地观察记录、认识、体会和感受自然，用笔记的形式对身边的大自然进行记录（莱斯利，罗斯，2008）。自然笔记课程通过在户外自然环境的观察与实践，引导青少年观察感知自然环境，注重自然体验、实践操作，调动青少年探索科学知识的热情、兴趣和积极性，培养其观察能力、思考能力、探究能力和综合科学素养。

中国科学院华南植物园是我国历史悠久的植物学研究机构，由著名植物学家陈焕镛院士于 1929 年创建。科普教育是植物园的主要职能之一，是链接科研与公众的重要媒介，链接自然与人的重要桥梁。植物园挖掘植物科普资源，开展形式多样和生动活泼的自然笔记课程，引导学生记录、交流、思考、研究，培养观察技能、学习新知识、建立与自然的联系。

1 课程导向

1.1 环境教育导向

中国文学对植物的表达延续数千年。据统计，《诗经》里有 138 种植物、全唐诗有 398 种植物、清诗选有 427 种植物等（潘富俊，2015）。中小学语文课本里的"植物元素"较多，仅小学三年级下册语文课本里就出现 37 种植物，中国文人或借植物抒情，或移情于植物，或托植物言志等。文学表达了人与自然的思考，让人与自然和谐相融。

植物就在我们身边，然而随着城市化的进程、电子产品的广泛应用、课业负担的束缚等原因,青少年与自然产生隔膜并逐渐疏离,普遍存在对植物知之甚少,对植物缺乏关注,逐步产生所谓的"植物盲"现象,甚至成为制约公众接受植物科普和参与植物多样性保护的重要因素(翟俊卿、王西敏,2021)。植物园是中小学生学习科学和环境知识的重要场所,自然笔记通过在自然中的观察与实践,强化自然联结,促进保护生态环境的行为。

1.2 科学素质导向

科学素质是国民素质的重要组成部分,是社会文明进步的基础。《国务院关于印发全民科学素质行动规划纲要(2021—2035年)的通知》要求,"建立校内外科学教育资源有效衔接机制……引导中小学充分利用科技馆、博物馆、科普教育基地等科普场所广泛开展各类学习实践活动。"植物园作为科普教育基地,需要充分调动特色科普教育资源,培养学生科学兴趣,助力青少年科学素质提升。

自然笔记课程注重多层次设计、实践操作和情感体验,为学生提供丰富的、有意义的学习经历。自然笔记的开发与实施,可以改变学生的学习方式,通过创造学生与大自然亲密接触的机会,激发学生积极探索自然奥秘的兴趣和好奇心,培养学生对大自然的情感和理解力,使其与自然世界建立起一种和谐亲密的关系。

2 牡丹自然笔记课程的设计

2.1 课程简介

牡丹(*Paeonia×suffruticosa*)是中国传统名花,不仅具有丰富的观赏价值、引发五感的体验价值、实用的药食价值、深藏奥秘的科研价值,而且还具有丰富的传统文化内涵。华南植物园牡丹花展已连续举办10年,2022年春节期间60多个品种8000余株牡丹和芍药集中绽放,引人注目。牡丹自然笔记课程参考学校教育的课程标准,深度挖掘牡丹的科普价值,联系学生学习和生活实际,设计开发集牡丹植物知识、科学探究、文化与艺术于一体的多学科融合的科普教育课程。牡丹自然笔记课程适用于小学3~5年级的学生,学时5~6h(约1d时间),课程以室内外相结合的形式进行。

2.2 课程标准对应

根据中华人民共和国教育部制定的"义务教育科学课程标准(2022版)"要求,小学3~5年级需对植物有初步了解,能掌握植物由根、茎、叶、花、果实和种子组成,能认识植物某些结构具有帮助维持自身生存的相应功能等。

小学三年级下册语文习作"我的植物朋友"以及第十三课小练笔"写一写你喜欢的花"其中就包括牡丹花(温儒敏,2018)。植物是写作的主要素材,通过科普教育课程引导学生认真观察,认识了解植物,帮助学生打开植物世界的大门。

2.3 课程目标

(1)科学知识目标

在教师引导下,能运用感官和放大镜、镊子等简单实用工具,解剖、观察并描述牡丹的外部形态特征,学习相关植物知识、生态知识等。

(2)科学探究目标

通过课程引导观察与思考,比如牡丹与芍药的异同、牡丹春节期间开花的科学原因等。鼓励大开"脑洞"推测与查阅资料,引导学生发现问题,培养学生基于科学证据得出结论的严谨科学态度以及科学家不断探究的精神。

(3)文化内涵目标

牡丹有着深厚的文化底蕴,关于牡丹的诗词歌赋较多。通过对牡丹重要古诗词的学习及牡丹相关历史典故的浅析等,初步了解牡丹文化的内涵。

(4)情感及价值观目标

目前所知,牡丹的9个原生种都为我

国特有植物,但是其中 1 种已经野外灭绝,4 种已经濒危,保护牡丹原生种,保护植物多样性迫在眉睫。通过增加学生与植物亲近的机会,发现植物多样性的美好,引导学生热爱自然,增强保护环境的意识和社会责任感。

2.4　学情分析

小学 3~5 年的学生阅读比较广泛,知识较为扎实。选择参加科普活动的学生家长,大多是自然爱好者或者对自然教育持积极态度的人群,对学生起到很好的引领作用。由于活泼好动是儿童的天性,其注意力集中的时间有限,在课程开展过程中需注意节奏,适当鼓励,在纪律上做一些约束,务必注意安全。

2.5　教学安排

(1)课程导入环节

黄津成认为,课程应加强课程内容与学生生活以及现代化社会和科技发展的联系,关注学生的学习兴趣和经验(2019)。科普课程设计需要结合学科本身与学生生活实际。该课程由语文课本上的古诗"苔花如米小,也学牡丹开"等孩子们熟悉的内容为铺垫,导入牡丹主题。课前准备以牡丹相关植物名称为自然名的"盲盒",学生抽取自然名,增强趣味性,加深对牡丹的印象。将学生分为 4~5 人每组,增进学生之间的了解及培养团队精神。

(2)牡丹花欣赏环节

置身牡丹花展,调动视觉、听觉、嗅觉、味觉、触觉"五感",深度体验、感受牡丹,掌握关于牡丹的第一手资料。熟悉植物的形态特征,分辨花萼、雌蕊、雄蕊等以及相关的植物科学知识与故事,层层递进地启发学生的兴趣与思考,寓教于乐。

(3)科学探究环节

古语有云"谷雨三朝看牡丹",现在却在春节赏牡丹,从眼前的自然现象为切入点,引导学生探索与思考。如设计牡丹观察任务卡,引导观察牡丹与芍药的异同(叶、植株、花期),牡丹 9 种不同花型图与名称对应连线等。通过观察、分析、比较、讨论、概括等方法得出结论,培养自然观察者智力及探究科学的兴趣。

(4)牡丹赏析讲座

针对学生观察与探究过程中的疑问,开展室内讲座,答疑解惑。如适当布置课室、品牡丹花茶等,让学生置身于浓厚的牡丹文化氛围中,浅析牡丹花卉文化,引发对"国民之花"牡丹的情感共鸣。对于牡丹反季节催花技术、牡丹新品种培育及牡丹研究前沿技术等,邀请相关专家授课,有助于提高学生好奇心以及对科学研究的兴趣。

(5)自然笔记创作

在学生对牡丹有了充分感受和体验后,引导学生把看到的、听到的、想到的用图画和文字的形式,清楚流畅地记录下来。自然笔记的创作可增强学生对植物的了解与认知。观察是重点,不需要很高的绘画技法,没有一定的范式,给学生自由发挥的空间。

(6)课后分享环节

回顾牡丹植物知识,分享自然笔记,帮助学生概括总结。一次科普课程学到的东西是有限的,课程结束时发放课后观测小册子、推荐科普书、纪录片等作为延伸学习的资料,培养学生对科学的兴趣以及养成观察记录的习惯。

2.6　作品分析

自然笔记作品是牡丹自然笔记课程的重要成果体现,在一定程度上能表现学生对牡丹的理解,体现了学生一定的知识技能、情感态度与价值观。该课程中学生参与度高,全部学生都能完成牡丹自然笔记作品。但由于不同学生的基础不同,对课程的理解接受程度等有差异,所呈现的自然笔记作品各有千秋。下面选取其中 3 个作品作点评。

图1　"牡丹仙子"自然笔记作品

Fig. 1　"Peony Fairy" nature journaling work

作品"牡丹仙子"(图1)为一名初学自然笔记的学生所作,画面美观,能够识别植物的主要特征,标明了时间、地点、天气等要素。观察到围绕牡丹花的蜜蜂,植物与动物相互依存,而且还表达所想"喜欢牡丹花",相信与牡丹的"亲密接触"是一次愉快的旅程。如果观察记录更加仔细,签上记录人名就更好了。

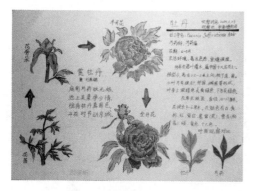

图2　司徒昕的牡丹花自然笔记作品

Fig. 2　The peony flower nature jour-naling work by Si Tuxin

司徒昕自然笔记作品(图2),观察时间、地点、天气、记录人等基本要素齐全,观察仔细,文字精炼,构图美观,科学、美学、文学并重,呈现了花从发芽到开花的整个过程,对牡丹和芍药的叶片有细致的比较,对牡丹的植物学特性、生活习性等都有观

察和记录,值得肯定。

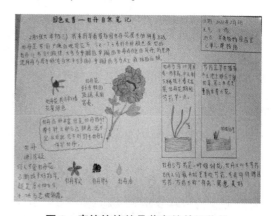

图3　廖铭铭的牡丹花自然笔记作品

Fig. 3　The peony flower nature journa-ling work by Liao Mingming

廖铭铭自然笔记作品(图3),观察牡丹细致入微,记录详尽,观察到牡丹与芍药在茎干上的不同,对牡丹有较为深入的认识,准确地表现出观察对象特征,并有科学依据,文字记录通顺,还提到保护牡丹原生种的感悟,此为佳作。小作者是一位有多次自然笔记学习体验的学生,对植物有浓厚的兴趣。兴趣是最好的老师,加油!

3　问题与未来思考

关于科普教育课程效果的评价,仅仅是对学生学习积极性、学习作品分析及家长对课程满意度的反馈来定性判断。学生对课程感兴趣的原因有多方面,科普课程内容的多层次设计、小组合作的学习模式、学习内容与生活实际的联系等都是影响因素。关于学生在意识、知识、态度、技能和行为等方面的影响,缺少定量的分析,课程效果评价不足,需进一步加强和完善。

一是开发系列科普课程。鉴于牡丹花期固定,不同季节可选择不同的植物,开展自然笔记课程。华南植物园陆续开发了紫藤、荷花、竹子等一系列传统文化植物自然笔记课程,增强课程的系统性、完整性。

二是科学与艺术的结合。牡丹等传统

图 4　学生在牡丹花展上画国画

Fig. 4　Students draw Chinese paintings at the peony exhibition

花卉也是国画里经常描绘的题材,自然笔记创作可以替换为牡丹国画创作,将科学与艺术相结合,让学生学习科学知识的同时,受到美的熏陶。

三是发挥志愿者优势。自然笔记课程的开发与实施要求多学科融合,对科普老师提出了较高要求。一方面需加强科普老师培训,提升业务能力;另一方面需充分发挥植物园志愿者在不同专业的优势,合作开发课程。华南植物园有一支专业性强、训练有素的志愿者队伍,在科普教育课程上可以提供有力支撑。

孔子曰"多识于鸟兽草木之名",是倡导从身边的自然获得知识与成长,现代研究亦表明,走进自然有益于青少年身心健康。自然笔记是广泛学科领域学习的宝贵工具,贵在持之以恒,养成习惯将对青少年受益终生。牡丹自然笔记课程以习近平总书记生态文明思想为指导,以自然探索为导向,学习与观察并重、理论与实践相结合。随着"双减"政策的实施,植物园充分挖掘自身资源(如植物、场地、专业的学科背景等),通过多维角度,紧贴中小学生课程标准并进行适当拓展,广泛开展各类学习实践活动,大力弘扬科学精神、传播科学方法、普及科学知识,提高公众尤其是青少年的科学素养,将生态文明的理念植根于青少年的内心深处,提高其保护生态环境的意识。

参考文献

克莱尔·沃克·莱斯利,查尔斯·E. 罗斯,2008. 笔记大自然[M]. 麦子,译. 上海. 华东师范大学出版社.

潘富俊,2015. 中国文学植物学[M]. 上海:华东师范大学出版社.

翟俊卿,王西敏,2021. 植物科学教育的典型问题探讨:以"植物盲"为例[J]. 科普研究,16(2):51-58.

温儒敏,2018. 小学语文三年级:下册[M]. 北京:人民教育出版社.

黄津成,2014. 学生为本、经验为根:校本课程的价值取向——以昌化一小校本课程"印象昌化"为例[J]. 课程教学研究(9):75-79.

论"辰山植物专科医院"科普交流平台建设和管理
On the Construction and Management of Science Popularization Communication Platform of "Chenshan Botanical Hospital"

张哲

(上海辰山植物园,上海,201602)

ZHANG Zhe

(*Chenshan Botanical Garden*, *Shanghai*, 201602,*China*)

摘要:推动科普信息化建设,是科普工作适应当代互联网社会的必然选择,是党和国家的一项重要战略举措。科普信息化也是互联网+科普最深刻的内涵就是科普信息化平台的资源共享,"辰山植物专科医院"科普交流平台是以激发公众科学兴趣、提高公众科学素质为目的,并以植物爱好者为主要受众人群而构建的网络科普园地。笔者基于上海辰山植物园多年科普和宣传工作实践,对网络科普交流平台建设进行了一些总结和思考。

关键词:上海辰山植物园;科普交流平台;科学传播

Abstract:promoting the informatization construction of science popularization is an inevitable choice for science popularization to adapt to the contemporary internet society, and an important strategic measure of the country. Science popularization informatization is also the most profound connotation of "Internet plus science popularization", which is the resource sharing of science popularization informatization platform, The science popularization communication platform of "Chenshan Botanical Hospital" is an online science popularization base aimed at stimulating public scientific interest and improving public scientific quality, with plant lovers as the main audience. Based on the practice of science popularization and publicity in Shanghai Chenshan Botanical Garden for many years, the author summarizes and thinks about the construction of network science popularization communication platform.

Keywords:Shanghai Chenshan Botanical Garden; Popular science communication platform; Science communication

1 科普及科普交流的概论

普及科学技术,提高全民族科学素质,既是激励科技创新、建设创新型国家的内在要求,也是营造创新环境、培育创新人才的基础工程,必须作为国家和全社会长期的共同任务切实抓紧抓好,为科技进步和创新打下最深厚最持久的基础(王蕾等,2018)。并且可以认为,发展科普事业,不仅是促进社会全面进步、提高公众现代生活质量的一项基础性社会工程,更是指引和帮助全国人民贯彻和落实科学发展观的重要途径。

然而,针对《全民科学素质行动计划纲要(2006—2010—2020 年)》中所指出的"公民科学素质水平低下,已成为制约我国

作者简介:张哲,1985 年 1 月,女,高级工程师,021-37792288-829,35845613@qq.com,合作交流部部长。

经济发展和社会进步的瓶颈之一",党中央、国务院提出,必须重视科普资源的开发与共享,特别是"集成国内外科普信息资源,建立全国科普信息资源共享和交流平台,为社会和公众提供资源支持和公共科普服务"。因此,我国在科普事业不断发展、科普资源日益丰富的基础上,应该抓住未来10年重要战略机遇期,加强科普交流平台建设,促进科普交流与合作。

同时,随着辰山植物专科医院的设立以及创新型建设发展的落实,辰山植物园作为拥有各种植物资源和植物护养和医疗区域,在后续的发展和建设之中,有必要通过整合优势科普资源、创新科普交流平台和机制,加强多元化的植物交流与合作。

2 科普信息化的内涵及平台建设必要性

科普交流,突破空间地域的局限,强调知识经济背景下对最新科技的共建和共享。在这个过程中,来自不同地区的各种社团、组织和个人,通过一定的平台和交流机制,就科技的最新发展、普及化和民用化等问题进行深入讨论,并通过包括市场在内的多种资源配置机制,促进科普资源的流动和重新配置;不仅是各级政府组织,更重要的是各种民间组织、志愿者群体、非政府组织和个人都会积极投身其中,促进各种科普资源突破地域、国籍和种族的局限,更好地服务于人类社会的整体进步和科技水平的持续提升。一般而言,一个国家或地区,有没有开展系列的国际科普交流,是评价其科普状况与发展水平的一个重要视角(王蕾,2012)。

科普交流平台是指科普交流的载体,或者说不同地区科普要素得以实现集聚和交流的桥梁(雪伟,2011)。基于此,笔者认为,这个平台应该是虚实结合、项目推进的一个综合体,它可以是由一个机构设立的科普交流平台,如发起具有一定专业性的科普活动,邀请或吸引多个地区科普资源要素的参与;也可以是由多个机构或地区科普机构共同建立的一个区域科普交流的民间组织,并由其发起、组织区域性的科普活动;还可以是借助因特网和现代信息通信技术而搭建的虚拟社区或交流平台,如各种科普网站及其交流论坛等等。

3 "辰山植物专科医院"科普交流平台建设与管理

随着社会经济发展,人们赏花、爱花、交流花文化的热情越发高涨,也愿意在园艺上投入更多成本,但当家养植物出现病虫害等问题时却常常无处问询。针对市民游客朋友此类迫切需求,辰山植物园于2021年建立了上海首座"植物专科医院",9月15日内测,9月23日正式上线,为植物提供公益"诊疗"服务。

3.1 项目背景

2021年8月上海辰山植物园内部策划完成移动端植物专科医院项目,就项目细节与上海创正信息技术有限公司就项目规划、流程、用户体验等细节进行多次会议交流,并最终于2021年9月22日完成上线。项目建立初衷,是更方便为用户科普植物养护过程中的知识,解决植物盆栽病虫害等问题,给出更加专业的解决和养护方案。目前第一批植物医生为魏顶峰、汪艳平、王一椒、刘剑、林琛、倪子轶,共6名专家组成。

图 1 专家问诊咨询现场

Fig. 1 Expert consultation site

3.2 平台建设

平台建设使用 B/S 架构,即 Browser/Web Server/Database Server 三层架构,基于国际标准开发,具有良好的可扩展性;应用软件放在中间层上,提高了数据传输的效率和系统的可靠性和稳定性。平台开发使用 ASP. NET 技术,此技术属于 NETFrameWork 的一部分,是一种使嵌入网页中的脚本可由因特网服务器执行的服务器端脚本技术,它可以在通过 HTTP 请求文档时在 Web 服务器上动态创建它们。会员管理系统基于内网使用,主体发布网络采用内网局域网,留有外网接通链路,便于远程管理及与外网系统对接传输数据。系统可部署于内部机房,选用外网线路网段。

图 2 科普交流平台界面
Fig. 2 Popular science communication platform interface

平台目前已开放"在线问诊""线下预约"和"植友交流",分设了多肉植物、兰花、食虫、温室观叶、病虫害防治这些分类,针对性进行问诊。后续将推出"上门就诊"

"智能问答""互动平台"等通道。在线问诊:用户可以在线咨询辰山植物园的专家,通过分类,将问题植物的照片和详细情况提交,项目还设定了植物问题照片的类型:叶片处、枝条处、根系处等针对性上传,更便于专家对于问题的了解分析,从而找到根本病因。专家会定期通过后台进行回复。线下预约:每个专家都对应自己的线下就诊日期,用户可以通过植物分类,专家就诊日,进项专家线下问诊预约,预约成功后,用户可将植物带到现场进行问诊,更好地对症下药。开放的植物品种包括多肉植物、食虫植物、温室观叶、兰花类、病虫害防治 5 个种类;添加魏顶峰、汪艳平、王一椒等,共 6 名专家的预约。值友交流:开放植友之间相互交流咨询的平台,植友可以植物照片、养殖方法进行分享。若遇到疑难杂症,也可以针对植物病症的治理方法进行分析探讨。

3.3 管理维护

每个"科室"对应的植物是辰山植物园近年来重点引进、培育以及进行科研攻关的植物,"主治医生"都是相应领域的资深专家。例如,以"上海工匠"魏顶峰为核心的劳模工作室团队,将给予植物无微不至的关怀和细致周到的照料。目前,专家将在每月第一周的工作日 10:00 至 11:30 接诊(法定节假日顺延)。

3.4 媒体宣传

辰山植物专科医院主要运用的就是新媒体的宣传工作。新媒体的特点是追新、追快、追画面,及时调整新的宣传形式,辰山植物专科医院每次都是在第一时间进行编辑、发布。并且在制作新闻形式图文并茂,增加视频、影像等传播方面,充分利用自媒体时代的微信、朋友圈来转发传播辰山植物专业医院的植物医疗案例。

科普交流平台推出后,受到媒体的极大关注。中国国际电视台(CGTN)、《解放日报》(上观新闻)、ICS(上海英文频道)等十余家媒体采访报道,新闻内容登上COP15《生物多样性公约》缔约方大会第十五次会议栏目内容。

图3　COP15 采访报道

Fig. 3　COP 15 interview report

4　不足及提升方向

4.1　科室可以不断增加

目前为止,辰山植物专科医院的主要科室只有5个,多肉植物、兰花、食虫、温室观叶和病虫害防治,集中在比较热门和受市民喜爱的种类里。从目前的市场和社会的需求来看,辰山植物专科医院的科室的数量还是显示出其不足的特点。因此,辰山植物专科医院可以在考虑自身实际条件的前提之下,进一步探索新的方向,在现有科室的基础之上增添新的科室,比如月季、八仙花和睡莲,以满足社会的需求。

4.2　开辟植物住院功能

根据已有的资料,辰山植物专科医院的植物医疗功能和水平已经较为完善,但是还是存在一定的不足,笔者认为,辰山植物专科医院可以探索植物住院的功能,因为植物所有者在进行植物诊疗时,如果一

直待在医院会花费不必要的时间。开辟植物住院功能,既可以节约植物所有人的时间,也可以加快辰山植物专科医院的诊疗效率,从而促进资源合理配置。如果现场诊断无法确诊的,可以"开方子"到后备温室的检测中心进行诊断,就像人到医院做B超、验血一样,通过先进的设备、仪器进行检测,明确病因,最终给出解决方案。

4.3　治疗方案及时有效

辰山植物专科医院虽然是针对植物所作的公益医疗,但是在实质上也属于一种医疗服务。因此医院就有必要为其提供的医疗服务负责。"对症下药、轻松治愈"是我们喜闻乐见的结果,所以有必要建立相应的方案制度,并跟踪治疗效果,提供"疗后保障"。在建立这样的制度背景之下,既可以促使医院提高自身的医疗责任感,以确保治疗效果的有效性,也可以让市民更加放心,避免"病急乱投医"。

5　结语

辰山植物专科医院旨在打造一个集技术咨询、科普、学习交流为一体的公益免费平台,有着多方面的作用和意义。其作用就在于为植物设立了一种较为新型的医疗入口,在时代的发展背景之下有效地适应了社会的对于植物医疗的需要。其意义就在于在为植物提供医疗服务的同时宣传和普及了相关的医疗知识,同时也提高了人民大众内心的对于植物保护的意识。其对于植物医疗的理念传播和植物医疗的广泛适用,对于我国的科普工作和植物保护都有着一定的价值意义。

参考文献

王蕾,郭得华,任蓉,等,2018. 我国科普国际交流平台建设的思考与建议[J]. 创新科技,18(10):67 – 69. DOI:10.19345/j.cxkj.1671 –0037.2018.10.017.

项泉,2012. 关于网络科普交流平台建设的几点设想[J]. 湖南教育(下)(6):58-59.

雪伟,2011. 搭建合作交流平台 加强学会科普能力建设[J]. 中国科技产业(9):38.

基于网络平台的自然笔记师资培训

The Nature Journaling Teacher Training Program Based on Web Platform

王鹏[1]　陈建江[1]　明冠华[1]　李朝霞[1]　庄晓琳[2]　谷悦[2]　陈盈莉[2]　任锦媛[2]

(1. 北京教学植物园, 北京, 100061; 2. 厦门市园林植物园, 福建厦门, 361001)

WANG Peng[1]　CHEN Jianjiang[1]　MING Guanhua[1]　LI Zhaoxia[1]

ZHUANG Xiaolin[2]　GU Yue[2]　CHEN Yingli[2]　REN Jinyuan[2]

(1. *Beijing Educational Botanical Garden*, *Beijing*, 100061, *China*;

2. *Xiamen Botanical Garden*, *Xiamen*, 361001, *Fujian*, *China*)

摘要: 自然笔记活动在全国各地呈现出蓬勃发展的趋势。然而,辅导教师对自然笔记概念的理解存在偏差,学生的作品也呈现出种种问题。北京教学植物园、厦门市园林植物园联合设计并实施了"自然笔记师资培训"。培训面向全国有意愿实施自然笔记活动的中小学教师、科普场馆教师、社会机构的自然教育工作者以及自然笔记爱好者开展。"北京–厦门"两植物园基于共同的教育理念和活动主张,大胆创新,利用腾讯网络会议等网络平台,采取"以参训者为中心,渗透社会建构主义与联通主义学习理论,变革传统评价方式"的设计理念,邀请业内专家进行"3模块6主题"的精彩讲座。培训突破了地域的限制,契合了参训者的需求,综合满意度达96.45%,获得了来自全国参训者的一致好评。

关键词: 网络平台; 自然笔记; 师资培训

Abstract: Nature journaling activities are showing a booming trend in China. However, the tutors misunderstood the concept of nature journaling and the students' work presented a variety of problems. Based on the common educational concepts and activity ideas, Beijing Educational Botanical Garden and Xiamen Botanical Garden were bold and innovative in designing and implementing the "Nature Journaling Teacher Training Program" by using online platforms such as Tencent Web Conferences. The program was opened to primary and secondary school teachers, science museum teachers, nature educators from social organisations and nature journaling enthusiasts nationwide who wish to carry out the activities. The program was guided by 3 concepts which included "design for participants, infused with Social Constructivism and Connectivist Learning Theories, and to transform traditional assessment methods". And professional experts were invited to give 9 fascinating lectures on "3 modules and 6 topics". At 96. 45% of the satisfaction rate, the program was well received by the nature educators from all parts of China.

Keywords: Web platform; Nature journaling; Training program for the teachers

1 培训背景

1.1 自然笔记活动蓬勃发展

自然笔记是目前国内较为流行的一种自然教育方式,在此过程中,学生通过真实的观察,记录自己感兴趣的生物或自然现象,学习自然科学知识、锻炼观察能力,进而建立和强化与自然的联结。

作者简介: 工鹏, 1990年3月, 女, 初级职称, 13581951233, 1113984325@ qq. com, 自然教育。

2008 年美国克莱尔·沃克·莱斯利和查尔斯·E. 罗斯的《笔记大自然》在中国翻译出版与传播。此后,越来越多的学校、科普场馆和教育机构相继开展自然笔记活动。例如,上海芮东莉自我实践自然笔记创作,带领青少年儿童开展活动。2011 年,上海首次举办了一系列自然笔记活动,部分学校如虹桥中学等甚至将自然笔记作为校本课程。2014 年,重庆开展梦想课堂自然笔记大赛;同年,湖北省暨武汉市首届自然笔记大赛在武汉植物园举行。2017 年,首届全国青少年自然笔记大赛启动。2018 年,苏州开展"爱牛"杯自然笔记评比、广州开展"长隆杯"自然笔记大赛、北京开展"爱绿一起"自然笔记活动、厦门开展"绘眼观万物·童心探自然"自然笔记竞赛,自然笔记活动在全国各地蓬勃发展。

1.2　自然笔记师资培训应运而生

通过对北京教学植物园组织的"金蕊"自然笔记活动征集到的学生作品进行分析,以及与部分有意愿开展自然笔记活动的学校教师交流发现:虽然自然笔记门槛较低,但对于教师与学生来说,厘清自然笔记的概念、明确创作过程的对象选择和记录方式、深刻理解其育人功能等重要问题亟待解决,急需系统的师资培训。

例如,有的教师提出如下困惑:自然笔记与手抄报、美术作品有怎样的区别和联系?作为美术老师,如何指导学生进行科学的记录?如何在学校中开展自然笔记活动?对 2021 年"金蕊"自然笔记征集活动提交的 310 份作品分析的结果显示:57.6%的作品要素缺乏;50.5%的作品绘图部分科学性有待提高;37%的作品文字内容来自网络资料;28.75%的作品画面艺术性较差。

自然笔记是一种科学与艺术相融合的教育方式,具有自己独特的实施路径,而对于学生作品集中出现的问题也暗示着辅导

教师对于自然笔记活动理解的偏差。基于此,自然笔记师资培训应运而生。

1.3　"北京-厦门"两植物园创新探索

2018 年起,北京教学植物园开始举办自然笔记教育活动,陆续开展了学生作品征集、自然笔记培训、教师工作坊、成立联盟校等多项活动,逐步形成"金蕊"自然笔记活动品牌。同年,厦门市园林植物园联合厦门市教育系统也陆续举办多届主题为"绘眼观万物　童心探自然"的自然笔记作品征集活动。参赛作品数量多、质量高,活动取得良好的育人效果与社会影响力。

"北京-厦门"两植物园(以下简称"两园")基于共同的教育理念和活动主张,大胆创新,设计并实施了为期三天的"以自然笔记之匙,启全面育人之门"的自然笔记师资培训。本着优质资源共享,形成教育合力的理念,双方教师精心设计培训内容,源头式发掘培训专家,利用网络平台,为来自全国的有意愿开展自然笔记活动的中小学教师、科普场馆教师、社会机构的自然教育工作者以及自然笔记爱好者搭建了优质学习与互通的平台。

1.4　网络平台优势显著

随着信息技术的发展,越来越多的学术研讨会、学会论坛、教师培训等在网络平台开展,参训者足不出户便可以享受优质的培训资源。线上培训可以突破时间、空间乃至资金的限制,扩大受众范围,服务更多有需求的群体。正如此次培训,共有来自全国 31 个省(自治区、直辖市)的 3100 名参训者参与培训。同时,诸多线上培训平台,例如腾讯会议、小鹅通、映客等都具有涵盖会议全流程的预热、互动、留言、回放等全面而强大的功能,助力工作人员更为便捷地完成培训组织管理工作。而这些优势也恰好为"后疫情化"背景下的师资培训提供了硬件基础。

2　培训理念

2.1　以参训者为中心

教师培训是帮助教师提升教育教学能力的重要途径之一。随着新课程改革的进行,传统的以知识为主,培训理念以专家为中心的教师培训,已不能满足教师的专业发展需求(冯晓英等,2020)。以参训者为中心,帮助教师成为学生学习的设计者和促进者成为本次培训班设计新理念。

培训班设计者从参训者角度出发,在内容维度上关注"关于自然笔记参训者最需要什么?""哪些技能可以帮助参训者顺利开展活动?""怎样的培训框架能够适应大多数参训者的真实学情?"结构特征上努力创设利用"问题风向标""微信分享群""直播弹幕"等方式构建培训设计者、参训者、培训专家、学习资源间的多向灵活的互动模式。从培训支持上采用腾讯网络会议、微信群等多种技术环境与工具,为教师提供快捷、便利的学习体验。与此同时,培训设计者在培训前、中、后期全程为参训者提供学习内容、技术操作方面的答疑,构建虚拟的专业发展共同体。

2.2　渗透社会建构主义与联通主义学习理论

社会建构主义不同于传统的建构主义思想,知识构建的活动不是封闭在个人的系统之中,而是在社会开放的系统之中,寻求在人们的相互作用之中知识建构的契机(钟启泉,2001)。联通主义学习理论是网络快速发展、知识半衰期缩短、知识更新速度剧增的时代背景下催生的一种新的学习理论。该理论将学习视为连接和网络形成的过程,认为知识分布在人和非人的网络、社会中(史蒂芬·道恩斯等,2022)。

以上两个学习理论与此次培训基于在线上教育平台的优势相契合。本次培训招生,不限定单位和职业,中小学教师、动植物园科普工作者、自然教育相关的社会机构人员都在培训者名单中。参训教师来源广、自主学习特征差异大等因素,为更多元的互动提供了优质的生长土壤。直播里的讨论区、微信群中的课前提问、课后研讨,让有意识地交互贯穿于培训始终,而在交互中由于职业背景不同,帮助参训教师不仅从专家讲座中进行学习,更从与其他学员的交流中深化自身对于自然笔记活动的认识与理解。

2.3　变革传统评价方式

高质量的培训评价已经由传统的满意度评价为主指向深度评价。深度评价包括从项目评估角度进行的评价和从教师成长角度的评价(冯晓英等,2020)。其中项目评估角度的评价模型基于 Guskey 提出的五层次教师专业发展评价模型,分为反应层、学习层、组织层、应用层和学生层;而教师成长角度则提出要关注对教师培训后自我效能感的提升。

基于深度评价视角,在设计培训评价调查问卷时有意识地设计了参训者对于有关自然笔记的理论基础、实施策略等知识技能的掌握程度等问题;利用主客观题相结合的方式对参训者开展自然笔记活动的意愿、自我效能感程度、自我评价等级等方面进行了综合评估;同时为使日后培训设计得更有针对性,也设置了参训者对培训内容的安排、培训方式、工作人员服务等方面满意度的题目。

3　培训过程

3.1　培训实施方案

自然笔记师资培训于 2022 年 5 月 13～15 日每天晚间进行。培训安排了"3 模块 6 主题"的精彩讲座,内容安排呈现阶梯式、模块化的特征,培训主题与目标见表 1、表 2。

表1 自然笔记师资培训总目标

Table 1 General goals of nature journaling teacher training program

培训总体目标
1. 明确自然笔记的基本形式、创作方法和教育价值
2. 知道对自然进行细致深入观察的实践方法
3. 了解自然笔记的美育功能,以及从艺术视角欣赏、创作自然笔记的维度和方式
4. 通过学习自然笔记活动在学校和社区的开展经验,形成初步的实践构思

表2 自然笔记师资培训主题与子目标

Table 2 Themes and sub-goals of nature journaling teacher training program

模块一 自然笔记概念明晰与价值剖析			
日期	时间	主题	子目标
5月13日 (周五)	19:30~20:15	自然笔记:开启奇妙的自然探索之旅	明确自然笔记的概念、创作方法,能够说出自然笔记的记录对象
	20:15~21:00	强化自然联结,发展自然智能:自然笔记的意义和价值	能够从自然联结与自然智能的角度解释自然笔记的育人功能和价值
模块二 自然笔记观察力培育与美育功能发掘			
日期	时间	主题	子目标
5月14日 (周六)	19:30~20:15	追随自然节奏,享受"慢观察"	了解自然观察的手段与方法,领悟"慢观察"具有的独特优势
	20:25~21:00	自然笔记的美育功能解析	从艺术课标的角度理解自然笔记的美育功能,理解自然笔记中艺术性的地位
模块三 自然笔记活动实践探索经验分享			
日期	时间	主题	子目标
5月15日 (周日)	19:30~20:15	自然笔记的社区实践案例分享——如何开展自然笔记的活动	学习在社区、学校等不同场景下开展自然笔记活动的路径和手段,认同自然笔记是一种综合性的育人活动
	20:25~21:30	四所学校校园自然笔记活动实践案例分享 ①我陪孩子找乐子 ②嗨,我们做朋友吧 ③从自然笔记中发现 ④从"结合"走向"融合"	

3.2 培训亮点

此次培训具有以下亮点:

一是设计的培训内容深度与广度相结合,理论与实践相融合。参训者不仅能够明确自然笔记是什么、如何做,更能够从教与学的理论层面理解自然笔记为什么好;

同时,培训还给予了参训者跳出学科视角审视自然笔记如何落地,如何进行跨学科融合的宝贵经验与借鉴。

二是提供良性互动契机。参训者不仅在听讲座中学习,更通过多种手段将学习贯穿培训始终。为使得专家的讲座内容更有针对性,培训设计团队在5个微信交流群中开放了"问题风向标"共享文档,参训者在输入自己的问题、阅读他人的问题、群内讨论反馈中实现了"生生互动";而专家在讲座中通过对"问题风向标"中代表性问题的解答形成了"师生互动"。除此以外,群内互助、资源分享、提问答疑等成为"教师—学生—资源"互作的重要媒介。

三是培训设计团队组织工作细致周到。从培训前建群、设备调试,到培训中主持、预告、答疑、分享,再到培训后评估、发放学时证明,均亲力亲为,为参训者提供了便捷、舒心的参训体验。

4　培训评价

本次培训通过"问卷星"邀请参训教师进行综合评价,问卷分为认知测试、意愿调查、自我评价和满意度调查四部分。问卷共有1686人进行了反馈,占参训(以观看直播人数计)人数的84.3%。

在认知测试中,通过自然笔记的概念界定、记录方式、育人功能、实施策略等角度的问题对参训者的知识与技能进行评估,正确率达94.85%。同时还设计了为没有绘画基础的科学老师实施自然笔记提建议的主观题。参训者均能够答出"可以与美术老师合作""没有关系,可以尝试慢慢练习"等合理的解答。

在意愿调查中,有99.4%的参训者不仅愿意在自己的教学中融入自然笔记活动,也期望亲自尝试进行自然笔记的记录。同时,有98.69%的参训者愿意与身边其他学科的老师合作,共同组织活动。

在自我评价维度中,99.71%的参训者认为自己在培训中有较多的收获。在参训者对自己的学习表现和学习效果的自我评分题目中,时间管理、学习状态和学习效果方面平均分均达到4.36分以上,仅有合作交流方面平均分为3.83分。分析其原因可能是由于参训者来源差异较大,且培训设计者并未安排分组进行体验合作的活动环节。

在满意度调查中,参训者对培训活动的综合评价满意度达96.45%,其中对专家水平和工作人员业务两个维度选择非常满意的达87%以上。在"以下专家讲座,您比较喜欢哪些"的题目中,芮东莉老师进行的讲座"自然笔记:开启奇妙的自然探索之旅"选择率最高,为92.53%;第二位的是张瑜老师的讲座"追随自然节奏,享受慢观察",选择率为88.14%。两位专家从自身实践经验出发,以真实案例讲述自然笔记的源起、发展、科学观察路径与注意事项等,为参训者提供了"手把手教"的学习体验感。

以上数据说明,参训者对于本次培训整体满意度高,通过培训,自身对于自然笔记概念与价值的认知、指导学生开展活动的能力、实施自然笔记活动的意愿等方面都获得了不同程度的提高。同时,如何为更多参训者提供乐于分享的互动模式将是今后培训中需要解决的问题。

5　分析与讨论

本次培训是"两园"跨地域、共探索的一次大胆尝试,获得了参训者的一致好评,获得了较为广泛的社会影响,也从中总结了一定的经验。

"两园"对于自然笔记活动均有着较为丰富的活动组织经验和教育教学心得,也在前期的探索中积累了相关领域的权威专家资源。这使得从培训内容的安排,培训专家的选择都能够以一线教师的视角出发,围绕教师为中心的理念进行设计实施。更重要的是,"两园"的培训设计者"做中学",在培训组织中、从专家讲座中、与参训者交流中加深了自身对自然笔记活动的理解和认知,拓宽了活动组织思路,探索了植物园科普活动高质量发展的新方向。

网络技术的发展为教师培训实施提供了全新的方式和体验。本次参训的教师覆盖了全国除港澳台外的全部省份,而培训的专家也分别来自北京、厦门、上海、杭州等地,优质资源通过网络平台突破时空限制实现无障碍互动交流。从直播体验满意度看,96.63%的教师都愿意选择网络平台参与培训,这也将成为越来越多的培训组织者在国内更广范围内交流,甚至国际交流的重要手段。

团结协作的工作团队确保了教师培训

的顺利实施。从培训策划、实施到总结,定期召开工作人员碰头会,沟通工作进度并共同商讨下一阶段的任务清单,将各项工作明确到人,设定时间节点。在与参训教师的沟通中,工作人员全部参与,遇到棘手问题时共同解决,为参训教师提供了热心周到的参会体验。

整体来说,"自然笔记教师培训"迈出了线上教师培训的重要一步,也尝试摸索了国内植物园间科普活动的合作路径,取得了一定的成果,但仍有更多努力的空间:一是将教师培训做成周期性、系统性兼顾的培训体系;二是提升网络培训水准,呈现更为顺畅、清晰的直播体验;三是探索更多元的培训模式,通过线上线下相结合的方式为参训教师提供互动体验与实践应用的空间,助力培训实效性的提升。

参考文献

冯晓英,宋琼,吴怡君,2020. "互联网+"教师培训与专业发展:深度质量评价的视角[J]. 开放学习研究,25(3):1-7. DOI:10.19605/j.cnki.kfxxyj.2020.03.001.

钟启泉,2001. 社会建构主义:在对话与合作中学习[J]. 上海教育(7):45-48.
史蒂芬·道恩斯,肖俊洪,2022. 联通主义[J]. 中国远程教育,565(2):42-56,77. DOI:10.13541/j.cnki.chinade.2022.02.005.

濒危植物羊角槭的引种及繁殖技术
Introduction and Propagation Techniques of Endangered Plant *Acer yangjuechi*

杨虹　刘科伟*　李冬玲　顾永华

（江苏省中国科学院植物研究所,江苏南京,210014）

YANG Hong　LIU Kewei*　LI Dongling　GU Yonghua

（*Institute of Botany, Jiangsu Province and Chinese Academy of Sciences*, Nanjing, 210014, Jiangsu, China）

摘要:以引种多年的中国特有珍稀濒危植物羊角槭为试验材料,观察其在南京地区的形态特征、物候期和适应性等,并探索其播种繁殖技术。结果表明:羊角槭能够适应南京的气候条件,生长良好,能正常开花结果,秋季叶色呈现黄色;湿沙层积处理能促进羊角槭种子萌发,播种后能获得幼苗。

关键词:羊角槭;物候;繁殖

Abstract: *Acer yangjuechi*, a rare and endangered plant endemic to China, which has been introduced for many years, was used to observe the morphological characteristics, phenological period and adaptation in Nanjing area, and its sowing and propagation techniques were explored. The results showed that *Acer yangjuechi* could adapt to the climatic conditions in Nanjing, grow well, bloom and bear fruits normally, and its leaves were yellow in autumn. Wet sand stratification treatment can promote the germination of *Acer yangjuechi* seeds, and sowing can obtain seedlings.

Keywords: *Acer yangjuechi*; Phenology; Propagation

槭树科植物在众多的秋色叶植物中极具代表性,不但叶色丰富、具有多样性,富有变化性,而且叶型也具有多样性,观赏效果极佳,很受欢迎。槭树在我国分布范围较广,而且资源极其丰富,在我国150余种槭树资源中(徐廷志,1996;邱迎君等,2014),不乏珍稀濒危植物的身影,羊角槭便是其中之一。

羊角槭(*Acer yangjuechi* Fang et P. L. Chiu)为槭树科槭属彩叶植物,落叶乔木,高可逾10m,叶片绿色,3~5裂,中央裂片较长,长卵圆形,裂片边缘呈现波状,叶形美观,翅果为奇特的羊角形,观赏效果较好。羊角槭为中国特有种,分布于浙江天目山,是国家二级保护植物,极度濒危种,当时在野外被发现时仅存4株(方文培,1981;裘宝林,1993)。中国部分省份有引种栽培。

羊角槭是中国特有的珍稀濒危植物,对其进行相关的研究可以为更好地保护打下基础,目前国内关于羊角槭(钱永生等,2007;钟泰林等,2009;李倩中等,2010;陈香波等,2017,2019;胡佳卉等,2018)的研究逐渐增多,并取得了一定的成果,但都集

第一作者:杨虹(1986.02),女,硕士,实验师,13675107360,yaho.001@163.com,从事园林植物栽培及研究工作。

通讯作者:刘科伟(1983.07),男,硕士,高级实验师,15950583167,kwliu@sina.cn,从事园林植物栽培及研究工作。

中在亲缘关系、遗传多样性、光合特性、种胚发育、愈伤组织诱导等方面,在引种栽培、物候期等方面的研究较少。因此,本文对南京地区羊角槭的引种及物候期进行观察,并对羊角槭种子繁育进行初步探索,以期为羊角槭的引种栽培、保护措施等提供技术支持和科学依据。

1 材料与方法

1.1 材料

珍稀濒危植物羊角槭引种多年,共 5 株,种植在南京中山植物园树木园专类园,周边伴生有浙江楠等大乔木,在半阴环境下生长良好。

1.2 观测内容和方法

1.2.1 形态特征和物候期观测

观测记录羊角槭的形态特征和物候期,物候期包括萌芽期、展叶期、开花期、结果期、变色期、落叶期等。

1.2.2 观测方法

选择生长健壮的羊角槭并做好标记,在 2018—2020 年连续 3 年对其进行观测并做好记录。正常情况下观测频率为每周一次,关键物候期 2~4d 观测一次,直到秋季叶片全部脱落为止。

1.3 育苗技术

1.3.1 种子采集

秋季待羊角槭翅果完全发育成熟、变为黄褐色后,将其采收,去除干瘪、败育不饱满的翅果,将发育完全的翅果放入纱袋中,放在阴凉通风处保存备用。

1.3.2 种子处理

11 月底至 12 月初用多菌灵 800 倍液浸泡饱满的羊角槭翅果,使其充分吸收水分并消毒。将消毒后的羊角槭种子用清水冲洗干净,然后与湿润的黄沙按比例混合均匀,放入湿沙中进行低温层积处理,其间经常打开查看,保持沙子湿润。

1.3.3 播种

第二年 2 月底至 3 月初,部分低温湿沙层积处理的羊角槭种子解除休眠后,开始萌发时,即可播种。播种的基质为珍珠岩、河沙和草炭,混合比例约为 1:2:2。将羊角槭的种子播到上述基质中,株距为 5~10cm,行距为 10~15cm,然后覆盖一层基质,厚度约为 1cm,浇透水,等待出苗,出苗期间保持基质湿润。

2 结果与分析

2.1 形态特征

羊角槭为落叶乔木,成年树高可达 10 余米,树干较为挺拔,树形飘逸、开展(图1),树皮为灰褐色,嫩枝紫绿色或绿色,有柔毛。单叶 3~5 裂,中央裂片较长,长卵圆形,裂片边缘呈现波状。羊角槭为伞房花序,顶生,两性花和雄花同株,且生于同一花序。翅果羊角形,翅果角度常常大于 180°。羊角槭在南京少有病虫害现象发生,生长状况良好。

图 1 羊角槭植株及局部

Fig. 1 *Acer yangjuechi* plants

2.2 物候期

羊角槭物候观测结果见表1,南京地区羊角槭 3 月下旬逐渐进入萌芽期,萌芽较为饱满,3 月底开始展叶,展叶期可持续到 4 月中旬。羊角槭新叶红褐色,慢慢发育为绿色,夏季为深绿色。与传统槭树的红色不同的是,羊角槭秋季叶片呈现黄色调(图2)。

表1　珍稀濒危槭树羊角槭物候期观测结果(月、日)

Table 1　Phenological phase of *Acer yangjuechi*

年份/年 Year/year	萌芽期 Leaf sprout stage	展叶初期 Leaf unfold early stage	展叶盛期 Leaf fully unfold stage	展叶末期 Leaf unfold final stage	始花期 Early flowering stage	盛花期 Full bloom stage	末花期 Final flowering stage	初果期 Early fruiting stage	盛果期 Full fruit stage	末果期 Final fruiting stage
2018	3.22-3.28	3.29	4.9	4.17	4.3	4.9	4.17	4.9	4.17	4.28
2019	3.21-3.27	3.31	4.8	4.19	4.1	4.8	4.19	4.9	4.19	4.25
2020	3.20-3.29	3.3	4.1	4.15	4.2	4.1	4.15	4.1	4.15	4.23

图2　羊角槭叶片发育过程

Fig. 2　Leaf development process of *Acer yangjuechi*

图3　羊角槭两性花开花结果过程

Fig. 3　Flowering and fruiting process of *Acer yangjuechi*

图4　羊角槭雄花

Fig. 4　Male flower of *Acer yangjuechi*

羊角槭4月初开始开花,开花期可持续到4月中旬,最先开放的花朵是伞房花序的最顶端花朵,之后是各分枝的顶端花朵开放,然后从顶端向下逐渐开放。其花瓣淡绿色,5枚,倒卵形,基部狭窄,被有短柔毛。花瓣下部有萼片5枚,绿色倒卵长圆形,被有柔毛。花盘上有雄蕊8枚,顶端有球状的花药,两性花花盘中部着生花柱1枚,花柱顶端有2个分叉的柱头,反卷状,花柱基部外围的花盘上密生白色柔毛,较明显(图3);雄花无柱头,花盘中央有少量白色的柔毛(图4)。

羊角槭4月上旬开始结果,一直到4月下旬,两性花的花萼、花瓣和花柱之间的子房逐渐生出小翅果,翅果羊角形,中间的

小翅果密被黄白色绒毛,绿色,果翅淡红色,随着翅果的不断发育,花萼、花瓣逐渐脱落,小翅果的黄白色柔毛也逐渐脱落,果翅逐渐变为绿色,翅果成熟后为黄褐色。羊角槭开花较多,但两性花数量占比较低,雄花数量占比较高,故而结果较少,再加上自身散粉和传粉等因素的限制,所以结果能力较差。在南京地区,羊角槭的一个花序常常只结出1~3枚翅果,而且一枚翅果的2个小坚果中常常只有1个小坚果发育完全,另外1个小坚果通常不发育。

2.3 秋叶变色和落叶情况

每年的 11 月上旬羊角槭的叶片开始变色,秋叶变色期持续到 11 月底或 12 月初,颜色由绿转为黄绿色,再慢慢转为黄色,变色情况见表 2。羊角槭落叶期为 11 月中旬至 12 月上旬,秋季落叶情况见表 3。

表 2 羊角槭秋叶变色情况
Table 2 Autumn leaf color change of *Acer yangjuechi*

年份/年 Year/year	变色进程/月.日 Color change process (month. day)					变色时间/d Discoloration time /days
	5%	30%	50%	80%	100%	
2018	11. 10	11. 18	11. 21	11. 25	11. 30	16
2019	11. 12	11. 19	11. 25	11. 29	12. 5	24
2020	11. 8	11. 18	11. 23	11. 28	12. 3	25

表 3 羊角槭秋叶落叶情况
Table 3 Autumn leaf defoliation of *Acer yangjuechi*

年份(年) Year/year	落叶进程/月.日 Defoliation process /month. day					落叶时间/d Defoliation time /days
	5%	30%	50%	80%	100%	
2018	11. 15	11. 18	11. 21	11. 25	12. 9	25
2019	11. 15	11. 19	11. 25	11. 29	12. 12	28
2020	11. 12	11. 18	11. 23	11. 28	12. 11	30

2.4 抗性

羊角槭在-4℃下叶片全部受冻,植株未见受冻;在-2℃下部分叶片受冻,植株未见受冻。羊角槭在 37℃和 39℃下表现良好,其抗虫性和抗病性良好,未见病虫害发生。

2.5 播种繁殖

由于羊角槭的外种皮较为坚硬,播种前可以将外种皮剥除,露出内种皮(图 5),仔细观察,如果内种皮被发芽的种子顶开即可播种;如果发现内种皮未见有发芽现象,可用外力稍微破开以促进发芽。播种后约 20d 后羊角槭即可出苗(图 5),但出苗率不高。

图 5 羊角槭播种繁殖出苗
Fig. 5 Seed propagation of *Acer yangjuechi*

3　结论

羊角槭在南京引种栽培多年,生长良好,未见病虫害发生,能够正常开花结果,物候期较为稳定,差别不大,引种栽培比较成功。羊角槭的自然萌发苗在野外几乎难觅踪影,一方面,是结实率低,饱满的种子数量相对更少,降低了出苗数量;另一方面,是种子具有休眠的特性,萌发困难,而且羊角槭外种皮和内种皮都非常坚硬,进一步阻止了种子的萌发,所以自然繁殖较为困难。

本研究用引种的羊角槭所结的种子,经过传统的低温湿沙层积处理后可以繁育出一定数量的小苗,虽然出苗率不高,但是也为羊角槭的繁育找到了方向。同时也为叶形美观、翅果奇特、观赏性高的羊角槭在园林绿化的应用奠定了一定基础。

参考文献

陈香波,吕秀立,刘杨,等,2019. 极度濒危树种羊角槭花部形态特征及开花动态[J]. 植物研究,39(3):329-337.

陈香波,刘杨,赵明水,等,2017. 极度濒危树种羊角槭的种胚发育与休眠解除[J]. 林业科学,53(4):65-73.

方文培,1981. 中国植物志:第46卷　槭树科[M]. 北京:科学出版社:66-289.

胡佳卉,王小德,2018. 羊角槭愈伤组织诱导增殖与分化[J]. 浙江农林大学学报,35(5):975-980.

李倩中,刘晓宏,苏家乐,等,2010. 槭属种质遗传多样性及亲缘关系的SRAP分析[J]. 江苏农业学报,26(5):1032-1036.

钱永生,王慧中,黎念林,等,2007. 十一种槭属植物遗传多样性AFLP分析[J]. 浙江林业科技,27(1):1-5.

裘宝林,1993. 浙江植物志:第4卷,冬青科-山茱萸科[M]. 杭州:浙江科学技术出版社:56.

邱迎君,祝志勇,易官美,2014. 槭树科植物的种质资源及其开发利用价值[J]. 安徽农业科学,42(12):3598-3599,3601.

徐廷志,1996. 槭树科的地理分布[J]. 云南植物研究,18(1):43-45.

钟泰林,李根有,石柏林,2009. 3种浙江特产濒危植物气体交换特征和叶绿素荧光特性研究[J]. 上海交通大学学报(农业科学版),27(2):149-176.

西北荒漠国家植物园建设的展望
Prospects for the Construction of China National Botanical Garden in Northwest Desert

赵鹏[1]　徐先英[2]　纪永福[1]　唐进年[2]　李昌龙[1,2]　李得禄[1,2]

(1. 甘肃省治沙研究所,民勤沙生植物园,甘肃民勤, 730070;

2. 甘肃省民勤治沙站荒漠植物国家林木种质资源库,甘肃民勤, 730070)

ZHAO Peng[1]　XU Xianying[2]　JI Yongfu[1]　TANG Jinnian[2]　LI Changlong[1,2]　LI Delu[1,2]

(1. *Gansu Desert Control Research Institute*, *Minqin Desert Botanical Garden*, *Minqin 730070*, *Gansu*,*China*;

2. *National Forest Germplasm Bank of Desert Plants in Minqin Sand Control Station of Gansu Province*, *Minqin 730070*, *Gansu*,*China*)

摘要:荒漠生态系统占国土总面积的17%,具有重要的生态功能与服务。虽然荒漠生态系统植被稀疏、种类少,但荒漠植物能长期适应高温、干旱、盐碱、风沙等逆境条件,具有重要的保护利用价值。国家植物园体系的建设为荒漠植物的迁地保护带来了重要机遇。本文在梳理荒漠植物园发展现状的基础上,建议联合民勤沙生植物园与吐鲁番沙漠植物园成立西北荒漠国家植物园,重视荒漠植物种质资源收集与创新,加强科研人才交流与资源共享,以期推动我国荒漠植物多样性的保护与利用。

关键词:荒漠植物;物种多样性;迁地保护;国家植物园

Abstract:Desert ecosystems have sparse vegetation and few species, but eremophytes can adapt to high temperature, drought, salinity, sand and other adverse conditions for a long time, so they have important protection and utilization value. Construction of national botanical garden system provides an important opportunity for the desert plant ex situ protection. On the basis of reviewing the development status of desert botanical gardens, it is suggested that the Northwest Desert National Botanical Garden should be established jointly with Minqin Desert Botanical Garden and Turpan Eremopnytes Botanical Garden, and the collection and innovation of germplasm resources of desert plants should be emphasized, strengthen scientific research and talent exchange and resource sharing, in order to promote the protection and utilization of desert plant diversity in China.

Keywords:Eremophytes;Diversity of species;Ex-situ conservation;National botanical garden

1 国家植物园建设背景

植物园是引种驯化、迁地保护和开发利用植物多样性的主要基地,也是科学研究、科学普及和文化休闲的重要场所(洪德元, 2016)。长期以来,植物园在生物多样性迁地保护中发挥了重要作用(陈进勇, 1998),为我国的生态文明建设作出了重要贡献(许再富, 2015)。全球植物园迁地保护了105634种植物,约占全球植物总数的30%,并且保护了超过40%的受威胁物种;同时,全球500多座种质资源库收藏作物资源300多万份(周桔等, 2021)。我国已建成各类植物园200余个,迁地栽培植物约396科3633属23340种(黄宏文,张征, 2012)。其中,药用植物园68座,已引种保存全国本土药用植物 7000 余种,约占我国药用植物资源的 63%,迁地保护珍稀濒危物种 200 多种(李标等,2013)。1974 年和 1972 年成立的民勤沙生植物园和吐鲁番沙漠植物园推动了固沙植物引种驯化工作,为荒漠化防治提供了优良固沙造林树种(潘伯荣,1987),也为荒漠药用植物研究与开发提供了重要物质基础(李昌龙,李爱德,2001)。植物园为我国植物科学研究、资源利用、多样性保护及环境教育作出了重要贡献。将在应对人类活动对生态系统的不利影响中扮演更为重要的社会角色。未来植物园应从国家层面强化植物园体系的整体协同发展,加强关键地区植物保护,促进"一带一路"绿色发展,为可持续发展服务(焦阳等,2019)。

2021 年 10 月 12 日,国家主席习近平在《生物多样性公约》第十五次缔约方大会领导人峰会主旨讲话中指出:本着统筹就地保护与迁地保护相结合的原则,启动北京、广州国家植物园体系建设。逐步实现我国 85% 以上野生本土植物、全部重点保护野生植物种类得到迁地保护的目标。2021 年 12 月 28 日,国务院正式批准在北京设立国家植物园,指出要建设中国特色、世界一流、万物和谐的国家植物园,讲好中国植物故事。国家植物园代表了一个国家植物迁地保护的最高水平,承担履行生物多样性保护的国家任务和职能;针对所在地区主要气候带乃至世界范围内相似气候条件下的植物开展系统的迁地保护与有针对性地回归引种、野生种群恢复重建,系统性地开展生态文明与环境教育,传承植物园建设发展历史上积累的科学内涵、艺术外貌和文化底蕴(陈进,2022)。国家植物园体系应加强迁地栽培植物的评价与资源编目,建立国家植物园迁地植物物种和核心种质的研究及长期监测管理体系、强化迁地保护生物学理论研究与技术研发,创

新野外回归和栖息地恢复研究等。同时,构建基于大数据平台和信息技术的迁地栽培植物多层次数据库与研发平台,推动以迁地植物大数据与现代组学为特色的整合生物学理论与创新研究,支撑国家植物园在线植物数据库与整合保护科学数据共享,服务于国家乃至全球植物多样性保护战略(黄宏文,廖景平,2022)。我国国土面积广阔,自然环境多样,各个区域在植被和植物区系上都各具特点。每个重要的植物地理区域都应该设立至少一家国家植物园。

2 荒漠生态系统物种多样性

荒漠生态系统是干旱、半干旱区以荒漠植物为主的生态系统,主要由耐旱和超旱生的乔木、灌木以及草本植物组成,约占全球陆地面积的 1/3。荒漠生态系统通常受水分和养分资源限制,植被稀疏,表现出明显的斑块状格局,是陆地生态系统中最为脆弱的系统之一。据不完全统计,在我国荒漠和荒漠化地区共有维管束植物 82 科 484 属 1704 种,分别占全国同类植物科、属、种的 24.34%、15.53%、6.31%(赵建民等,2003)。荒漠植物及其形成的荒漠植被不仅在防风固沙、改善生态环境方面发挥着重要作用,而且具有重要的开发利用价值,为人类提供食品、果蔬、饲料、药材、薪材等重要生活资料,是维系我国荒漠区生态平衡、经济和社会可持续发展的宝贵资源。由于长期适应荒漠环境的各类植物具有多种多样的抗逆性基因,因而有着潜在的开发利用前景。中国荒漠区植物种类贫乏,分布稀疏,生物量小,起源古老,地理成分复杂(有 14 个地理分布型),特有成分多(80 余种),珍稀濒危植物种类相对较多(50~60 种),在荒漠气候和特殊的土壤基质条件下,形成了多种生态型和特殊的生活型,为荒漠植物多样性异地保护提供了

可能性和必要性(尹林克,1997)。

由于长期生存在极端恶劣的自然条件下,荒漠植物成功地发展了许多适应机制,其中,大部分荒漠植物种质资源是人类生存和社会发展的物质基础,而人类的生存环境质量主要取决于植物资源的种类、数量、结构的变化和发展。但是,随着全球人口的增加,地球植物资源正在遭到日益严重的消耗与破坏,植物种类数量锐减,全球环境日益恶化。在降水稀少的干旱荒漠区,植被的破坏、植物种类数量的锐减导致地表裸露、沙丘活化,为沙尘暴的发生奠定了物质基础,是荒漠化发生和发展的直接原因。由于干旱荒漠区植被盖度低,物种少,每个物种在维持荒漠生态系统中都扮演着重要角色,具有极其重要的生态价值,因此,保护荒漠草地植物资源,挽救珍惜濒危植物,维护生境质量,对于干旱地区荒漠化防治具有极其重要的意义。

3 荒漠植物园发展现状

3.1 民勤沙生植物园

民勤沙生植物园是我国第一座具有荒漠特色的沙旱生植物园,在荒漠地区濒危植物的迁地保护方面积累了宝贵的经验,为西北荒漠区物种多样性保护及生境环境建设发挥了重要作用。20世纪50年代末为治理沙害,中国科学院在民勤西沙窝建立了民勤治沙综合试验站。针对植物治沙实践中物种贫乏的实际问题,国家科委于1974年下达了建立民勤沙生植物园的任务,填补了我国沙旱生植物家化栽培的空白,旨在为西北地区风沙灾害防治收集、挖掘适宜植物种(高志海,1991),民勤沙生植物园建设项目获原林业部科技成果三等奖。建园至今共引种各类植物680余种,其中珍稀濒危植物26种。同时积极引进不同气候区珍稀濒危植物及国外植物资源开展迁地保护研究,并进行推广种植与示范。

20世纪60年代以来,从新疆引进国家二级保护植物梭梭(*Haloxylon ammodendron*)进行开展育苗固沙造林试验并获得成功(黄子琛等,1983),提出了"黏土沙障+梭梭"固沙造林模式,获1978年全国科学技术奖。甘肃河西走廊人工梭梭林总面积达8.9×10^4 km²,在绿洲边缘构筑起梭梭防风固沙带,对改善小气候、改良土壤、保护生物多样性和增加碳汇起到关键性作用。1977年自内蒙古、宁夏大量引进栽培荒漠濒危植物沙冬青(*Ammopiptanthus mongolicus*),开展了直播育苗和造林试验,取得较好效果(刘生龙,王俊年,1988)。同时亦对阿拉善荒漠区不同生境出现的3种沙冬青(*Ammopiptanthus mongolicus*)种群的生态格局、密度特征、形态格局和动态特征进行了对比研究(尉秋实等,2005)。研究了沙冬青茎干液流在不同季节和天气条件下的日变化特征及其与环境气象因子的关系(郭树江等,2011)。通过野外样方调查、种子鉴定及种子发芽等相结合的方式,对天然沙冬青种群种子库进行研究(张进虎等,2013)。以蒙古沙冬青和新疆沙冬青(*Ammopiptanthus nanus*)为材料,在不同浓度的PEG-6000(0、4%、8%、12%、16%、20%和24%)胁迫处理下,研究了干旱胁迫对种子萌发和幼苗生长的影响(姜生秀等,2018)。解决了干旱荒漠区濒危植物沙冬青种子萌发条件及容器育苗关键技术难题,建立了沙冬青容器育苗生产线,实现了沙冬青育苗的本地化、规模化,为沙冬青人工种群建立奠定了坚实的基础,相关成果获甘肃省科技进步二等奖。

1978年春,民勤沙生植物园从内蒙古阿拉善右旗引进野生蒙古扁桃(*Prunus mongolica*),同期定植,开花结实,继而分年就地采种、繁殖(刘生龙等,1989)。通过连续9a定株观测方法,研究了蒙古扁桃物候期对应气候因子指标、年株高变化、地径生长、冠幅变化及根系变化规律（严子柱等，2007）。将蒙古扁桃种子消毒后接种于MS培养基中，以种子萌发后长成的无菌苗茎、叶、芽等为外植体，通过一定的诱导培养基，形成再生苗。该方法在很大程度上降低了外植体的污染率，提高了培育效率，降低了培育成本（张莹花，2019）。目前，蒙古扁桃的人工繁育技术已十分成熟，被广泛应用于荒山造林绿化。同时，全面系统调查研究了国家二级保护植物绵刺（Potaninia mongolica）的分布面积、地域和生境，群落结构、组成和区系成分、生长发育规律和繁殖方式以及形态特征和解剖结构，查清了绵刺濒危原因并成功地进行了人工繁育试验（刘生龙等，1994；王继和等，2000；李昌龙等，2005）。

濒危荒漠植物沙生柽柳（Tamarix taklamakanensis）是我国荒漠区特有物种，天然分布范围小，分布生境严酷。依托国家自然科学基金地区基金项目"固定流沙先锋树种沙生柽柳无性繁殖生根机理研究"，掌握了沙生柽柳无性繁殖特性，优化了沙生柽柳无性繁殖生根条件，筛选出了沙生柽柳无性繁育诱导激素。麻黄属植物是重要的药用植物，也是河西走廊荒漠植被区系的主要建群种，天然分布于平原、山麓、丘陵及低山区，民勤沙生植物园对中麻黄（Ephedra intermedia）、膜果麻黄（E. przewalskii）、草麻黄（E. sinica）、木贼麻黄（E. equisetina）、斑子麻黄（E. rhytidosperma）成功进行了迁地保护，并在盐碱地治理中进行了应用推广（满多清，杨自辉，1995；王成信，王耀琳，1991；杨自辉等，2000；张国中等，2008；张盹明等，2007）。此外，还对荒漠珍稀濒危植物准噶尔无叶豆（Eremosparton songoricum）、银砂槐（Ammodendron bifolium）、半日花（Helianthemum songaricum）、裸果木（Gymnocarpos przewal-

skii）、四合木（Tetraena mongolica）进行了人工繁育研究（刘生龙等，1995）。完成了濒危植物翅果油树（Elaeagnus mollis）种质资源在河西走廊的引进与推广示范（许淑青等，2017）。

植物园亦注重国外种质资源的引进与驯化利用。通过"绵毛优若藜（Ceratoides lanata）良种及栽培技术引进"项目初步确定了爱达荷州的种源更适合我国干旱半干旱区种植。掌握了绵毛优若藜流动沙丘和黄土丘陵雨季造林技术（刘虎俊等，2005；何芳兰等，2008）。通过从国外引进优质种子，在温室大棚内进行意大利石松（Pinus pinea）引种栽培试验（郭春秀等，2015）。从美国引进四翅滨藜（Atyiplex canescen），并接种肉苁蓉（Cistanche deserticola）已获成功，为盐碱地的可持续利用提供了技术支撑（李昌龙等，2007；何芳兰等，2009；王帅等，2021）。

民勤沙生植物园内现有柽柳、锦鸡儿、枣树、沙拐枣、麻黄5个植物专属区，设有珍稀濒危植物、药用植物、经济植物、松柏植物、观赏植物、沙生植物、乔木植物等8个综合区和1个荒漠植物标本园。另建有科技成果展览室、动物标本展览室，以及荒漠植物标本与种子研究室。建立了"甘肃荒漠种子植物种质资源信息共享平台"。出版了专著《干旱荒漠区植物引种驯化》《中国荒漠植物图鉴》。2021年被国家林业和草原局批准建设甘肃省民勤治沙站荒漠植物国家种质资源库。利用干旱区盐碱地中麻黄栽培技术，在河西走廊盐碱地中建立中麻黄种子繁殖和示范基地，解决了中麻黄人工栽培种子短缺矛盾，通过示范带动干旱地区农户利用盐碱地土地资源种植中麻黄增加经济收入。同时研发了沙葱的家化栽培技术与丰产理论，人工种植沙葱已成为乡村振兴的特色支柱产业；依托植物园在沙生及绿化苗木的种质与繁育技术优势,辐射带动周边区域农民发展苗木产业,引导农民成立苗木生产专业合作社,积极提供各类苗木供求信息,促进了农业产业结构调整,增加了农民收入。多年来,共接待完成了国内外共近 20 万余人次学术交流、科普宣传与教学实习,增进了公众对荒漠生物多样性及荒漠化防治的认识,2020 年获中国林学会梁希科普奖 1 项。先后与国内外多家植物园和大专院校、科研院所建立了交流与合作关系,已成为集科学研究、植物迁地保存、植物资源开发于一体的综合基地。

3.2 吐鲁番沙漠植物园

吐鲁番沙漠植物园现已保存各类植物 700 余种,涵盖了中亚荒漠植物区系成分的主要类群,隶属 87 科 385 属,其中柽柳属(85%)、沙拐枣属(89%)、白刺属(100%)、甘草属(100%)、梭梭属(100%)和补血草属(80%)的植物种数已占中国荒漠地区分布总数的 85% 以上,不仅是中亚地区荒漠植物物种多样性最丰富的荒漠特殊种质资源储备库,也是全球温带荒漠植物引种保育中心(张道远等,2020)。新建甘草种质资源圃已种植粗毛甘草(*Glycyrrhiza aspera*)、光果甘草(*G. glabra*)、胀果甘草(*G. inflata*)、刺果甘草(*G. pallidiflora*)、乌拉尔甘草(*G. uralensis*)5 种,甘草种子 330 份,甘草根茎苗 500 株,共移栽定植甘草 1808 株,存活 1478 株,存活率为 82%。甘草 DNA 提取也取得了阶段性进步,为下一步筛选出甘草有效化学成分含量高的种类提供了有利条件,为野生植物遗传多样性异地保护作出了一些贡献(潘伯荣等,2013)。依托“干旱荒漠区植物资源迁地保育研究及其生态建设应用”项目,累计引进植物 832 种,隶属 87 科 385 属,共获 5382 份植物繁殖材料。引进国外的植物共 456 种,含乔木 52 种,灌木 92 种,草本 312 种。建成“荒漠植物基础信息数据库”和“沙拐枣属植物信息科技信息平台”为主要部分组成干旱荒漠区植物各类数据库 13 个。收集荒漠植物种子 3000 余号和果实文字信息 500 条;植物果实及种子特征照片 4800 张。收集保存珍稀濒危植物 45 种,特有植物 100 余种,建成沙拐枣属植物园区。迁地保存沙拐枣属植物 19 种,保存柽柳科植物活植物 3 属 20 种,保存观赏植物 75 种,保存优良固沙植物 100 余种,保存民族药用植物 200 余种,收集保存生物质能源植物 60 种;评价的园林观赏植物物种 270 余种,筛选出缺水型城镇绿地适用的植物物种 150 种。建成 6 种梭梭属植物群落和 5 种沙拐枣群落专类园区。筛选出了干旱荒漠区各类生态建设工程中适宜推广应用的植物名录 7 套(潘伯荣,2015)。

4 西北荒漠国家植物园建设的展望

荒漠区气候干旱、生境严酷,荒漠植物蕴藏着丰富的抗逆性基因,可为人类应对气候变化提供重要的物质基础。近年来,我国经济快速发展,生态环境变化很大,特别是土地利用变化、外来物种入侵等因素已使许多物种生存受到威胁(杨明等,2021)。广袤的西北荒漠戈壁地区,自然地理条件复杂,还存在大量人迹罕至的孤岛,需要保护的荒漠物种种群规模及其受威胁的程度不清(张文辉等,2000)。随着气候变化相关研究的深入,以自然保护区为主体的就地保护的局限性日显突出,加强植物迁地与就地的整合研究是我国植物多样性保护的必然趋势(黄宏文,张征,2012)。针对荒漠植物多样性保护面临的严峻形势,亟须进一步加强荒漠植物的迁地保护,在西北荒漠区建立国家植物园。围绕西北荒漠国家植物园的建设提出以下几点思考:

(1)依托已有荒漠植物园,建立西北荒漠国家植物园联合民勤沙生植物园和吐鲁番沙漠植物园,整合荒漠区植物迁地保护技术力量,建立以我国荒漠植物为保护对象的西北荒漠国家植物园。该区域代表温带大陆性荒漠气候,覆盖了我国塔克拉玛干沙漠、古尔班通古特沙漠、库木塔格沙漠、巴丹吉林沙漠、腾格里沙漠共 5 大沙漠,具有较强的区域代表性。经过近 50 年的发展,荒漠区植物园在荒漠植物的引种保育、科学研究、游憩展示和科普宣传方面开展了大量工作,积累了宝贵的荒漠植物种质资源,拥有专业的人才团队和完善的试验研究平台,具备建立西北荒漠国家植物园的软硬件条件。

(2)重视荒漠种质资源的收集保存与创新利用

遗传多样性(遗传资源)作为生物多样性的重要组成部分及物种多样性和生态系统多样性的重要基础,其实际和潜在价值尚未得到足够的认识和重视(李琴,陈家

宽,2018)。目前重点仍是栽培植物和家养动物的遗传资源保护,对野生动植物遗传多样性仍关注很少(魏辅文等,2021)。野生种质资源在生物产业中具有很大的应用潜力,国际上对野生生物种质资源高度关注,尤其是对野生植物的收集保存。建议西北荒漠国家植物园建设应重视野生荒漠植物种质资源的普查收集,加强种质资源评价。以经济社会发展及人民健康需求为导向,多学科协同攻关,力争在林草新品种培育、食药产品开发方面有所突破。

(3)加强荒漠植物多样性保护人才交流与资源共享

以西北荒漠国家植物园建设为契机,围绕荒漠植物迁地保护与开发利用,建立中国科学院与地方科研机构的长期合作机制,增进人员交流,业务合作,加强仪器设备及种质资源的共享,建立西北荒漠植物资源大数据库,服务荒漠植物多样性保护。

参考文献

陈进,2022. 关于我国国家植物园体系建设的一点思考[J]. 生物多样性,30(1):29-32.

陈进勇,1998. 植物园在生物多样性保护中的作用[J]. 北京林业大学学报,20(2):66-70.

高志海,1991. 民勤沙生植物园引种工作概况[J]. 中国沙漠,11(2):49-57.

郭春秀,刘世增,金红喜,等,2015. 意大利石松在我国的引种栽培[J]. 防护林科技,1:36-38.

郭树江,徐先英,杨自辉,等,2011. 干旱荒漠区沙冬青茎干液流变化特征及其与气象因子的关系[J]. 西北植物学报,31(5):1003-1010.

何芳兰,裴明祥,王继和,等,2008. 不同刘割频度对绵毛优若藜地上生物量及根系的影响[J]. 西北植物学报,28(6):1208-1212.

何芳兰,裴明祥,王继和,等,2009. 刘割频度对四翅滨藜生物量累积及根系垂直分布的影响[J]. 草地学报,17(1):79-83,87.

洪德元,2016. 三个"哪些":植物园的使命[J]. 生物多样性,24(6):728.

黄宏文,廖景平,2022. 论我国国家植物园体系建设:以任务带学科构建国家植物园迁地保护综合体系[J]. 生物多样性,30(6):197-213.

黄宏文,张征,2012. 中国植物引种栽培及迁地保护的现状与展望[J]. 生物多样性,20(5):559-571.

黄子琛,刘家琼,路作民,1983. 民勤地区梭梭固沙林衰亡原因的初步研究[J]. 林业科学,19(1):82-87.

姜生秀,严子柱,吴昊,2018. PEG6000 模拟干旱胁迫对 2 种沙冬青种子萌发的影响[J]. 西北林学院学报,33(5):130-136.

焦阳,邵云云,廖景平,等,2019. 中国植物园现状及未来发展策略[J]. 中国科学院院刊,34(12):1351-1358.

李标,魏建和,王文全,等,2013. 推进国家药用植物园体系建设的思考[J]. 中国现代中药,15(9):721-726.

李昌龙,李爱德,2001. 干旱区药用植物资源的保

护与开发利用——以民勤沙生植物园为例[J]. 干旱区资源与环境,15(3):83-86.

李昌龙,马瑞君,王继和,等,2005. 甘肃民勤连古城自然保护区优势种种群结构和动态研究[J]. 西北植物学报,25(8):1628-1636.

李昌龙,赵明,王玉魁,2007. 不同密度四翅滨藜人工种群的分枝格局可塑性分析[J]. 西北林学院学报,22(2):5-8.

李琴,陈家宽,2018. 长江大保护事业呼吁重视植物遗传多样性的保护和可持续利用[J]. 生物多样性,26(4):327-332.

刘虎俊,王继和,李爱德,等,2005. 干旱沙区不同种源的绵毛优若藜表现性比较[J]. 西北植物学报,25(10):2030-2034.

刘生龙,刘克彪,高志海,1989. 蒙古扁桃引种试验[J]. 甘肃林业科技,2:35-38.

刘生龙,王俊年,1988. 旱生常绿灌木沙冬青引种试验报告[J]. 甘肃林业科技,3:27-29.

刘生龙,高志海,王理德,1994. 民勤红砂岗地区绵刺分布和繁殖方式及濒危原因调查[J]. 西北植物学报,14(6):111-115.

刘生龙,王理德,高志海,1995. 八种珍稀濒危植物引种试验[J]. 甘肃林业科技,20:10-14.

满多清,杨自辉,1995. 河西走廊的麻黄资源及其保护[J]. 植物资源与环境,4(1):64.

潘伯荣,1987. 我国固沙植物引种的历史及展望[J]. 中国沙漠,7(1):4-11.

潘伯荣,2015. 干旱荒漠区植物资源迁地保育研究及其生态建设应用.

潘伯荣,童莉,王瑛,2013. 甘草属(*Glycyrrhiza* L.)植物种质资源的迁地保育[C].//中国植物学会. 中国植物学会八十周年年会论文集.

王成信,王耀琳,1991. 沙区麻黄人工栽培技术的试验研究[J]. 甘肃林业科技,1:31-38.

王继和,吴春荣,张盹明,等,2000. 甘肃荒漠区濒危植物绵刺生理生态学特性的研究[J]. 中国沙漠,20(4):53-59.

王帅,李得禄,楼金,2021. 新寄主四翅滨藜接种肉苁蓉技术[J]. 甘肃林业科技,46:36-39,47.

尉秋实,王继和,李昌龙,等,2005. 不同生境条件下沙冬青种群分布格局与特征的初步研究

[J]. 植物生态学报,29(4):591-598.

魏辅文,平晓鸽,胡义波,等,2021. 中国生物多样性保护取得的主要成绩、面临的挑战与对策建议[J]. 中国科学院院刊,36(4):375-383.

许淑青,郭春秀,金红喜,等,2017. 不同处理对翅果油树种子萌发和育苗的影响[J]. 甘肃科技,33:144-146.

许再富,2015. 生态文明建设:植物园的进一步行动[C]// 2015年中国植物园学术年会.

严子柱,李爱德,李得禄,等,2007. 珍稀濒危保护植物蒙古扁桃的生长特性研究[J]. 西北植物学报,27(3):625-628.

杨明,周桔,曾艳,等,2021. 我国生物多样性保护的主要进展及工作建议[J]. 中国科学院院刊,36(4):399-408.

杨自辉,王继和,胡明贵,等,2000. 盐碱地麻黄种植试验研究初报[J]. 中草药,5:61-62.

尹林克,1997. 中国温带荒漠区的植物多样性及其易地保护[J]. 生物多样性,5(1):40-48.

张道远,管开云,潘伯荣,等,2020. 干旱荒漠区植物种质资源保护的意义[J]. 人与生物圈,Z1:21-23.

张盹明,杨自辉,王继和,等,2007. 2种麻黄光合及其耐逆性分析[J]. 西北植物学报,27(7):1473-1478.

张国中,满多清,王继和,等,2008. 河西中麻黄地理分布与环境因子的关系[J]. 甘肃林业科技,33:6-11,66.

张进虎,王翔宇,张亮霞,等,2013. 天然沙冬青土壤种子库特征研究[J]. 中国农学通报,29(22):78-82.

张文辉,康永祥,李红,等,2000. 西北地区生物多样性特点及其研究思路[J]. 生物多样性,8(4):422-428.

张莹花,2019. 一种蒙古扁桃组培快繁的方法.

赵建民,陈海滨,李景侠,2003. 西北干旱荒漠区植物多样性的保护与可持续发展[J]. 西北林学院学报,18(1):29-31,34.

周桔,杨明,文香英,等,2021. 加强植物迁地保护,促进植物资源保护和利用[J]. 中国科学院院刊,36(4):417-424.

不同栽培模式对广佛手幼林生长的影响
Effect of Different Cultivation Methods on the Growth of *Citrus medica*

施力军　黄天述　吴庆华*　蒲祖宁　闫志刚　侯小利

(广西壮族自治区药用植物园,广西南宁,530023)

SHI Lijun　HUANG Tianshu　WU Qinghua*
PU Zuning　YAN Zhigang　HOU Xiaoli

(*Guangxi Medicinal Botanical Garden, Nanning, 530023, Guangxi, China*)

摘要:为掌握促进广佛手幼苗生长的适宜栽培模式,研究打点挖坑栽培、抽槽回填改土栽培和深沟高垄栽培三种模式对广佛手幼苗生长的影响。结果表明:深沟高垄栽培模式对幼苗植株的主茎径、一级分枝数、直径和梢长、株高、冠幅、叶片长、叶片宽等形态指标与其他两种栽培模式的差异均达到极显著差异水平。综合植株生长的各项指标,采用深沟高垄栽培模式可为广佛手高产栽培打下良好基础。

关键词:广佛手;栽培模式;生长

Abstract:In order to master the suitable cultivation methods for *Citrus medica* seedling growth, the effects of different cultivation modes on seedling growth were studied by means of Pit digging cultivation, slot pumping and backfilling soil improvement cultivation and deep ditch and high ridge cultivation. The results showed that the difference between the high-yield cultivation model and the farmer cultivation model was very significant of the main stem diameter, primary branch number, diameter and shoot length, plant height, crown width, leaf length, leaf width and the farmer cultivation pattern of seedling growth. Taking into account the indexes, the use of deep ditch and high ridge cultivation can lay a good foundation for high-yield cultivation.

Keywords: Cultivation method; *Citrus medica*; Seedling growth

广佛手是芸香科柑橘属植物[*Citrus medica* L. var. *sarcodactylis*(Noot.) Swingle]成熟果实。具有疏肝理气、和胃止痛、燥湿化痰功效,用于治疗肝胃气滞,胸胁胀痛,胃脘痞满,食少呕吐,咳嗽痰多(中华人民共和国药典,2020)。其性味辛、苦、酸、温。化学成分分析表明,其主要包括萜烯类及其含氧衍生物,以柠檬烯、γ-松油烯、α-蒎烯等含量较高(周龙艳等,2017),同时含有5,7-二甲氧基香豆素(柠檬油素)等(胡明等,2019;张颖等,2014;崔红花等,2009;张颖等,2006;尹锋等,2004)。广佛手主要生于热带、亚热带地区,我国浙江、江西、福建、广东、广西、四川、云南等地有栽培。广

基金项目:崇左市科技计划项目(崇科 20210727),广西中医药适宜技术开发与推广项目(GZSY20-01)。

作者简介:施力军(1979.1—),男,博士,副研究员,主要从事药用植物生物学 Tel:07715602461,E-mail:slj125@126.com。

通讯作者:吴庆华(1965.1—),男,副研究员,主要从事药用植物栽培研究,E-mail:wqh196501@163.com。

佛手不仅可泡茶还可泡酒,具有健脾和胃、舒筋活血、理气化痰的功效。广佛手果成熟时果实金黄,味甘,健脾开胃,帮助消化,化痰镇咳,"金佛止痛丸"等中成药均以其入药。广佛手作为原料制备成中药,是我国大宗出口的药材,又是卫生健康委员会规定的药食两用药材,粤、港、澳、台地区以广佛手作为煲汤、泡茶的保健原料。佛手挥发油含量较高,可作为重要的高档香料,在化妆品及制药工业领域具有广阔的应用前景(Bagetta et al.,2010;Somrudee et al.,2011)。目前药农在种植广佛手时基本采用打点挖坑栽培法,植株生长缓慢,株型矮小,产量不理想。为了保证广佛手幼苗苗壮成长,为高产打下良好基础,笔者就广佛手高产栽培技术效果进行了田间试验,研究不同栽培模式对广佛手幼苗生长的影响。

1　材料与方法

1.1　试验材料

供试广佛手种苗来源于广西桂林市永福县(经广西壮族自治区药用植物园黄宝优高级工程师鉴定),试验点位于广西药用植物园科研试验基地,供试土壤的有机质含量36.9g/kg,全氮含量1.51g/kg,有效磷含量80.4mg/kg,缓效钾含量263mg/kg,pH6.5。

1.2　试验设计

试验设(T1)打点挖坑栽培:在试验地打点挖坑直接进行穴植。(T2)抽槽回填改土栽培:将试验地进行翻耕,挖穴长、宽均为0.6m,深为0.4m,加已经腐熟的牛粪5kg/穴与泥土混匀后进行种植。(T3)深沟高垄栽培:在T2处理的基础上,起2m宽、高30cm的畦,加已经腐熟的牛粪5kg/穴与泥土混匀后进行种植。每个处理3个重复。于2019年2月26日进行种植,种植密度按行株距3m×3m进行。移植时浇透定

根水,其他田间管理按常规模式进行。

1.3　调查项目

参照生长分析法对不同栽培模式的广佛手幼苗进行生长势分析,于2021年12月26日进行调查,每个处理调查3株。调查项目分别为主茎径、一级分枝数量、一级分枝直径、一级分枝长、株高、冠幅、叶宽、叶长。

1.4　数据分析

采用Excel 2017和SPSS 22.0软件进行数据统计分析和作图。

2　结果与分析

2.1　不同栽培模式对广佛手幼苗主茎径的影响

如图1所示,不同处理对广佛手植株幼苗主茎径的影响较大,其中T1的主茎径为3.4cm,T2的主茎径为5.1cm,T3的植株主茎径最大,为7.1cm,与其他两个处理之间均达到极显著差异。

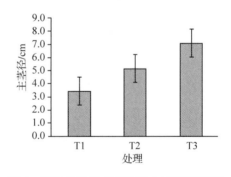

图1　不同栽培模式对广佛手主茎径的影响

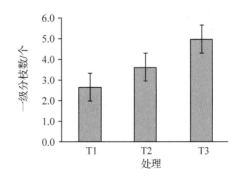

图2　不同栽培模式对广佛手一级分枝数的影响

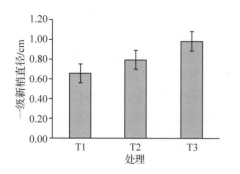

图3　不同栽培模式对广佛手一级新梢枝直径的影响

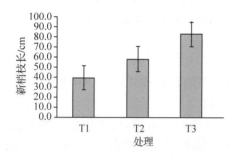

图4　不同栽培模式对广佛手新梢枝长的影响

2.2　不同栽培模式对广佛手幼苗新梢一级分枝数、直径及枝长的影响

如图2所示,不同处理对广佛手植株幼苗一级分枝数的影响较大,其中 T1 为 2.6 个,T2 为 3.6 个,T3 为 5 个,T3 处理的植株主茎径最大,与其他两个处理之间均达到极显著差异。

如图3所示,不同栽培模式对广佛手植株幼一级新梢枝直径的影响,其中 T1 为 0.66cm,T2 为 0.8cm,T3 为 0.99cm,T3 一级新梢枝直径最大,与 T2 无显著差异,与 T3 有极显著差异。

如图4所示,不同栽培模式广佛手对植株幼苗新梢枝长的影响较大,其中 T1 为 38.6cm,T2 为 57.9cm,T3 为 82.4cm,T3 处理的植株主茎径最大,与其他两个处理之间均达到极显著差异。

2.3　不同栽培模式对广佛手幼苗株高及冠幅的影响

如图5所示,不同栽培模式对广佛手

植株幼苗株高的影响较大,其中 T1 为 75cm,T2 为 108.1cm,T3 为 127.8cm,T3 的植株株高最高,与其他两个处理之间均达到极显著差异。

如图6所示,不同栽培模式广佛手对植株幼苗冠幅的影响较大,其中 T1 为 49.6cm,T2 为 101.9cm,T3 为 137.2cm,T3 处理的植株冠幅最大,与 T2 无显著差异,与 T3 有极显著差异。

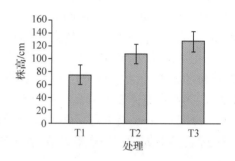

图5　不同栽培模式对广佛手幼苗株高的影响

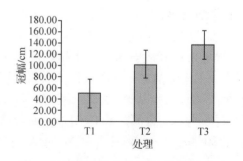

图6　不同栽培模式对广佛手冠幅的影响

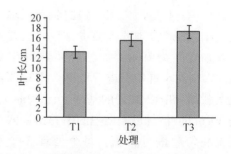

图7　不同栽培模式对广佛手幼苗叶长的影响

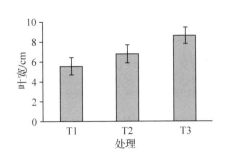

图8 不同栽培模式对广佛手幼苗叶宽的影响

2.4 不同栽培模式对广佛手幼苗叶宽、叶长的影响

如图7所示,不同栽培模式对广佛手植株幼苗叶长的影响较大,其中T1为13.1cm,T2为15.5cm,T3为17.3cm,T3处理的植株叶长最长,与T2无显著差异,与T3有极显著差异。

如图8所示,不同栽培模式广佛手对植株幼苗叶宽的影响较大,其中T1为5.5cm,T2为6.7cm,T3为8.5cm,T3植株叶宽最大,与其他两个处理之间均达到极

显著差异。

3 小结

目前,有关栽培模式对广佛手幼苗生长影响尚无相关报道。本研究对广佛手不同栽培模式进行研究,结果表明:深沟高垄栽培与打点挖坑栽培相比,主茎径、一级分枝数、新梢直径、周长、株高等均显著高于普通栽培模式。通过对高产栽培模式进行分析,促进幼苗生长主要原因为:一是开大穴种植为植株幼苗生长营造了疏松的土壤环境。二是以有机肥作为底肥为植株幼苗生长提供了长效养分。三是地布覆盖防止了杂草丛生,有增温保湿、减轻雨滴打击、防止冲刷及养分流失的作用;可有效减少土壤水分的蒸发,天旱保墒、雨后提墒,促进作物对水分的吸收和生长发育,提高土壤水分的利用效率;能使土壤保持适宜的温度、湿度,使地温下降慢、持续时间长,利于肥料的腐熟和分解,提高土地肥力。

参考文献

崔红花,高幼衡,蔡鸿飞,等,2009. 川佛手化学成分研究(Ⅱ)[J]. 中药新药与临床药理,20(4):344-347.

国家药典委员会,2020. 中华人民共和国药典:一部[M]. 北京:中国医药科技出版社:185-186.

胡明,权美平,2019. 佛手挥发油的化学成分分析研究进展[J]. 粮食与油脂,32(1):7-9.

尹锋,楼凤昌,2004. 佛手化学成分的研究[J]. 中国药学杂志(1):20-21.

张颖,孔令义,2006. 佛手化学成分的研究[J]. 中国现代中药(6):16-17,23.

张颖,江玲丽,2014. 金佛手化学成分研究[J]. 通化师范学院学报,35(6):44-45.

周龙艳,田奥飞,2017. 佛手化学成分及调节糖脂代谢紊乱药理作用研究进展[J]. 广东化工,44(7):146-147.

Bagetta G, Morrone L A, Rombola L, et al., 2010. Neuropharmacology of the essential oil of berga-mot[J]. Fitoterapia, 81(6):453-461.

Somrudee S, Charles A M, 2011. Acute effects of bergamot oil on anxiety-related behaviour and corticosterone level in rats[J]. Phytother Re-search, 25(6):858-862.

草珊瑚种子休眠解除过程胚形态及生理生化变化特性
Morphological, Physiological and Biochemical Changes in Seed Dormancy Release of *Sarcandra glabra*

潘春柳　蓝祖栽　余丽莹　黄雪彦　姚李祥　张占江　周芸伊*

(广西壮族自治区药用植物园/广西中药资源普查与整理研究重点实验室,广西南宁,530023)

PAN Chunliu　LAN Zuzai　YU Liying　HUANG Xueyan　YAO Lixiang
ZHANG Zhanjiang　ZHOU Yunyi

(*Guangxi Botanical Garden of Medicinal Plant/Guangxi TCM Resources General Survey and Data Collection Key Laboratory*, *Nanning*, 530023, *Guangxi*, *China*)

摘要:草珊瑚种子具有显著的休眠现象,生产上多采用层积的方式对种子进行休眠破除。为探讨层积处理对草珊瑚种子休眠解除的影响,本文对不同层积处理方式:(20℃层积,4℃层积)和处理时间(0、7、14、24、28d)的草珊瑚种子进行萌发率测定、显微结构观察及生理生化指标测定。结果表明:20℃层积处理使草珊瑚种子发芽率和发芽势更高,更有利于其种胚发育。在20℃和4℃层积条件下,随着层积时间增加,淀粉含量下降,可溶性蛋白和可溶性糖含量先下降后上升,α-淀粉酶活性呈下降趋势;SOD、POD及CAT活性呈先下降后上升趋势;MDA含量呈先上升后下降再上升趋势。说明草珊瑚种子解除休眠过程与种胚发育、贮藏物质变化以及抗氧化酶活性、脂质过氧化水平密切相关。

关键词:草珊瑚;种子休眠;层积;萌发率;显微结构;生理生化

Abstract:Seeds of *Sarcandra glabra* have a remarkable dormancy phenomenon, and stratification is often used to break the seed dormancy in production. To study the morphological, physiological and biochemical changes in seed dormancy release of *Sarcandra glabra*, this study investigated the germination rate, microstructural features and physiological and biochemical indexes of *Sarcandra glabra* seeds, which were treated with different stratification temperature (20℃, 4℃) at different stratification times (0, 7, 14, 24, 28days). The results showed that seeds with 20℃ stratification had a higher germination rate and germination potential, and more fully developed embryos. Under 20℃ and 4℃ stratification condition, with the stratification time increased, the content of starch decreased, the content of soluble protein and soluble sugar decreased first and then increased, the activity of α-amylase decreased, the activity of superoxide dismutase (SOD), peroxidase (POD) and catalase (CAT) decreased first and then increased, and the content of malondialdehyde (MDA) first increased and then decreased and then increased. These results indicated that the changes in embryo development, starch, soluble protein, soluble sugar, α-amylase, and antioxidant enzymes (SOD,

基金项目:2022年区域特色药材品种关键技术研究推广(GXZYYZZ-202201);广西自然科学基金项目(2021GXNSFAA196027,2022GXNSFBA035631);广西药用植物园科研基金项目(桂药基202006)。

作者简介:潘春柳,女,博士,研究方向:植物抗逆机理研究。

通讯作者(Corresponding author):周芸伊,E-mail:zhouyunyi210@163.com。

POD，CAT）and MDA were closely related to seed dormancy release of *Sarcandra glabra*.

Keywords：*Sarcandra glabra*；Seed dormancy release；Stratification；Germination rate；Microstructure；Physiological indexes

草珊瑚［*Sarcandra glabra*（Thunb.）Nakai］为金粟兰科（Chloranthaceae）草珊瑚属多年生常绿亚灌木，别名肿节风、满山香、接骨金粟兰、九节兰等，属于我国传统药用植物，以全株入药，味苦辛、性平、有小毒，具有清热凉血、祛风通络、活血消斑、消肿止痛、抗菌消炎的功效，主治流行性感冒、流行性乙型脑炎、肺炎等。2021年，草珊瑚被列为广西区域特色药材之一，其应用前景广阔。目前，草珊瑚药材（肿节风）多来源于人工栽培，生产上草珊瑚以种子繁殖为主，但其种子具有显著的休眠现象，是其规模化栽培的重要限制因素（方磊等，2011）。已有学者对草珊瑚种子开展相关研究，发现影响其种子萌发的因素包括光照、温度、浸种时间、化感作用等（蒲旭斌等，2021；韦颖文等，2016；王生华，2013；盛国梁等，2010；张益锋等，2009），但对于草珊瑚种子解除休眠过程中的形态和生理生化变化规律还缺乏深入研究。因此，开展相关研究工作对于提高草珊瑚种子育苗效率，加快草珊瑚产业发展来说具有重要的意义。

层积处理是将种子与具有透气和保湿性能的介质（河沙、蛭石、珍珠岩等）进行混合并进行分层堆积，是生理性休眠种子或形态休眠种子所采用的休眠破除方法之一。种子能在层积过程中完成一系列的生理变化和后熟过程（许文花等，2014），不同的处理方式（暖温层积、低温层积或暖低温层积）可能适合不同物种种子的休眠解除（Li et al.，2020；da Silva et al.，2018）。研究发现，经湿沙层积100多天，草珊瑚种子休眠得以解除（罗光明等，2010）。本研究采用低温层积法和暖温层积法对草珊瑚种子进行处理，探讨不同的层积方式及层积时间对种子萌发、胚发育以及生理生化特性的影响，为进一步阐释草珊瑚种子休眠的调控机制及提高其播种品质提供参考。

1 材料与方法

1.1 试材及取样

本实验所用的草珊瑚种子来源于广西壮族自治区融安县，采集时间为2018年12月。用搓洗的方法去除种子果皮，置于室内通风处晾干种子表面水分。通过测定，测得该批种子千粒重为28.64g，含水量为67.53%。

1.2 层积处理

将草珊瑚种子与湿润珍珠岩以1∶3的体积比进行混合，分为两份，每份大约100g（用锡箔纸包成4小份，分别为层积7d、14d、21d、28d种子）。一份放入4℃冰箱中进行低温层积，另一份放入20℃培养箱中进行暖温层积。于不同的层积时间点（层积7d、14d、21d、28d）将种子取出，作为待测种子样品。

1.3 种子萌发测试

随机挑选50粒草珊瑚种子为一个处理，3个重复，采用滤纸培养法将种子置于25℃光照培养箱（每天16h光照/8h黑暗，60%相对湿度）中进行萌发测试，每天记录种子的萌发状态。根据观察，置床30d后连续3d无种子萌发，因此将萌发统计时间设为30d。萌发结束后统计种子萌发率和发芽势，以新鲜种子为对照。按以下公式计算发芽率和发芽势：

发芽率（%）= 置床30d发芽的种子数×100/供试种子数

发芽势(%)=置床14d发芽的种子数×100/供试种子数

1.4　石蜡切片的制作

利用FAA固定液对20℃和4℃层积处理的草珊瑚种子进行固定,经乙醇系列脱水、TO透蜡、包埋后切片,得到切片厚度为8~12μm的样品。样品经番红-固绿染色,加拿大树胶封片,在蔡司Axioscope 5.0显微镜下观察,拍照。

1.5　生理生化指标的测定

淀粉和可溶性糖含量测定采用蒽酮比色法(王晶英,2003);可溶性蛋白含量测定采用考马斯亮蓝G-250法;α-淀粉酶活性测定采用紫外分光光度法;超氧化物歧化酶活性(Superoxide dismutase,SOD)测定采用氮蓝四唑法(Nitrotetrazolium blue chloride,NBT)、光还原法;过氧化物酶活性(Peroxidase,POD)测定采用愈创木酚法;过氧化氢酶活性(Catalase,CAT)和丙二醛(Malondialdehyde,MDA)含量测定采用紫外分光光度法(王晶英,2003;李合生,2000)。

1.6　数据统计处理

数据记录并保存于Microsoft Excel 2010中,采用SPSS Statistics 25软件对数据进行统计学分析,以平均值±标准误的方式表示,并进行显著性分析,分析结果用GraphPad Prism 8软件作图,图表中的小写字母表示0.05水平的差异显著性。

2　结果与分析

2.1　不同层积处理对种子萌发的影响

不同的层积时间点(层积7d、14d、21d、28d)的草珊瑚种子萌发结果见图1。可见,草果种子在20℃和4℃层积过程中发芽率和发芽势逐渐升高。在相同层积时间条件下,20℃层积处理的种子发芽率和发芽势均显著高于4℃层积处理。20℃暖温层积7d后草珊瑚种子发芽率高达98%,比对照处理(0d)增加了40.67%(图1A)。当层积时间进一步延长,草珊瑚种子发芽率不再发生明显改变,基本维持在99%左右。20℃层积处理的种子在层积7d时发芽势为17%,在层积28d时达到69%,而4℃层积处理的种子发芽势在层积14d前均为0,层积28d时仅8.7%(图1B)。以上结果表明,20℃暖温层积更有利草珊瑚种子休眠解除。

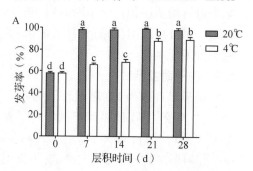
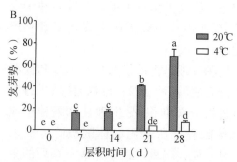

图1　不同层积处理对草珊瑚种子萌发的影响

A. 发芽率;B. 发芽势

Fig. 1　The effects ofstratification treatments on seed germination of *Sarcandra glabra*

A. seed germination rate; B. seed germination protential

2.2　不同层积处理对种胚发育的影响

草珊瑚种子在20℃和4℃层积过程中胚的发育情况,如图2和图3所示。可见,新鲜的草珊瑚种胚发育不完全,处于球形胚状态(图2A,图3A)。经20℃暖温层积处理14d,可观察到心形胚的出现(图2C);层积21d时,心形胚更为明显,开始出现子叶膨大现象(图2D);层积28d时,可肉眼观察到部分种子的胚根稍突起(图2E)。在4℃低温层积条件下,草珊瑚种胚发育较为缓慢。层积14d时种胚仍然保持在球形

胚的状态(图3C);层积21d时,种胚进一步伸长,无心形胚和叶原基出现(图3D);层积28d时,仅在个别种子中观察到心形胚的发育(图3E)。以上结果表明,与4℃层积相比,20℃层积能够促进种胚的发育,利于种子休眠解除。

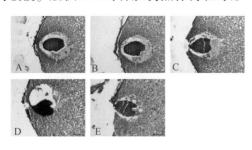

图2 20℃层积条件下草珊瑚种胚形态观察
A. 1. 0d;B. 7d;C. 14d; D. 21d;E. 28d
Fig. 2 Morphology of *Sarcandra glabra* seeds at 20℃ stratification treatments

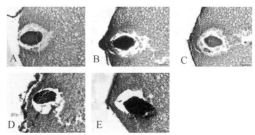

图3 4℃层积条件下草珊瑚种胚形态观察
A. 1. 0d;B. 7d;C. 14d; D. 21d;E. 28d
Fig. 3 Morphology of *Sarcandra glabra* seeds at 4℃ stratification treatments

2.3 不同层积处理对种子淀粉、可溶性蛋白、可溶性糖和α-淀粉酶的影响

如图4A所示,随着层积时间增加,不同层积温度处理的种子中淀粉含量逐渐下降,层积28d时种子内淀粉含量与对照相比分别降低了53.97%和43.98%。如图4B所示,在20℃层积过程中,种子可溶性蛋白含量呈现先上升后下降再上升的趋势;在4℃层积过程中,随着层积时间增加,种子可溶性蛋白含量逐渐下降,在层积28d时上升。不同层积温度处理的种子中可溶性糖含量的变化趋势相似,均呈现先下降后上升的趋势,其中20℃层积7d后种子中可溶性糖含量均显著低于对照,而4℃层积过程中种子可溶性糖的含量变化不明显(图4C)。在两种不同温度的层积处理中,种子中α-淀粉酶活性与对照相比显著下降,层积28d时分别降低了72.68%和67.29%(图4D)。以上结果表明,在20℃和4℃层积过程中,种子中淀粉含量、可溶性蛋白含量、可溶性糖含量和α-淀粉酶活

性的变化趋势相似,但在同一处理时间中20℃暖温层积对淀粉含量、可溶性蛋白含量、可溶性糖含量和α-淀粉酶活性的影响更为显著。

2.4 不同层积处理对种子SOD、POD、CAT和MDA的影响

如图5A所示,在20℃层积过程中,随着层积时间增加种子中SOD活性逐渐下降,层积28d时SOD活性与对照相比降低49.72%;在4℃层积过程中,种子中SOD活性呈现先下降后上升的趋势。种子中POD活性在20℃层积过程中呈现先下降后上升趋势,在层积21d时最低,与对照相比降低124.12%,层积28d时上升至对照水平;在4℃层积过程中,种子中POD活性呈现逐渐下降趋势,在层积28d降到最低,与对照相比降低133.27%(图5B)。种子中CAT活性在20℃层积过程中呈现先下降后上升再下降的趋势,在层积21d时降至最低;在4℃层积过程中,种子中CAT活性呈现先下降后上升的趋势,且层积后种子中CAT活

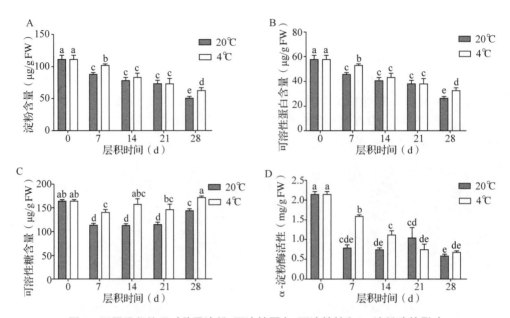

图 4　不同层积处理对种子淀粉、可溶性蛋白、可溶性糖和 α-淀粉酶的影响

A. 淀粉；B. 可溶性蛋白；C. 可溶性糖；D. α-淀粉酶

Fig. 4 Changes in starch，souble protein，souble sugar and α-amylase at stratification treatments on *Sarcandra glabra* seeds

A. starch；B. souble protein；C. souble sugar；D. α-amylase

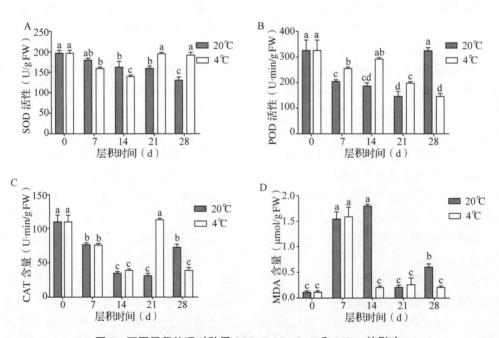

图 5　不同层积处理对种子 SOD、POD、CAT 和 MDA 的影响

A. SOD；B. POD；C. CAT；D. MDA

Fig. 5　Changes in SOD，POD，CAT and MDA at stratification treatments on *Sarcandra glabra* seeds

均显著低于对照(图 5C)。在 20℃层积过程中,种子中 MDA 含量随着层积时间增加呈现先上升后下降再上升的趋势,在层积14d 时含量达到最高值,与对照相比增加了13.19 倍;种子中 MDA 含量在 4℃层积过程中呈现出先上升后下降的趋势,在层积7d 时含量达到最高值,与对照相比增加了11.47 倍(图 5D)。以上结果表明,经层积处理的草珊瑚种子中抗氧化活性及脂质过氧化水平均发生显著改变。

3　讨论

在种子休眠解除方法上,层积处理是较为常用的方法之一(许文花等,2014)。低温层积处理能有效打破五角枫种子休眠(王黎梅等,2022)。暖温层积和变温层积均能有效打破高粱泡种子的休眠(刘欢等,2018)。草珊瑚种子属于形态休眠类型,不同层积温度影响草珊瑚种胚发育,其中暖温层积处理是最佳的种子休眠破除方式(罗光明等,2010;王生华,2013;方磊等,2011;张益锋等,2009)。本研究中,草珊瑚新鲜种子具有显著的休眠现象,其发芽率不到 60%。20℃暖温层积和 4℃低温层积均能够打破种子休眠,在相同层积时间中 20℃层积的草珊瑚种子发芽率和发芽势均显著高于 4℃层积种子。显微结构观察发现,20℃层积条件下草珊瑚种胚的发育快于 4℃层积,表明更高的层积温度有利于草珊瑚种胚发育,从而促进种子萌发。与前人研究不同,本研究发现短期的暖温层积(层积 7d)即可打破草珊瑚种子休眠,层积 28d 后可获得较高的种子发芽势,其原因可能在于本研究所采用的层积介质珍珠岩更为透气,更有利于种胚后熟。

大分子贮藏物质转化为小分子物质是种子从休眠向萌发转变的重要事件。在五味子层积过程中,种子中可溶性糖、可溶性

蛋白质含量均下降,这种贮藏物质的消耗有利于促进种胚后熟(李阳等,2017)。百蕊草和细叶楠种子在层积过程中淀粉含量下降,可溶性糖和可溶蛋白含量则先下降后上升(张心艺等,2022;张成才等,2021)。本研究中,随着层积时间增加,草珊瑚种子中淀粉含量下降,可溶性蛋白和可溶性糖含量先下降后上升,该结果与百蕊草和细叶楠的研究结果相似。在层积时间相同时,20℃层积种子中的可溶性糖含量均比 4℃层积低,表明更高的层积温度促进草珊瑚种子可溶性糖消耗,通过提高能量供给,促进种胚完成后熟过程。α-淀粉酶活性与水稻种子的休眠程度呈负相关(王丽萍等,2017)。草珊瑚种子在 20℃层积和 4℃层积过程中 α-淀粉酶活性均呈下降趋势,推测作为催化底物的淀粉在草珊瑚种胚后熟过程中含量下降,从而导致淀粉酶活性不高。

SOD、CAT 和 POD 活性是评价植物抗逆反应的重要指标。研究表明,种子在层积过程中抗氧化酶活性的高低与清除活性氧能力有关。百蕊草种子中的 SOD 活性随层积时间的延长呈现先下降后上升趋势,CAT、POD 活性呈现逐渐上升趋势(张成才等,2021);香叶树种子中的 POD 活性随着层积时间增加而增加,而 SOD 和 CAT 活性呈先下降后上升趋势,MDA 含量呈下降趋势(郎思睿等,2011)。本研究中,不同层积温度处理均导致草珊瑚种子中 SOD、POD 及 CAT 活性下降,而 MDA 含量呈现先上升后下降再上升的趋势。在层积处理前期,草珊瑚种子中 MDA 含量显著增加,其原因可能与种子中抗氧化酶活性较低有关。

本研究发现,低温层积和暖温层积均能有效打破草珊瑚种子休眠,其中暖温层积效果更佳。在层积过程中,种胚形态、贮藏物质含量(淀粉、可溶性蛋白和可溶性

糖)以及 α-淀粉酶活性、抗氧化酶活性、脂质过氧化水平均发生明显改变。研究结果为进一步阐释草珊瑚种子休眠和萌发机制奠定了基础。

参考文献

方磊, 罗光明, 熊诗华, 等, 2011. 草珊瑚种子胚后熟的温度条件和储藏方式研究[J]. 江西中医学院学报, 23 (2): 40-42.

郎思睿, 高逸超, 赵航, 等, 2011. 香叶树种子休眠与萌发特性的研究[J]. 北京林业大学学报, 33 (6): 124-129.

李合生, 2000. 植物生理生化实验原理和技术[J]. 北京: 高等教育出版社.

李阳, 于锡宏, 蒋欣梅, 等, 2017. 不同温度层积处理对北五味子种子休眠过程中种胚后熟的影响[J]. 北方园艺 (20): 140-144.

刘欢, 熊莉军, 沈世峰, 等, 2018. 外源植物激素、冷湿层积和变温处理对悬钩子属光滑高粱泡种子休眠与萌发的影响[J]. 种子, 37 (11): 30-34.

罗光明, 盛国梁, 方磊, 等, 2010. 草珊瑚种子萌发特性研究[C]// 全国第 9 届天然药物资源学术研讨会. 广州: 372-376.

蒲旭斌, 郭松, 李在留, 等. 2021. 泡核桃叶水浸提液对草珊瑚种子萌发和幼苗生长的化感效应[J]. 广西林业科学, 50 (6): 678-684.

盛国梁, 罗光明, 方磊, 等, 2010. 生态环境对草珊瑚种子萌发的化感作用研究[C]//全国第 9 届天然药物资源学术研讨会. 广州: 415-417.

王晶英, 2003. 植物生理生化实验技术与原理[M]. 哈尔滨: 东北林业大学出版社.

王黎梅, 赵金花, 李青丰, 2022. 五角枫种子萌发特性及幼苗建植研究[J]. 温带林业研究, 5 (2): 26-31.

王丽萍, 田伟, 周兰英, 等, 2017. 水稻种子休眠特性的生理机制研究[J]. 农业研究与应用 (6): 7-16.

王生华, 2013. 光照、温度和沙藏对草珊瑚种子萌发的影响[J]. 江西林业科技 (6): 6-8, 35.

韦颖文, 黄金使, 蔡玲, 等, 2016. 不同贮藏方式对草珊瑚种子萌发的影响[J]. 广西林业科学, 45 (4): 462-464.

许文花, 罗富成, 段新慧, 等, 2014. 种子休眠机理的研究方法综述[J]. 草业与畜牧 (1): 50-53.

张成才, 谭显锐, 张子璇, 等, 2021. 百蕊草种子层积过程中酶活性及其生理变化研究[J]. 中药材, 44 (4): 802-805.

张心艺, 闫旭, 李铁华, 等, 2022. 细叶楠种子休眠与萌发对低温层积的生理响应[J]. 植物科学学报, 40 (3): 398-407.

张益锋, 何平, 胡世俊, 等, 2009. 草珊瑚种子萌发特性研究[J]. 中国中药杂志, 34 (22): 2955-2957.

da Silva M, Oliveira L S, Radaelli J C, et al, 2018. Stratification and use of gibberellin in seed of *Psidium cattleianum* [J]. Applied Research & Agrotechnology, 11 (3): 121-125.

Li D, Jin Y, Yu C, et al, 2020. Effects of cold stratification on the endogenous hormone, dormancy and germination of *Cornus walteri* Wanger seeds [J]. Bangladesh Journal of Botany, 49 (3): 507-514.

绞股蓝愈伤组织诱导

Two Ways of Tissue Culture Technique to Induce *Gynostemea pentaphyllum* Tissue Culture Plantlets

强宝宝[1,2]　梁莹[1,2]　韦坤华[1,2]*　缪剑华[1,2]*

(1. 广西壮族自治区药用植物园,广西药用资源保护与遗传改良重点实验室,广西 南宁,530023;

2. 广西壮族自治区药用植物园,广西壮族自治区中药资源智慧创制工程研究中心,广西南宁,530023)

QIANG Baobao[1,2]　LIANG Ying[1,2]　WEI Kunhua[1,2]*　MIAO Jianhua[1,2]*

(1. *Guangxi Key Laboratory of Medicinal Resources Protection and Genetic Improvement*,
Guangxi Botanical Garden of Medicinal Plants, *Nanning* 530023, *Guangxi*,*China*;

2. *Guangxi Engineering Research Center of TCM Resource Intelligent Creation*, *Guangxi
Botanical Garden of Medicinal Plants*, *Nanning*, 530023, *Guangxi*,*China*)

摘要:绞股蓝(*Gynostmma pentaphyllum*)作为药食同源植物,含有丰富的对人体有益的生物活性成分,广泛应用于医药、茶饮、保健品等领域,对提高人类健康水平有着深远意义。因为其需求量大,生长周期长,易受病虫害的破坏,野生资源日益减少。因此,本研究利用组织培养技术,以绞股蓝茎段和叶片为外植体,使用9种不同的培养基,筛选诱导愈伤组织增殖、筛选了合适的培养基。结果表明,绞股蓝茎段最适愈伤组织诱导培养基为 MS+ 6-BA 2.0mg/L+ NAA 0.2mg/L,绞股蓝叶片最适愈伤组织诱导培养基为 MS+ 6-BA 0.5mg/L+NAA 0.2mg/L。

关键词:组织培养;绞股蓝;愈伤组织

Abstract: *Gynostmma pentaphyllum*, as a medicinal food homologous plant, contains rich biological active components beneficial to human body, widely used in medicine, tea, health care products and other fields, to improve the level of human health has far-reaching significance. Because of its large demand, long growth cycle, vulnerable to disease and insect damage, wild resources are increasingly reduced. Therefore, in this study, 9 kinds of different medias were used to screen the optimal media for inducing callus proliferation, bud differentiation and rooting, using stem segment and leaf of gynostemea pentaphyllum as explants by tissue culture technology. The stem segment of gynostemea pentaphyllum was used as explants to induce rooting and germination directly. The results showed that MS + 6-BA 2.0 mg/L+ NAA 0.2 mg/L was the best medium for callus induction from stem, MS+ 6-BA 0.5 mg/L+ NAA 0.2 mg/L was the best medium for callus induction from stem leaves.

Keywords: Tissue culture; *Gynostmma pentaphyllum*; Callus

基金项目:中央引导地方科技发展专项资金项目(桂科 ZY20198018);科技部科技基础资源调查专项(2018FY100700);科技部对发展中国家科技援助项目(KY201904001);“广西八桂学者”专项;广西科研创新团队建设项目(桂药创 201905)。

第一作者:强宝宝(1993.2—),研究实习员,中药学方向,Tel:18559135196,E-mail:1534706498@ qq. com。

通讯作者:韦坤华(1983.10—),研究员,研究方向:药用植物资源保护与开发,Tel:18978932700,E-mail:divinekh@163. com;缪剑华(1962.2—),研究员,研究方向:药用植物保育学,E-mail:mjh1962@ vip. 163. com。

绞股蓝［*Gynostmma pentaphyllum* (Thunb.)Makino］又名小苦药、甘蔓茶、仙草、七叶胆、五叶参,是葫芦科绞股蓝属多年生草质藤本植物(元秀,2021),号称"南方人参",主要分布在秦岭南部和长江流域(Yin et al.,2004)。自明代以来,绞股蓝在民间是一种可食用的草药或膳食补充剂(Yin et al.,2004;Shi et al.,2012),被广泛用于中医或各种疾病的治疗,包括肝炎(Lin et al.,2000;Liu et al.,2013;He et al.,2015)、糖尿病(Megalli et al.,2006;Lokman et al.,2015)、心血管疾病(Purmova et al.,1995;Tanner et al.,1999;Circosta et al.,2005)和癌症(Wu et al.,2008;Yan et al.,2014),具有预防和治疗疾病的特点,含有大量的皂苷(又称比人参多的绞股蓝皂苷)。现代医学研究表明,绞股蓝具有多种药理特性,包括抗炎作用(Quan et al.,2010;Liou et al.,2010;Yang et al.,2013;Cai et al.,2016)、抗肿瘤(Cheng et al.,2011;Li et al.,2016;Yan et al.,2014;Liu et al.,2014)、抗氧化(Schild et al.,2012;Zhao et al.,2014;Li et al.,2015;Yu et al.,2016;Gao et al.,2016)、抗焦虑(Choi et al.,2013;Shin et al.,2014;Zhao et al.,2015)等作用(侯浚等,1991;Tsui et al.,2014)。目前,人们主要利用种子繁殖和扦插繁殖等方法来生扩大绞股蓝资源的生产,但由于繁殖系数低、后代性状不稳,且受季节限制较大,远远不能满足生产需要(蔡正旺,2014)。

在本研究中,我们的目标是优化绞股蓝愈伤组织繁殖体系,为绞股蓝的离体培育提供新的方法,也可以作为生产药物的来源,为今后利用组培苗建立绞股蓝商品生产基地提供参考。

1 材料和方法

1.1 材料

绞股蓝组培苗由广西药用资源保护与遗传改良重点实验室提供。培养基:MS 基础培养基,2,4-二氯苯氧乙酸(2,4-d)、6-苄基氨基嘌呤(6-BA)和α-萘乙酸(NAA)均购自 Chembase。称取 MS 基础培养基40g,置于 1L 烧杯中,加入 800mL 双蒸馏水,在电磁炉上搅拌并加热。待粉末完全溶解后,在溶液中加入 6-BA(母液 1mg/mL)和 NAA(母液 0.2mg/mL),定容至1000mL,将 pH 调至 5.8 后,倒入玻璃瓶(30mL/瓶)中,121℃高压灭菌 20min。

1.2 愈伤组织诱导

以绞股蓝无菌组培苗为材料,取叶和茎,随后将叶片切成 2～3mm² 正方形,茎切成 2～3mm 长段,置于培养基中(表1)。每个装有灭菌培养基的玻璃瓶中接种外植体4～5 片。外植体在室温(25±1℃)、相对湿度20% ～ 40%、避光 24h 条件下培养。每周记录外植体扩张数和愈伤组织形成情况。每3～4 周将愈伤组织分离,传代至新鲜培养基。

表1 不同培养基对绞股蓝愈伤组织的诱导
Table 1 Callus induction of *Gynostmma pentaphyllum* with different types of media

序号	缩写	培养基	激素组成
1	B1	MS	1mg/L 6-BA
2	N0.2	MS	0.2mg/L NAA
3	B2	MS	2mg/L 6-BA
4	N0.4	MS	0.4mg/L NAA
5	B0.5N0.2	MS	0.5mg/L 6-BA+0.2mg/L NAA
6	B2N0.2	MS	2mg/L 6-BA+0.2mg/L NAA
7	B1N0.1	MS	1mg/L 6-BA+0.1mg/L NAA
8	B1N0.4	MS	1mg/L 6-BA+0.4mg/L NAA
9	B1.5N0.2	MS	1.5mg/L 6-BA+0.2mg/L NAA

2 结果与分析

2.1 绞股蓝叶片愈伤组织诱导

将绞股蓝无菌组培苗的叶片外植体接种到培养基中,每3～4 周更换一次培养基。结果发现,叶片外植体接种 1 周后叶片有轻微卷曲,尚未形成愈伤组织;2 周后,叶片有很大程度的卷曲,叶片边缘开始形成白色或淡黄色的点状愈伤组织;3 周后点状愈伤组织增殖,部分形成根;4 周后,形成块状的愈伤组织,大部分有根形成(图 3)。我们使用如下的 9 种培养基(图 1)进行愈伤组织诱导(利用 GraphPad prism 进行显著性分析,$P<0.001$),发现随着时间的延长,愈伤组织诱导率也在不断增加,绞股蓝叶片在 B0.5N0.2 的培养基上 2 周后诱导率可达 100%。

2.2 绞股蓝茎段愈伤组织诱导

将绞股蓝无菌组培苗的茎段外植体接种到培养基中,每 3~4 周更换一次培养基。

结果表明,绞股蓝茎段外植体接种 1 周后在两端形成白色或淡黄色的愈伤组织;2 周后,茎段两端愈伤组织增殖变大;3 周后愈伤组织进一步增大,个别有根的形成;4 周后,开始形成团块状的愈伤组织(图 4)。我们使用如下的 9 种培养基(图 2)进行愈伤组织诱导(利用 GraphPad prism 进行显著性分析,$0.05<P<1$),发现随着时间的延长,愈伤组织诱导率也在不断增加,绞股蓝茎段在 B2N0.2 培养基上 1 周后愈伤组织诱导率可达 100%,绞股蓝叶片在 B0.5N0.2 的培养基上 2 周后诱导率可达 100%。

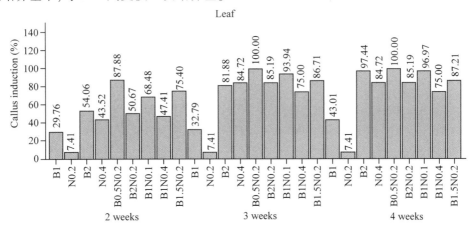

图 1 绞股蓝叶片外植体愈伤组织诱导

Fig. 1 Callus induction of *Gynostemma pentaphyllum* from leaf explants

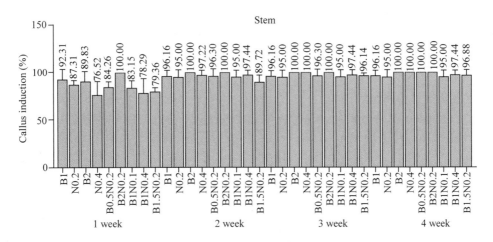

图 2 绞股蓝茎外植体愈伤组织诱导

Fig. 2 Callus induction of *Gynostemma pentaphyllum* from stem explants

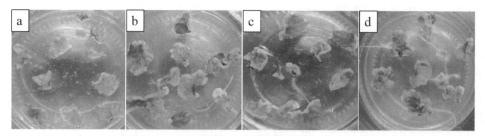

图3　绞股蓝叶外植体愈伤组织诱导过程

a:叶片外植体接种1周后叶片有轻微卷曲,尚未形成愈伤组织;b:2周后,叶片有很大程度的卷曲,叶片边缘开始形成白色或淡黄色的点状愈伤组织;c:3周后,点状愈伤组织增殖,部分形成根;d:4周后,形成块状的愈伤组织,大部分有根形成

Fig. 3　Callus induction process of *Gynostemma pentaphyllum* from leaf explants

a: After 1 week of leaf explants inoculation, they were slightly curled and callus had not yet formed; b: After 2 weeks, the leaves have a great degree of curling, and the edge of the leaves begins to form white or yellowish punctate callus; c: After 3 weeks, the punctate calli proliferated and some of them formed roots. d: After 4 weeks, massive callus were formed, most of which had root formation

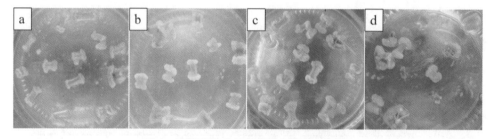

图4　绞股蓝茎外植体愈伤组织诱导过程

a:绞股蓝茎段外植体接种1周后在两端形成白色或淡黄色的愈伤组织;b:2周后,茎段两端愈伤组织增殖变大;c:3周后愈伤组织进一步增大,个别有根的形成;d:4周后,开始形成团块状的愈伤组织

Fig. 4　Callus induction process of *Gynostemma pentaphyllum* from stem explants

a: White or yellowish callus was formed at both ends of *Gynostemma pentaphyllum* stem explants one week after inoculation; b: After 2 weeks, callus proliferation increased at both ends of stem segments. c: After 3 weeks, the callus was further enlarged and some roots were formed. d: After 4 weeks, massive callus began to form

3　讨论

3.1　绞股蓝叶片愈伤组织诱导

生长素在植物愈伤组织的诱导过程中发挥着重要的作用,不同类型的生长素诱导效果迥异(Tsui et al. ,2014)。在绞股蓝叶片愈伤组织诱导过程中,我们使用了9种培养基(图1),诱导效果各有不同,观察到叶片在第2周开始卷曲膨大,在切口处形成白色或淡黄色点状愈伤组织。在4种单独培养基中,从初始诱导率和最终诱导率来评价,各培养基诱导效果 B2>N0. 4>B1>N0. 2。N0. 2培养基初始诱导率最低,且诱导率不会随着时间的延长而增加。6种组合培养基的总体诱导效果 B0. 5N0. 2>B1N0. 1>B1. 5N0. 2>B2N0. 2>B1N0. 4,在组合培养基中,我们观察到一个有趣的现象,随着6-BA浓度的增加,绞股蓝叶片愈伤组织诱导率在不断减少,推测可能是6-BA浓度的增加,对绞股蓝叶片愈伤组织诱导率

有抑制作用。总体诱导效果 B0.5N0.2>
B2>B1N0.1>B1.5N0.2>B2N0.2>N0.4>
B1N0.4>B1>N0.2。

3.2 绞股蓝茎段愈伤组织诱导

在绞股蓝茎段愈伤组织的诱导过程
中,我们使用了9种培养基(图2),发现茎
段比叶片容易形成愈伤组织,茎段在1周
后两端开始膨大,形成淡黄色愈伤组织,愈
伤组织诱导率均在95%以上,愈伤组织发
生较快,在诱导1周后,就有较高的愈伤组
织发生率;3周时达到高峰,形成淡黄色或
黄色团块状的愈伤组织;4周时基本不再形
成愈伤组织。愈伤组织诱导效果如下:
B2N0.2>B2>N0.4>B0.5N0.2>B1N0.4>
B1.5N0.2>B1>N0.2>B1N0.1。

本研究对于绞股蓝诱导愈伤组织条件
进行探索,筛选了合适的培养基,本研究发
现绞股蓝茎段最适愈伤组织诱导培养基为
MS+6-BA 2.0mg/L+NAA 0.2mg/L,绞股
蓝叶片最适愈伤组织诱导培养基为 MS+6
-BA 0.5mg/L+NAA 0.2mg/L。本研究对
绞股蓝离体培养和快速繁殖提供了重要基
础,对于绞股蓝繁殖过程中保持稳定的优
良性状具有非常重要的意义。

参考文献

蔡正旺,刘静,2014. 不同外源激素对绞股蓝愈伤
组织诱导的影响[J]. 安康学院学报,26(5):
108-111.

侯浚,刘少翔,马智,等,1991. Effects of Gynos-
temma pentaphyllum makino on the immunologi-
cal function of cancer patients[J]. 中医杂志:
英文版(1):47-52.

元秀,2021. 南方人参、"三高"福音——绞股蓝
[J]. 现代养生,21(7):28-29.

Baskaran P, Rajeswari B, Jayabalan N, 2006. De-
velopment of an in vitro regeneration system in
Sorghum [Sorghum bicolor (L.) Moench] using
root transverse thin cell layers (tTCLs)[J].
Turkish Journal of Botany, 30(1): 1-9.

Cai H, Liang Q, Ge G, 2016. Gypenoside attenuates
β amyloid-induced inflammation in N9 microgli-
al cells via SOCS1 signaling. Neural plasticity.

Cheng T C, Lu J F, Wang J S, et al, 2011. Antipro-
liferation effect and apoptosis mechanism of pros-
tate cancer cell PC-3 by flavonoids and saponins
prepared from Gynostemma pentaphyllum [J].
Journal of agricultural and food chemistry, 59
(20): 11319-11329.

Choi H S, Zhao T T, Shin K S, et al, 2013. Anxio-
lytic effects of herbal ethanol extract from Gynos-
temma pentaphyllum in mice after exposure to
chronic stress[J]. Molecules, 18(4): 4342
-4356.

Circosta C, De Pasquale R, Occhiuto F, 2005. Car-
diovascular effects of the aqueous extract of Gy-
nostemma pentaphyllum Makino[J]. Phytomedi-
cine, 12(9): 638-643.

Gao D, Zhao M, Qi X, et al, 2016. Hypoglycemic
effect of Gynostemma pentaphyllum saponins by
enhancing the Nrf2 signaling pathway in STZ-in-
ducing diabetic rats[J]. Archives of Pharmacal
Research, 39(2): 221-230.

He Q, Li J K, Li F, et al, 2015. Mechanism of ac-
tion of gypenosides on type 2 diabetes and non-
alcoholic fatty liver disease in rats[J]. World
Journal of Gastroenterology: WJG. 21
(7): 2058.

Li B, Zhang X, Wang M, et al, 2015. Characteriza-
tion and antioxidant activities of acidic polysac-
charides from Gynostemma pentaphyllum
(Thunb.) Markino [J]. Carbohydrate Poly-
mers, 127: 209-214.

Li Y, Huang J, Lin W, et al., 2016. In vitro anti-
cancer activity of a nonpolar fraction from Gynos-
temma pentaphyllum (Thunb.) Makino[J]. Ev-
idence-Based Complementary and Alternative
Medicine.

Lin C C, Huang P C, Lin J M, 2000. Antioxidant
and hepatoprotective effects of Anoectochilus for-

mosanus and *Gynostemma pentaphyllum* [J]. The American journal of Chinese medicine, 28 (1): 87-96.

Liou C J, Huang W C, Kuo M L,et al,2010. Long-term oral administration of *Gynostemma pentaphyllum* extract attenuates airway inflammation and Th2 cell activities in ovalbumin-sensitized mice[J]. Food and Chemical Toxicology, 48 (10): 2592-2598.

Liu J, Zhang L, Ren Y,et al,2014. Anticancer and immunoregulatory activity of *Gynostemma pentaphyllum* polysaccharides in H22 tumor-bearing mice [J]. International journal of biological macromolecules, 69: 1-4.

Liu Z L, Xie L Z, Zhu J,et al,2013. Herbal medicines for fatty liver diseases[J]. Cochrane Database of Systematic Reviews, (8).

Lokman E F, Gu H F, Wan Mohamud W N, 2015. Evaluation of antidiabetic effects of the traditional medicinal plant *Gynostemma pentaphyllum* and the possible mechanisms of insulin release. Evidence - Based Complementary and Alternative Medicine.

Megalli S, Davies N M, Roufogalis B D, 2006. Anti-hyperlipidemic and hypoglycemic effects of *Gynostemma pentaphyllum* in the Zucker fatty rat [J]. J. Pharm. Pharm. Sci, 9(3): 281-291.

Purmova J, Opletal L, 1995. Phytotherapeutic aspects of diseases of the cardiovascular system. 5. Saponins and possibilities of their use in prevention and therapy [J]. Ceska a Slovenska Farmacie: Casopis Ceske Farmaceuticke Spolecnosti a Slovenske Farmaceuticke Spolecnosti, 44 (5): 246-251.

Quan Y, Qian M Z, 2010. Effect and mechanism of gypenoside on the inflammatory molecular expression in high-fat induced atherosclerosis rats [J]. Chinese Journal of Integrated Traditional and Western Medicine,30(4): 403-406.

Schild L, Cotte T, Keilhoff G, 2012. Preconditioning of brain slices against hypoxia induced injury by a *Gynostemma pentaphyllum* extract-stimulation of anti-oxidative enzyme expression[J]. Phyto-

medicine, 19(8/9): 812-818.

Shi L, Lu F, Zhao H,et al, 2012. Two new triterpene saponins from *Gynostemma pentaphyllum*. Journal of Asian natural products research, 14 (9): 856-861.

Shin K S, Zhao T T, Choi H S,et al, 2014. Effects of gypenosides on anxiety disorders in MPTP-lesioned mouse model of Parkinson's disease. Brain research, 1567: 57-65.

Tanner M A, Bu X, Steimle J A, 1999. The direct release of nitric oxide by gypenosides derived from the herb *Gynostemma pentaphyllum* [J]. Nitric oxide, 3(5): 359-365.

Tsui K C, Chiang T H, Wang J S,et al, 2014. Flavonoids from *Gynostemma pentaphyllum* exhibit differential induction of cell cycle arrest in H460 and A549 cancer cells [J]. Molecules, 19 (11): 17663-17681.

Wu P K, Liu X, Hsiao W W, 2008. The assessment of anti-cancer activities and saponin profiles of *Gynostemma pentaphyllum* saponins obtained from different regions of China[J]. Journal of Biotechnology(136): S85.

Yan H, Wang X, Niu J,Wang Y, et al, 2014. Anti-cancer effect and the underlying mechanisms of gypenosides on human colorectal cancer SW-480 cells[J]. PloS One,9(4): e95609.

Yan H, Wang X, Wang Y, 2014. Antiproliferation and anti-migration induced by gypenosides in human colon cancer SW620 and esophageal cancer Eca-109 cells[J]. Human & experimental toxicology, 33(5): 522-533.

Yang F, Shi H, Zhang X,et al, 2013. Two new saponins from tetraploid jiaogulan (*Gynostemma pentaphyllum*), and their anti-inflammatory and α-glucosidase inhibitory activities [J]. Food chemistry, 141(4): 3606-3613.

Yin F, Hu L, Lou F,et al, 2004. Dammarane-type glycosides from *Gynostemma pentaphyllum*[J]. Journal of natural products, 67(6): 942-952.

Yu H, Guan Q, Guo L,et al,2016. Gypenosides alleviate myocardial ischemia - reperfusion injury via attenuation of oxidative stress and preservation of mitochondrial function in rat heart［J］. Cell Stress and Chaperones, 21(3): 429-437.

Yuan Z Y, Xie M Z, Huang H Y, 2019. Advances in the chemical constituents and pharmacological studies of *Gynostemma pentaphyllum*［J］. Asia-Pac. Tradit. Med, 15: 190-197.

Zhao J, Ming Y, Wan Q, et al, 2014. Gypenoside attenuates hepatic ischemia/reperfusion injury in mice via anti-oxidative and anti-apoptotic bio-activities［J］. Experimental and therapeutic medicine, 7(5): 1388-1392.

Zhao T T, Shin K S, Choi H S, et al, 2015. Ameliorating effects of gypenosides on chronic stress-induced anxiety disorders in mice［J］. BMC Complementary and Alternative Medicine, 15 (1): 1-10.

脱水处理对草豆蔻种子萌发的影响
Effect of Dehydration on *Alpinia katsumadae* Hayata Seed Germination

朱艳霞　黄燕芬　彭玉德*

(广西药用植物园,广西药用资源保护与遗传改良重点实验室,广西壮族自治区中药资源智慧创制工程研究中心,广西南宁,530023)

ZHU Yanxia，HUANG Yanfen　PENG Yude

(*Guangxi Key Laboratory of Medicinal Resources Protection and Genetic Improvement*, *Guangxi Engineering Research Center of TCM Resource Intelligent Creation*, *Guangxi Botanical Garden of Medicinal Plants*, *Nanning*, 530023, *Guangxi*, *China*)

摘要:以新鲜草豆蔻种子为材料,研究适宜萌发温度,并采用硅胶及饱和氯化钠溶液进行干燥处理,研究不同脱水速度对种子萌发的影响。结果表明:①新鲜草豆蔻种子含水量23.01%,适宜发芽温度为25℃,初始萌发时间为第16d,萌芽率53.33%。②采用硅胶对种子进行快速脱水处理,处理9h后(种子含水量由23.01%降至16.22%),种子萌发率和发芽势分别稳定在51.00%~54.00%和34.33%~41.67%;处理96h后(种子含水量5.47%),种子萌发率和发芽势显著下降至22.67%和13.00%。③采用饱和氯化钠溶液对种子进行缓慢脱水处理20d,种子含水量从23.01%降至15.54%,种子萌发率和发芽势分别稳定在49.33%~56.67%和33.33%~38.67%。草豆蔻种子耐脱水,脱水速度对草豆蔻种子萌发无显著影响,种子含水量是影响萌发的关键因素。

关键词:草豆蔻;萌发率;快速脱水;缓慢脱水

Abstract:Fresh *Alpinia katsumadae* seeds were used as materials to study the appropriate temperature for seed germination. Then the seeds were dried with silica gel and saturated sodium chloride solution to study the effects of dehydration rates on seed germination at appropriate temperature. The results showed that：①The water content of fresh seeds was 23.01%, the suitable germination temperature was 25℃, the first germination time was 16 days, and the germination rate was 53.33%. ②The seeds were dehydrated rapidly by silica gel, after 9 hours of treatment (the water content of seeds decreased from 23.01% to 16.22%), the germination rate and germination potential of seeds were stable at 51.00% ~ 54.00% and 34.33% ~ 41.67%. After 96 hours of treatment (5.47% seed moisture content), the germination rate and germination potential of seeds decreased significantly to 22.67% and 13.00%. ③Fresh seeds were slowly dehydrated with saturated sodium chloride solution for 20 days. The seed moisture content decreased from 23.01% to 15.54%. The germination rate and

基金项目:科技部对发展中国家援助项目(KY201904001),广西重点实验室运行补助项目(22-035-34)。

作者简介:朱艳霞(1986.6—),女,高级工程师,主要从事药用植物种子生物学研究,Tel:15078826812,E-mail:zyx.1002@163.com。

通讯作者:彭玉德(1980.12—),男,高级工程师,主要从事药用植物资源与保育研究,Tel:15977469975,E-mail:pengyude@126.com。

germination potential of seeds did not change significantly, and were stable in the range of 49.33% ~ 56.67% and 33.33% ~ 38.67%. *Alpinia katsumadae* seed is resistant to dehydration, the dehydration rate had no significant effect on the germination and the water content of seeds was the key factor affecting the germination.

Keywords: *Alpinia katsumadae*; Germination percentage; Rapid dehydration; Slow dehydration

草豆蔻(*Alpinia katsumadae* Hayata)为姜科山姜属植物,主要分布于我国广东、广西、海南等地,以其干燥成熟种子入药,具有燥湿行气、温中止呕的功效,用于治疗寒湿内阻,脘腹胀满冷痛,嗳气呕逆,不思饮食(国家药典委员会,2020;国家中医药管理局《中华本草》编委会,1999)。草豆蔻药用历史悠久,始载于《名医别录》,现代研究表明,草豆蔻中主要含挥发油、黄酮、二苯庚烷、萜类及多糖类成分,具有保护胃黏膜、抗胃溃疡、促胃肠动力、止呕、抗炎、抑菌、抗氧化、抗肿瘤等药理作用(谢鹏等,2017),临床应用十分广泛。目前,过度采挖造成草豆蔻野生资源匮乏,为了保护生态并满足供需矛盾,亟须开展人工栽培技术的研究。

高活力的草豆蔻种子是人工繁育的基础,而种子活力由遗传因素、种子发育期间的环境条件及种子贮藏条件等决定(孙群等,2007),种子含水量和贮藏温度又是影响种子在贮藏期间生活力和活力保持的关键因素(汪晓峰等,2001)。大量研究表明,不同脱水方式和脱水速率对种子活力有显著影响(杨佩儒等,2021;马金星等,2016;刘凡等,2018;陈志欣等,2012),因此要根据种子自身的生物学特性来确定适宜的贮藏含水量及脱水速率。本研究以新鲜草豆蔻种子为材料,研究种子发芽适宜温度,在此基础上探讨不同脱水速度及种子含水量对其种子萌发影响,以期为种子合理保存和质量检测提供理论依据。

1 材料和方法

1.1 材料

草豆蔻种子2021年7月30日采收自广西药用植物园内,当天去除果壳,洗净,室温下摊晾24h,测得初始含水量为23.01%,千粒重为17.42g。

1.2 方法

1.2.1 不同温度下种子发芽测定

随机取100粒种子,播于18cm×6cm的发芽盒内,发芽床为湿润的珍珠岩,发芽温度分别为10℃、15℃、20℃、25℃、30℃、35℃恒温条件,以及10/20℃、15/25℃、20/30℃昼夜变温,光照时长均为12h/d,每个温度设3次重复。胚根伸出种皮2mm为萌发标准,发芽记录持续60d。

1.2.2 快速脱水

取新鲜种子20g装入小网袋内,埋于干燥器内,干燥器内装硅胶3000g。脱水时间设置1、3、6、9、12、15、18、21、24、30、48、72、96h等13个处理,以不脱水处理的种子为对照。

1.2.3 慢速脱水

取新鲜种子20g装入小网袋内,分散摊开于干燥器内,干燥器内装饱和氯化钠溶液1L。脱水时间设置2、4、6、8、10、12、14、16、18、20d等10个处理,以不脱水处理的种子为对照。

1.2.4 脱水种子的发芽指标测定

随机取100粒种子,播于18cm×6cm的发芽盒内,发芽床为湿润的珍珠岩,设3次重复。培养温度条件为25℃恒温、光照时长为12h/d。胚根伸出种皮2mm为萌发标准,发芽记录持续 60d。

1.2.5　种子含水量测定

参照农作物种子检验规程水分测定 GB/T 3543.6-1995 的规定,将 5g 左右的种子置于(103±2℃)烘箱内干燥 17h,称量干燥前后种子的重量,按公式计算含水量。每份种子 3 个重复。

1.2.6　数据处理

萌发率(%)= 100×(60d 累计发芽种子数/供试种子总数)

发芽势(%)= 100×(35d 累计发芽种子数/供试种子总数)

含水量(%)= 100×(干燥前种子重量−干燥后种子重量)÷干燥前种子重量

用 Microsoft office、OriginPro 2018 和 SPSS 23 软件进行数据处理分析。

2　结果与分析

2.1　不同温度对草豆蔻种子萌发的影响

由表 1 可见,10℃、15℃、20℃、25℃、30℃、35℃ 恒温条件,以及 10/20℃、15/25℃、20/30℃昼夜变温条件下草豆蔻种子的发芽情况。结果可见,10℃和 35℃条件下,草豆蔻种子未见萌发;在 15℃～30℃条件下草豆蔻种子均能发芽,萌发率随温度的升高呈先升后降的趋势,当温度为 25℃恒温时,发芽效果最佳,萌发率、发芽势最高且发芽速度快,其发芽势为 39%,萌发率为 53%,第 16d 开始萌发,第 45d 发芽结束。

表1　不同温度下草豆蔻种子发芽情况
Table 1　*Alpinia katsumadae* seed germination at different temperatures

发芽温度 Germination temperature	发芽势/% Germination potential	萌发率/% Germination rate %	发芽起始时间/d Germination start time d	发芽结束时间/d Germination end time
10℃	0±0e	0±0f	—	60
15℃	0±0e	1.33±0.33f	35	60
20℃	25.00±2.31b	32.00±2.00d	20	50
25℃	38.67±2.03a	53.33±2.40a	16	45
30℃	17.67±2.67c	23.33±0.88e	20	42
35℃	0±0e	0±0f	—	60
10/20℃	8.00±1.15d	19.33±1.20e	29	55
15/25℃	34.67±1.45a	44.33±2.33b	17	47
20/30℃	25.00±1.15b	39.00±1.73c	19	48

注:表中同列不同小写字母代表各处理间在 0.05 水平上差异显著,下同。

Note: different lowercase letters in the same column in the table represent significant differences between treatments at the level of 0.05, the same below.

2.2　不同脱水方式对草豆蔻种子萌发的影响

2.2.1　快速脱水对草豆蔻种子萌发的影响

由图 1 可见,初始含水量为 23.01%的草豆蔻种子,在硅胶快速脱水过程中含水量随脱水时间的变化符合指数方程 $y = 4.04 + 10.25 \cdot e^{-x/8.57} + 10.34 \cdot e^{-x/49.09}$,$R^2 = 0.998$。在脱水初期(0~30h 内),含水量下降速度较快,从 23.01%下降至 10.09%;到脱水后期(30~96h 内),含水量下降速度变缓,并逐渐趋于平稳,脱水处理 96h 后含水量降为 5.47%。

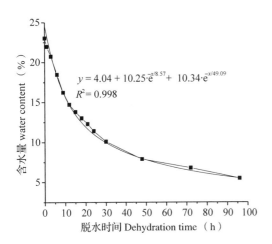

低,种子发芽势和萌发率呈逐渐降低的趋势。鲜种子(对照)含水量为 23.01%,其发芽势和萌发率分别为 38.67%、53.33%;种子轻度脱水后(硅胶处理 0~9h),含水量从 23.01% 降至 16.22%,发芽情况与鲜种子相比未见明显变化,发芽势和萌发率分别处于 34.33%~41.67% 和 51.00%~54.00% 范围内;当种子中度脱水后(硅胶处理 15~24h),含水量降至 11.41%~13.80%,萌发率与鲜种子相比仍未见明显变化,为 46.67%~49.33%,发芽势与鲜种子相比则显著降低至 26.33%~29.33%;当种子重度脱水后(硅胶处理 48~96h),含水量降至 5.47%~7.89%,与鲜种子相比发芽势和萌发率均显著下降,其发芽势仅为 13.00%~23.33%,萌发率仅为 22.00%~27.67%。

图1　草豆蔻种子快速脱水速率曲线

Fig. 1　rapid dehydration rate curve of seeds

　　由图 2 可见,利用硅胶对草豆蔻种子进行快速脱水,随着种子含水量的逐渐降

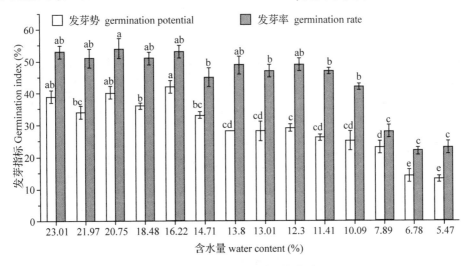

图2　快速脱水草豆蔻种子发芽情况

Fig. 2　germination of rapidly dehydrated seeds

2.2.2　慢速脱水对草豆蔻种子萌发的影响

　　由图 3 可见,初始含水量为 23.01% 的草豆蔻种子,在饱和氯化钠溶液缓慢脱水过程中含水量随脱水时间的变化符合指数方程 $y = 15.56 + 6.76 \cdot e^{-x/3.39} + 5.68 \cdot e^{-x/3.39}$, $R^2 = 0.958$。在脱水初期(0~6d 内)

内),含水量下降速度较快,从 23.01% 下降至 17.46%;到脱水后期(6~20d 内),含水量下降速度变缓,并逐渐趋于平稳,脱水处理 20d 后种子含水量降为 15.51%。

　　由图 4 可见,草豆蔻新鲜种子(对照)含水量为 23.01%,其发芽势和萌发率分别为 38.67% 和 53.33%;利用饱和氯化钠溶

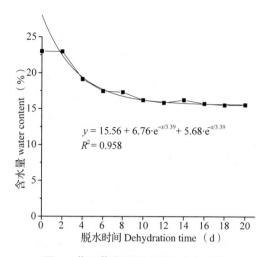

$y = 15.56 + 6.76 \cdot e^{-x/3.39} + 5.68 \cdot e^{-x/3.39}$
$R^2 = 0.958$

图3 草豆蔻种子慢速脱水速率曲线
Fig. 3 slow dehydration rate curve of seeds

液对种子进行脱水,20d 后种子含水量从 23.01% 逐渐降至 15.51%,随着种子含水量的逐渐降低,种子的萌发率与对照无显著差异,均在 49%~57% 范围内,在发芽势方面,19.14% 含水量时显著低于对照,其他含水量与对照无显著差异。其中以含水量 19.14% 的种子发芽势和萌发率最低,分别为 33.33% 和 49.33%;以含水量 15.71% 的种子发芽势和萌发率最高,分别为 37.67% 和 56.67%。

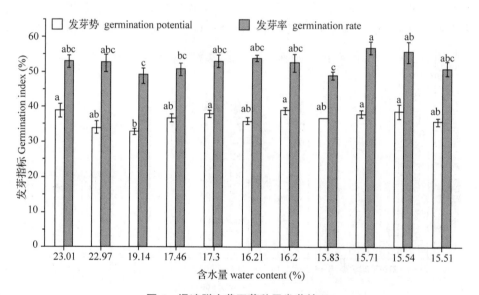

图4 慢速脱水草豆蔻种子发芽情况
Fig. 4 germination of slowly dehydrated seeds

3 讨论

适宜的温度是种子萌发必须的条件之一,不同的植物种子萌发对温度的要求不同,这与植物自身的生长发育习性及长期所处的生态环境有关。前人研究得出主要分布于我国广东、广西、海南等地的姜科药用植物草果(*Amomum tsaoko*)的发芽适宜温度为 30℃/20℃ 变温(宋美芳等,2019)、益智(*Alpinia oxyphylla*)的发芽适宜温度为 30℃ 恒温(梁鹏等,2020)、砂仁(*Amomum villosum*)的发芽适宜温度为 30℃/20℃ 变温(张丽霞等,2011)。本研究结果表明,草豆蔻种子发芽适宜温度为 25℃ 恒温,属于高温萌发型种子,这一萌发特性与其他分布于热带和亚热带区域的姜科植物种子类似。

根据种子的贮藏行为的不同可将种子分成三类:正常型种子、顽拗型种子和中间型种子。其中正常型种子在成熟时已经完成脱水过程,脱离母株时具有较低的含水量,且在较低的含水量下也可正常萌发(Roberts,1973;Ellis et al.,1990)。草豆蔻果实成熟时种子的含水量较低,为23.01%;当种子含水量仅为5.47%时,其萌发率仍可达到23%,说明草豆蔻属于正常型种子,在贮藏时适当干燥处理可以显著提高种子抗老化能力和耐藏性。

种子脱水涉及一个复杂的生理生化过程,如细胞内脱分化、代谢关闭、抗氧化系统活性增强、渗透保护物质含量增加等(宋松泉等,2003)。种子脱水耐性与脱水速率有关,本研究得出,以快速脱水方式处理9h,种子含水量由23.01%降至16.22%,发芽率为53.33%;或以慢速脱水方式处理10d,种子含水量由23.01%降至16.21%,

发芽率为54.33%,两者均与鲜种子无显著差异。即采用不同脱水方式获取相同含水量的草豆蔻种子,其萌发率相近,推断脱水速度对草豆蔻种子萌发无影响,种子含水量是影响萌发的关键因素。此结果与前人研究得出的干燥速率对水稻、玉米种子生活力无显著影响(胡承莲等,1999;胡伟民等,2002)的结论相同。

本研究中使用快速脱水方式处理96h,草豆蔻种子含水量由23.01%下降至5.47%,种子含水量以10.09%为转折点,高于此含水量的种子,发芽情况与新鲜种子相近,低于此含水量的种子,萌发率和发芽势显著降低。说明种子含水量是影响草豆蔻种子萌发的关键因素之一,当含水量低于10.09%时,种子活力明显降低。本研究中含水量5.47%的草豆蔻种子,萌发率为23%,说明种子含水量还尚未达到死亡临界点,关于种子含水量的死亡临界点还有待进一步研究。

参考文献

GB/T 3543.6-1995,农作物种子检验规程 水分测定[S].北京:中国标准出版社.

陈志欣,包云秀,郑丽,等,2012.不同脱水速率对"勐海大叶茶"种子脱水敏感性与抗氧化酶活性的影响[J].云南农业大学学报,27(2):241-247.

国家药典委员会,2020.中华人民共和国药典[M].北京:中国医药科技出版社:249.

国家中医药管理局《中华本草》编委会,1999.中华本草:第八册[M].上海:上海科学技术出版社:7748.

胡承莲,胡小荣,辛萍萍,1999.超干燥水稻种子贮藏研究[J].种子(2):18-21.

胡伟民,段宪明,阮松林,2002.超干水分长期贮藏对玉米、西瓜种子生活力和活力的影响[J].浙江大学学报(农业与生命科学版),28(1):37-41.

梁鹏,王剑瑞,崔大方,2020.三种源地益智种子贮藏与萌发特性[J].亚热带植物科学,49(5):363-368.

刘凡,徐永莉,闫志刚,等,2018.不同脱水方法和含水量对青蒿种子发芽的影响[J].湖北农业科学,57(1):62-64.

马金星,屠德鹏,寇建村,等,2016.干燥温度对禾本科牧草种子脱水速率和萌发率的影响[J].中国草地学报,38(5):53-58.

宋美芳,唐德英,李宜航,等,2019.草果种子萌发特性研究[J].中国农学通报,35(5):70-74.

宋松泉,龙春林,殷寿华,等,2003.种子的脱水行为及其分子机制[J].云南植物研究,25(4):465-479.

孙群,王建华,孙宝启,2007.种子活力的生理和遗传机理研究进展[J].中国农业科学,40(1):48-53.

汪晓峰,景新明,郑光华,2001.含水量对种子贮藏寿命的影响[J].植物学报,43(6):551-557.

谢鹏,秦华珍,谭喜梅,等,2017.草豆蔻化学成分

和药理作用研究进展[J]. 辽宁中医药大学
　学报, 19(3):60-63.
杨佩儒,文彬,赵烛芳,2021. 脱水速率和降温速率
　对葡萄柚种子超低温保存的影响[J]. 亚热
　带植物科学,50(1):9-14.
张丽霞,李学兰,唐德英,等,2011. 阳春砂仁种子
　质量检验方法的研究[J]. 中国中药杂志,26
　(22):3086-3090.

Ellis R H, Hong T D, Roberts E H, 1990. An inter-
　mediate category of seed storage behavior? Ⅰ.
　Coffee [J]. Journal of Experimental Botany,
　41:1167-1174.
Roberts E H, 1973. Predicting the storage life of
　seeds [J]. Seed Science and Technology, 1:
　499-514.

"双减"背景下植物园如何开展科普活动
——石家庄市植物园的积极探索

How to Carry out Science Popularization Activities in Botanical Gardens under the Background of "Double Reduction"
——An Active Exploration of Shijiazhuang Botanical Garden

张琛　胡文芳　刘子朋

（石家庄市植物园，河北石家庄，050073）

ZHANG Chen　HU Wenfang　LIU Zipeng

（1. *Shijiazhuang Botanical Garden，Shijiazhuang，050073，Hebei，China*）

摘要：政府出台"双减"政策后，植物园如何与学校教育相结合发挥公众教育职能是植物园科普工作的热点问题，本文以石家庄植物园为例，从科普课程、自助科普和科普进校园三个方面阐述了在"双减"背景下，科普工作一些新的探索和实践。

关键词：双减；科普；植物园

Abstract：After the government published the "double reduction" policy，how to combine the science popularization activities in the botanical garden with school education and improve public education service has become a hot issue in the science popularization work of the botanical garden．This article takes Shijiazhuang Botanical Garden as an example to expound on the new exploration of science popularization work from 3 aspects，including science popularization courses，self-service science popularization，and science popularization on campus．

Keywords：Double reduction；Science popularization；Botanical garden

　　"双减"政策之后，素质教育、素养教育受到社会及家长的广泛重视。中国素质教育的目标是通过科学而系统的教育方式，实现学生核心素养的提升，强调道德素质、能力培养、个性发展提升，尊重孩子的天性、主动性和创造性，注重开发青少年个性化、全方位的素质潜能。素质教育以多样化的发展方向，在思维、语言、艺术、户外、社会化素养等方面提供差异化培训，促进孩子兴趣的培养和综合发展（上海艾瑞市场咨询有限公司，2021）。

　　在"双减"背景下，植物园如何开展青少年实践活动？植物园资源如何与学校教育有机衔接？植物园用什么教育活动和方式来培养学生的科学思维？这是诸多植物园科普工作者与学校教师关心的问题。研究如何将植物园作为"校外第二课堂"，如何激发学生对大自然的好奇心和探索身边自然世界的兴趣，培养创新思维、自然情怀、审美品位和积极健康的情感体验都具有推动作用。

　　石家庄植物园作为"全国科普教育基地"和"河北省研学基地"，是开展青少年科普教育的窗口单位，一直致力于开展青少年科普教育活动。为提升新形势下科普效果，石家庄植物园努力创新工作思路，在科普形式和内容上进行了一系列的尝试和探索。

1 科普课程

石家庄植物园在周末推出了植物科普课堂,课程从通俗趣味的角度选取主题和内容来迎合青少年的心理。课程受众为6~14岁的青少年,课程时长90分钟,形式以讲座、参观、互动游戏、手工体验、实验观察等几种方式结合进行,在保证科学性的前提下,提高课程的趣味性和艺术性,寓教于乐。目前已经开发的课程见表1。

表1 科普课程一览表

Table 1 A list of science popularization courses

序号 No.	课程名称 Course	目标 Subject	主要内容 Content	形式 Form
1	蕨妙世界	认识和了解蕨类植物,思考蕨类植物的繁殖方式	介绍蕨类植物的特点、作用和与人类的关系,欣赏蕨类植物压花艺术作品;观察蕨类植物的叶片及孢子传播特点;观察卷柏"起死回生"现象;学习制作一个蕨类叶片书签	讲座+实验+手工
2	雨林奇观	认识和了解热带雨林,思考如何保护雨林	介绍热带雨林的分布、特点和现状;参观热带温室并认识雨林奇观:独木成林、大板根、老茎生花、空中花园、滴水叶尖等;制作一幅热带风情植物剪贴画	讲座+参观+手工
3	吃荤的植物	认识和了解食虫植物的分类、习性、捕食特点,思考食虫植物进化的原因	介绍食虫植物的相关知识;参观认识食虫植物:捕蝇草(观察捕蝇夹的结构,体验如何触发夹子关闭)、猪笼草(观察瓶子结构)、茅膏菜(观察叶片腺点分泌的黏液,用手触摸黏液感受黏性);学习制作黏土扑蝇草	讲座+参观+手工
4	五树六花的故事	认识佛教植物,思考植物与宗教文化的关系	介绍五树六花植物特点、作用和与人类的关系等;参观热带温室并观察佛教相关的植物;学习制作一个菩提手串	讲座+参观+手工
5	生命之树——棕榈植物	学习和了解棕榈类植物的知识,思考开发棕榈经济与保护雨林的矛盾问题	介绍棕榈植物特点、作用和与人类的关系;参观并观察热带温室棕榈植物;学习用棕榈叶编制昆虫	讲座+参观+手工
6	兰花——女神or女骗子	认识和了解兰科植物的知识,探究兰花传粉的奥秘,思考兰花的繁殖方式	介绍兰花的分类、习性、传粉特点和一些奇特的兰花植物;观察一朵兰花的结构;利用彩色卡纸制作一朵蝴蝶兰	讲座+参观+手工
7	植物的智慧	学习和了解植物在逆境条件下如何生存,植物的自我防御,思考植物与动物、昆虫之间的关系	介绍植物界中种种神奇的现象、动植物之间错综复杂的关系,植物在种子传播、传粉、自我防御等方面的有趣故事;参观热带温室,观察榕树的绞杀现象、西番莲的拟态、卷柏的起死回生、瓶子树的储水、箭毒木的致命武器等等;学习做自然笔记	讲座+参观+观察

序号 No.	课程名称 Course	目标 Subject	主要内容 Content	形式 Form
8	植物模仿秀	学习和了解植物拟态知识,引导学生观察身边的植物并思考植物进化的奥秘	介绍关于大自然中植物模仿的故事,区分哪些是人类的想象,哪些是植物的拟态;参观热带植物温室,寻找正在模仿的植物;制作一幅树叶画	讲座+参观+手工
9	种子的奥秘	学习和了解种子的结构、萌发条件、传播方式、自我保护及一些特殊的种子,观察身边的植物种子都是如何传播的	介绍种子的特点;利用显微镜观察种子的结构;观察各类种子标本;欣赏种子艺术作品;种子萌发实验;利用银杏果制作胸针	讲座+实验+手工
10	奇妙的叶子	学习和了解叶片的结构,探究叶色及香味形成的奥秘,学习如何去观察一片叶子	介绍叶片的特点;利用显微镜观察叶片的结构;观察一些特殊叶片的特点,如荷叶;观看叶子动画片;用各色叶片制作拓印手绢	讲座+实验+手工
11	植物宝宝成长记	学习和了解植物组培的知识,思考如何建立植物工厂	介绍植物组培的定义、步骤、意义和应用前景;参观组培实验室,体验称量药品、配制培养基、分装培养基以及接种等操作;学习制作一个植物宝宝	讲座+参观+实践
12	保护古树,传承历史文明	学习和了解古树保护的意义以及一些著名的古树,思考古树带给人类的价值	介绍古树保护的意义和国内外一些著名的古树以及古树面临的生存困境,介绍石家庄植物园作为古树保护中心的工作以及古树基因库的建立;参观京津冀古树名木种质资源展示园;学习如何扦插	讲座+参观+实践

这些课程不是系统的植物学课程,而是基于不同专题进行的植物科普课程,相互之间没有连续性,学生可根据兴趣报名参加。这些课程在科学性的基础上兼具趣味性和艺术性,每次课程会涉及一些基本的植物学概念和专业词汇,一般为5~8个,此部分确保其准确性及科学性。同时增加一些有趣的植物实例和故事,以便于学生理解,引起学生的兴趣,启发其好奇心。课程的艺术性体现在手工制作部分,通过欣赏植物主题的艺术作品,同时在教师的指导下完成一件自己创意的手工品,启发学生发现自然之美,领悟自然真谛。

2 自助科普

石家庄植物园在举办植物科普课堂的同时,在游客自助科普上也进行了探索,提升了热带植物温室的自助科普功能。传统的自助科普以展板、宣传栏、标牌为主,近年来许多植物园增加了线上科普功能,包括电子地图、语音导览等智慧导览系统。石家庄植物园也开发了一套包含热带温室导览、科普答题和拍照识花的线上科普系统,可通过石家庄植物园公众号接入系统进行线上科普,并在此基础上又开发了科普手册,形成了一套完整的自助科普系统。

学生根据年龄选择对应阶段的科普手册，通过线上科普系统在热带温室内进行研究，寻找线索来完成手册上的任务。

　　由牌示、线上科普及科普手册组成的自助科普系统，可用于学校、团队、家庭等在没有科普教师的条件下进行科普活动，教师和家长可带领学生完成手册上的任务，手册配有答案，可保证知识的准确性。整个系统是一堂设计好的科普课，简单易行，方便团体和家庭操作，大大提高了科普效率和受众面。

3　科普进校园

　　石家庄市植物园历年来开展了多场科普进校园的活动，包括进行科普讲座、发放宣传手册、举办展览等。以往科普进校园以讲座为主，配合讲座进行一些实验展示和手工体验，科普效率高但深度不够，以启发性的科普宣传为主，因此我们也开始尝试一些新的科普进校园形式。例如，2021年举办的"萤火生态花园"是以"有机农场主"为主题的研学项目。在学校中选出30名学生作为小小农场主代表本班参加研学活动。从种植观察到维护管理，从市场调查到利润分析，从包装设计到理念推广，全方位体验农场主的艰辛和乐趣。整个过程为期2个月，学生们从选择蔬菜的品种开始，到最终卖出种好的菜品，完整地体验了从种植到销售的全过程。该活动较以往的进校园活动加深了学生的体验感和获得感，但是受限于条件，参与的广度较低，时间和成本较高。

4　思考与展望

　　"双减"之前，我们面对青少年的科普活动更多是以科学普及为主，注重知识的传播；"双减"之后，基于素质教育的需求，科学教育将成为青少年科普之中不可或缺的一部分，在科普活动中培养科学思维和理解科学精神，特别是激发青少年对于科学的好奇心和兴趣更为重要。《全民科学素质行动规划纲要(2021—2035)》提出，公民应具备科学素质是指崇尚科学精神，树立科学思想，掌握基本科学方法，了解必要科技知识，并具有应用其分析判断事物和解决实际问题的能力。2020年9月，习近平总书记在科学家座谈会上的讲话指出："好奇心是人的天性，对科学兴趣的引导和培养要从娃娃抓起，使他们更多了解科学知识，掌握科学方法，形成一大批具备科学家潜质的青少年群体。"(习近平，2020)建构主义学习理论认为，知识不是被传播而是被主动建构的(何克抗，1998)，我们在设计和实施青少年科普活动时，要注重引导学生主动去学习和了解知识，启发他们的科学兴趣，而不是简单的知识传播。因此，现在青少年科普活动除了具备科普需要遵循的科学性、准确性和趣味性(武向平，2022)以外，还应该具有启发性。例如，在设计科普课程时，都会有知识问答环节，尤其是会设计一些开放性的问题留给大家课下思考，引导学生去查阅更多的资料，去仔细观察各类自然现象，去探究世界。按照这个思路我们在科普课程、自助科普和科普进校园中进行了初步的尝试，取得了一定成效，但同时也存在一些问题和提升空间。

　　一是要加强与学校的联动。"双减"之后，学校各类兴趣小组将更加活跃，从学生不同的兴趣出发而进行的科普活动，更有针对性和深度，因此植物园与学校兴趣小组结合进行专题类的科普项目将是未来进校园活动的一个趋势。二是要提升植物园科普工作人员的能力。科普工作人员除了具备相关领域专业知识外，还要学习教育理论与方法，从转变科普理念、提升科普技能入手，将科普工作向科普教育工作转变。三是要拓宽科普活动受众面。除了面向青少年开展科普活动外,同时举办校园科学教师培训活动,例如为教师提供"植物分类及实习""组培技术及应用""植物调查及标本制作""植物栽培与繁殖"等专业培训服务。四是要注意科普活动的深度和广度。既要举办以宣传科普知识为目的的基础性科普活动,这类活动受众面广,接受度强,也要举办探究式的科研性科普活动,可在基础性科普活动中发掘对植物科学具有浓厚兴趣的学生,组成植物园粉丝团,开展更具系统性、连续性、科研性的科普活动。五是要利用植物园自身资源优势并联合学校及教育部门开发教材及教具,向学校及教育机构发放,推广相关科普课程。

总之,在"双减"背景下,社会对于传统学科教育外的研学需求迅速增加,植物园本身所带有的公众教育属性促使其与学校教育结合,共同促进学生教育体系的完善。植物园应抓住机遇,承担社会责任,发挥更大作用,为青少年教育贡献自己的力量。

参考文献

何克抗,1998. 建构主义——革新传统教学的理论基础(一)[J]. 学科教育,3:29-31.

上海艾瑞市场咨询有限公司,2021. 2021年中国素质教育行业趋势洞察报告[R]//艾瑞咨询系列研究报告:6.

武向平,2022. 浅析科学普及和科学教育中的若干问题[J]中国科技教育,3:6-7.

习近平,2020. 在科学家座谈会上的讲话[M]. 北京:人民出版社.

基于兰科植物保护研究的科普体系建设与实践
The Development and Practice of Science Education System
Based on Orchid Conservation and Research

何祖霞　陈建兵

（深圳市兰科植物保护研究中心，广东深圳，518114）

HE Zuxia　CHEN Jianbing

（*The Orchid Conservation and Research Center of Shenzhen, Shenzhen, 518114, Guangdong, China*）

摘要：植物园是植物迁地保护的主要场所，也是公众综合了解植物的主要窗口。近年来，随着社会分工的发展，特色专类植物保育园在国内外逐渐兴起。不同于国内的各大型综合性植物园，基于专类植物保护研究而建立的专类植物种质资源收集保存中心属于一类特色鲜明的专类植物园，对我国专类植物迁地保护、研究、科学普及和可持续开发利用发挥着不可替代的作用。本文以深圳兰科植物保护研究中心为例，在探讨专类植物研究中心的功能定位的基础上，重点对专类植物科普体系建设与实施进行深入探讨，以期为国内相关专类植物科学普及工作提供参考。

关键词：兰科植物；保护研究；科学普及；可持续发展；课程体系

Abstract：Botanical gardens are the key places for ex situ conservation, and also the important window for the public to comprehensively understand plants. Recently, with the development of special botanical garden, the special plant resource nurseries become flourished in China. Different from the large comprehensive botanical gardens in China, the special plant resource nurseries belong to a kind of special botanical gardens with distinctive characteristics. It plays an important role in the ex situ conservation, research, popularization and sustainable development of special plants. Taking the Orchid Conservation and Research Center of Shenzhen as an example, this paper discusses the function orientation of specialized plant research center, and focuses on the construction and implementation of specialized plant science popularization frame, in order to give reference for the science popularization in China.

Keywords：Orchid；Conservation and research；Popularization；Sustainable development；Curriculum

1　引言

2017年7月，习近平总书记致第十九届植物学大会的贺信中强调："人类对植物世界的探索从未停步，对植物的利用和保护促进了人类文明进步。"植物多样性保护、研究和可持续利用一直是我国乃至全世界共同关注的话题，植物园在推动生物

基金项目：广东省自然教育基地建设项目（SFCX21FS078）资助。

作者简介：何祖霞，女，1975年2月，高级工程师，电话：13774249878，email：hezuxia@sina.com，主要从事植物科学传播工作。

多样性迁地保护与可持续利用中发挥着关键作用。

1545年，世界上第一个现代植物园诞生于意大利的帕多瓦植物园，其最早的功能是"草药园"和"教学园"（胡永红，2020）。此后，世界各地植物园相继建立，截至目前，全世界有3300多座植物园，收集保存全球已知植物种类的1/3，我国现有约200座植物园（包括数十个特色专类植物保育园），保存了我国2/3的种类（龙春林，马克平，2017；许再富，2017）。我国正稳步推动构建中国特色、世界一流、万物和谐的国家植物园体系，逐步实现我国85%以上野生本土植物、全部重点保护野生植物种类得到迁地保护全覆盖（贺然，2022）。经过数百年的摸索和发展，全球植物园人已逐渐达成共识，植物园以科学研究、物种保护、科学普及和休闲旅游为主要职责和功能，成为野生植物种质资源保存的"诺亚方舟"，成为汇聚植物科研人才的重地，也成为公众直观了解植物多样性的重要窗口。

全球植物多样性极其丰富，其中兰科植物800余属2.75万~3万种，是被子植物中最大的类群之一。因兰科植物丰富的物种多样性、独特的观赏价值、日益发展的食药用经济价值等，得到全世界的高度关注，所有野生兰科植物均被列入《濒危野生动植物种国际贸易公约》（CITES），是植物保护中的"旗舰"类群。中国野生兰科植物极为丰富，有170余属1700余种，主要分布在西南和华南地区。2021年9月，我国公布的新版《国家重点保护野生植物名录》中，兰科植物约占重点保护物种总数的1/3。

早在2001年，国家林业和草原局就启动实施了"全国野生动植物保护及自然保护区建设工程"，将兰科植物列入了15大物种保护工程，并先后建立了广西雅长兰科植物国家级自然保护区、全国兰科植物种质资源保护中心（深圳市兰科植物保护研究中心，以下简称兰科中心），以推动野生兰科植物种质资源的保育、科学研究和科学普及工作。

作为全国先行先试的以兰科植物迁地保育研究为使命的独立法人单位和科研单位，兰科中心承担起了我国濒危兰科物种资源的收集保护、繁育复壮、调查监测、科学研究、科学传播及科研成果产业化工作，在短短十余年的时间里，建立起了全国兰科植物种质资源库、共生真菌库、花粉库、种子库、兰科植物专类标本馆、专业组培室和保育标准化温室，收集保存兰科植物1750余种，活体160多万株，2012年被列为"全国十佳植物专类园区"。下面以兰科中心的科普工作为例，重点探讨基于兰科植物保护研究的科普体系建设与实践，以期为国内专题植物科学普及体系建设提供参考。

2 兰科植物科普体系的建设思路

科普体系的建设一直是国内植物园科普工作的重点和难点，兰科植物专题的科普体系建立在专类植物保护、科研、可持续利用的基础上，是应对公众需求而产生的。国内外不少植物园、企业等先后举办了各种短期兰展及科普宣传活动，为推动公众对兰科植物的认知起到了积极的推动作用。为构建兰科植物专题的科普体系，兰科中心建立了国家兰科中心科普馆和科普教育组，编写科普书籍和手册、研发科普课程和科普产品，形成了较为完善的兰科植物专题科普教育体系，并结合兰科植物的活体展示，常年策划实施线上科普宣传和线下科普活动，一定程度上满足公众（尤其是中小学生、兰花爱好者等）的迫切需求，获得了良好的社会反响。

2.1 与植物展示相结合的科普设施建设

2017年7月，以第19届国际植物学大会在深圳举办为契机，兰科中心建成并开放国家兰科中心科普馆暨兰花自然历史博物馆(图1),从"长河拾馨""幽兰万象""揭秘兰谜"三个部分介绍了兰花种类多样性、在植物进化树中的位置、植物生活习性、多样传粉策略以及经济价值和文化价值,让市民感受兰花世界神奇奥妙的生命现象,揭开兰花之谜的重大科研成就以及国内外对兰科植物保护的积极行动和取得的成果,每年接待公众参观近万人次。结合馆内丰富多样的展示形式,公众在参观学习中可挑战完成科普学习单的问题,获得惊喜小奖品的同时也提高了认知效果。

图1　国家兰科中心科普馆暨兰花自然历史博物馆
**Fig. 1　China National Orchid Center &
Orchid Natural History Museum**

兰科中心本着开放、共享、交流、合作的理念,结合兰园内丰富的兰科植物资源保存和展示,分区域为兰园内所有收集和扩繁展示的兰科植物进行了铭牌挂牌5000余个,除了基本物种名称信息之外,铭牌还明确了物种分布、主要识别特征和应用价值。与此同时,兰园内外70余块科普展板以及形成的科普长廊进一步系统地介绍了国家重点保护兰花概况及兰文化,为开展公众自然观察活动打下了良好基础。

为方便公众辨识植物,国内先后开发了形色、花伴侣、百度识图等植物识别APP,初步满足了公众识别常见植物的需求。由于兰科植物种类多样性和稀有性,

国内缺少大量的图文数据用于兰科植物识别APP的开发。因此,兰科中心正着力于兰谷云平台的建设,为我国兰科植物的保护研究和科学普及搭建更好的公共平台。

2.2　与植物研学相结合的科普课程开发

"兰生幽谷,不以无人而不芳"。兰科植物具有深厚的文化底蕴,其野生分布生境广泛,种类十分多样,花色艳丽多彩,而且植物形态极其特化,处于植物进化树的顶端,是探究植物对环境适应、植物与人类关系的典型类群。目前,国内外对兰科植物的研究性书籍和论文很多,专业性较强,大多难以直接为公众理解。另外,兰科植物的科学普及资料较为零散,面对走马观花式的泛泛讲解,公众缺少系统认知和参与感,无法静心仔细观察和了解兰科植物的方方面面,也就无法满足公众对兰科植物的浓厚兴趣。

结合兰科植物常年展览展示及科研科普人才的优势资源,兰科中心努力在专业研究人员和普通公众之间搭建沟通的桥梁,把深奥难懂的科学术语、进化理念、古诗词文等转变为通俗易懂的语言。同时,还采用以PBL教学法和流水学习法(约瑟夫·克奈尔,2013)等教育方法,策划兰科植物专题系列科普课程资源包,逐渐形成特色鲜明的兰科植物科普课程体系(图2)。

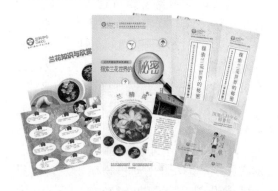

图2　《探索兰花世界的秘密》系列科普课程资源
**Fig. 2　*Exploring the secret of the Orchid*
*curriculum resources***

该兰花专题系列课程分为"兰花生存策略""兰花多样性与赏析""兰花种植与养护""兰花与生活"四个部分。每一个主题又分为多个专题，比如"兰花生存策略"系列中包含了"兰花王国初探""兰花生长习性""种子密码""兰菌共生""兰花谎言"等专题学习内容；"兰花多样性与赏析"系列包含了"趣味兰花""兰花色彩""国宝之谜""国兰鉴赏""国花兰花"等内容；"兰花种植与养护"系列包含了"种子培养""组织培养""家庭养兰""病虫害防治"等内容；"兰花与生活"则包含"兰文化""食兰""药兰""嗅兰""兰花作品DIY"等内容，介绍植物科学知识，探讨植物文化内涵，传播环境保护理念。每一专题课程时长1.5～2h，根据不同年龄人群的身心特点实施，融入趣味游戏、五感体验、任务挑战等多种形式，内容系统全面，科学性趣味性兼备，且互动体验性强，活动执行具有较强灵活性，2021年被评为广东省优秀自然教育课程。

2.3 与植物保护行动相结合的科普宣传

植物是有生命、会呼吸的生物体。植物与植物、植物与动物、植物与生态环境之间存在着千丝万缕的关系，人们需要透过表面现象发现自然发展的基本规律（何祖霞，2022）。比如，面对很多人提出的疑惑"为何野生兰花如此珍贵"，科普人员不能简单用"稀少"二字来草草回应，而应该引导观察身边的兰花，注重形态结构与功能的适应性逻辑，从"兰花传粉""种子散播""兰菌共生""经济价值""人为采挖"等多方面进行分析，如此逐渐深入启发式引导，最后不仅完美解答了公众心中的疑惑，还轻松地提高了公众植物保护与环境保护意识（图3）。

英国自然主义者比特·斯考特（Peter Scott）曾提到"要拯救面临威胁和毁灭的世界，最有效的办法是让人们重新爱上自然的真与美"（南茜·罗斯·胡格，2016）。兰

科中心每年组织公众科普活动60余场次，置身于优美的深圳兰谷，从不同角度，近距离地欣赏和发现植物之美，激发了人们强烈的深入探究兴趣。2020年开始，"深圳兰谷"公众号还开辟了系列"云赏兰""国家重点保护植物解读""兰花名字的故事"等专题，先后发布近百篇兰花专题科普文，还被选入学习强国深圳学习平台进行传播，吸引了无数人关注的目光和心理共鸣，科普文阅读数达10万余人次。

图3 国家重点保护野生兰科植物解读科普宣传
Fig. 3 Interpretation of national key protected wild orchids

行动是最好的宣传，在植物迁地保护成功的基础上开展野外回归，扩大恢复自然种群，是植物保育园的社会职责（任海，2017）。植物野外回归并非仅仅是将人工繁殖的植物栽种在野外生境，其回归背后的科研内涵才是科普宣传的重点。野外回归有着较严格的流程和标准，要求有"清晰的野外引种来源"，确保扩繁期间的基因"纯正性"，回归场地的选择，"荣归故里"之后的成活率、开花率、结果率、自我更新繁殖率等监测都将成为植物保护工作者的重要任务。近年来，兰科中心结合资源优势，先后在云南、深圳、江西、湖北开展了杏黄兜兰、紫纹兜兰、霍山石斛、曲茎石斛等多种兰花的野外回归及保护监测工作，在国内外均产生良好反响。2021年10月，在云南昆明召开的COP15"联合国生物多样性大会中国馆线上展"深圳展区展示了深

圳兰科中心的"紫纹兜兰深圳回归"项目内容。

2.4　与可持续开发利用相结合的科普理念

18世纪以来,人类对咖啡、甘蔗、茶、橡胶以及近代对黄花蒿、红豆杉等的开发利用,深深促进了世界经济和人类文明的发展,植物的迁地保护是野生植物向栽培植物过渡的桥梁(贺善安,张佐双,2020)。植物园理应肩负国家战略,盘活"一带一路"国家资源,形成研究、保育、开发、贸易,最终产生经济效益的推手(胡永红,2020)。

兰科植物具有重要的科研价值、文化价值和经济价值,我国对兰科植物的利用历史十分悠久。兰科植物种质资源库不仅是野生兰科植物保护的"诺亚方舟",也是可持续开发利用的植物源泉,从人工扩繁的植物中选育观赏新品种(如'品香''水袖'蝴蝶兰等)、提取香精香料等食药用化合物是兰科植物保护应用研究的主要内容。兰科中心正积极探索"人工扩繁技术转化+种业生产推广+科技和市场要素导入"的产业项目培育模式以及"依法保护、科学利用与收益反哺"的新型发展道路,努力实现生态效益、社会效益与经济效益"三效统一"

目标,实现兰科植物保护和可持续发展。

结合丰富的植物展示和专题探究课程,科普人员在提高公众的环境保护意识的前提下,指导植物繁育、家庭养护、植物与生活等科普体验活动,贯彻可持续开发利用的理念,以共同推动兰科植物资源可持续产业化发展,具有较广泛的社会影响。

3　结语

公众走进植物园,不仅仅为了获得知识,更多的是为了在愉悦心情中培养兴趣和审美。作为植物代言人,科普人需要成为面向公众、态度亲和的引导者,需要激发公众观察自然、感悟自然的兴趣。作为国内最具代表性和特色显著的专类植物保护研究中心,深圳兰科中心坚持公益导向,积极承担社会责任,在迁地保护、研究和可持续开发利用兰科植物的基础上,积极开展科普工作,解锁兰花密码,传承兰文化,宣传环境保护理念,建设和实践兰科植物专题科普体系,满足公众深入系统了解兰科植物的实际需求,助推植物保护与研究事业的发展。目前,国内植物园科普事业蒸蒸日上,期待能见到更多各具特色的植物专题保育园及专题科普教育课程。

参考文献

何祖霞, 2022. 自然中的植物课堂[M]. 北京:中国建筑工业出版社.

贺然, 2022. 高质量建设国家植物园体系[N]. 人民日报, 08-01.

贺善安, 张佐双, 2020. 植物园发展的"温故"与"知新"[M]//中国植物学会植物园编辑委员会, 中国植物园(第二十三期)[M]. 北京:中国林业出版社:1-8.

胡永红, 2020. 今天的植物园,为城市、人类和文明而创新[M]//中国植物学会植物园编辑委员会. 中国植物园(第二十三期). 北京:中国林业出版社:9-14.

龙春林, 马克平, 2017. 新时期植物园的机遇和挑战[J]. 生物多样性,25(9):915-916.

南茜·罗斯·胡格, 2016. 怎样观察一棵树[M]. 阿黛,译. 北京:商务印书馆.

任海, 2017. 植物园与植物回归[J]. 生物多样性,25(9):945-950.

许再富, 2017. 植物园的挑战——对洪德元院士的"三个'哪些';植物园的使命"一文的解读[J]. 生物多样性, 25(9): 918-923.

约瑟夫·克奈尔, 2013. 与孩子共享自然[M]. 郝冰,译. 北京:中国城市出版社.

中国植物园标本馆现状调查研究
Investigation and Research of Chinese Botanical Garden's Herbaria

胡佳玉　王晖　金红

（深圳市中国科学院仙湖植物园，广东深圳，518004）

HU Jiayu　WANG Hui　JIN Hong

（*Fairylake Botanical Garden*, *Shenzhen* & *Chinese Academy of Sciences*, *Shenzhen*, 518004,*Guangdong*, *China*）

摘要：植物标本馆是研究植物分类学的重要机构，而植物园标本馆在植物标本馆中具有十分重要的地位，但目前还缺乏对植物园标本馆的相关研究。本文通过发放问卷的形式对中国 119 家植物园进行了调查，从基本信息、人员配置、资源建设等多个方面对中国植物园标本馆的现状进行了梳理，并对中国植物园标本馆的发展提出了一些建议。

关键词：植物标本；植物标本馆；植物园标本馆

Abstract：Herbarium is an important institution for the study of plant taxonomy, and botanical garden's herbarium plays a very important role, but there is still a lack of research on botanical garden's herbarium. In this paper, 119 Botanical Gardens in China were investigated by questionnaire, and the herbaria of Chinese Botanical Garden were discussed from the aspects of basic information, personnel allocation and resource construction, and some suggestions for the development of herbaria were proposed.

Keywords：Specimens；Herbarium；Botanical garden herbarium

1 研究背景

植物标本是指将植物的全株或一部分采集后，经特殊处理使其保持原形或基本特征，能长期保存，并为科学研究和实验教学提供的原始资料（张丹，2012）。完整的植物标本通常包含植物的基本性状、生境和采集信息，是植物分类学和系统学研究的重要基础（刘慧圆等，2017；贺鹏等，2021）。

目前全球标本馆存储量最大的植物标本是植物蜡叶标本。腊叶标本的制作起源于 16 世纪的意大利，具有占用空间少、形态和性状保存完整、易存储等特点。除此以外，标本馆也保存了部分浸泡标本、种子标本、木材切片、花粉和化石标本等。现代

意义上的标本馆也起源于 16 世纪 30 年代的意大利（覃海宁、杨志荣，2011）。国际植物分类学会（IAPT）数据库《世界植物标本馆索引》（Index Herbariorum）统计，全世界共有超过 3400 家标本馆，累计馆藏标本接近 4 亿份（Thiers，2021）。截止到 2022 年 3 月 1 日，Index Herbarium 数据库检索到中国共有标本馆 399 家，全国总计馆藏标本约 2200 万份。中国第一个现代植物标本馆是 1878 年 Charles Ford 在担任香港政府花园部监督时建立的香港植物标本室（HK），目前管理运行良好，隶属于香港特别行政区渔农自然护理署；内地最早的现代标本馆是 1905 年钟观光先生建立的北京大学植物标本室。而目前中国馆藏标本最多的标本馆是中国科学院植物研究所标

本馆(PE),馆藏标本 280 万份(覃海宁,2011;覃海宁,2019)。

植物标本馆不仅是博物馆,也是开展科学研究、教育和服务的重要机构,一个好的标本馆对于植物学研究具有重要意义(王文采,2011)。回首中国植物标本馆的发展,会发现植物园标本馆占有重要位置。据统计,中国共有大型植物标本馆(20 万份以上)19 家(葛斌杰,2020),其中就有 6 家属于植物园标本馆。世界许多著名的植物标本馆,如纽约植物园标本馆(NY)、英国皇家植物园标本馆(K)和密苏里植物园标本馆(MO)等,都属于植物园标本馆(马金双,2020)。目前全世界有记录的植物园超过 3000 个,而中国植物园联合保护计划(ICCBG)也拥有 122 个植物园成员。可以看出植物园在标本馆的发展中扮演着重要角色,虽然目前有一些针对高校植物标本馆的相关研究(陈贤兴,2013;许彩娟,2015),但对于植物园标本馆还缺乏相关的系统性研究。因此,本研究基于问卷数据,对中国植物园标本馆进行了初步调查,并参考多家植物园标本馆运维时的实际问题,对中国植物园标本馆的未来发展提出几点建议。

2　数据获取

本研究采用问卷调查的形式,在中国植物园联合保护计划(ICCBG)的帮助下,结合《中国植物标本馆索引》(傅立国,1993),通过邮件、电话和面谈等方式对 119 家植物园(附录 1),开展了问卷调查。调查问卷围绕植物园标本馆基本信息、人员配置、资源维护和使用现状及发展建议等几个方面共设计了 25 个问题,最终收到来自全国共 85 家植物园的反馈数据,占中国植物园联盟成员的 72.6%。

3　结果与分析

通过对反馈的调查问卷进行整理,共有 40 个植物园反馈设置有标本馆,占中国植物园联盟总成员的 33.6%,45 个植物园没有标本馆;同时,还有 34 个植物园因各类原因未收到相关反馈。在 45 个没有标本馆的植物园中,有 19 个植物园有意向在未来建立标本馆,占中国植物园联盟总成员的 16%。后文主要针对目前反馈有标本馆的 40 个植物园进行分析。

3.1　基本信息

对 40 家拥有标本馆的植物园反馈问卷进行统计分析(表 1),从建馆时间看(图 1),共有 16 家植物园标本馆是在 2000 年后建立,占拥有标本馆的植物园总数(下同)的 40%,其次为 1950—1979 年,共有 13 家标本馆建立,在 1949 年之前,仅有 6 家植物园拥有标本馆。从标本馆建筑面积来看(图 2),20 家植物园标本馆面积在 100~500m², 占总数的 50%;8 家植物园标本馆面积在 100m² 以下,占总数的 20%;标本馆面积在 5000m² 以上的仅 3 家,其中中国科学院植物研究所标本馆是所有调查的植物园中面积最大的标本馆,面积达到了 11000m²。国际标本馆代码是国际认可的唯一标准代码,目前我国也使用此代码对标本馆和馆藏标本进行检索。调查显示,现有 24 家植物园标本馆拥有标本馆代码,占总数的 60%。

根据世界植物标本馆索引数据库提供的信息,中国共有 19 家大型植物标本馆(标本数量 20 万份以上)。调查问卷统计显示(图 3),中国共有 9 家(22.5%)植物园标本馆馆藏标本数量大于 20 万份,4 家(10%)植物园标本馆馆藏标本数量在 10 万~20 万份,13 家(32.5%)植物园标本馆馆藏标本数量在 1 万~10 万,还有 14 家(35%)植物园标本馆馆藏标本数量仅 1 万份以下。

模式标本是指在发表某一物种学名时作为规定的典型标本,对名称的稳定具有重要的意义,在分类学中有着不可替代的价值(王瑞江,2021)。从馆藏模式标本来看,共有22家植物园标本馆保存有模式标本,占总数的55%,18家植物园标本馆没有保存各类型的模式标本。

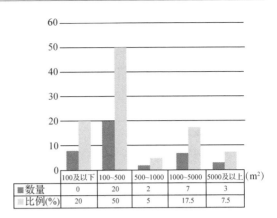

	100及以下	100~500	500~1000	1000~5000	5000及以上(m²)
■数量	0	20	2	7	3
比例(%)	20	50	5	17.5	7.5

图2 中国植物园标本馆建筑面积
Fig. 2 Building area of Herbaria of the Chinese Botanical Gardens

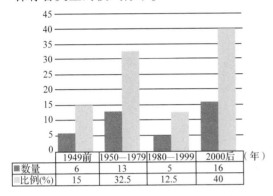

	1949前	1950—1979	1980—1999	2000后(年)
■数量	6	13	5	16
比例(%)	15	32.5	12.5	40

图1 中国植物园标本馆建馆时间分布
Fig. 1 Established time of the Herbaria of the Chinese Botanical Gardens

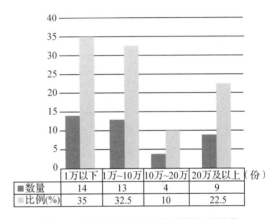

	1万以下	1万~10万	10万~20万	20万及以上(份)
■数量	14	13	4	9
比例(%)	35	32.5	10	22.5

图3 中国植物园标本馆馆藏标本数量
Fig. 3 The number of specimens in the Herbaria of the Chinese Botanical Gardens

表1 40家植物园基本信息
Table 1 Basic information about 40 Botanical gardens

序号 Number	单位名称 Name of botanical garden	标本馆建馆时间/年 Establishmed time	面积/m² Area	代码 Code	标本数量/份 Number of specimens
1	北京植物园	2017	44	无	500
2	南岭植物园	2016	90	无	976
3	成都市植物园	2018	300	无	500
4	重庆市植物园	1983	370	无	5000
5	重庆药物种植研究所药用植物园	1942	800	IMC	230000
6	广西药用植物园	1979	1600	GXMG	230000
7	贵阳药用植物园	2006	9637	GYBG	30000

续表

序号 Number	单位名称 Name of botanical garden	标本馆建馆时间/年 Establishmed time	面积/m² Area	代码 Code	标本数量/份 Number of specimens
8	桂林植物园	1935	3500	IBK	500000
9	杭州植物园	1956	270	HHBG	130000
10	湖南省南岳树木园	1978	130	无	11379
11	中国科学院华南植物园	1928	5513	IBSC	1150000
12	华西亚高山植物园	1986	185	WCSBG	20212
13	华中药用植物园	2000	200	无	750
14	嘉道理农场暨植物园	1990	50	KFBG	12456
15	赣南树木园	1978	150	无	190000
16	江西庐山植物园	1934	1500	LBG	200000
17	丽江高山植物园	2015	28	无	2600
18	民勤沙生植物园	1978	15	无	2000
19	宁波植物园	2020	200	NPH	2100
20	秦岭国家植物园	2021	900	无	20000
21	厦门华侨亚热带植物引种园	2016	100	OSBG	1205
22	厦门市园林植物园	2008	200	XMBG	5866
23	山东药品食品职业学院百草园	2017	200	SDFH	12000
24	山东中医药大学百草园	1959	200	SDNU	40000
25	上海辰山植物园	2005	1600	CSH	180000
26	上海植物园	1977	100	无	18216
27	石家庄市植物园	2020	53	无	426
28	沈阳市园林植物标本公园	2018	150	无	677
29	沈阳市植物园	2003	200	无	5000
30	太原植物园	2020	500	TYH	3000
31	吐鲁番沙漠植物园	1976	200	无	30000
32	武汉植物园	1956	1800	HIB	300000
33	西安植物园	1959	240	无	19000
34	西双版纳南药园	1959	400	IMDY	15500
35	深圳仙湖植物园	1988	400	SZG	130000
36	香格里拉高山植物园	1990	300	SABG	30000
37	药用植物研究所植物园	1956	400	IMD	60000
38	中国科学院西双版纳热带植物园	1959	1200	HITBC	242000
39	中国科学院植物研究所北京植物园	1928	11000	PE	2800000
40	南京中山植物园	1923	3000	NAS	750000

3.2 人员配置

从人员配置上来看,25 家植物园标本馆配有馆长,占总数的 62.5%,超过总数 90%的(36 家)植物园标本馆拥有专门的采集队、标本制作人员和标本鉴定人员,但仅有 5 家植物园标本馆拥有专门的绘图人员,占总数的 12.5%(表 2)。对采集队人员数量进行统计发现(图 4),超过一半(52.78%)植物园标本馆的工作人员数量在 5 人及以下,12 家(33.33%)植物园标本馆的工作人员数量为 6~10 人,工作人数超过 10 人的植物园标本馆,仅有 5 家。

表 2 中国植物园标本馆人员配置
Table 2 Staff allocation of Herbarium of Chinese Botanical Garden

人员配置类别 Staffing categories	拥有数量 Numbers of possession	比例/% Proportion	缺失数量 Lack of information	比例/% Proportion
馆长 Director	25	62.5%	15	37.5
采集队 Collecting team	36	90	4	10
绘图人员 Painter	5	12.5%	35	87.5

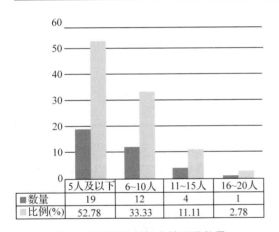

图 4 中国植物园标本馆职员数量
Fig. 4 Number of staff in the Herbarium of Chinese Botanical Garden

3.3 资源建设

从植物园标本馆建设来看(表 3),主要分为 3 个方面:数字化建设、资源建设和科普建设。从数字化建设方面看,有 23 家(57.5%)植物园标本馆有参加国家植物标本资源库共享项目,11 家(27.5%)植物园标本馆建设有数字化标本馆,11 家(27.5%)植物园标本馆有建立标本馆网站;从资源建设看,24 家(60%)植物园标本馆与其他标本馆有过标本交换业务,23 家(57.5%)植物园标本馆拥有种子标本库,9 家(22.5%)植物园标本馆拥有药材标本库;从科普建设看,32 家(80%)植物园标本馆开展过相关科普活动,18 家(45%)植物园标本馆出版过相关科普专著,18 家(45%)植物园标本馆拥有志愿者参与相关活动。

表 3　中国植物园标本馆资源建设类别
Table 3　Resource construction category of Chinese Botanical Garden Herbarium

资源建设类别 Category of resource construction		拥有数量 Numbers of possession	比例/% Proportion	缺失数量 Numbers of lackness	比例/% Proportion
数字化建设 Construction of digitization	标本馆共享 Herbarium shared	23	57.5%	17	42.5
	数字化标本馆 Digital herbarium	11	27.5%	29	72.5
	官方网站 The website	11	27.5%	29	72.5
资源建设 Resources construction	标本交换 The specimen exchange	24	60%	16	40
	种子标本库 Seed specimen bank	23	57.5%	17	42.5
	药材标本库 Herbs specimen bank	9	22.5%	31	77.5
科普建设 Construction of popular science	科普活动 The popular science activities	32	80%	8	20
	科普专著 Popular science books	18	45%	22	55
	志愿者活动 Volunteer activities	18	45%	22	55

4　结论与讨论

从调查问卷可以看出,我国植物园标本馆存在许多亟待解决的问题。首先,从基础建设来看,70%的植物园标本馆面积仅 500m² 以下,标本作为生物学研究的重要基础资料,其制作和保存都需要严格的环境,许多地方的小型标本馆,其建筑面积难以满足一个标本馆的基本功能,因此常常导致标本没有妥善保存,可能出现被虫蛀或者发霉的情况,研究价值降低。这就要求植物园标本馆在建设时,应该合理规划标本馆的功能区域,参考一些国内外标本馆的建设经验(葛斌杰,2021)。

其次,根据问卷反馈的多家植物园对标本馆的发展建议来看,多家植物园标本馆都提到增加对植物标本的采集和制作,提高标本馆馆藏数量和质量。从数据上看,我们发现超过 1/3 的植物园标本馆馆藏标本数量仅在 1 万件以内,造成这种现状的原因涉及:①缺乏相关研究经费;②缺少专业的植物分类学人才;③考核和评估机制下对基础研究的不重视。这些原因都对当代植物园标本馆的管理者带来了巨大的挑战。除了从标本数量上应有所增加外,植物园标本馆在建设中也应该与时俱进,紧跟植物分类学研究前沿。例如,新的标本馆在建设时,可以根据当前研究采用新的分类系统对标本进行排列和入柜。在植物采集方面,应当发展自身特色,重视对自身所在地区植物的采集,并重视对种质资源和 DNA 分子材料的保存和收集。在标本交换方面,应根据自身馆藏标本特色,开展标本交换工作,一是可丰富馆藏标本种类,方便研究人员开展相关研究;二是增加部分模式标本,特别是等模式(isotype)和副模式(paratype)标本的收藏,增加科研人员对模式标本研究的便捷性。

再次,超过一半的植物园标本馆管理者对标本馆的发展建议都提到了标本数字化,希望植物园标本馆能够加强标本馆的数字化建设,并提高标本数字化覆盖率和提升质量,明确标本数字化标准,保证数据的科学有效性。标本数字化是将植物各项特征信息通过数字化信息保存起来,数字化对于当代植物分类学研究具有重要意义。由于植物标本的特殊性,传统植物分类学研究通常需要到实地考察标本,而由于时间和空间的限制,许多研究者常难以到达。此外,由于保存不当或者研究需要,常常会对标本造成一些不可逆的损伤,对标本进行数字化则可以很大程度避免以上的问题。虽然我国目前已经有一些标本数字化平台,如中国数字植物标本馆(CVH)(https://www.cvh.ac.cn)已经有超过 109 家标本馆参与共建,数字化标本总量达到 817 万份,但根据调查统计,中国植物园标本馆馆藏总量就达 738 万份,这其中还存在大量没有数字化的标本,甚至许多植物园标本馆还没有标本馆代码和条码编号,这对数字化工作的开展较为不利。

又次,多家植物园标本馆希望成立植物园标本馆联盟,以加强各植物园标本馆之间的联系。成立联盟有利于有效增加标本信息共享和标本交换业务,并通过联合大型标本馆,举办相关技能培训班,提高植物园标本馆工作人员业务能力,积极吸纳有能力的年轻人加入对标本馆的建设之中。目前中国科学院植物研究所和上海辰山植物园每年都会举办植物分类学相关培训班,但是其他的相关技能培训还较少。在野外考察时,大型标本馆也可以与地区小型标本馆进行联合考察。

最后,植物园标本馆区别于大专院校和科研院所标本馆的最大特点是,植物园标本馆收集的标本常伴有相对应的植物活体,这些植物活体通常栽培在标本馆所属的植物园中。因此,植物园标本馆不仅保存了某一时空区域的植物多样性信息,也保存了某一时间段植物园活植物收集的多样性信息。在对植物园活植物进行相关研究时,相对应的标本也是重要的研究资料,特别是在物种鉴定时,标本的观察、运输要比活植物简便得多。甚至,当某种活植物收集缺失后,该个体的标本也是重要的记录。BGCI 数据显示,全球 30 多万种植物有超过 10 万种栽培在植物园(Sharrock,2012)。在我国植物园的活植物收集中,也有部分种类在植物园标本馆中保存有相对应的标本。因此,全面采集、整理和鉴定植物园活植物相对应的标本,以及对它们开展相关的数据分析,并据此掌握我国植物园的物种收集情况,是植物园标本馆需承担的一项重要任务。同时,植物园标本馆也是植物的引种、驯化、回归和开发利用相关人才的重要培训基地,如何用好植物园标本馆这个科研和教育基础设施,也是植物园未来发展的机遇和一个挑战。

参考文献

陈贤兴, 2013. 基于标本数字化的浙江省植物标本馆建设的思考[J]. 江西科学, 31(3):388-391.

葛斌杰, 严靖, 杜诚, 等, 2020. 世界与中国植物标本馆概况简介[J]. 植物科学学报, 38(2):5.

傅立国, 1993. 中国植物标本馆索引[J]. 北京:

中国科学技术出版社.

贺鹏, 陈军, 孔宏智, 等, 2021. 生物样本: 生物多样性研究与保护的重要支撑[J]. 中国科学院院刊, 36(4):425-434.

刘慧圆, 覃海宁, 李敏, 2017. 植物标本资源共享平台与标本数字化能力建设[J]. 科研信息化技术与应用, 8(4): 13-23.

马金双, 2020. 世界主要科研型植物园简介[J]. 中国植物园:19-24.

覃海宁, 杨志荣, 2011. 世界十大植物标本馆[J]. 生命世界, 9(263):11-13.

覃海宁, 杨志荣, 2011. 标本馆的前世今生与未来[J]. 生命世界, 263(9): 4-8.

覃海宁, 2019. 中国植物标本馆索引[M]. 2 版. 北京:科学出版社.

王瑞江, 2022. 中国植物分类及标本采集史简述[J]. 广西植物, 网络首发 DOI:10. 11931/ guihaia. gxzw202111020.

王文采, 2011. 植物标本馆在植物分类学研究中的重要性[J]. 生命世界(9):1.

许彩娟, 2015. 林木数字化标本馆的研究与设计[M]. 南宁: 广西大学.

张丹, 2012. 浅谈植物标本的制作与保存技术[J]. 吉林农业科技学院学报, 21(3):3.

Sharrock S, 2012. Global Strategy for Plant Conservation: A Guide to the GSPC, All the Targets, Objectives and Facts. BGCI, London.

Thiers B M, 2021. The world's herbaria 2020: A summary report based on data from Index Herbariorum [R/OL]. (http://sweetgum. nybg. org/science/wp - content/uploads/2021/01/The _World_Herbaria_2020_7_Jan_2021. pdf).

附录

Additional information

附录 1:中国植物园联合保护计划通讯录. xlsx(https://kdocs. cn/l/chHN9s8F9RGB)

4种蔷薇属植物的抗旱性研究
Study on Drought Resistance of Four *Rosa* Species

宋华　张琮琦　邓莲

［国家植物园（北园），北京 100093］

SONG Hua　ZHANG Congqi　DENG Lian

［*National Botanical Garden（North Garden），Beijing，100093，China*］

摘要：以4种蔷薇属植物的2年生盆栽苗为材料，采用连续干旱法，持续观察受试植物的表型、生理生化指标等变化。用隶属函数法综合比较种间的抗旱性。结果表明：4种蔷薇的抗旱性由强到弱依次为美蔷薇>弯刺蔷薇>疏花蔷薇>腺齿蔷薇。

关键词：蔷薇；干旱胁迫；生理响应；叶绿素荧光

Abstract：Two years old potted seedlings of four *Rosa* species were used as materials to observe their growth conditions and determine the drought resistance indexes. Membership function method was used to comprehensively compare drought resistance of different species. The results showed that the drought resistance of four *Rosa* species was in descending order：*R. bella* > *R. beggeriana* > *R. laxa* > *R. albertii*.

Keywords：*Rosa*；Drought resistance；Physiological response；Chlorophyll fluorescence

干旱是限制植物生长与分布的重要胁迫因素之一，对植物抗旱性的研究有助于为针对耐旱观赏植物育种提供亲本和理论依据。

现代月季是蔷薇属中观赏价值最高的一类，由于其长期品种间杂交导致抗逆性较差，干旱是制约其在城市绿化中大量应用的主要因素。近年来，育种工作者通过远缘杂交将蔷薇属资源的抗逆基因引入现代月季，培育出抗逆性强的月季品种'雪山娇霞''天山之光''天山祥云'等，为月季育种工作提供了新的思路。

本文以4种蔷薇属植物的2年生盆栽为实验材料，采用持续干旱法，观察受试植物的表型、生理生化指标等变化，评估其抗旱性，为月季或蔷薇抗旱育种亲本选择提供数据依据。

1　材料与方法

1.1　实验材料

本次实验选用腺齿蔷薇（*Rosa albertii*）、疏花蔷薇（*R. laxa*）、弯刺蔷薇（*R. beggeriana*）以及美蔷薇（*R. bella*）的2年生盆栽实生苗，4个种的种子分别采自银川植物园、北京植物园月季园、乌鲁木齐南山以及北京灵山，均于2019年采集并沙藏，2020年上盆，2021年3月统一换入20cm×24cm双色盆中，盆土为草炭土与园土（1：1），之后进

基金项目：北京市公园管理中心科技项目（ZX 2020009）。

作者简介：宋华（1978.04），男，高级工程师，联系电话13401006809，E-mail：7048106@ qq.com，主要从事蔷薇属植物应用研究。

行常规养护。

1.2 实验方法

实验于 2021 年 9 月在北京植物园植物研究所进行。实验采用持续干旱法,每种各 6 盆,9 月 9 日浇一遍透水,之后不再浇水,自然干旱。9 月 10 日开始进行采样及各项指标的测定,每 5d 重复一次。

1.2.1 土壤含水量的测定

土壤含水量用英国 Delta-T 公司 WET-土壤三参数测定仪进行测定,每盆测定 3 个不同位置的土壤含水量,取其平均值。

1.2.2 生理生化指标的测定

每种供试植物自 9 月 10 日开始进行取样,每 5d 取一次,取样时间为每日上午 8:30。每株从枝条中部取 1~2 个完整的成熟叶片,装入塑料自封袋,并迅速放进实验室冰箱。将所有小叶片以垂直于主叶脉方向剪成 2~3mm 长段,混匀后用分析天平称取 0.2g 用于测定细胞膜透性,3 份各 0.04g 装入 2mL 离心管中,迅速放入液氮中冷冻,10min 后放入 -80℃ 超低温冰箱保存待用,剩余叶片称重后浸泡于超纯水中用于测定水分饱和亏。重复 3 次。

1.2.2.1 植物水分饱和亏的测定

将叶片浸泡于盛满超纯水的培养皿中,以定性滤纸覆盖保证其吸水度,24h 后取出,吸干表面水分测定饱和后鲜重,放入 80℃ 烘箱中烘至恒重,测定干重。计算公式:

水分饱和亏(WSD) = (饱和后鲜重−原鲜重)/(饱和后鲜重−干重)×100%

1.2.2.2 相对电导率的测定

取 0.2g 新鲜的植物叶片,放入特制试管中,加入 10mL 蒸馏水,抽真空至所有材料沉入试管底部。用荷兰 Agriros 公司 EPH-119 型 EC 计测定叶片杀死前外渗液的电导值 L1,测完后将试管放入水浴锅中煮沸 15min,自然冷却后测定叶片杀死后外渗液的电导值 L2。计算公式:

相对电导率 = L1/L2×100%

1.2.2.3 丙二醛含量等生化指标的测定

丙二醛(MDA)含量、超氧化物歧化酶(SOD)活性、过氧化氢酶(CAT)活性 3 个生化指标采用苏州科铭生物技术有限公司生产的测试盒进行测定,测试方法均为分光光度法;测试仪器为美国 Unico 公司 UV-2802S 紫外分光光度计,材料均为 0.04g。

1.2.2.4 叶绿素荧光的测定

每株选取位于枝条中上部的一个小叶片,利用德国 Hanshatech 公司 Handy PEA 植物效率分析仪进行叶绿素荧光的测定,直接读出 Fm(最大荧光)、Fv(可变荧光)和 Fv/Fm(光系统 II 最大光化学反应效率)等参数。测定前需要用暗适应夹对叶片做暗适应处理,每日测定时间及暗适应时长根据天气不同做相应调整。例如,晴天则选择傍晚进行测定,暗适应 20min;阴天则可随时测定,并减少暗适应时长。

1.2.2.5 叶绿素含量的测定

每株每枝条选取位于中上部的一个小叶片,利用日本 Konica 公司 SPAD-502 Plus 型便携式叶绿素计对叶片进行相对叶绿素含量测定。

1.2.3 数据处理

运用 Microsoft Excel 2018 进行数据整理和图表绘制,SPSS 22 进行数据分析。

采用隶属函数法(王斌等,2013)对 4 种蔷薇的抗旱能力进行综合评价。隶属函数值的计算公式如下:

$$U(X_i) = (X_i - X_{min}) / (X_{max} - X_{min}) \quad (1)$$

或

$$U(X_i) = 1 - (X_i - X_{min}) / (X_{max} - X_{min}) \quad (2)$$
$$i = 1, 2, 3, \cdots$$

式中,X_i 为某一指标的测定值/对照值,X_{min} 为所有供试材料该指标测定值/对照值中的最小值,X_{max} 为所有供试材料该指标测定值/对照值中的最大值。若所用指标与抗旱性呈正相关,用式(1);反之用式(2)。计算出 4 种蔷薇的抗旱隶属值平均值,平均值越大,抗旱性越强。

2 结果与分析

2.1 持续干旱下植株外部形态的变化

在胁迫第 5d 时,除个别嫩枝枝头下垂外大部分植株状况良好。第 10d 时,腺齿蔷薇和疏花蔷薇出现枝条萎蔫、叶片卷曲等症状,弯刺蔷薇和美蔷薇则较轻。第 15d 时,腺齿蔷薇和疏花蔷薇已经出现严重萎蔫、叶片干枯等较重症状,弯刺蔷薇和美蔷薇也开始出现叶片发黄卷曲等症状。第 20d 时,腺齿蔷薇和疏花蔷薇超过 90% 的叶片干枯或变黄,少量顶端叶片虽是绿色但也已失水严重;弯刺蔷薇和美蔷薇虽也出现叶片大面积干枯发黄的现象,但仍有少量枝条状况良好,并有新叶长出,具体情况见表 1。

表 1　持续干旱下 4 种蔷薇属植物外部形态的变化

Table 1　Changes in plant external morphology of four *Rosa* species under continuous drought

材料 Species	胁迫天数/d Stress days			
	5	10	15	20
腺齿蔷薇	个别嫩枝枝头下垂	嫩枝严重失水下垂,老枝顶端叶片卷曲	嫩枝严重萎蔫,半数叶片变黄,少量叶片干枯变为褐色	多数叶片干枯,顶端极少绿叶卷曲
疏花蔷薇	个别嫩枝枝头下垂	上部叶片卷曲,少量叶片发黄	部分叶片发黄,底部较多,顶端叶片虽绿但干枯或卷曲	多数叶片干枯,顶端极少绿叶卷曲
弯刺蔷薇	无明显变化	个别嫩枝枝头下垂,极少叶片出现卷曲	顶端叶片多数卷曲,下部黄叶增多	近半叶片枯黄、卷曲,少量枝条状况良好
美蔷薇	无明显变化	个别嫩枝枝头下垂,极少叶片出现卷曲	顶端叶片部分卷曲,下部黄叶增多	部分枝条整体干枯,少量枝条状况良好,有新叶长出

2.2 持续干旱下土壤含水量的变化

持续干旱条件下,4 种蔷薇的土壤含水量随着干旱时间的延长,均呈现出先快后慢的下降趋势(图 1)。胁迫第 5d 时土壤含水量降幅达到约 50%,之后下降速度逐渐变缓,胁迫第 15d 至第 20d 土壤含水量仅下降了约 20%。4 种蔷薇属植物土壤含水量的下降趋势基本一致,说明其干旱胁迫的强度基本一致,各个测定指标变化是与植物自身相关的,保证了胁迫条件下各测定指标差异分析的准确性。

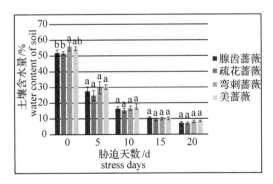

图 1　持续干旱下 4 种蔷薇属植物土壤含水量的变化

Fig. 1　Changes of soil water content of four *Rosa* species under continuous drought

注:经 Duncan 多重比较,图中同一胁迫天数不同小写字母表示各测定值间差异显著(*P*<0.05),下同。

2.3 干旱胁迫对蔷薇叶片生理生化指标的影响

2.3.1 干旱胁迫对水分饱和亏(WSD)的影响

随着胁迫时间的延长,4 种蔷薇的 WSD 均呈现持续升高的趋势(图 2),但升高的幅度不完全相同。胁迫开始时,4 种蔷薇的 WSD 无显著差异,均在 15% 以下。胁迫第 5d 时腺齿蔷薇 WSD 显著高于美蔷薇,第 10d 时腺齿蔷薇 WSD 显著高于其他 3 种,疏花蔷薇则显著高于美蔷薇和弯刺蔷薇。之后腺齿蔷薇和疏花蔷薇的 WSD 继续大幅升高,其他两种 WSD 增幅相对较小。至胁迫第 20d 时 4 种蔷薇的 WSD 分别是:腺齿蔷薇 62.27%、疏花蔷薇 72.98%、弯刺蔷薇 33.89%、美蔷薇 26.65%,前两者之间的差异与后两者之间的差异均不显著。

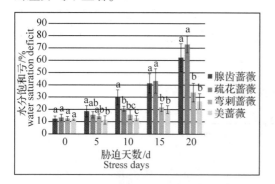

图 2　持续干旱下 4 种蔷薇属植物水分饱和亏的变化
Fig. 2　Changes of water saturation deficit of four *Rosa* species under continuous drought

2.3.2　干旱胁迫对细胞膜透性的影响

2.3.2.1　相对电导率(REC)的变化

胁迫开始时,4 种蔷薇的 REC 无显著差异(图 3)。胁迫前 10d,除腺齿蔷薇外,其他 3 种蔷薇的 REC 差异均不显著,自胁迫第 10d 开始,4 种蔷薇的 REC 均大幅升高,但升高幅度不完全相同。至胁迫第 20d 时,4 种蔷薇的 REC 分别是:腺齿蔷薇 51.52%、疏花蔷薇 56.82%、弯刺蔷薇

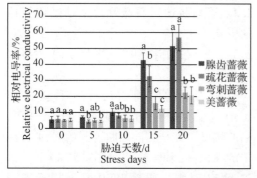

图 3　持续干旱下 4 种蔷薇属植物相对电导率的变化
Fig. 3　Changes of relative electrical conductivity of four *Rosa* species under continuous drought

22.51%、美蔷薇 20.78%、腺齿蔷薇和疏花蔷薇的 REC 显著高于弯刺蔷薇和美蔷薇,前两者之间的差异与后两者之间的差异均不显著。

2.3.2.2　丙二醛(MDA)含量的变化

MDA 是具有细胞毒性的物质,是膜脂过氧化最重要的产物之一,其含量的多少说明了细胞膜被破坏的程度,同时也可以比较植物抗旱能力的大小。胁迫下,植物越抗旱,积累的丙二醛含量就越少(郝冉彬等,2004)。胁迫前 10d,4 种蔷薇的 MDA 含量间无显著差异(图 4),胁迫第 15d 时除腺齿蔷薇的 MDA 含量显著高于美蔷薇外,各种之间差异均不显著。至胁迫第 20d 时腺齿蔷薇和疏花蔷薇的 MDA 含量显著高于弯刺蔷薇和美蔷薇,MDA 含量增幅由高到低依次是疏花蔷薇 210.65%、腺齿蔷薇 166.99%、弯刺蔷薇 88.35%、美蔷薇 81.01%,前两者之间的差异与后两者之间的差异均不显著。结果表明:美蔷薇和弯刺蔷薇在干旱胁迫中抑制有毒物质积累的能力显著强于腺齿蔷薇和疏花蔷薇。

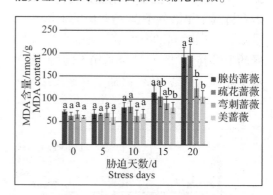

图 4　持续干旱下 4 种蔷薇属植物丙二醛含量的变化
Fig. 4　Changes of MDA content of four *Rosa* species under continuous drought

2.3.3　干旱胁迫对保护酶活性的影响

SOD、CAT、POD、APX 等酶类是细胞抵御活性氧伤害的重要保护酶系统,由于它们协调一致的作用,可使活性氧维持于一

个较低水平上(蒋明义等,1991),从而完成
对生物体的保护。

2.3.3.1　超氧化物歧化酶(SOD)活性的
变化

SOD 是植物体内重要的保护酶之一,
与植物的衰老及抗逆性密切相关。一般认
为,抗旱品种具有较高的 SOD 活性(邹琦
等,1994)。持续干旱下 4 种蔷薇的 SOD 活
性均基本呈现出先升后降的趋势(图 5),
腺齿蔷薇、疏花蔷薇和弯刺蔷薇在胁迫第
10 天时 SOD 达到峰值,美蔷薇则在第 15
天时达到峰值。胁迫期间 SOD 平均值分别
为:腺齿蔷薇 1094.12、疏花蔷薇 1196.56、
弯刺蔷薇 1227.04、美蔷薇 1362.49。SOD
活性较高的美蔷薇和弯刺蔷薇变化幅度较
平缓,SOD 活性较小的腺齿蔷薇和疏花蔷
薇变化幅度较大,说明越抗旱的植物 SOD
活性受干旱影响越小,与时连辉等(2005)
对桑树的研究结果一致。

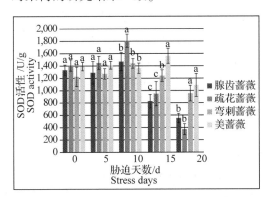

图 5　持续干旱下 4 种蔷薇属植物超氧化物歧
化酶活性的变化

**Fig. 5　Changes of SOD content of four
Rosa species under continuous drought**

2.3.3.2　过氧化氢酶(CAT)活性的变化

CAT 是植物体内的重要保护酶之一,
其活性的下降幅度可以作为品种抗旱性强
弱的指标,CAT 下降幅度越大,品种的抗旱
性越弱(张明生等,2003)。持续干旱下 4
种蔷薇的 CAT 活性均基本呈现出先升后降

的趋势(图 6),均在胁迫第 15d 时达到峰
值,之后 5d 迅速降低,至胁迫第 20d 时 4 种
蔷薇的 CAT 活性都已降到较低水平,与峰
值相比降幅由高到低依次是腺齿蔷薇
96.98%、疏花蔷薇 96.67%、弯刺蔷薇
85.14%、美蔷薇 76.49%。单因素方差分析
表明,腺齿蔷薇和疏花蔷薇的 CAT 活性下降
幅度显著高于弯刺蔷薇和美蔷薇,前两者之
间的差异与后两者之间的差异均不显著。

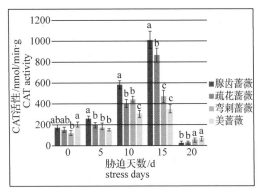

图 6　持续干旱下 4 种蔷薇属植物过氧化氢酶
活性的变化

**Fig. 6　Changes of CAT content of four
Rosa species under continuous drought**

2.3.4　干旱胁迫对叶绿素荧光的影响

叶绿素荧光与光合作用中各个反应过
程紧密相关,叶绿素荧光参数可作为逆境
条件下植物抗逆反应的指标之一(陈建明
等,2006)。可变荧光与最大荧光的比值
(F_v/F_m)是反映光系统 II 光化学效率的稳
定指标,F_v/F_m 值的降低表明植物在干旱
胁迫下光系统 II 受到伤害(张永强等,
2002)。胁迫前 5d,4 种蔷薇的 F_v/F_m 变化
较小(图 7),胁迫第 10d 时仅腺齿蔷薇的
F_v/F_m 有较大幅度下降,之后腺齿蔷薇和
疏花蔷薇的 F_v/F_m 大幅下降,降幅显著高
于弯刺蔷薇和美蔷薇。至胁迫第 20d 时 4
种蔷薇的 F_v/F_m 降幅由高到低依次是腺齿
蔷薇 81.41%、疏花蔷薇 73.99%、美蔷薇
23.83%、弯刺蔷薇 22.09%。

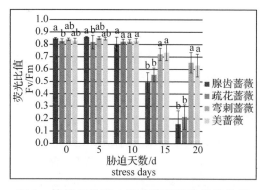

图7 持续干旱下4种蔷薇属植物荧光比值
(Fv/Fm)的变化

**Fig. 7 Changes of Fv/Fm of four *Rosa*
species under continuous drought**

2.3.5 干旱胁迫对相对叶绿素含量的影响

叶绿素是植物进行光合作用的主要色素,其含量的变化对光合作用产生直接影响。所以,用水分胁迫下叶绿素含量的变化,可以指示植物对水分胁迫的敏感性(徐小牛,1995)。相对叶绿素含量与叶绿素含量具有显著的相关性,能较好地反映叶绿素含量的变化(姜丽芬等,2005)。持续干旱下4种蔷薇的相对叶绿素含量变化趋势基本一致,均是在胁迫前10d中变化较小(图8),10d后持续下降,但下降幅度不完全相同。至胁迫第20d时4种蔷薇相对叶绿素含量的降幅由高到低依次是腺齿蔷薇71.06%、疏花蔷薇69.62%、美蔷薇34.15%、弯刺蔷薇32.38%。

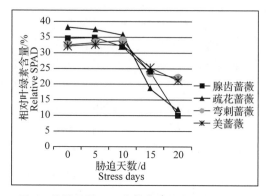

图8 持续干旱下4种蔷薇属植物相对叶绿素
含量的变化

**Fig. 8 Changes of relative chlorophyll content
of four *Rosa* species under continuous drought**

2.4 4种蔷薇抗旱性综合评价

对4种蔷薇在干旱胁迫下测定的7个生理生化指标进行隶属函数处理(表2),结果表明:4种蔷薇的各项指标隶属函数平均值分别为腺齿蔷薇0.077、疏花蔷薇0.080、弯刺蔷薇0.828、美蔷薇0.989,抗旱性由高到低依次是美蔷薇>弯刺蔷薇>疏花蔷薇>腺齿蔷薇。

表2 各测定指标的隶属函数值
Table 2 The membership function value of each measurement index

测定指标 measurement index	隶属函数 membership function			
	腺齿蔷薇	疏花蔷薇	弯刺蔷薇	美蔷薇
水分饱和亏 Water saturation deficit	0.135	0.000	0.879	1.000
相对电导率 Relative electrical conductivity	0.064	0.000	0.903	1.000
丙二醛含量 MDA content	0.337	0.000	0.943	1.000
超氧化物歧化酶活性 SOD activity	0.000	0.382	0.495	1.000
过氧化氢酶活性 CAT activity	0.000	0.015	0.578	1.000
荧光比值 Fv/Fm	0.000	0.125	1.000	0.971
相对叶绿素含量 Relative SPAD	0.000	0.037	1.000	0.954

3 结论与讨论

植物的抗旱性是一个较为复杂的综合性状,由多种测定指标相互作用构成,其中每一个测定指标与抗旱性之间都存在着一定的联系。

本实验以抗旱相关的 7 个性状指标为依据,评价了 4 种蔷薇的抗旱性,结果表明:7 个性状指标与蔷薇的抗旱性都密切相关。

水分饱和亏是反映植物水分状况的重要指标,水分饱和亏越大,说明植物维持水分平衡的能力越差(段娜等,2016)。本实验中,4 种蔷薇的水分饱和亏随着胁迫时间的延长而逐渐提高,腺齿蔷薇和疏花蔷薇的增幅显著高于美蔷薇和弯刺蔷薇,说明美蔷薇和弯刺蔷薇在持续干旱胁迫下能保持较好的水分状况,而腺齿蔷薇和疏花蔷薇的保水能力较差,与外部形态观测的结果相一致。

细胞膜具有选择透性,各种逆境伤害都会造成细胞膜选择透性的改变或丧失,导致大量离子外渗,从而使组织浸出液的电导率升高(范苏鲁等,2011)。干旱胁迫下,电导率的大小能粗略反映一个品种的抗旱性强弱(杨鹏辉等,2003)。本实验中,4 种蔷薇在胁迫初期电导率变化不大。随着胁迫时间的延长,电导率有不同程度的升高。结果表明,美蔷薇和弯刺蔷薇在干旱的逆境下细胞膜相对比较稳定,受的伤害程度较小,抗旱性相对较强;疏花蔷薇和腺齿蔷薇在干旱逆境下细胞膜受伤害严重,抗旱性相对较弱。

正常情况下,植物细胞中存在着自由基及一些活性氧的产生和清除的两个过程。植物在逆境或衰老过程中,细胞内自由基代谢的平衡被破坏而有利于自由基的产生,过剩的自由基的毒害之一是引发或加剧膜脂过氧化,造成细胞膜系统的损伤,产生丙二醛(MDA)等有毒物质。超氧化物歧化酶(SOD)、过氧化氢酶(CAT)等能够有效地清除这些自由基,是酶促防御系统(保护酶系统)的重要组成成分(梁新华和史大刚,2006)。SOD、CAT 活性和 MDA 及膜透性参数相互协调,共同反映植物对干旱胁迫适应能力(张文辉等,2004)。本实验中,随着胁迫时间的延长 SOD 和 CAT 的活性都呈现出先升后降的趋势,MDA 含量则由缓慢上升变为大幅上升,与大丽花品种(范苏鲁等,2011)、果桑品种(姜晓丹,郭军战,2021)以及栓皮栎(张文辉等,2004)等的研究结果一致。这表明在轻度胁迫时保护酶系统通过增加酶活性来清除自由基,抑制有害物质的产生,提高适应干旱胁迫的能力。但当胁迫超过保护酶系统的忍耐范围,保护酶不但不再增加,反而下降,说明植物忍耐干旱胁迫的能力是有限的。对比 SOD 和 CAT 两者的失活程度,CAT 明显高于 SOD,且 CAT 在控水结束时活性已趋近于 0,表明 CAT 比 SOD 对水分亏缺更敏感,这与沈秀瑛等(1995)对玉米的研究结果基本一致。

1931 年 Kautsky 和 Hirsch 第一次用肉眼发现叶绿素荧光动力学现象(Kautsky effect)。目前,叶绿素荧光动力学技术逐渐成为农业领域的一项热门技术,广泛应用于农业生产和科研,尤其在鉴定评价作物的耐逆境能力,如耐旱性、耐寒性、耐盐性等方面的应用越来越多(陈建明等,2006)。Fv/Fm 是光系统Ⅱ最大光化学量子产量,反映光系统Ⅱ的光能转换效率,非胁迫条件下该参数的变化极小,不受物种和生长条件的影响,胁迫条件下该参数明显下降(张守仁,1999)。张永强等(2002)对冬小麦、刘婷婷(2018)对玉米、朱理环等(2010)对甘蔗的研究都表明干旱胁迫使 Fv/Fm 值明显降低。本实验中,美蔷薇和弯刺蔷薇的 Fv/Fm 值一直保持较高的水平,下降幅度较小,腺齿蔷薇和疏花蔷薇的 Fv/Fm 值随着胁迫时间的延长而大幅下降。结果表明,随着胁迫时间的延长,4 种蔷薇的光系统Ⅱ潜在活性中心受损,抑制了光合作用的原初反应,相比之下,弯刺蔷薇和美蔷薇能够较好地维持光合作用的正常运转,光能转换效率显著高于腺齿蔷薇和疏花蔷薇。

干旱胁迫导致植物叶片失水,进而影响叶绿素的生物合成,并促进已合成的叶绿素分解。相关研究表明,干旱胁迫能够显著降低玉簪(张金政等,2014)、黄瓜(吴顺等,2014)以及水稻(王成瑗等,2006)的叶绿素含量。本实验中,4 种蔷薇的相对叶绿素含量随干旱胁迫时间的延长均有不同程度下降,美蔷薇和弯刺蔷薇到胁迫后期叶绿素含量明显高于腺齿蔷薇和疏花蔷薇,与植株外部形态的变化趋势基本一致。

综上所述,4 种蔷薇在外部形态、生理生化及光和特性等方面均对干旱胁迫表现出明显的响应,但种间差异较大,说明对干旱胁迫的耐受能力及适应能力有所不同。由于单项指标不能有效、准确地评价植物抗旱性,因此结合隶属函数法对干旱胁迫下各项测定指标进行综合评价,确定 4 种蔷薇的抗旱性由强到弱依次为:美蔷薇>弯刺蔷薇>疏花蔷薇>腺齿蔷薇。因此,在以提高月季抗旱性为育种目标的远缘杂交育种中,应优先选择美蔷薇和弯刺蔷薇。

参考文献

陈建明,俞晓平,程家安,2006. 叶绿素荧光动力学及其在植物抗逆生理研究中的应用[J]. 浙江农业学报,8(1):51-55.

段娜,郝玉光,刘芳,等,2016. 不同种源比拉底白刺(Nitraria billardieri)水分生理研究[J]. 西南农业学报,29(5):1075-1080.

范苏鲁,苑兆和,冯立娟,等,2011. 干旱胁迫对大丽花生理生化指标的影响[J]. 应用生态学报,22(3):651-657.

郝冉彬,苍晶,徐仲,2004. 植物生理试验[J]. 哈尔滨:哈尔滨工业大学出版社.

姜丽芬,石福臣,王化田,等,2005. 叶绿素计 spad-502 在林业上应用[J]. 生态学杂志,24(12):1543-1548.

姜晓丹,郭军战,2021. 不同果桑品种对干旱胁迫的响应[J]. 安徽农业科学,49(19):108-111.

蒋明义,荆家海,王韶唐,1991. 水分胁迫与植物膜脂过氧化[J]. 西北农业大学学报,19(2):88-94.

梁新华,史大刚,2006. 干旱胁迫对光果甘草幼苗根系 MDA 含量及保护酶 POD、CAT 活性的影响[J]. 干旱地区农业研究,24(3):108-110.

刘婷婷,2018. 玉米苗期干旱复水过程中叶片膜脂响应与干旱适应能力的关系[D]. 北京:中国科学院大学.

沈秀瑛,徐世昌,戴俊英,1995. 干旱对玉米叶SOD、CAT 及酸性磷酸醋酶活性的影响[J]. 植物生理学通讯,31(3):183-186.

时连辉,牟志美,姚健,2005. 不同桑树品种在土壤水分胁迫下膜伤害和保护酶活性变化[J]. 蚕业科学,31(1):13-17.

王斌,杨秀珍,戴思兰,2013. 4 种园林树木抗旱性的综合分析[J]. 北京林业大学学报,35(1):95-102.

王成瑗,王伯伦,张文香,等,2006. 土壤水分胁迫对水稻产量和品质的影响[J]. 作物学报,32(1):131-137.

吴顺,张雪芹,蔡燕,2014. 干旱胁迫对黄瓜幼苗叶绿素含量和光合特性的影响[J]. 中国农学通报,30(1):133-137.

徐小牛,1995. 水分胁迫对三桠生理特性的影响[J]. 安徽农业大学学报,22(1):42-47.

杨鹏辉,李贵全,郭丽,等,2003. 干旱胁迫对不同抗旱大豆品种花荚期质膜透性的影响[J]. 干旱地区农业研究,21(3):127-130.

张金政,张起源,孙国峰,等,2014. 干旱胁迫及复水对玉簪生长和光合作用的影响[J]. 草业学报,23(1):167-176.

张明生,谈锋,谢波,等, 2003. 甘薯膜脂过氧化作用和膜保护系统的变化与品种抗旱性的关系[J]. 中国农业科学,36(11):1395-1398.

张守仁,1999. 叶绿素荧光动力学参数的意义及讨论[J]. 植物学通报,16(4):444-448.

张文辉,段宝利,周建云,等, 2004. 不同种源栓皮栎幼苗叶片水分关系和保护酶活性对干旱胁迫的响应[J]. 植物生态学报,28(4):483-490.

张永强,毛学森,孙宏勇, 2002. 干旱胁迫对冬小麦叶绿素荧光的影响[J]. 中国生态农业学报,10(4):13-15.

朱理环,邢永秀,杨丽涛,等, 2010. 干旱胁迫对苗期甘蔗叶片水分和叶绿素荧光参数的影响[J]. 安徽农业科学,38(23):12570-12573.

邹琦,李德全,郑国生,等, 1994. 作物抗旱生理生态研究[J]. 济南:山东科学技术出版社.

刍议国家活植物收集
A Brief Discussion on National Living Collections

邹璞[1]　宁祖林[1]　田学义[2]　廖景平[1]

（1. 中国科学院华南植物园、华南国家植物园，广东广州，510650；

2. 佛山市林业科学研究所/佛山植物园，广东佛山，528225）

ZOU Pu[1]　NING Zulin[1]　TIAN Xueyi[2]，LIAO Jingping[1]

（1. *China Botanical Garden*，*Chinese Academy of Sciences/South China National Botanical Garden*，*Guangzhou*，510650；2. *Foshan Forestry Research Institute*，*Guangdong*，*Foshan*，528225，*Guangdong*，*China*）

摘要：我国国家植物园体系的重点和优先事项是建立和维护国家活植物收集，坚持迁地保护为重点，支持科学研究和园艺应用。持续提高活植物收集的数量和质量将是未来几十年的重要工作，特别要优先开展保护性收集，确保珍稀濒危植物、国家重点保护野生植物和极小种群植物物种迁地保藏；填补研究性收集一些关键科和属的物种收集缺口，通过迁地栽培促进活植物观察、科学数据积累和研究；改善核心种质收集，为农林草药产业发展提供源头资源。要建立"苗圃栽培-人工群落-异地种植"实验体系，进一步增强活植物收集传承和园林景观时代特征，提供更权威的活植物收集保护解说信息，实施更加严格的国家活植物管理规范，开展更具特色的科学和园艺研究，更有效地促进生物多样性保护和可持续发展。

关键词：国家活植物收集；国家植物园体系；迁地保护

Abstract：In the context of the Chinese national botanical gardens system, the focus and priority is to develop and maintain national living collections, insist on *ex situ* conservation in support of scientific and horticultural research. Continuing to add the general diversity of living collections will remain a key priority over the coming decades, in particular increase new accessions for conservation collections to ensure plant species of rare and endangered, national key protected and those with extremely small populations (PSESP) conserved *ex situ*, fill the gaps of research collections of priority families and genera grown for observation, documentation and science, and improve core collections to provide original sources for agriculture, forestry, grass, and medicine industries. It is necessary to establish an experiment system of "nursery cultivation-artificial community- *inter situ* planting", to further enhance the important living heritage and contemporary aspects of the garden landscapes, to provide more authoritative interpretation of living collections and conservation, implement more rigorous national living collections policy, to carry out more distinctive scientific and horticultural programs, more effectively promote biodiversity integrated conservation and sustainable.

Keywords：National living collection；National botanical garden system；*Ex situ* conservation

活植物收集是指按照植物学标准和植物类型、用途来进行归类栽培和科学管理，并具有翔实数据记录的活体植物集合体（Heywood，1987；IUCN – BGCS & WWF，1989）。活植物收集是植物园的核心和"灵魂"，传承了现代植物园几个世纪的功能变迁、科学脉络和研究成就，是现代植物园科学研究、科学教育和迁地保护的载体和核心使命,体现着植物园的科学内涵和社会责任,与文明发展、经济繁荣、社会进步和人类生活密切相关,是当前和未来发展的根本(Heywood,2015,2021)。

近500年来,国际植物园已建立分类学收集(taxonomic collection)、生物地理学收集(biogeographical collection)、研究性收集(research collection)、保护性收集(conservation collection)、本土植物收集(native collection)、历史性收集(historic collection)和异地收集(off site collection)七大类活植物收集(黄宏文,2018a)。全球多个国家建立了国家植物园和国家植物园体系,例如英国皇家植物园体系和法国、俄罗斯、印度、南非的国家植物园体系,致力于国家使命与任务定位,为国家植物多样性保护及其生态环境建设提供支撑(黄宏文,廖景平,2022)。"国家战略植物资源收集"或"国家活植物收集"已成为欧美及澳大利亚植物园的重要特征之一。我国幅员辽阔,是全球除美国以外拥有纵贯寒带、温带、亚热带、热带气候和完整植被带的国家。在国家植物园体系建设中,应建立国家活植物收集体系,坚持以迁地保护为重点,优先开展保护性收集、注重研究性收集和核心种质收集,打造科学研究平台;构建植物知识和园林文化融合展示体系;推动植物资源利用,担负科学研究、迁地保护和支持生物产业发展的国家使命;推动构建中国特色、世界一流、万物和谐的国家植物园体系,促进野生植物资源保护和生态文明建设。

1 活植物收集的范围与类型

我国是生物多样性大国,本土维管束植物种类3.5万种以上,我国的全球生物多样性热点地区有3.5个,同时横跨6个气候带并有8个主要植被类型(陈进,2022;任海等,2022)。我国植物多样性在全球的重要性和地理、气候、植被、生境等复杂性决定了我国活植物收集应充分考虑地域分布格局的代表性、覆盖度和兼容性。同时也必须考虑全球同气候带其他国家和地区的活植物收集。当前,在国家植物园体系建设背景下,我国植物园的重点工作和优先事项是建立和维护国家活植物收集,坚持迁地保护为重点,支持科学研究和园艺应用。持续提高活植物收集的数量和质量将是未来几十年甚至更长历史时期的重要工作,特别要优先开展保护性收集,确保珍稀濒危植物、国家重点保护野生植物和极小种群植物物种的迁地保藏;填补研究性收集一些关键科和属的物种收集和地理区域收集缺口,通过迁地栽培促进活植物观察、科学数据积累和研究工作聚焦;精准提升核心种质收集,为农林草药产业发展提供源头资源。国家活植物收集应优先注重保护性收集、研究性收集和核心种质收集。

保护性收集是以物种保护为目的、按照居群生态学和遗传多样性原则从自然种群取样,涵盖物种的大部分遗传资源,对种源(provenance)有详细记录的植物收集(贺善安等,2005)。20世纪80年代以来,生物多样性丧失受到全球植物学界高度关注。我国作为全球植物多样性最丰富的国家之一,20世纪80年代以来植物多样性保护取得了长足进展。目前迁地保护植物396科3633属23340种,其中本土植物288科2911属22104种,分别占本土高等植物科的91%、属的86%和物种的60%(黄宏文,2018a)。但是,目前濒危及受威胁植物数量高达3767种(中国科学院和环境保护部,2015),而植物园迁地保育濒危及受威胁植物的数量约1754种,其中极危(CR)物种252种,濒危(EN)物种589种,易危(VU)物种913种,保护了我国记载濒危及受威胁植物物种数量的45%(Zhao et al.,

2022）。但是,植物园迁地保育珍稀及濒危物种数量滞后于濒危植物保护的需求（黄宏文和张征,2012）,并未达到《全球植物保护战略（GSPC）》目标8约60%的要求。进一步分析表明,植物园受威胁植物物种的覆盖率较低,尤其是苔藓植物和蕨类植物,现有迁地保藏的受威胁物种仅约78%保存于不到5个植物园,受威胁植物迁地保藏植物园分布与其自然分布不一致,我国植物园尚缺乏足够的能力应对物种灭绝危机（Zhao et al., 2022）。因此,我国国家植物园建设应加强珍稀濒危植物、国家重点保护野生植物、极小种群物种和特有植物的保护性收集,建立“苗圃栽培-人工群落-异地种植”实验体系,为受威胁植物保护和野外回归,乃至实现生物多样性保护的总体目标和可持续发展作出贡献。

研究性收集是基于特定的研究需求和研究兴趣的活植物收集。现代植物园建立初期的药用植物收集、殖民地时期的经济植物收集乃至植物分类学史上为植物命名和建立植物分类系统开展的植物收集均为研究性收集（黄宏文,2018a）。现代各植物园逐渐形成了各具特色的专科专属的收集,例如中国科学院华南植物园在木兰科、姜科和竹类植物方面的收集是比较全面的。国外知名植物园,例如英国爱丁堡皇家植物园的优势类群主要是杜鹃花科、秋海棠科、姜科等,每年都会报道研究进展（Royal Botanic Garden Edinburgh, 2021）。植物园不同于公园,是因为植物园有着深厚的科学内涵,是从事植物基础生物学研究、植物资源收集与评价、植物资源发掘与利用的综合性研究机构（黄宏文,2018b）。我国国家植物园建设中,要根据植物园科学研究的总体需求和专门研究项目导向,加强活植物收集,而以研究或研究项目为导向的研究性收集可以强化植物园活植物收集,能够提升活植物收集的物种代表性

和科学性。

核心种质收集（corecollection）主要是指针对为农业、林业、草业、园艺、医药和环境保护等生产服务的活植物收集。16世纪以来,植物引种驯化引发的农业发展在全球经济社会发展中发挥了重要作用,每一种重要栽培植物的成功引种和驯化都对人类历史进程产生了不可估量的影响（黄宏文等,2015）。近500年,植物园对植物的发现和引种驯化推动了农业、园艺、商贸及经济社会的发展,在为植物资源可持续利用提供科学依据方面发挥着越来越重要的作用（Borsch & Löhne,2014）。我国植物资源丰富,有高等植物约3.5万种,约占全球总数的10%,是北半球早中新世（1500万年前）孑遗植物的重要组分并具有众多药用、经济与园艺植物种质资源（Huang et al., 2002）。中国花木在西方乃至世界的园林和环境美化中作出了重大贡献,被西方人誉为“园林之母”（罗桂环,2000）。在全球气候变化日益严峻的今天,人类面临人口、资源、环境等方面的巨大压力,探索未知资源、保护植物资源及其多样性已经成为人类发展的重大使命和国家发展的战略选择。“一个基因可以影响一个国家的兴衰,一个物种可以左右一个国家的经济命脉”。因此,加强植物的引种驯化及资源发掘利用极其重要,而植物园的核心种质收集能够为国家的工业、农林草业、园艺、医药和环保产业的可持续发展提供国家战略资源储备支撑及丰富的源头。此外,我国虽是世界农作物起源中心之一,但构成我国现有食物组成的多数植物种类为非本土起源,进一步加强非本土起源的农作物原生种、野生近缘种及优异遗传资源的引进,对我国战略植物资源的储备及发掘利用具有重要意义并将产生深远影响（黄宏文,张征,2012）。

2 活植物收集的规范管理

植物园是植物收集和迁地保护机构,活植物收集是植物园的核心和"灵魂",活植物信息记录则是其"灵魂"的精髓。信息记录通常包括引种信息、登录信息(含登录限定号)、鉴定查证、清查与编目、挂牌与解说、繁殖、定植(含生长状况),以及物候观测和应用评价等综合信息体系。植物园既要科学收集并长期维持迁地栽培植物,也要负责活植物的管理、风险因素控制和种群动态管理,同时又要开展野外回归,栖息地恢复和管理(黄宏文,2018a)。我国植物园在活植物登录管理和信息记录方面均存在严重滞后问题。首先体现在对引种登录信息管理重视不够,仅43.3%的植物园(78个)有引种记录、27.2%的植物园(49个)有植物登录记录本。其次对植物定植、繁殖和物候观测资料的积累和长期保存不够,仅29.4%的植物园(53个)有植物定植记录、23.3%的植物园(42个)有植物繁殖记录、33.9%的植物园(61个)有物候记录,活植物信息记录严重不足;并且仅22.8%的植物园(41个)有计算机化植物记录系统,植物园活植物信息化管理水平低。由此导致我国植物园科学数据保存与信息共享严重滞后,未形成长期、稳定、高效的植物迁地保护体系(黄宏文,2018a)。要提升活植物收集的科学价值和应用价值,就必须加强迁地保育体制机制建设,提高植物收集与管理能力,提高生物多样性保护专业技能。尤其要加强基础数据管理研究,全面开展引种保育采样方法、种源信息、物候观测等数据规范记录,加强疑难物种鉴定和有效名称查证、迁地保护植物数据"追踪"与"溯源"。

20世纪80年代以来,我国许多植物园都在积极开展稀有濒危植物的迁地保护工作,并取得了大量成果。然而,迁地保护的效果如何至今尚未见科学评价的报道。在国内同类研究中,对植物迁地保护的评价仅停留在适应性的评价上,而未涉及保护的科学性、有效性等方面(黄仕训等,2006)。因此亟须建立"分类系统GAP分析–受威胁状态和重点保护物种分析–核心种质分析"的分析体系,优化调整野外引种和整合保护策略,应用大数据关键技术,聚焦迁地保护科学问题和保护缺口,探索大数据时代整合保护研究,促进迁地保护核心数据共享。

3 活植物收集的研究与推广

21世纪人类面临的最重大挑战之一是如何解决对生物资源的极大需求和可持续发展之间的矛盾。而解决这一矛盾的主要途径是加速发展革命性的生物资源利用的新理论和新技术,发掘广泛存在于野生生物(动物、植物、微生物)资源库中的有用物种、种质、基因,开展种质创新、培育新品种,创造新技术、开发新工艺,实现规模产业化(中国科学院生物质资源领域战略研究组,2009;Huang,2011)。早在1978年的《中国科学院植物园工作条例》中就提出了植物园的使命与任务。其目标之一就是广泛收集并发掘野生植物资源,引进国外重要经济植物,重视搜集稀有、珍贵和濒危的植物种类,进行分类鉴定、评价、繁殖、栽培、保存、利用及选育新品种等研究;目标之二就是结合引种实践,研究植物的生长发育规律、植物引种后的适应性及其遗传变异规律和经济性状的遗传规律,研究植物引种驯化和提高植物产量品质与抗性的新技术、新方法(黄宏文,廖景平,2022)。近年来,我国植物园培育了植物新品种1352个、申报植物新品种权494个、获国家授权新品种452个、推广园林观赏/绿化树种17347种次、开发药品/药物748个、开发功能食品281个、推广果树新品种653个,在植物资源发掘与利用方面的成就独树一帜,成为国际植物园界对资源植物研发的典范(焦阳等,2019)。

我国国家植物园体系建设中,必须在活植物收集研究和基础数据管理研究基础上,聚焦重要珍稀濒危植物的致濒机制及其保护和决策需求,建立"驯化栽培技术-繁殖技术-病虫害防治技术"的技术体系,开展野生资源栽培、驯化、繁殖技术、病虫害防治技术研发以及新品种培育,形成技术规程,促进活植物收集基础研究与技术应用;聚焦重要观赏性状、物种进化性状和功能性状,开展基因、功能、格局、过程、机制等研究,探索以组学为特色的整合生物学理论与创新研究,促进迁地保护生物学理论研究与技术发展。同时构建基于大数据平台和信息技术的迁地栽培植物多层次数据库与研发平台,支撑国家植物园在线植物数据库与整合保护科学数据共享,服务于国家乃至全球植物多样性保护战略!

参考文献

陈进,2022. 关于我国国家植物园体系建设的一点思考[J]. 生物多样性, 30(1):1-4.

贺善安,顾姻,於虹,等,2005. 论植物园的活植物收集[J]. 植物资源与环境学报,14(1):49-53.

黄宏文,段子渊,廖景平,等,2015. 植物引种驯化对近500年人类文明史的影响及其科学意义[J]. 植物学报,50:280-294.

黄宏文,廖景平,2022. 论我国国家植物园体系建设:以任务带学科构建国家植物园迁地保护综合体系[J]. 生物多样性,30(6):1-17.

黄宏文,张征,2012. 中国植物引种栽培及迁地保护的现状与展望[J]. 生物多样性,20(5):559-571.

黄宏文,2018a. 植物迁地保育原理与实践[M]. 北京:科学出版社.

黄宏文,2018b. "艺术的外貌、科学的内涵、使命的担当"——植物园500年来的科研与社会功能变迁(二):科学的内涵[J]. 生物多样性26(3):304-314.

黄仕训,骆文华,唐文秀,等,2006. 广西稀有濒危植物迁地保护评价[J]. 广西植物,26(4):429-433.

焦阳,邵云云,廖景平,等,2019. 中国植物园现状及未来发展策略[J]. 中国科学院院刊,34(12):1351-1358.

罗桂环,2000. 西方对"中国——园林之母"的认识[J]. 自然科学史研究,19(1):72-88.

任海,文香英,廖景平,等,2022. 试论植物园功能变迁与中国国家植物园体系建设[J]. 生物多样性,30(4):1-11.

中国科学院和环境保护部,2015. 中国生物物种名录 2015 版(光盘)[M]. 北京:科学出版社.

中国科学院生物质资源领域战略研究组,2009. 中国至2050年生物质资源科技发展路线图[M]. 北京:科学出版社.

Borsch T, Löhne C, 2014. Botanic gardens for the future: Integrating research, conservation, environmental education and public recreation[J]. Etbiopian Journal of Biological Sciences, 13(supp.):115-133.

DeMarie E T, 1996. The value of plant collections[J]. Public Gard, 11(2):7, 31.

Heywood V H, 1987. The changing role of the botanic garden[M]//Bramwell D, Hamann O, Heywood V, & Synge H(eds.), Botanic gardens and the world conservation strategy(pp.3-18). London, UK: Academic Press.

Heywood V H, 2015. In situ conservation of plant species-an unattainable goal? [j] Israel Journal of Plant Sciences, 24:5-24.

Heywood V H, 2021. The sustainability of the global botanic garden estate[M]//Espírito-Santo, M D et al.(eds.), in Botanic Gardens, People and Plants for a Sustainable World. IsaPress. Lisboa:183-202.

Huang H W, Han X G, Kang L, et al, 2002. Conserving native plants in China[J]. Science,

297: 935−936.

Huang H, 2011. Plant diversity and conservation in China Planning a strategic bioresource for a sustainable future[J]. Botanical Journal of the Linnean Society, 166(3): 282−300.

IUCN-BGCS, WWF, 1989. The botanic gardens conservation strategy[J]. IUCN−BGCS, UK and Gland.

Lighty R W, 1984. Toward a more rational approach to plant collections [J]. Longwood Program Seminars, 16: 5−9.

Royal Botanic Garden Edinburgh, 2021. The catalogue of plants 2021: https://www.rbge.org.uk/collections/living−collection/the−catalogue−of−plants−2021/.

Watson G M, Heywood V, Crowley W, 1993. North American botanic gardens[J]. Horticultural Reviews, 15: 1−62.

Zhao X, Chen H, Wu J Y, et al, 2022. Ex situ conservation of threatened higher plants in Chinese botanical gardens. Global Ecology and Conservation, 38, e02206. doi: 10. 1016/j. gecco. 2022. e02206.

关于植物园中园林园艺管理的一些思考
Some Thoughts about Management of Landscape and Gardening in Botanical Garden

李素文

（中国科学院华南植物园、华南国家植物园，广东广州，510650）

LI Suwen

（*China Botanical Garden，Chinese Academy of Sciences/South China National Botanical Garden，Guangzhou，510650，Guangdong，China*）

摘要：随着时代的变迁，社会的发展，植物园的功能一直变化着。在以物种资源收集保育、科学研究为焦点的植物园体系中，园林园艺逐渐被重视。本文分享了笔者对植物园中园林园艺管理所发挥作用的理解，以及结合植物多样性迁地保护和生态文明建设为核心的国家植物园建设的一些思考。

关键词：植物园特色；园林景观建设；园地管理

Abstract：With the change of the times and social development，functional of botanical gardens have been changed. Landscape and gardening in the system of botanical gardens which usually focus on plants collection and conservation and scientific research，gradually to be taken seriously now. This paper share the author's understanding of the role of the landscape and gardening management in botanical gardens. And some thoughts about the development of the landscape and gardening management in national botanical gardens with the core of the ex situ conservation and the construction of ecological civilization.

Keywords：Features of botanical garden；Landscape construction；Gardening management

2019—2021 年中国科学院组建核心植物园，整合西双版纳热带植物园、武汉植物园和华南植物园三园资源，集成优势、补齐短板，开始探索协同发展的国家植物园体系模式。中国科学院核心植物园通过调整体制机制和发展方向，以物种保育、园林园艺、环境教育三大功能领域和植物生态学、资源植物学、保护生物学三大特色学科为重点建设内容，改善了植物园中存在的"重科学研究、轻植物园功能"的局面。园林园艺在核心植物园的建设当中，首次被正式作为植物园中一个重要的功能与物种保育和环境教育放在同样的位置上。在中国植物园 500 多年的发展历史中，植物园的功能与使命随着时代的发展和社会的需求而变化，长期以物种收集、植物资源开发利用、科学研究为主要任务的植物园，却常常忽略了园林景观建设及养护的重要性。陈封怀先生首先提出"科学的内容，美丽的外貌"的植物园建园理念，指出"植物园是科学与艺术共同结合发展的基地"。如今"科学内涵、艺术外貌和文化底蕴"已经是中国植物园建设的一个重要指引，而园林园艺正是在这样的建园理念当中，得以发挥其重要作用。

1 植物园中的园林园艺

本文论及的园林园艺，简言之就是园

林景观建设和园地养护管理。核心植物园园林园艺领域总师刘宏涛提出园林园艺"是集景观设计、营建与维护于一体的综合概念,园林强调空间的景观艺术性,园艺更多地注重与体现养护管理水平"。植物园中的园林园艺,是植物园各项功能的综合体现和展示载体,它既服务于物种收集、迁地保育、科学研究、资源开发利用和环境科普教育,为它们提供良好的植物保育场地和技术支撑,亦是这些功能的成果展示平台,"是植物园品牌形象和综合实力的有力表现"(任海,段子渊,2017)。因此,建设好园林园艺,培养一支有热情、有创新力、专业的园林园艺团队,对植物园的建设和可持续发展有着十分重要的作用。

2 园林园艺的工作内容

园林园艺管理工作,是植物园中最基础的技术支撑及不间断的日常作业,不仅包括植物繁殖保育和绿化养护等园艺范畴的内容,还包括园林景观建设及长期维护、不断更新的需求。而在以生物多样性保育、植物资源开发利用、科学研究和科普教育为核心的植物园定位和使命的基调中,园林园艺还具有区别于一般园林绿化养护工作的植物园特色。

2.1 园林景观建设

2.1.1 摸清本底,明确定位和使命,开展园林景观总体规划

对植物园进行全面深入的研究,评估其生境条件,如土壤类型、水文条件、地形地貌、本土植被与栖息地、景观基础和历史人文条件(黄宏文等,2019);厘清建园历史和发展脉络,并对现有景观和资源进行分析评估,是进行园地建设和管理的基础。在摸清本底的情况下,厘清该园区所属植物园的定位和使命及其发挥的作用,将有利于管理者深入了解其规划思路和管理要点,为科学合理地开展针对该园区的管理和工作计划提供重要的基础依据。

对于新建或是重新改造的植物园,无论其园林景观总体规划是邀请外部团队设计实施还是自行规划设计,建设初期就应该有园林管理团队加入,并参与长期管理的整体过程。这样不仅保证规划设计团队更深入地理解该园区的实际情况和需求,还有利于园区的历史传承和文化特色能在规划方案中更好地体现,亦能使园林景观在长期的建设和管理过程当中,指导思想和理念风格保持延续,使总体景观规划方案更好地落实。因此,园林景观管理团队也需要充分学习和理解总体规划的理念、具体方案和实施计划,并合理有效地落实到位。

2.1.2 制定园林景观总体规划实施方案和工作计划,建立园林园艺档案资料

根据园林景观总体规划,结合园区的实际情况、各项基础条件和经费状况等综合因素,制定与全园定位一致的总体规划、修建性详规、设计方案、实施方案和战略发展规划等工作计划。一般将总体规划分步、分期实施,短期和长期规划相结合,明确短期和长期建设目标,有利于更科学、合理地完成最终的规划目标。在实施的过程中,还需要根据环境、资源和社会需求等变化,及时调整总体规划及实施工作计划,做到与时俱进。

从建园开始,就需要建立全面、清晰的园林园艺档案信息和管理记录,不仅有利于管理的制度化和规范化,还为总结管理经验,传承专业技术、积累历史素材等保留可查证资料。其中园林园艺档案资料包括园区基础信息资料、建设发展历史记录、园地管理记录、植物信息管理记录、各时期园林景观建设图文资料等。

2.1.3 持续性的植物景观改造及更替计划

景观建设,特别是动态生长的植物景观,讲求"三分建,七分养",需要在长期的养护管理过程中不断对景观进行优化和调整,使其逐步完善。这就需要一支具有风景园林专业素质并熟悉园地作业和植物特性的园林园艺管理团队在长期的养护管理中将引种保育的植物逐步定植在园区,并通过园林手法科学、合理、艺术地营造出体现植物园生物多样性和生态化的优美景观。植物园的园林园艺管理团队可通过持续性的景观改造和植物更替计划实现这一目标。目前,一般园林设计和绿化养护公司,很难独立完成植物园在这方面的需求,植物园需要组织和培养符合自身发展需求的专业队伍。

2.1.4 突出植物园特色的亮点展示——专题植物展及花展

专题植物展和花展是植物园最受关注和欢迎的对外展示形式,也是民众深入了解植物园,学习植物知识的良好机会。目前,全国各地的花展、园林博览会遍地开花,规模和质量越来越高,如上海辰山植物园的国际兰花展、深圳仙湖植物园的国际花展都广受欢迎,其行业影响力和美誉度也很高。虽然国内很多植物园并没有举办大型花展的条件,但举办小型专题植物展或花展还是可以实施的。专题植物展和花展可结合科研成果的展示、科普课程或宣传活动的开展,突出植物园自身的特色和优势,拉近与民众的距离,提升美誉度和影响力。

植物园园林园艺团队作为专题植物展和花展的主要实施者,应根据植物园生物多样性的优势和科学性的特色,结合民生关注点、社会热点和国家大事件进行设计和布展,做出有别于他人的自身特色,才能在百花齐放的大环境中吸引游客的兴趣。

一般来说,针对全园的植物专题展或花展,需要物种保育、园林园艺和科普旅游等多部门的共同参与、协同合作,才能发挥出更好的综合效果和影响力。

2.2 日常园地养护管理

2.2.1 园林养护管理质量等级

植物园按照绿地功能一般可分为:公共园林景观区、专类园区、本土自然植被保护区、种质资源圃和引种繁育苗圃。

植物园园林景观养护管理质量分为四个类别:精细管理、中度管理、粗放管理、自然植物演替区域。一般来说,植物园内的花境景观区域、展览温室、兰科植物、药用植物、兰科植物、蕨类植物、阴生植物、凤梨植物、水生植物等收集展示小型灌草植物类群的专类园需要纳入精细管理级别;以木本等大型乔木植物类群为主的专类园可视具体情况进行中度管理或粗放管理;本土植物类群、自然保护区应该纳入自然植物演替区域,除了基础设施维护,尽量减少人为行动对植物自然生长和更替的影响。园林园艺管理需要根据不同的养护类别进行分类抓重点管理。

2.2.2 日常养护管理作业

园林园艺日常养护作业包括:卫生清理、绿化养护(植物水肥管理、植物修剪、草坪剪草、杂草清理、植物繁育、病虫害防治、树木管理、园林垃圾处理及利用、基部覆盖、植物定植、裸地复绿等)、园林机械维护管养、基础设施管养(喷灌系统、排水管道、建筑道路、设施设备、园林构件)。园林园艺养护管理工作,是一年365天不间断的日常作业,应建立完善的管理制度和工作机制,并形成全面的台账登记管理体系。对于各项专业操作,还需制定针对性强的工作指引和安全手册,重视日常巡查以及与园地关联的年度考核,使园林园艺养护管理工作向规范化、制度化、专业化、自动化的方向发展。

2.3 园林园艺与科学研究、物种保育、环境科普教育的紧密结合

在植物园大背景下的园林园艺，其区别于市政绿化的最大特色，是与科学研究、物种保育、环境科普教育的有机结合。其首先表现在植物园日常的活植物信息管理工作中：引种、植物清查、物候观测、植物鉴定等物种保育领域相关的工作，需要园林园艺人员的参与，特别是进行园区管理和植物保育基础数据的记录和收集。花讯与旅游宣传、植物标识与解说、科普推文、自然导赏及教育课程等都需要园林园艺的积极配合；在科研科普项目、新品种、专利、文章著作、学术组织等其他工作中，园林园艺都能体现其专业支撑的重要作用。作为承载植物园各项功能的场地建设和养护管理者，其园林园艺的水平直接代表着一个植物园的外观颜值和精神面貌。

3 植物园园林园艺的组成和构架（以华南植物园为例）

3.1 专业支撑、人员构成及组织构架

从园林园艺的工作内容中不难看出，其必要专业支撑为园林和园艺，又因为是植物园中的园林园艺，因此植物学相关的专业支撑也是必不可少的（图1）。也就是说，植物园中的园林园艺工作是需要多学科多工种共同协作，相互支撑的团体作业。各专业技术之间如何相互组合，其组织构

架如何搭建，却需要各植物园根据自身所属的体系及具体情况进行统筹考虑。

以华南植物园园林园艺部为例，其园林园艺部以大片区分区管理为大构架，按照同属性管理及区域临近的原则，将园区总体分为岭南植物景观区、温室群植物景观区、专类园东区、专类园西区和园地管理保障区（图2）。每片区设置高级园艺主管岗进行统筹管理，其下设置数据管理岗（植物学相关专业人员）、园林景观岗（景观规划专业相关人员）及园地管理岗（园艺栽培专业相关人员）作为片区主要专业技术支撑（图3）。此外，单设园地管理保障组对整体园区进行树艺植保、机械设备、环卫管理以及水电保障等技术支撑。各岗位和专业人员之间各司其职、相互配合相互补位，专业人做专业事，以求发挥团体作业的最大优势和效率。

3.2 完善的培训体系及特色专业队伍的补充支撑

由于植物园中园林园艺工作涉及的学科和专业较多，综合能力要求较高，因此，持续开展职业及专业技能培训，对保障人员队伍的专业性与创新性，不断提高园区

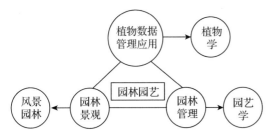

图1 多学科专业支撑园林园艺

Fig. 1 Multidisciplinary professional support landscape and gardening

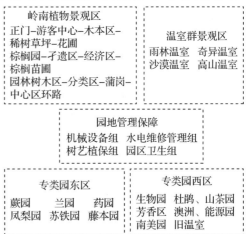

图2 华南植物园大片区管理

Fig. 2 Large area management in South China Botanic Garden

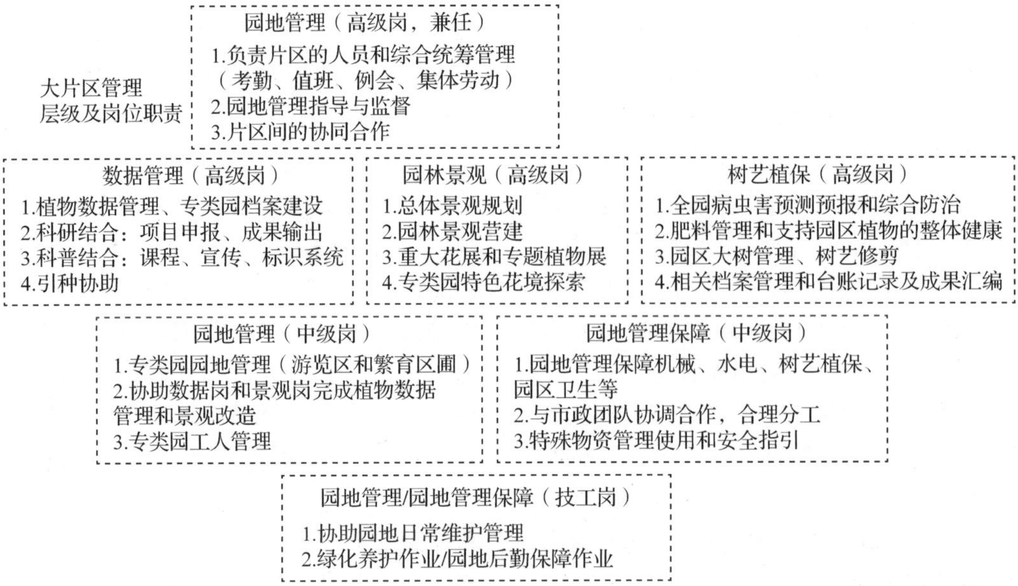

大片区管理
层级及岗位职责

园地管理（高级岗，兼任）
1.负责片区的人员和综合统筹管理
（考勤、值班、例会、集体劳动）
2.园地管理指导与监督
3.片区间的协同合作

数据管理（高级岗）
1.植物数据管理、专类园档案建设
2.科研结合：项目申报、成果输出
3.科普结合：课程、宣传、标识系统
4.引种协助

园林景观（高级岗）
1.总体景观规划
2.园林景观营建
3.重大花展和专题植物展
4.专类园特色花境探索

树艺植保（高级岗）
1.全园病虫害预测预报和综合防治
2.肥料管理和支持园区植物的整体健康
3.园区大树管理、树艺修剪
4.相关档案管理和台账记录及成果汇编

园地管理（中级岗）
1.专类园园地管理（游览区和繁育区圃）
2.协助数据岗和景观岗完成植物数据
管理和景观改造
3.专类园工人管理

园地管理保障（中级岗）
1.园地管理保障机械、水电、树艺植保、
园区卫生等
2.与市政团队协调合作，合理分工
3.特殊物资管理使用和安全指引

园地管理/园地管理保障（技工岗）
1.协助园地日常维护管理
2.绿化养护作业/园地后勤保障作业

图3 大片区管理的岗位设置

Fig. 3 Post setting in large area management

服务的质量，并更好地辅助植物园其他功能领域的需求，有着十分重要的作用。华南植物园近两年积极开展培训计划——封怀园艺培训，为职工提供多样化的专题培训。此外，为促进内部交流，园林园艺还组织内部的交流论坛，定期邀请不同班组，不同岗位的职工进行专题讨论交流。

中国植物园联盟根据植物园建设及人才队伍培养的需求，结合相关特色专业技能，每年都会推出多样的培训课程。2019—2021年核心植物园筹建期间，中国植物园联盟和核心植物园园林园艺领域共同组织大树名木养护管理培训班、花境培训班及树艺专业技能培训班等，为全国植物园园林园艺从业人员提供了很好的学习和交流平台。

由此，华南植物园园林园艺还根据自身的管理需求和人员结构情况，组建和发展了3个特色专业团队:园林园艺志愿者团队、树艺团队及景观团队。在增加社会结合度和公众认同感，以及创新实践特色

专业领域，拓展行业影响力方面都起到了积极作用。

4 关于植物园园林园艺的思考

植物园的定位和使命，决定了其中的园林园艺区别于一般市政园林的景观建设和绿化养护。其功能随着植物园的发展而变化，科学性、生态性和功能性是其最大的特色。服务于国家植物园生物多样性保护和生态文明建设的任务，园林园艺应探索如何为植物园建设多样性的植物景观和生态环境，如何为引种保育、科学研究、资源开发利用和环境科普教育提供良好的展示平台。

植物园的园林园艺是涉及多学科的综合作业，需要多专业、多部门人员协同合作，共同完成植物园建设的任务。如何使各专业、多学科、多部门的人员有机结合，发挥出最大的力量，是园林园艺需要不断探索和大胆创新的任务。

园林园艺管理工作，是植物园中最基

础的技术支撑及不间断的日常作业，全面提升园林园艺的科学管理水平，充实、完善植物数据库与档案管理，为园区管理提供科学依据、累计记录资料基础数据；规范日常园林养护操作，加强相关标准的制订和实施；制定合理的管理机制等措施，都有利于园林园艺管理工作向规范化、数字化、自动化和专业化的方向发展。

重视人才队伍建设，实施科学的考评机制。组建一支人员年龄层次组成合理、专业结构全面的园林园艺队伍，是园区建设的基础。重视园林园艺专业人才培养，形成全面拓展的植物园园林园艺培训体系，鼓励发扬工匠精神，发展特色技能；明确人员职责，分类考核，理顺管理制度和奖惩机制是园林园艺管理的重要目标。

园区建设一直是植物园的主要任务与功能之一，然而园林园艺在植物园体系中长期处于被忽略的次要位置。在建设华南国家植物园的前期评估当中，园林园艺更是众多指标中的弱势项。由此，也被列入华南国家植物园建设当中重要的内容之一。园林园艺依靠国家植物园建设平台如何发挥其最大的作用，成为植物园高水平的综合体现，这是留给园林园艺团队的难题，也是难得的挑战。为此，借基于植物园园林园艺管理的以上几点思考，抛砖引玉，供园林园艺从业人员参考，并为建设国家植物园探索园林园艺的出路而共勉。

参考文献

陈进，2022. 关于我国国家植物园体系建设的一点思考[J]. 生物多样性，30(1)：1-4.

黄宏文，廖景平，张征，2019. 中国植物园标准体系[M]. 北京：科学出版社.

黄宏文，廖景平，2022. 论我国国家植物园体系建设：以任务带学科构建国家植物园迁地保护综合体系[J]. 生物多样性，30(6)：1-17.

焦阳，邵云云，廖景平，等，2019. 中国植物园现状及未来发展策略[D]. 北京：中国科学院.

任海，段子渊，2017. 科学植物园建设的理论与实践[M]. 2版. 北京：科学出版社.

任海，文香英，廖景平，等，2022. 试论植物园功能变迁与中国国家植物园体系建设[J]. 生物多样性，30(4)：1-11.

张云璐，2015. 当代植物园规划设计与发展趋势研究[D]. 北京：北京林业大学.

五种景天科多肉植物的夏季适应性评价

Evaluation for Summer Adaptation of Five Species of Crassulaceae Succulents

吕洁　刘冰　陈进勇[*]

(中国园林博物馆北京筹备办公室,北京,100072)

LV Jie　LIU Bing　CHEN Jinyong

(*The Museum of Chinese Gardens and Landscape Architecture, Beijing, 100072, China*)

摘要：选择观赏性较强的紫珍珠、紫乐、星美人、粉球美人、红手指5种景天科多肉植物,观测其对北京夏季的适应性。结果表明,粉球美人表现最差,死亡率达68%;红手指的总体死亡率为51%,不推荐大量应用;紫珍珠、星美人和紫乐表现较好,越夏后在秋季恢复生长较快,适合做季节性露地栽培应用,与其他多肉植物搭配,增加景观色彩。

关键词：景天科;多肉植物;越夏;适应性;评价

Abstract：Five species of Crassulaceae succulents with high ornamental value were chosen to observe their adaptation in summer in Beijing. These species are *Echeveria* 'Perle von Nürnberg', *Graptopetalum* 'Purple Delight', *Pachyphytum oviferum*, *Pachyphytum* 'Amazoness' and *Pachysedum* 'Ganzhou'. The results showed that P. 'Amazoness' performed very badly with the death rate 68%, and the death rate of P. 'Ganzhou' was 51%. These two varieties are not suitable for large scale application. The other three species had reasonable performance and recovered growth quite quick in the autumn, which are suitable for seasonal outdoor application. They can enhance the landscaping color when mixed with other succulents.

Keywords：Crassulaceae; Succulents; Summer endurance; Adaptation; Evaluation

景天科是多肉植物中的一个大科,全世界有34属1500余种,主要分布在亚、非、欧、美等洲(中国科学院中国植物志编辑委员会,1984)。景天科多肉植物品种繁多,造型奇特,色泽丰富,生长缓慢,大多管理方便,既可用于盆栽观赏,也可应用于庭院、屋顶、花境、路侧等户外环境绿化(高伟等,2019)。由于景天科多肉植物原产地不同,其生长特性和适应性也各不相同,有些原产山区冷凉地带的景天科植物往往在我国炎热多雨的夏季休眠,并会产生不适反应。为此本文选择观赏性较强的4属5个品种在北京进行露地栽培,观测其在夏季的适应性,并进行评价,为相似地区的栽培应用提供参考和借鉴。

1 材料与方法

1.1 基本概况

选择叶形和叶色观赏性较强的5种多肉植物,分别为紫珍珠(*Echeveria* 'Perle von Nürnberg')、紫乐(*Graptopetalum* 'Purple Delight')、星美人(*Pachyphytum ovife-*

作者简介：吕洁,1987年7月,女,硕士,馆员,研究方向园林植物栽培和科普应用。

通讯作者：陈进勇,1971年6月,男,教授级高级工程师,研究方向园林植物引种栽培和应用。邮箱512706900@qq.com,电话18310710630。

rum)、粉球美人(*Pachyphytum* 'Amazoness')、红手指(*Pachysedum* 'Ganzhou')。2021 年 4 月下旬与其他多肉植物共同栽植在中国园林博物馆室外花园,各品种均为二年生植株,数量在 25 株以上。采取地形处理和自然式配置,栽培基质采取火山灰、珍珠岩加草炭土混合的方式,保证疏松排水透气。常规浇水养护管理。

1.2　存活统计和分级评价

分别在 7 月 22 日和 7 月 23 日,用欧米安 DM550 红外测温仪对花园东西两侧的地表温度进行测定,气温由 Hobo 自动气象站测定。并在 7 月 23 日、8 月 13 日、10 月 18 日三个时间段,分花园东侧和西侧两部分,统计各品种的存活数量,从差到好分 5 级进行评价(表 1),对不同时期的植株数量和分级进行比较。

表 1　多肉植物的生长表现评价
Table 1　Evaluation of the succulents' growth

评价 Evaluation	标准 Criteria
差	植株叶片脱落 2/3 以上,或出现茎腐等严重病虫害
中差	植株叶片脱落 1/2～2/3,或开始出现茎腐现象
中	植株出现中度黄叶、焦叶或病虫害,影响观赏性,但后续尚能恢复生长
中好	植株出现少量黄叶、焦叶或病虫害,对总体观赏性和长势影响不大
好	植株整体生长正常,没有出现不适症状

1.3　生长指标测定和分析

每种植物随机选择 3 株以上,分别在 7 月 23 日、8 月 13 日、10 月 18 日对植株的株高、冠幅、叶片长、叶片宽、分枝(萌蘖)数、单头冠幅和单头叶片数等指标进行测定,用 Excel 软件计算平均值,进行不同时间段的指标比较,用 SPSS 17.0 软件进行各指标在不同时间段的差异显著性分析。并根据各指标随季节的变化情况进行生长势分级评价(表 2)。

表 2　多肉植物的生长势指标评价分级
Table 2　Grading of growth index evaluation of the succulents

分级 Grade	标准 Criteria
1	3 个指标降低幅度在 50% 以上
2	3 个指标降低幅度在 20%～50%
3	大部分指标变化幅度在 20% 以内
4	3 个指标增加幅度在 20%～50%,其余指标基本不降低
5	3 个指标增加幅度在 50% 以上,其余指标基本不降低

2　结果与分析

2.1　地表温度的变化

在 7 月 22 日阴天和 23 日晴天对栽培地地表温度进行测定,阴天的地表温度与气温接近,不同点位差异不大。7 月 23 日晴天,8:00～17:00 的气温在 25～33℃,呈平缓的弧形曲线变化。东、西两侧 6 个点位的基质表面温度呈单峰的曲线变化,在 30～63℃,由于太阳辐射,从 8:00～16:00 均高于气温,至 17:00 日落后与气温持平(图 1)。东西两侧由于外围树木的侧遮阴,不同点位之间受太阳辐射的影响,温度差异较大,有的超过 10℃,如东 1 在受东侧和南侧遮阴 8:00～14:00 地表温度最低,西 3 受西侧遮阴 15:00～17:00 地表温度最低,12:00～14:00 地表温度基本达 60℃,可见基质表面温度主要受太阳辐射的影响。

2.2　生长比较分析

在不同时间段,对 5 种多肉植物在不同栽植点的表现进行观测评价和植株存活数量统计。结果表明(图 2),紫珍珠在同一时间不同地点之间的植株表现差异不明显,但同一地点栽植的植株表现随着时间

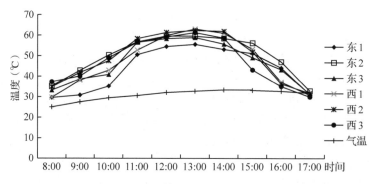

图 1　栽植地东西侧地表温度的变化

Fig. 1　Soil surface temperature of the east and west sides of the cultivation site

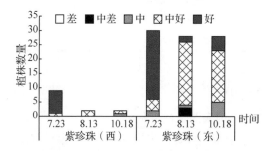

图 2　紫珍珠在 7~10 月的植株表现

Fig. 2　Performance of *Echeveria* 'Perle von Nürnberg' during July and October

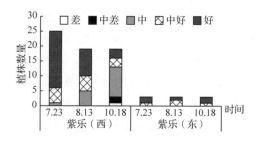

图 3　紫乐在 7~10 月的植株表现

Fig. 3　Performance of *Graptopetalum* 'Purple Delight' during July and October

变化出现差异。自 7 月 23 日至 8 月 13 日，东侧植株成活数量从 30 株降至 28 株，死亡率 7%；西侧存活数量从 9 株下降到 2 株，死亡率近 80%；总体死亡率 23%。植株表现以好为主变为以中好为主。主要原因是 7 月下旬至 8 月上旬夏季高温多雨造成植株茎基部和叶片腐烂脱落，甚至全株死亡。

紫乐在同一时间不同地点之间的植株表现差异不明显，但同一地点栽植的植株表现随着时间变化出现差异(图 3)，主要表现在西侧植株自 7 月 23 日至 8 月 13 日，存活数量从 25 株下降到 19 株，死亡率 24%，再至 10 月 18 日，植株表现以好为主逐渐变为以中为主；东侧植株 3 株，变化不明显。主要原因是 7 月下旬至 8 月上旬夏季高温多雨造成植株叶片腐烂脱落，茎基

部腐烂至全株死亡。

星美人在同一时间不同地点之间的植株表现差异不明显，但同一地点栽植的植株表现随着时间变化出现存活数量下降的趋势(图 4)，自 7 月 23 日至 8 月 13 日再至 10 月 18 日，西侧植株存活数量从 26 株下

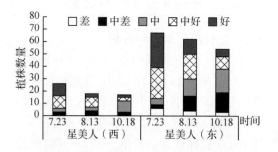

图 4　星美人在 7~10 月的植株表现

Fig. 4　Performance of *Pachyphytum oviferum* during July and October

降到 18 株、17 株,死亡率达 35%;东侧植株存活数量从 67 株下降到 62 株、54 株,死亡率 19%。总体死亡率 24%。植株表现差异较大,从差到好均有,一方面可能与个体差异有关,另一方面也有可能是植株环境比较敏感,微小的环境差异和养护管理都会对植株生长发育造成影响。

粉球美人与星美人类似,在同一时间不同地点之间的植株表现差异不明显,但同一地点栽植的植株表现随着时间变化出现存活数量明显下降的趋势(图 5),自 7 月 23 日至 8 月 13 日再至 10 月 18 日,西侧植株存活数量从 94 株下降到 50 株、25 株,死亡率 73%;东侧植株存活数量从 28 株下降到 20 株、14 株,死亡率 50%(图 5)。总体死亡率 68%。植株总体表现以中差和差为主,表明出对环境的适应性差。

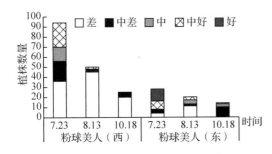

图 5 粉球美人在 7~10 月的植株表现

Fig. 5 Performance of *Pachyphytum* 'Amazoness' during July and October

红手指在同一时间不同地点之间的植株表现差异不明显,但同一地点栽植的植株表现随着时间变化出现存活数量下降的趋势,自 7 月 23 日至 8 月 13 日再至 10 月 18 日,西侧植株存活数量从 13 株下降到 12 株、7 株,死亡率 46%;东侧植株存活数量从 22 株下降到 15 株、10 株,死亡率 55%。总体死亡率 51%。植株表现从以好为主,到中好为主,再到中和中好为主,表现力逐渐下降(图 6)。

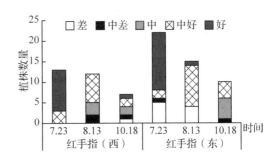

图 6 红手指在 7~10 月的植株表现

Fig. 6 Performance of *Pachysedum* 'Ganzhou' during July and October

2.3 生长势指标比较分析

在统计不同品种的成活情况和外在表现基础上,对生长势指标进行了测定,由于粉球美人植株死亡率高,故生长势指标数据不做分析。

紫珍珠自 7 月至 8 月再至 10 月的株高、冠幅、叶片长和宽、分枝(萌蘖)数变化不大,或略有增加,分别在 9cm、12cm、6cm、4cm 和 2cm 左右,只是单头叶片数在 10 月增长明显,自 22cm 增长至 38cm(图 7),呈向好生长的趋势。总体上看,生长势稳中趋好,评价为 3 级。SPSS 方差分析也表明不同日期的各指标值差异性不显著。

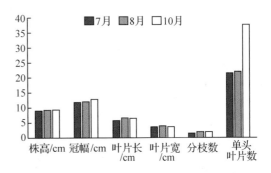

图 7 紫珍珠在 7~10 月的生长势指标变化

Fig. 7 Growth index change of *Echeveria* 'Perle von Nürnberg' during July and October

紫乐自 7 月至 8 月至 10 月的叶片长和宽、分枝数略有增加或变化不明显,分别在 5cm、3cm、7cm 左右,单头冠幅平均值从

8.7cm 增加到 11cm,增幅约 26%(图 8)。株高、冠幅和单头叶片数都有明显增长,株高自 11cm 增长至 17cm,冠幅自 18cm 增长至 26cm,单头叶片数自 15 增加至 28,增幅基本在 50% 以上,生长势较强,为 5 级。

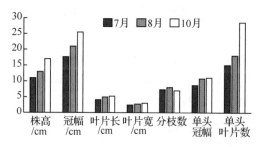

图 8　紫乐在 7~10 月的生长势指标变化
Fig. 8　Growth index change of *Grapto-petalum* 'Purple Delight' during July and October

星美人自 7 月至 8 月至 10 月的叶片长和宽略有增加,但增幅在 20% 以内,平均值分别在 5cm、2cm 左右;分枝(萌蘗)数略下降后持平,为 4(图 9)。株高自 12cm 增加到 16cm,增幅约 30%。冠幅平均值从 10.6cm 增加到 13.3cm,增幅约 25%。单头冠幅从 7.5cm 增加到 10cm,增幅约 30%。单头叶片数上升后又下降,个体间差异明显,平均值从 22cm 到 32cm,增幅约 45%。总体生长势转好,为 4 级。方差分析表明,各指标间在不同季节的差异性并不显著。

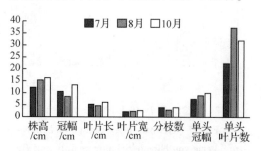

图 9　星美人在 7~10 月的生长势指标变化
Fig. 9　Growth index change of *Pachy-phytum oviferum* during July and October

红手指自 7 月至 8 月至 10 月的株高、叶片长、单头冠幅略有增加,但增幅在 20% 以内,平均值分别在 12cm、6cm、9cm 左右;叶片宽、分枝(萌蘗)数、单头叶片数有所下降,降幅在 20% 以内,分别在 2cm、3cm、15cm 左右。冠幅呈向好生长的趋势,平均值从 18cm 到 22cm,增幅约 20%(图 10)。总体生长势稳中略升,为 3 级。方差分析也表明不同日期的各指标值差异性不显著。

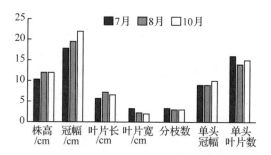

图 10　红手指在 7~10 月的生长势指标变化
Fig. 10　Growth index change of *Pachy-sedum* 'Ganzhou' during July and October

3　讨论与结论

多肉植物的露地栽培应用多见于厦门、广州、昆明、杭州等南方地区(胡莹冰等,2013;刘少榆等,2015;姜明丽等,2018;钱思思等,2016),其关键因素主要在越夏的适应性(卢洁等,2015),景天科多肉植物主要有拟石莲花属、伽蓝菜属等专科专属植物的引种栽培和应用(陈艺荃等,2017;李兆文等 2016),北方引种栽培的主要为景天属植物(石进朝等,2005),其他类型的多肉植物需要保护越冬(王娟等,2020)。本文对景天科 4 属 5 种植物的露地栽培应用和适应性评价建立在景观配置的基础上,由于多肉植物生长缓慢的特性、植物材料的不一致性、栽培小环境的差异性、管理上可能存在的差异性等因素,个体之间的表现差异较大,不同季节之间的差异性不显著。但综合各方面的数据,基本能反映各品种的特性。

此次选用的石莲花属、风车草属和厚叶草属均原产墨西哥,该地域纬度低,海拔较高,气候凉爽,研究选择 7 月、8 月和 10 月进行观测比较,能较好反映其对 7~8 月高温多雨气候条件的适应性,以及秋季的恢复情况。研究成果可为多肉植物在夏季湿热地区室外栽培应用提供参考依据。

从选择的 5 种景天科多肉植物表现来看,其叶形和色彩富于变化,观赏性强,紫珍珠和紫乐为紫色类,星美人为蓝绿色,粉球美人和红手指的叶色为红色类,这些品种的应用增加了景观的色彩。5 个品种的适应性,以粉球美人表现最差,死亡率达 68%,不适应夏季高温多雨的天气,主要表现为茎基部腐烂而造成整个植株死亡;红手指的总体死亡率为 51%,夏季以茎腐为主,叶片也有腐烂现象,不推荐在夏季露地应用;紫珍珠、星美人和紫乐的越夏死亡率低于 25%,可以适当应用,三者的生长势评价为 3、4、5 级,后面 2 个品种在秋季恢复生长较快。针对北京夏季高温高湿、病菌容易滋生且传染快的特点,要选择排水良好的地址,最好能有一定坡度,栽培土壤也要疏松透气,表面最好是火山灰之类基质,同时注意病害防治,这是多肉植物在我国北方室外栽培应用的关键所在。

参考文献

陈艺荃,2017. 拟石莲花属多肉植物引种及栽培研究[J]. 江苏农业科技(1):22-24.

高伟,李素华,韩浩章,等,2019. 多肉植物的应用特点及应用形式分析[J]. 安徽农学通报,25(6):83-86.

胡莹冰,金晓玲,沈守云,2013. 厦门市多肉植物种类及城市绿地应用研究[J]. 北方园艺,(18):81-85.

姜明丽,杨敏,王丹丹,等,2018. 二十种多肉植物在昆明地区露地栽培适应性初步评价[J]. 南方农业,12(13):65-69,74.

刘少榆,潘嘉宜,冼丽铧,等,2019. 广州市多肉植物种类及其在城市绿地的应用[J]. 热带农业科学,39(4):98-103.

卢洁,李晓花,梁同军,2015. 十二种多肉植物越夏适应性及其应用研究[J]. 北方园艺,(19):87-90.

钱思思,邵锋,包志毅,2016. 杭州市多肉植物种类及应用调查[J]. 现代园艺(6):21-24..

石进朝,解有利,迟全勃,2005. 几种景天科野生植物引种栽培试验研究[J]. 中国农学通报,21(8):308-310.

王娟,蔡翠萍,骆灵静,2020. 20 种多肉植物在新疆伊犁河谷的引种栽培与初步评价[J]. 现代园艺(2):23-25.

中国科学院中国植物志编辑委员会,1984. 中国植物志[M]. 北京:科学出版社.

植物园公众科普效果量化与优化研究

——以国家植物园科普导赏项目为例

Research on Quantification and Optimization of Science Popularization Effect in Botanical Garden

——A Case Study of the Self-guided Public Science Routes of National Botanical Garden

陈红岩[1] 吴超[2] 李敬涛[1] 陈泓安[1] 张雪[1] 王晶[2]

[1. 国家植物园(北园),北京,100093;2. 海南景客信息技术有限公司,海南三亚,572000]

CHEN Hongyan[1] WU Chao[2] LI Jingtao[1] CHEN Hongan[1] ZHANG Xue[1] WANG Jing[2]

[1. China National Botanical Garden(North Garden),100093,China;

2. Hainan, Zingke Information Technology Co., Ltd., Sanya, 572000,Hainan,China]

摘要:国家植物园设计推出不同时长、不同游线、不同题目难度的公众科普路线,通过微信小程序对公众参与数据进行搜集、分析和比对,参与活动7603人,热点访问牌示70个,正确率超过80%的牌示16个,应用量化分析结果为后续优化题目难度、牌示摆放位置、科普路线设计等提供决策依据。

关键词:植物园;公众科普;量化分析;优化

Abstract:National Botanical Garden has designed and launched self-guided public science routes with different time lengths and different difficulties. Visitors can use the mini-app of Wechat APP on their mobile phones to guide the tours. Through Wechat APP, the public participation data were collected, and then analyzed and compared 7603 people participated in the activities, 70 boards with high number of view, and 16 boards with a correct rate of more than 80%. The quantitative analysis results were applied to provide decision-making basis for the subsequent optimization of the program in terms of topic difficulty, board placement position and popular science route design.

Keywords: Botanical garden; Science popularization, Quantification; Optimization

植物园建设既要实现植物引种繁育的科学目标,又要履行公众科普、环境教育的社会职能,如此方可符合国际植物园保护联盟(BGCI)对植物园的科学定义:拥有活植物收集区,并对收集区内的植物进行记录管理,使之可用于科学研究、保护、展示和教育的机构(Yang,2017)。科普教育,既是植物园自身肩负的重要职能,又是全面促进植物园现代化、标准化建设的助推剂,其核心价值在于将科普活动中固有的科学理念、人文理念及以人为本的沟通理念带入植物园建设中,从而丰富展览展示内容,提升综合服务水平。

1 研究背景

近年来,随着智能手机和移动互联网

的发展,线下牌示展板与线上答题互动相结合的模式在植物园公众科普和环境教育中得到广泛应用。基于 CNKI 数据库,中文主题检索 2018 年 1 月至 2022 年 7 月的学术期刊,与"科普""微信"为关键词,检索相关文章共 1125 篇,可见与微信结合的科普模式正在成为研究的热点。通过对文献的分析发现,大部分文章的研究方向为扫描二维码参与答题或问卷调查等科普与微信的结合形式。对微信用户行为数据和科普数据与科普效果评估的研究较少。其中,霍烨课题组采用传统方式从知识、情感、意志、行为四个维度设计了调查问卷,对主题教育效果进行评价(霍烨,2021)。马文娟等分析微信公众号开展健康答题活动的传播特征,评价传播效果,为研究新媒体健康传播策略提供科学依据(马文娟等,2022)。但此类应用基本以线下牌示引导公众扫描二维码参与线上答题或扩展阅读为主,缺乏对公众科普效果的量化评估和后续优化。

2 研究方法

国家植物园开放面积约 300hm^2,是以收集、展示和保存植物资源为主,集科学研究、科学普及、游览休憩、植物种质资源保护和新优植物开发功能为一体的综合植物园。由植物展览区、科研区、名胜古迹区和自然保护区组成,园内收集展示各类植物 15000 余种(含品种)。根据"科普牌示系统评价调查问卷"反馈结果,公众最喜欢的游览辖区范围湖区及周边、中轴路及周边。根据公众喜欢的游览范围及游客量密度两点定向踩点,并入考虑到部分游客基础知识不均衡、线路上重点植物分布及游览时长等因素,选定 70 种植物并对应部署科普牌示,在国家植物园设计 4 条科普线路(图1、图2),推出不同时长、不同游线、不同题目难度的科普导览路线。

图 1 线路设置
Fig. 1 Routes setting

图 2 线路导航示意图
Fig. 2 Diagram of line navigation

3 数据分析

根据微信小程序统计数据分析,对公众参与数据进行搜集、分析和比对,分析结果作为后续优化题目难度、牌示摆放位置、科普路线设计等提供决策依据。

3.1 基本情况

参与用户约 7603 人,其中活跃用户中 59.19% 为女性(图3),30~49 岁用户占比 55.26%(图4),科普活动参与主要人群为亲子家庭。

图 3 参与者性别分布
Fig. 3 Gender distribution of participants

图 4 参与者年龄分布
Fig. 4 Age distribution of participants

3.2 公众参与情况

数据显示,路线 1 和路线 4 参与答题人数较少,路线 2 和路线 3 参与答题人数较多,且好在线路设置上。线路 1 和线路 4 特点为路线包含的牌示摆放相对集中,但起始点距入口处较远,而线路 2 和线路 3 起始点路线的组成牌示较为分散,距离大门口位置很近,呈现出两种参与深度结果(图 5)。

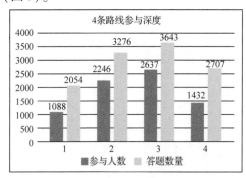

图 5　4 条线路参与深度

Fig. 5　Participation depth of 4 routes

此外,从微信用户行为数据对比也可以看出,小程序的打开次数为访问导览牌示人数的 2 倍左右,即平均每个用户会扫描两块牌示打开小程序,用户的参与深度还有待提高(图 6)。

3.3 答题准确率分析

选择参与人数较多的线路 2 和线路 3 作为数据采集及分析目标线路,统计每道题目的答题准确率,便于评估科普效果和优化题目难度。其中,路线 2 中(图 7),题目 13 题干为"除了七叶树,世界著名的四大行道树中还包括哪些?(多选)"选项为:A 悬铃木;B 榆树;C 杨树;D 椴树。参与热度最高,但正确率最低仅 14%。路线 3 中(图 8),题目 1 题干为"请仔细观察,银杏的叶脉是什么样子的?"选项为:A 平行叶脉;B 网状叶脉;C 辐射平行叶脉;D 二叉状叶脉。参与热度相对较高,而正确率为 19%。题目 2 题干为"通常情况下,白皮松

会随着树龄增长干皮越来越白。这是真的吗?"选项为:A 真的;B 假的。参与热度最高,正确率为 79%。

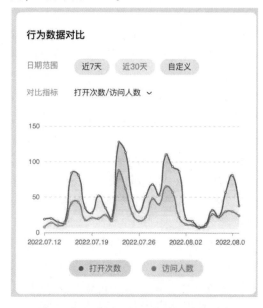

图 6　小程序打开及导览牌示访问对比

Fig. 6　Comparison of WeChat visiting and boards viewing

4 结论与讨论

4.1 结论

微信小程序自动获取用户身份 ID,无须注册登录即可实现参与科普活动的用户与参与行为的绑定和记录,用户可在小程序中随时查询自己的各科普路线参与情况、答题正确率等数据,并获取和展示相应的虚拟勋章。同时,由于微信实名认证的特性,系统后台可获取性别、年龄、城市等经过授权的用户属性数据,简化用户输入个人信息的同时确保了信息的准确性。结合微信小程序数据分析显示,30~49 岁女性构成亲自使用用户占比较高,进入园区后及时看到导览牌示,对激发公众参与性效果更显著。题目设置单项选择回答准确率占比更高,以疑问方式设置题干参与度显

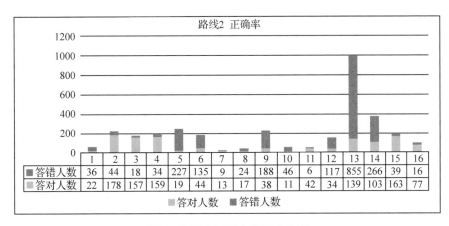

图 7 线路 2 答题人数及准确率

Fig. 7 Number of answers and accuracy rate of route 2

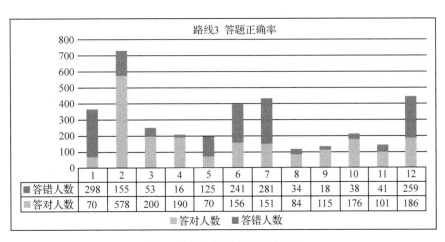

图 8 线路 3 答题人数及准确率

Fig. 8 Number of answers and accuracy rate of route 3

著高于其他题干。此外，数据结果体现了用户打开小程序的频度是访问导览牌示 2 倍，整条线路持续参与性不高等问题。

4.2 讨论

基于公众短时间参与频度看，通过新媒体导赏形式，让科普牌示发挥最大功能，与游客形成良好的互动，在形式上采用一看二扫三阅读的形式。一看：在门区设置导赏地图引导公众参与活动；二扫：定点植物前摆放科普牌示，牌示上设置二维码，游客通过微信扫一扫功能进入答题；三阅读：公众参与答题后，题库内容通过版面基础知识介绍、提问+线上解析互动关联、深度

阅读 3 部分，在线上延伸相关知识的输出，起到逐层递进传播知识的效果。实现了中小学生研学实践活动自助学习的配套资源。

在使用过程中，微信小程序弹出科普寻宝路线手绘地图，实现牌示和目标植物的定位导航，提升生动性和趣味性的同时，解决公众因找不到科普牌示点位导致无法参与互动的问题。整个项目设计也有不足之处，参与答题人数仅占年游客量的 1/32 之一，为了更好让公众参与自助型学习模式，需要做出如下调整。一是在园区入口处显著位置做导览项目标识；二是改进题

图9　学生利用导览牌示自助学习

Fig. 9　Using the guide boards to learn by themselves

干提问方式,优化选项;三是缩减单条线路上目标植物之间间距,提高与公众黏合度。后期做出相应调整,进行二次数据采集进一步分析。

　　整体上,线上微信小程序配合线下牌示的公众科普模式能够在短时间内低成本地积累大量用户行为数据,这在传统的科普方法中是难以实现的。通过微信小程序使用数据和不同线路的科普问答后台参与数据进行比对和整理,能够较为准确分析出科普受众的参与情况,并将分析结果作为对题目难度、牌示摆放位置、科普路线规划等优化的依据。

参考文献

霍烨,2021. 以微信公众平台为载体的大学生主题教育效果评估和提升途径研究——以北京印刷学院"北印为学"为例[J]. 中国多媒体与网络教学学报(上旬刊)(9):23-25.

马文娟,王礼华,张雪峰,等,2022. 微信公众号健康答题活动传播效果评价[J]. 中国健康教育,38(4):318-321.

Yang X, Chen J, 2017. Using discoverymaps as a free-choice learning process can enhance the effectiveness of environmental education in a botanical garden [J]. Environmental Education Research, 23(5): 656-674.

创新实施"网格化管理+"模式提升植物园治理能力的思考
Thinking on Innovating and Implementing "Grid Management +" Mode to Improve the Management Ability of Botanical Gardens

米世雄

(唐山植物园, 河北唐山, 063000)

MI Shixiong

(*Tangshan botanical garden*, *Tangshan*, *063000*, *Hebei*, *China*)

摘要:植物园是园林的典型代表,在植物园创新实施园林"网格化管理+"模式具有特殊意义。本文首先说明了"网格化管理+"的重要意义,在植物园网格化管理发展现状和存在问题的基础上提出了网格化管理+系统化、网格化管理+要素化、网格化管理+信息化、网格化管理+规范化、网格化管理+精准化、网格化管理+分类化、网格化管理+长效化的政策建议,最后进行了前景展望。

关键词:"网格化管理+"模式;创新实施;植物园治理能力

Abstract: Botanical garden is a typical representative of gardens. It is of special significance to innovate and implement the management mode of "grid management +" in botanical garden. This paper first explains the important significance of "grid management +". On the basis of the development status and existing problems of grid management in botanical gardens, it puts forward the policy suggestions of Grid Management + systematization, grid management + elements, grid management + informatization, grid management + standardization, grid management + precision, grid Management + classification, grid management + long−term. Finally, it makes a prospect.

Keywords: "grid management +" mode; Innovation implementation; Management ability of botanical garden

1 前言

城市网格化管理在城市管理中已有应用,现实中的园林绿化工作有形或无形中应用了网格化管理技术,网格化管理模式在园林管理中逐步应用并取得了积极成效。网格化管理模式的实施促进了园林养护管理水平的提高,极大地提高了园林管理质量,提升了城市的文明度。 网格化管理水平直接体现园林行业主管部门、园林管理单位治理能力的高低,直接影响园林事业成败。我国园林绿化实施"网格化管理+"模式对于打好蓝天、碧水、净土保卫战和推进绿色低碳发展、实现园林事业高质量发展意义重大。具体到植物园,创新实施"网格化管理+"模式可大力提升植物园治理能力,为植物园高质量发展赋能,是实现植物园高质量发展的具体路径。

作者简介:米世雄,1976 年 8 月,男,正高级经济师职称。联系电话 13180181816,15933051339@ 139. com。主要研究领域建筑经济、园林管理。

2 发展现状

在园林网格化管理实践中,我国一些地区在园林建设管理积累了丰富的经验,形成了有指导意义、实践意义的科学理论。北京市园林绿化局自 2006 年 3 月组建后就确定了"空间地理网格、对象资源网格、业务数据网格、主体组织网格"的网格化建设框架,建立了信息化工作协商机制和督办机制,明确了各部门的责任。北京市园林绿化局实施网格化管理大致经历了研究并制定标准规范体系,完成园林绿化管理网格的区划,完成园林绿化对象的清理与归类,完成园林绿化业务、事项的梳理,建立网格、对象、业务、主体之间的相互关联,可视化应用平台的建立等 6 个阶段。石家庄市植物园自 1998 年开始实行岗位责任制,定员、定岗、定责任、定任务(彭恩强等,2011)。各地普遍建立和完善数字化园林管理服务平台,植物园数字化管理融入园林网格化管理,利用数字化平台对园林绿化进行网格化、流程化、精细化管理,进行网格化巡查和管理,及时发现问题,及时整改问题,使园林数字化管理与园林网格化管理的融合产生合力效应(狄乐等,2010)。

植物园网格化管理最早可以追溯到活植物的位置定位,尤其是木本植物定位,通过活植物定位进而逐步实现了信息化管理、精细化管理。开发建立植物园记录管理系统、信息管理系统数据库,植物园信息化管理逐步成熟。在生物多样性保护方面实行分区、分级、分类管理,对不同濒危和受威胁等级的植物采取不同的保护措施。根据专类园的重要程度采取不同强度的管理措施,有的植物园将树木园、松柏园等划定为粗放管理区域,将草本类展区、牡丹园、月季园等专类园区划定为精细化管理区域,粗细管理分明。在精细化管理区域肥水管理频率、施肥种类等按照最高质量

标准实施。植物展览温室不同的分区采取不同的养护管理措施,气候、环境调控是管理重点,有些植物园实现了展览温室信息化、智能化、数字化管理,对光照、水分、温度、土壤等实施精细化管理,进行精准控制和管理。这些积极探索和实践为园林网格化分类管理、精准化管理、规范化管理奠定了坚实基础。

3 存在问题

3.1 系统化问题

网格化管理在园林养护管理阶段应用较多,在园林规划设计阶段和施工阶段应用较少或没有应用,网格化管理系统化程度较低。比如,植物园网格化管理在科研管理、人员培训、游览服务管理等方面融合较少或者没有。植物园规划设计中普遍存在选址不当,未能体现植物园的功能而建成一般公园,没有规划苗圃导致出现迁地保护植物扩繁难等问题。在规划中没有经营创收意识,很少涉及文化产品、娱乐、餐饮服务等内容。在建设中过多引入外来物种而忽略对本土物种的保护。

3.2 要素化问题

生态、创新、技术、成效、文化、超前、流程等要素有形或无形地渗透到了植物园网格化管理的各个阶段,网格化管理中融入要素是新时代园林高质量发展的本质要求。比如,植物园所展示植物景观缺乏特色和文化、艺术性,突出生态和社会效益而忽略经济效益。规划设计中群众参与度低,很难产生多重效益,要素化的管理方式需要大力推进。

3.3 信息化问题

植物园信息化管理质量水平参差不齐,有的植物园信息化管理未能合理地融入网格化管理中,简单分片分区管理,导致网格化管理出现信息不畅等问题。

3.4　规范化问题

有的植物园网格化管理的规范化程度相对较低，网格化管理制度不规范，分工不明，教条化、机械化管理，不能针对短板问题灵活地开展工作。

3.5　精准化问题

有些植物园精准化管理的水平有待于进一步提高，采取精准化管理措施少，不能通过精准化管理打造高质量的园林精品项目。比如，有的植物园不能根据植物生长特性进行养护，缺乏专业设备、工具管理，管护的精细度较低，精品园林、艺术园林展现较少。

3.6　分类化问题

植物园的管理不仅涉及苗圃、施工、养护，涉及科研科普、就地保护、迁地保护、回归、引种等功能建设，还涉及野生动物保护，但有的植物园不能以事实为准绳，分类分级管理的理念不能及时运用到网格化管理中。

3.7　长效化问题

有的植物园尚未建立长效化管理制度，长效化网格化管理模式未得到足够重视，延续性不强，存在网格化管理断档问题，很难实现长效化管理的态势。比如，科研科普虽有定岗定责，但有的单位频繁换人导致工作没有连续性。

4　政策建议

4.1　网格化管理+系统化

规划设计和建设管理要一体化融入植物园网格化管理中，在规划设计阶段通过明确分工各负其责，加强设计阶段的管理，重点解决不合理变更、设计理念落后、设计缺项等问题；施工阶段的网格化管理主体是施工单位，按照土建工程、绿化工程、景观工程等进行分类分级管理，按照进度、质量、安全、流程、效益、生态、技术等要素进行网格化管理。网格化管理在园林规划和建设阶段的应用需要针对阶段特征展开，虽不能像养护管理那样分片，但可以根据职责分工、管理事项、管理要素等进行网格化管理。植物园网格化管理要融入苗圃阶段、科研管理、人员培训、游览服务管理等方面，实现网格化管理系统化，实现网格化管理全覆盖。

4.2　网格化管理+要素化

植物园网格化管理的成功应该是叠加各类管理要素的结果，实现园林网格化管理的各项目标必须实现网格化管理要素化。在规划设计阶段，植物园要重视审图环节，要多元参与，让领导、专家参与规划设计，尤其要有群众参与，通过融入要素管理减少不合理的规划，杜绝各类问题的产生。应将质量、安全、效益、生态、创新、成效等各类要素融入网格化管理中，这样才能达到高质量、高效率，才能体现生态，才能激发创新，才能使园林网格化管理取得实实在在的成效。园林规划设计和建设管理要素化管理是大势所趋，是建设生态文明的必经之路，是在践行习近平生态文明思想（米世雄，2020）。

4.3　网格化管理+信息化

网格化管理以信息化为依托，实质是一种信息技术。网格化和分类管理成功的关键是信息化管理，以网格为单元建立信息台账，弄清网格管理对象和底数，明确网格管理重点。网格员要采集信息，进行信息分类，汇总信息并进行上传。网格管理员需要把管辖范围内设施维护和园林植物土肥水管理、植保、整形修剪等信息掌控到位，积极构建园林网格化管理档案。具备智能化、智慧化、数字化条件的植物园可以实施"网格化管理+信息化"的升级，不具备条件的植物园采取基础的"纸质+电子"的档案管理方式即可。植物园在信息化管理方面可以说是比较全面和专业的，应当做园林"网格化管理+信息化"的表率。

4.4　网格化管理+规范化

一是明确分工和职责,网格长、网络信息员、网格巡查员等分工协作,实施分片管理、网格到组(队)、责任到人的网格化管理模式。二是植物园要提升自身治理能力,规范管理制度和办法,树立网格化管理的问题导向和目标导向,要解决网格化管理中存在的问题,实现网格化管理的成效。三是网格化管理不能教条化、机械化,植保、土肥水管理、整形修剪等工作有时是统一作业的,实施单纯按片、按区的网格化管理可能不现实。在一定条件下,实施按责、按事、按作业、按植物种类等方式的网格化管理也是可以的。关键是要确保整体网格化管理全覆盖,责任到人,确保管理工作可持续。

4.5　网格化管理+精准化

植物园要依靠专业人才、能工巧匠、责任心强的职工进行精准化管理。要制定整形修剪、植保、土肥水管理等工作方案,精准施策,为精准化管理提供基本支撑。精准化管理需要各类机械、工具、材料等支撑,每个网格管理单位根据实际需求报计划,财政应重点支持园林养护管理单位土壤检测、地钻打孔机、大型施肥机、大型打药机、有机肥等设备、工具、材料,充分保障精准化管理的需要。根据有关标准、规范、制度进行管理,管理的时间、强度、范围、措施、分类、质量等要力求精准无误。通过流程管理、检查、监督、监测、考核为植物园网格化管理精准化保驾护航,及时矫正非精准化行为。努力做到精准浇水、精准施肥、精准修剪、精准植保、精准管理,将精准化管理理念全面融入植物园网格化管理中。

4.6　网格化管理+分类化

植物园应将网格化管理理念融入园林苗圃、施工、养护中,分阶段治理;将完全自然化土肥水管理技术、近自然土肥水管理技术、园林重点植物土肥水生态管理技术的分类管理融入网格化管理;将园林乔灌木完全自然化整形修剪、近自然整形修剪、人工造型修剪的分类管理融入网格化管理;将植保工作中未发生区、已发生区、严重发生区的分类管理理念融入网格化管理,分类治理,突出重点。植物园是野生动物的重要栖息地,植物园打药等管理工作会影响到野生动物的生存,应将野生动物保护纳入植物园网格化管理中。植物园又是生物多样性的保护基地,迁地保护是植物园的主要功能之一,应将网格化管理与植物园的主要功能紧密结合起来,具体讲就是植物园科研科普、迁地保护、引种等功能与网格化管理融为一体。新时代园林建设规模宏大,植物园分类治理已经成为必然,也将为园林定额、经费改革奠定基础。

4.7　网格化管理+长效化

一要建立园林网格化管理长效化的制度,应用长效化管理的模式;二要配备、补充专业人才,不足的网格管理员可以采取公开招聘等方式补充,充分满足网格化管理的需要;三要做好网格化管理记录,办理好管理人员和单位之间的交接手续;四要针对新冠疫情防控期间园林养护可能断档问题,结合新冠疫情防控指挥部做好应急预案,充分做好准备工作,努力做到防疫和生产两不误。

5　前景展望

植物园是园林的典型代表,在植物园创新实施"网格化管理+"模式具有特殊意义。我国先后设立北京国家植物园和华南国家植物园,这是我国生态文明建设进程中具有里程碑意义的大事,国家植物园被委以重任。在国家植物园创新实施"网格化管理+"模式并树立示范意义重大,将完美展现高水平的园林治理能力,引领园林步入良性发展轨道。

参考文献

狄乐,李秀珍,2010. 精细化管理提升植物园整体效益［C］//中国植物园(第十三期). 北京：中国林业出版社:196-1984.

米世雄,2020. 京津冀地区园林经济可持续发展研究［M］. 石家庄：河北科学技术出版社:71-78.

彭恩强,杨抒,2011. 网格化管理及其在林业上的应用［J］. 数字林业,1:60-62.

民勤沙生植物园引种新疆沙冬青少花无实原因初步分析

Preliminary Analysis on the Reasons for the Few Flowers and no Seeds of Introduced *Ammopiptanthus nanus* in the Minqin Desert Botanical Garden

严子柱* 姜生秀 魏林源 吴昊

（甘肃省荒漠化与风沙灾害防治重点实验室——省部共建国家重点实验室培育基地，兰州，730070；民勤沙生植物园，甘肃民勤，733300）

YAN Zizhu* JIANG Shengxiu WEI Linyuan WU Hao

（*State Key Laboratory Breeding Base of Desertification and Aeolian Sand Disaster Combating*, *Lanzhou*, 730070, *Gansu*, *China*; *Minqin Desert Botanical Garden*, *minqin*, 733300, *Gansu*, *China*）

摘要：为弄清新疆沙冬青在民勤沙生植物园引种多年少花无实的原因，以新疆沙冬青（*Ammopiptanthus nanus*）原产地和引种地的气候因子、地理环境与种群因子和土壤肥水因子为研究对象，对其少花无实进行了对比研究。结果表明：年均气温、极端最高气温、极端最低气温、≥10℃积温、日照时数、无霜期、年均降水量、年平均蒸发量等常规气候因子和年均气温、日照时数及年均降水量等花期关键气候因子对民勤沙生植物园新疆沙冬青的少花无实影响都不大；纬度、海拔、地形地貌等地理环境因子与种群组成也对引种保护新疆沙冬青的少花无实影响不大；而试验表明，土壤肥力和含水量对新疆沙冬青开花结实具有非常重要的影响。

关键词：新疆沙冬青；开花；结籽；民勤沙生植物园

Abstract：In order to find out why *Ammopiptanthus nanus* has not been solidly relocated for many years in Minqin Desert Botanical Garden. Taking climate factors, geographical environment factors, soil fertility and water factors of *Ammopiptanthus nanus* origin and introduction conservation areas as research objects. A comparative study of its few flowers and no seeds showed that: Annual average temperature, extreme maximum temperature, extreme minimum temperature, ≥10℃ accumulated temperature, sunshine hours, frost-free period, average annual precipitation, annual average evaporation and other conventional climatic factors, and the annual climatic temperature, sunshine hours, annual precipitation and other flowering key climatic factors have no significant effect on the few flowers and no seeds of *Ammopiptanthus nanus* in Minqin Sandy Area. The geographical and environmental factors such as latitude, altitude, topography, and population composition also had little effect on the few flowers and no seeds of *Ammopiptanthus nanus*. However, the tests show that soil fertility and water content was the importantest factor that affected the few flowering results of *Ammopiptanthus nanus*.

Keywords：*Ammopiptanthus nanus*；Flowering；Set seeds；Minqin Desert Botanical Garden

基金项目：甘肃省自然科学基金（1506RJZA156）资助。

作者简介：严子柱（1969—），男，研究员，主要从事生物多样性保护与荒漠化防治研究。Email：yanzzh2006@126.com。

迁地保护是物种的种群数量极低、或者原有生存环境被自然或者人为因素破坏甚至不复存在时,保护物种免遭灭绝的一种重要手段(李兆华,卢进登,2001)。特有种和珍稀濒危物种的迁地保护是全球生物多样性保护战略中十分重要的一个环节(Brian and Nigel,1993)。国际植物园保护联盟(BGCI)2003 年发布的植物保育战略提出,到 2010 年全球 60% 的濒危或受威胁的植物物种应就地保护或在其原产国进行有效迁地保护(Huang et al. ,2002)。我国自 20 世纪 80 年代以来,在植物迁地保护方面做了大量研究工作,取得了丰硕成果(陈家庸,黄正福,1988;骆文华等,2014;黄清祥,2001)。但在物种迁地保护过程中也出现了生长繁殖障碍甚至死亡等诸多问题(许再富,1998),如长势衰弱;不开花;开花不结实;种子不育;植株死亡等方面(万开元,2006)。因此,生长繁殖障碍甚至死亡等问题是广大生物多样性保护工作者在植物迁地保护中最为关注和重视的问题。

新疆沙冬青[*Ammopiptanthus nanus* (M. Pop.)Chengf.]又名小沙冬青、矮黄花木,是亚洲中部荒漠地区特有的常绿阔叶灌木(杨期和等,2004);豆科(Leguminosae)蝶形花亚科(Papilionaceae)黄花族(Thermosideae)沙冬青属(*Ammopiptanthus*)植物,在我国仅分布于新疆维吾尔自治区克孜勒苏柯尔克孜自治州乌恰县境内,是半特有种(刘瑛心,1987;王荷生,1989)。它是第三纪古亚热带常绿阔叶林孑遗成分,对研究我国西北荒漠区的发生、发展、古地理和古气候的变化、古代植物区系的变迁和豆科植物的系统发育,以及抗逆性植物形态结构和基因特点等方面均有重要的科学价值(师玮等,2009;张强等,2007)。1987 年被列入中《中国珍稀保护植物名录》(国家环境保护局和中国科学院植物研究所,1987),1992 年被列为第一批国家Ⅱ级濒危保护植物(傅立国,1992);2001 年被列入第二批国家Ⅰ级濒危保护植物(陶玲等,2001)。2002 年,新疆维吾尔自治区在乌恰县建立了 3 处新疆沙冬青自然保护区,对其种质资源进行了就地保护(杨建中,2002)。但保护区内自然环境条件较差,常年干旱,夏季高温,冬季严寒(王荷生,1989);天然结实率低、不易传播,果实虫害率高、缺乏繁殖条件,自然更新困难;加之人为过度樵采等因素,种群破坏严重,天然植株日渐稀少,有些分布区密度仅有几百株/hm² 甚至几十株/hm²,面积亦不足 4310hm²(师玮等,2009)。因此,迁地保护成了有效保护新疆沙冬青种质资源的重要途径。

1987 年,潘伯荣、尹林克等人把新疆沙冬青种子从乌县引入吐鲁番,尝试迁地保护,经过几年抚育管护,新疆沙冬青生长正常,已开花结实(尹林克等,1988)。1997 年,朱序弼等人把新疆沙冬青引入陕西榆林卧云山,长势良好,株高平均 80~120cm,也能正常开花结实(李玉林等,2002)。二者迁地保护均取得了成功,但 1993 年,高志海等人从吐鲁番把新疆沙冬青引入民勤沙生植物园,定植成活后,经多年观测,发现其生长基本正常(高志海等,1995),但极少开花或不开花,更鲜见结实,明显存在生殖障碍问题。基于此,我们对引种到民勤沙生植物园的新疆沙冬青进行了花期生物学特性观测,旨在探求其不结实的原因,为新疆沙冬青在民勤沙区的迁地保护提供理论支持。

1 研究区概况

研究区位于巴丹吉林沙漠东南缘的民

勤沙生植物园内,它是我国最早建立的荒漠植物园,距离腾格里沙漠西缘不足30km。始建于1974年,占地面积67hm²,园内有8个植物收集区、5个植物专属区、1个天然植被封育区、1个沙旱生药用植物保存区;还建有沙旱生植物自动非称量蒸腾耗水观测场、荒漠植物标本室、荒漠动物标本、种子生理实验室和种子冷藏室等。引种保护沙生、旱生、中生植物及乡土植物620余种,其中珍稀濒危保护植物23种,是目前国内最具规模的荒漠植物种质资源保存库。该区属温带大陆性极干旱气候区,地理位置:103°51′E、38°38′N,海拔1378.3m,多年平均气温7.6℃,极端高温40.6℃,极端低温−28.8℃;年均降水量113.2mm,年均蒸发量2604.3mm,干燥度>10,地下水位27.3m以下;全年风沙日74.8d,八级以上大风天气40.5d,沙尘暴日数37d,年均风速2.5m/s,最大风速20m/s,全年盛行西北风。日照时数2833h,≥10℃积温3248.8℃,无霜期164d。土壤类型主要是风沙土、壤质沙土和灰棕漠土,土壤有机质含量0.15%~0.6%,pH 8.0~8.5。

2　材料与方法

2.1　研究材料

　　供试新疆沙冬青是1993年从新疆吐鲁番植物园引种定植到民勤沙生植物园濒危植物区的实生苗,苗龄23年,株高50~120cm,生长基本正常,无病虫害,保存面积约1200m²。原产地气候和环境因子资料采用潘伯荣、焦培培等人的实地气象观测文献资料(潘伯荣等,1992;焦培培,李志军,2007)。

2.2　试验研究方法

　　肥水试验及花期物候用定株观测的方法进行。将试验地分为3个小区,每个小区按"东西南北中"五点法选择5个健康样株,每个样株再按"东西南北中"选5个有花芽的枝条,用标签进行标记。自3月20日开始观测,每2d观测1次。

2.3　数据分析

　　数据分析在Excel环境下进行。

　　(1)成对数据显著性分析采用张志贤的比较方法(张志贤,张瑞犒,1998),用t检验,计算公式如下:

$$\bar{d} = \frac{\sum d}{n} \tag{1}$$

$$S_d = \sqrt{\frac{\sum d^2 - (\sum d)^2/n}{n-1}} \tag{2}$$

$$t = \frac{\bar{d}}{s_d}\sqrt{n} \tag{3}$$

　　(2)环境单因素平均数多重比较采用Duncan's新复极差q或SSR法检验:

$$LSR_\alpha = q_{\alpha(df,k)} S_{\bar{x}} = SSR_\alpha \cdot S_{\bar{x}} (\alpha = 0.05$$
$$或 0.01) \tag{4}$$

　　(3)肥水试验开花率:

　　P = k/N×100%(式中n为开花株数,N为总株数,n = 1,2,3,⋯N)　(5)

3　结果与分析

3.1　气候因子对民勤沙区迁地保护新疆沙冬青少花无实的影响

3.1.1　常规性气候因子对民勤沙区迁地保护新疆沙冬青少花无实的影响

　　为弄清常规气候因子对新疆沙冬青产生生殖障碍的影响,将民勤多年的气象数据年平均数作为一组数据,把原产地乌恰同时期的年平均气象数据作为另一组数据,进行成对数据显著性分析,结果见表1。

表1 新疆沙冬青原产地与迁地保护地常规气候因子差异性分析

Table 1　Difference analysis of conventional climatic factors between the origin and ex situ protected areas of *Ammopiptanthus nanus*

地名 Area name	年均气温/℃ AAT	极端最高气温/℃ Max Temp	极端最低气温/℃ Min Temp	≥10℃的积温/℃ AT ≥10℃	日照时数/h AASH	无霜期/d FFP	年均降水量/mm AAR	年平均蒸发量/mm AAE	合计 Total
民勤 Minqin	7.6	40.6	−32.2	3036.4	2799.4	175	113.2	2604.3	
乌恰 Ucha	6.8	34.7	−29.9	2529.3	2797.2	138	163	2564.9	
$\bar{d}$ AV	0.8	5.9	−2.3	507.1	2.4	37	−49.8	39.4	540.3
$\bar{d}^2$ SAV	0.64	34.81	5.29	257150.41	21.81	6160.68	11159.81	6985.62	262597.4

注：乌恰气象资料源于潘伯荣等人文献；民勤气象资料源于甘肃民勤荒漠草地生态系统国家野外科学观测研究站1号站资料。

Note：The meteorological data of Wuqia comes from the literature of Pan Borong et al. and the meteorological data of Minqin comes from the data of Station No. 1 of Gansu Minqin National Field Observation & Research Station on Ecosystem of Desertified Rangeland.

将表1中的数据代入成对数据比较公式(1)、(2)、(3)，得：

$$\bar{d} = (\Sigma d) / n = 540.3 / 8 = 67.5375$$

$$S_d = \sqrt{\frac{\sum d^2 - (\sum d)^2/n}{n-1}}$$

$$= \sqrt{\frac{262597.4 - 540.5^2/8}{8-1}} = 179.7247$$

$$t = \frac{\bar{d}}{s_d}\sqrt{n} = 67.5375 \times 2.8284/179.7247$$

$$= 1.0629$$

因为 $t_{(0.25/2, 7)} = 0.7111 < t = 1.0629 < t_{(0.10/2, 7)} = 1.4149$，这说明新疆沙冬青迁地保护地民勤的气候因子与原产地乌恰的差异性达到了75%以上的显著水平，但未达到90%的显著水平。也就是说，民勤的常规气候因子与乌恰相比，存在75%以上的差异性，但未达到90%以上的显著差异，因此，民勤的气候因素对新疆沙冬青少花无实存在一定的影响，但非决定性影响。

3.1.2 新疆沙冬青生殖期关键性气候因子对少花无实的差异性分析

一般来说，生殖期气候因子特别是温度、降水和日照时数等，对植物花芽分化、花芽萌动、花蕾膨大、开花和结实都有一定的影响。但物候观测记录显示，2006年定植在民勤的多年生新疆沙冬青未见开花结实，而焦培培等人对原产地新疆乌恰的新疆沙冬青进行了观测研究(焦培培，李志军，2007)，结果却能正常开花结实。为了弄清新疆沙冬青在迁地保护地不结实的气候因子差异，我们以2006年的民勤和乌恰2~5月的旬均温度、旬均降水量和旬均日照时数数据(李新荣，2007)进行成对数数据分析，结果见表2。

表2　新疆沙冬青生殖期关键气候因子差异性分析

Table 2　Difference analysis of key climatic factors during reproductive period of *Ammopiptanthus nanus*

项目 Item	地区 Area	二月 February			三月 March			四月 April			五月 May		
		上旬 Early	中旬 Middle	下旬 Late	上旬 Early	中旬 Middle	下旬 Late	上旬 Early	中旬 Middle	下旬 Late	上旬 Early	中旬 Middle	下旬 Late
平均气温 Mean Temp (℃)	民勤 Minqin	-5.6	-3.3	-2.2	3.1	-1.3	4.6	10.2	8.1	15.2	17.3	15.4	18.7
	乌恰 Ucha	-3.7	-3.2	-2.1	3.6	-0.9	6.5	8.3	5.2	15.7	14.7	15.6	15.8
	差值 d	-1.9	-0.1	-0.1	-0.5	-0.4	-1.9	1.9	2.9	-0.5	2.6	-0.2	2.9
	t 检验	$\bar{d}=0.3917$			$S_d=1.7396$			$0.6974<t=0.7799<1.3634$					
降水量 Precipitation (mm)	民勤 Minqin	0.0	0.0	0.2	0.0	0.0	0.0	0.0	1.0	0.0	8.9	7.0	1.0
	乌恰 Ucha	0.0	10.7	3.9	0.1	0.0	0.0	0.0	0.0	0.1	0.9	0.0	17.5
	差值 d	0	-10.7	-3.7	-0.1	0	0	0	1.0	-0.1	8.0	7.0	-16.5
	t 检验	$\bar{d}=1.2583$			$S_d=6.7112$			$0.6974<t=1.1219<1.3634$					
日照时数 sunshine hours /(h)	民勤 Minqin	60	64.1	59.4	75.7	66.8	91	80.1	68.1	79.7	79.0	72.6	104.3
	乌恰 Ucha	67.4	62.3	28.3	73.9	38.9	82.7	83.4	64.2	106.3	82.6	78.7	121.8
	差值 d	-7.4	1.8	31.1	1.8	27.9	8.3	-3.3	3.9	-26.3	3.6	-6.1	-17.5
	t 检验	$\bar{d}=1.4833$			$S_d=16.3027$			$t=0.3152<t_{(0.25, 2/11)}=0.6974$					

注:查表可得 $t_{(0.25, 2/11)}=0.6974$;$t_{(0.10, 2/11)}=1.3634$。

Note:look-up the table $t_{(0.25, 2/11)}=0.6974$;$t_{(0.10, 2/11)}=1.3634$.

从表2结果来看,新疆沙冬青整个生殖期(2、3、4、5月)的平均气温,因 $0.6974<t=0.7799<1.3630$,说明甘肃民勤与新疆乌恰两地旬平均气温差异在75%($P>0.75$)的概率上处于显著水平,但在90%($P<0.10$)的概率上处于不显著水平,也就是说,两地平均气温存在一定差异,但差异未达到显著水平。因此,对新疆沙冬青整个生殖期的生长发育影响不大。同样,因为 $0.6974<t=1.1219<1.3634$,说明甘肃民勤与新疆乌恰两地间旬平均降水量差异在75%($P>0.75$)的概率上处于显著水平,但在90%($P<0.10$)的概率上处于不显著水平,也就是说,两地旬平均降水量存在一定差异,但差异未达到显著水平。因此,旬平均降水量对新疆沙冬青整个生殖期的生长发育影响也不大。同样,因为 $t=0.3512<t_{(0.25, 2/11)}=0.6974$ 日照时数的

检验结果,说明民勤与乌恰的平均旬日照时数差异未达到75%($P>0.75$)的显著水平,说明日照时数对新疆沙冬青的生殖生长影响极小。总体来说,影响新疆沙冬青生殖生长期的几个关键气候因子:温度、降水和日照,原产地和迁地保护地的差异都均不显著。所以,可以说关键性气候因子对民勤沙生植物园新疆沙冬青生殖期的生长发育影响性较小。

3.2 地理环境因子对迁地保护新疆沙冬青少花无实的影响分析

地理环境因子对迁地保护植物的正常生殖发育也有重要因素。特别是纬度、海拔、土壤质地、地形地貌和环境植被等。我们知道,植物引种的基本原则是"同纬度引种""适地适树"或"北种南引"(许再富,1998)。如果不遵循引种原则,迁地保护植物生长发育就会受到严重影响,甚至死亡。

1987 年吐鲁番植物园从乌恰县迁地保护新疆沙冬青成功;1997 年陕西榆林卧云山植物园也引种成功;而 1993 年民勤沙生植物园引种的新疆沙冬青虽然能正常生长,但鲜见开花结实,这说明引种未完全成功。因此,我们对吐鲁番、民勤和榆林的迁地保护新疆沙冬青地理环境因子进行对比,结果见表 3。

表 3　地理环境因子和种群组成差异性分析

Table 3　Difference analysis of geographical environmental factors and species composition

地名 area name	纬度/° Latitude/°	海拔/m Altitude/m	土壤质地 Soil texture	地形地貌 topography	种群组成 species composition
乌恰 Ucha	39.33 aA	2000 aA	砾质棕漠土 a	低山山地 a	裸果木、膜果麻黄、锦鸡儿等 a
吐鲁番 Turpan	42.85 aA	-80.97 cC	灰棕荒漠土 a	沙漠盆地 b	单一种群 b
民勤 Minqin	38.57 aA	1375.3 bB	风积风沙土 b	荒漠盆地 b	单一种群 b
榆林 Yulin	38.17 aA	1006 bB	棕黄荒漠土 a	荒漠山地 a	单一种群 b

注:查表得 $SSR_{0.05,4}$ = 4.52,计算得 纬度 $LSR_{0.05,4}$ = 9.65,海拔 $LSR_{0.05,4}$ = 3946.35。

Note: look-up the table $SSR_{0.05,4}$ = 4.52. Calculated latitude $LSR_{0.05,4}$ = 9.65 and altitude $LSR_{0.05,4}$ = 3946.35.

从表 3 可以看出,新疆沙冬青原产地与迁地保护地的纬度最大差值为 4.68 < $LSR_{0.05,4}$ = 9.6498,其余差值都小于 4.68,两两差异均不显著。说明原产地和迁地保护地的纬度差异极不显著,也就是说,民勤迁地保护新疆沙冬青符合同纬度引种原则,纬度不是影响新疆沙冬青少花无实的重要因素。

同样,原产地与迁地保护地的海拔最大差值为 2080.97 < $LSR_{0.05,4}$ = 3946.35,说明海拔差异也不显著;另外从海拔数据来看,民勤的海拔比吐鲁番和榆林的都更接近乌恰,因此,海拔也不是影响民勤迁地保护的新疆沙冬青少花无实的重要因素。

从文献资料来看,土壤质地乌恰(杨建中,2002)、吐鲁番(尹林克等,1988;潘伯荣等,1992)及榆林(李玉林等,2002)三地都是漠土,而民勤(高志海等,1995)为风沙土,明显存在差异,说明土壤质地与民勤引种新疆沙冬青少花无实有一定关系。

从地形地貌来看,榆林迁地保护地与乌恰相近,都属于低山山地,符合新疆沙冬青天然生长环境;而吐鲁番和民勤属于荒漠盆地,相对新疆沙冬青天然生存环境而

言差异较大,但吐鲁番植物园迁地保护非常成功,而民勤却出现新疆沙冬青不结实现象;且与吐鲁番相比,民勤无论在地理纬度、海拔、自然气候条件都优于吐鲁番,这说明地形地貌对迁地保护新疆沙冬青正常生长发育影响不大。

从群落组成来看,迁地保护新疆沙冬青都是单一种群,吐鲁番和榆林生长正常,能开花结果,而民勤不能,说明种群也不是影响民勤新疆沙冬青不结实的重要原因。总体来看,地理环境因子中,除土壤质地对民勤新疆沙冬青开花结实有重要影响外,其他因子的影响都不大。

3.3　土壤肥、水因子对新疆沙冬青少花无实影响

土壤肥、水分是影响植物生长的重要因素,肥水不足也会导致植物生长异常,甚至死亡。新疆沙冬青自引入民勤后,一直定植在沙土地上,土壤肥力较差;另外,早春 3~4 月份也不会给新疆沙冬青灌水,观测发现,新疆沙冬青每年其实都有大量的花蕾萌动,但之后会大量衰败脱落,最终导致新疆沙冬青不开花结实。为了弄清土壤肥水对迁地保护新疆沙冬青生殖生长的影

表4 灌水和施肥条件下新疆沙冬青开花情况表

Table 4 Flowering situation of *Ammopiptanthus nanus* under irrigation and fertilization conditions

处理 Test treatments	开花数 Number of Flowers / n			开花率 Flowering Rate / %		
	灌水+施肥 Irrigation and Fertilization	灌水 Irrigation	对照 CK	灌水+施肥 Irrigation and Fertilization	灌水 Irrigation	对照 CK
处理1 Test treatment 1	232	48	43	47. 22	29. 41	25
处理2 Test treatment 2	189	55	1	57. 14	35. 29	3. 33
$\bar{x}$ Average value	210. 5	51. 5	22	52. 18	32. 35	14. 17
S_* Standard deviation	101.39			19.01		
$q_{\alpha(df,k)}$	$q_{0.05(2,3)} = 0.97$			$q_{0.01(2,3)} = 0.99$		
LSR_{α}	$LSR_{0.05} = 89.3483$		$LSR_{0.01} = 100.3761$			

表5 灌水和施肥条件下开花数和开花率差异性分析

Table 4 Difference analysis of flowering number and flowering rate under irrigation and fertilization conditions

处理T est treatments	开花数 Number of Flowers/n	$\alpha_{0.05}$	$\alpha_{0.01}$	开花率 Flowering Rate / %	$\alpha_{0.05}$	$\alpha_{0.01}$
灌水+施肥 Irrigation and Fertilization	210. 5	a	A	52. 18	a	A
灌水 Irrigation	51. 5	b	B	32. 35	b	B
对照 CK	22. 0	b	B	14. 17	b	B

响,2017年3月我们对定植在民勤沙生植物园的新疆沙冬青进行了春季施肥和灌水实验,结果见表4、表5。

从表4和表5中可以看出,灌水+施肥的处理开花数和开花率均显著大于灌水处理和对照,差异达到了99%($P < 0.01$)以上的极显著水平;而灌水处理与对照的开花数和开花率相比均未达到95%($P > 0.05$)的显著水平。这说明灌水对新疆沙冬青开花有重要影响,但施肥+灌水对新疆沙冬青开花影响更大,特别是施肥对新疆沙冬青开花影响是决定性的。

4 结论与讨论

常规气候因子对民勤沙生植物园迁地保护新疆沙冬青的少花无实影响不大。尹

林克等(1993)曾对吐鲁番沙漠植物园引种栽培的荒漠植物物候期进行大量观察。结果表明:荒漠植物的物候特征主要受自身的遗传特性控制,但与环境因子(如海拔高度、温度和光照等)也有密切关系。方海涛等(2004)也对蒙古沙冬青(*Ammopiptanthus mongolicus*)5个群体的开花生物学特性进行过观察研究。他们认为,光照、温度和湿度等气候因子是影响植物开花时间的重要环境因子(Rathcke B, Lacey E P, 1985)。本研究结果表明,新疆沙冬青原产地与引种保护地的常规气候因子及花期关键性气候因子有一定程度的差异,但差异水平均未达到显著水平。因此,不认为是影响民勤新疆沙冬青少花无实的重要影响,这与尹林克和王烨的观点比较接近,但与方海

涛等的观点有一些不同。

　　纬度、海拔、地形地貌等地理环境和生境植被因子不是影响民勤迁地保护新疆沙冬青少花无实的重要因子,但土壤因子是影响少花无实的重要因子。相关研究表明:地理环境因子对迁地保护植物的正常生殖发育也有重要影响,不同地点的植物种开花时间差异与纬度、海拔或坡度等引起的气候因子变化相关(Augsprger C K,1983)。本研究发现,民勤沙生植物园无论在纬度、海拔、地形地貌,还是在生境环境上,都优于和接近于吐鲁番、榆林和乌恰,但新疆沙冬青在民勤不能正常开花结实,这说明地理环境因子不是影响新疆沙冬青少花无实的关键因子。而相对于土壤因子,根据文献资料,吐鲁番、榆林和乌恰都是漠土,而民勤是风沙土,无论结构、质地、肥力和保水性都存在差异,所以,土壤因子可能是影响民勤引种保护新疆沙冬青少花无实的重要因素。李新荣(2007)在研究乌恰县肖尔布拉克新疆沙冬青天然分布区和吐鲁番植物园新疆沙冬青开花物候时,也得出了与我们相近的观点,她观测的两个点环境与气象因子差异虽然很大,但从个体与种群水平看,新疆沙冬青的开花生物学特点是受遗传和系统发育限制的,而与环境条件的变化没有必然联系的结论,这与Bawa等(2003)通过对生长在热带雨林302个树种开花频率分析后认为植物的开花频率受系统发生限制的观点是一致的。

　　土壤肥力和水分含量是民勤沙生植物园引种新疆沙冬青少花无实的决定性因子。我们在实际观察中发现了一个有趣的现象,民勤沙生植物园引种的新疆沙冬青,在每年3~4月的花芽萌动期,如果不灌水和施肥,花芽会大量脱落败育死亡,无法开花;而保存在同一区域的蒙古沙冬青每年不需要灌水、施肥却能开花结实,这说明土壤肥力和水分含量对新疆沙冬青开花结实影响巨大。相关研究发现,乌恰县新疆沙冬青天然分布区,土壤有机质含量在低于1.0%(部分有牛羊活动的区域低于1.4%)(焦培培等,2007)的条件下能够开花结实,但开花结实数量很少。民勤沙生植物园引种栽培新疆沙冬青的区域,土壤有机质含量仅为0.15%~0.6%,远远低于1%,且保水保肥性差,与原产地乌恰相比要低得多,这也较好地印证了我们研究所得出的结论。

参考文献

陈家庸, 黄正福,1988. 珍稀濒危植物引种保护的初步研究[J]. 广西植物, 8(2):179-189.

方海涛, 王黎元, 张晓钢,2004. 珍稀濒危植物沙冬青花生物学研究[J]. 广西植物, 24(5):478-480.

傅立国,1992. 中国植物红皮书:第一册[M]. 北京:科学出版社 368-371.

高志海, 刘生龙, 仲述军,等,1995. 新疆沙冬青引种栽培试验研究[J]. 甘肃林业科技(1):28-31,34.

黄清祥, 欧阳志勤, 周际中,等,2001. 稀有濒危植物云南金钱槭迁地保护的研究[J]. 云南林业科技(3):24-27.

焦培培,李志军,2007. 濒危植物新疆沙冬青开花物候研究[J]. 西北植物学报, 27(8):1683-1689.

李新荣, 谭敦炎, 郭江, 2007. 新疆沙冬青(Ammopiptanthus nanus)的开花物候与环境的关系[J]. 中国沙漠, 27(4):272-278.

李兆华, 卢进登,2001. 环境生态学[J]. 北京:科学出版社:86.

李玉林, 王荣, 牛聿利,2002. 沙冬青新疆沙冬青在榆林引种成功[J]. 国土绿化(10):37.

刘瑛心,1987. 中国沙漠植物志:第二卷[M]. 北京:科学出版社.

骆文华, 唐文秀, 黄仕训,等,2014. 珍稀濒危植物德保苏铁迁地保护研究[J]. 浙江农林大学学报, 31(5): 812-815.

潘伯荣, 余其立, 严成, 1992. 新疆沙冬青生态环境及渐危原因的研究[J]. 植物生态学与地植物学学报, 16(3): 276-282.

师玮, 潘伯荣, 张强, 2009. 新疆沙冬青和蒙古沙冬青叶片及其生境土壤中15种无机元素的含量比较[J]. 应用与环境生物学报, 15(5): 660-665.

陶玲, 李新荣, 刘新民, 等, 2001. 中国珍稀濒危荒漠植物保护等级定量研究[J]. 林业科学, 37: 52-57.

王荷生, 1989. 中国种子植物特有属的起源[J]. 云南植物研究, 11: 1-16.

万开元, 陈防, 陈树森, 等, 2006. 珍稀濒危植物迁地保护策略中植物营养问题的探讨[J]. 生物多样性, 14(2): 172-180.

尹林克, 王烨, 1993. 沙冬青属植物花期生物学特性研究[J]. 植物学通报, 10(2): 54-56.

尹林克, 潘伯荣, 赵振东, 等, 1988. 沙冬青属植物引种试验研究[J]. 干旱区研究, 5(4): 36-43.

杨期和, 葛学军, 叶万辉, 等, 2004. 新疆沙冬青种子特性和萌发影响因素的研究[J]. 植物生态学报, 28(5): 651-656.

杨建中, 2002. 克州小沙冬青的分布及保护利用[J]. 新疆林业, 3: 47.

张强, 潘伯荣, 张永智, 等, 2007. 沙冬青属[*Ammopiptanthus nanus* (Maxim.) Cheng f.] 植物群里就特征分析[J]. 干旱区研究, 24(4): 487-494.

国家环境保护局, 中国科学院植物研究所, 1987. 中国珍稀保护植物名录[J]. 北京: 科学出版社.

张志贤, 张瑞犒, 1998. 两个平均值的比较[J]. 化工标准化与质量监督 (2): 16-22.

Augsprger C K, 1983. Phenology, flowering synchrony, and fruit set of six neotropical shrubs [J]. Biotropica, 15: 257-267.

Bawa K S, Kang H, Grayum M H, 2003. Relationships among time, frequency, and duration of flowering in tropical rain forest trees[J]. American Journal of Botany, 90: 877-887.

Brian F L, Nigel M, 1993. Preserving diversity [J]. Nature, 361: 579.

Huang H, Han X, Kang L, et al, 2002. Conserving native plants in China[J]. Science, 297: 935-936.

Rathcke B, Lacey E P, 1985. Phenological patterns of terrestrial plants[J]. Annual Review of Ecology and Systematics, 6: 179-214.

对国家植物园选址的思考
The Site Selection of National Botanical Garden

张晓欣

［国家植物园(北园)，北京，100093］

ZHANG Xiaoxin

［*China National Botanical Garden(North Garden)，Beijing，100093，China*］

摘要：随着中国国家植物园的揭牌，国家植物园的发展已经融入生态文明建设之中，本文梳理植物园的演变历史，从中整理出世界上几个国家植物园的选址资料，思考整理认为，选址应从城市(首都)、水资源、科研、地貌、经济实力等因素综合考虑，为今后国家植物园体系的建设提供一定的选址研究思路。

关键词：国家植物园；选址；持续发展

Abstract：With the unveiling of the China National Botanical Garden，the development of the national botanical garden has been integrated into the construction of ecological civilization. This paper combs the evolution history of the botanical garden，collates the site selection data of several national botanical gardens in the world，and considers that the site selection should be comprehensively considered from the city (capital)，water resources，scientific research，the landform，economic strength and other factors，so as to provide a certain site selection research idea for the system of the China National Botanical Garden in the future.

Keywords：China National Botanical Garden；The site selection；Sustainable development

纵观世界，很多发达国家和生物多样性丰富的发展中国家都设有国家植物园，大约 40 个国家有国家(皇家)植物园，并在很多有独特气候的地区设有植物园。根据国际植物园协会(IABG)最近更新的全球植物园名录，剔除名存实亡、查无信息的，目前世界上有 2112 个植物园(http://iabg. scbg. cas. cn/，截止到 2022 年 4 月 28 日)。植物园国际植物保护组织(BGCI)对植物园的定义是"拥有活植物收集区，并对收集区内的植物进行记录管理，使之用于科学研究、保护、展示和教育的机构被称之为植物园"(Jackson，2000)。这些冠有"国家""皇家"的植物园不仅需要在科研、保护、教育、展示等方面体现出实力，更需要

肩负体现一个国家的综合软实力的象征。本文在回顾植物园的演变历史、对知名的国家植物园的选址进行讨论的基础上，分析国家植物园选址的重要影响因子。

1 植物园的演变历史

植物园的源起是可以说是人类对植物的利用和欣赏，也见证了科学与自然的交流，以及人们对自然与文化之间关系的认知(余树勋，2000)。建于 1545 年意大利帕多瓦植物园是世界上尚存于原址的最早的植物园，由威尼斯共和国的参议院设立，由威尼斯贵族丹尼尔巴勃罗遵循中世纪的封闭花园(horti conclusi)设计而成。其将中心的圆形的区域沿着东南西北方向均匀划

分成四块,以便分区种植和引种需要,特别是当时与威尼斯共和国有经贸往来的国家,帕多瓦植物园用于研究和引进外来植物,并配备了标本馆、图书馆和实验室。而随之植物学、医学、化学、生态学等以植物为基础的行业的发展,植物园渐渐凸显出其对现代科学基础的巨大贡献。建立的早期的植物园主要是像帕多瓦植物园这种,以药用植物为主,或以教学为目的的;到了18和19世纪时,在欧洲兴起了以收集、保存从其他地方引种的植物为主的植物园,这类植物园也同时进行着驯化和研究工作,如英国皇家植物园邱园、西班牙马德里皇家植物园、希腊雅典国家植物园,从而奠定了欧洲在植物园领域的领导地位,特别是英国在各个殖民地也建立了很多的皇家植物园。20世纪初,植物园逐渐以分类学与植物学的研究为中心,各个国家也开始进入植物园建设的高峰时期。我国的植物园从新中国成立后,开始进入系统有规划地成立植物园,从早期的对之前在战火中被破坏的植物园进行修复整理,另外在一些植物资源优质的区域和城市设立植物园,北京植物园(现国家植物园)就是在这个时期(1955年)开始建设的。在全球变化和生态系统退化的情景下,1980年后,各个国家的植物园开始逐步将工作开始往植物多样性保护上转移,发挥植物园的物种资源与知识技能,将植物的"迁地保护"作为植物园发展的重要方向。最近几十年来,植物园收集的活植物及其保护设施被用于应对因人类活动造成的物种多样性丧失的研究,许多植物园继而成为本土植物和珍稀濒危植物的迁地保育中心,是主要的野生物种迁地收集和保护中心(Heywood,1987,2011)。世界各地许多植物园收集和栽培了大量本土植物,植物园的活植物收集成为迁地保护的基础。

植物园区别于其他行业对植物的应用,仍是站在野生、濒危植物与引种、栽培植物的交叉点上,面向植物收集保护,发掘出可用的,促使其变成栽培植物,并推广给社会使用。虽然不同国家的气候地理、经济社会,生态环境、植物多样性、植被与生境等差异较大,但国家植物园的方针走向有效体现了国家的战略部署、执行国家意志,如英国皇家植物园邱园,其也将定位和目标转向全球植物多样性保护并演变成一个保护主义研究机构。20世纪后期以英国邱园为代表的植物园为了适应全球植物保护运动的兴起与世界自然保护联盟(IUCN)联手推出了IUCN濒危物种名录等。最近邱园提出了科学发展战略、活植物收集战略和面向2030年变革宣言,计划实施五大优先战略,用10年时间拯救世界各地濒临灭绝的植物并保护自然。随着《生物多样性公约》(CBD)、《联合国气候变化框架公约》(UNFCCC)、《巴黎气候变化协定》《联合国可持续发展目标2030》(SDGs)、《联合国生态系统恢复十年行动计划(2021—2030)》《联合国防治荒漠化公约》(UNCCD)、《濒危野生动植物种国际贸易公约》(CITES)、《关于世界自然文化遗产保护的公约》(CCPWCNH)、《国际重要湿地公约》(RC)、《粮食与农业植物遗传资源国际条约》(ITPGRFA)等国际公约的公布,国家植物园既要积极参与并主导国家的植物园工作,还要在履行国际公约中的植物保护和可持续利用方面发挥重要作用,成为全球性、区域性和全国性的生物多样性保护网络组织的主导者或积极参与者(黄宏文,2022)。同时在国内积极推广应用相应的保护措施,确保植物园及其所发挥的作用能与现有的政策相结合,为有关政府部门提供专业培训,提高公众保护意识并参与各类保护活动,发挥了国家植物园在国家层面的生物多样性研究与保护中的支撑作用和主导作用。

2 各国国家植物园的选址

世界各国因其历史与国土幅员不同，形成国家（皇家）植物园的演变错综复杂，并在国家（皇家）植物园的基础上形成了国家植物园体系的构建。其选址作为重要的一个环节，代表着建设的初衷，并在发展过程中逐渐成为一个城市乃至国家重要的影响因素。

2.1 英国皇家植物园（Royal Botanical Gardens）

18 世纪以英国为首的欧洲殖民者开始在世界各地以建立植物园为主要工具，可以算是皇家植物园体系的构建开始（Holttom，1999）。其在欧洲乃至全球各地的植物园主要服务于引种驯化、植物种质资源传播、开拓现代农业或经济作物规模化生产等目的（Heywood，1987）。位于苏格兰的爱丁堡植物园（Royal botanical gardens，Edinburgh）是英国最早的皇家植物园，始建于 17 世纪，最初是面积不足 $700m^2$ 的皇家的私人用地，主要收集种植药用植物的药用植物园，而后也是随着英国皇家植物园体系的建设，逐渐成为以合理的布局、有利的地势设计和收集除中国之外的最多中国野生植物种而闻名于世界。而邱园（Royal Botanical Gardens，Kew）始建于 1759 年，原本是英皇乔治三世的皇太后奥格斯汀公主（Augustene）一所私人皇家植物园，起初只有 $3.6hm^2$，是英国殖民主义战略侵占成果的展示模式基础，特别是对经济植物的引种、驯化、栽培和利用，更是刺激了对植物学科的研究，从而推动形成了皇家植物园体系，而其在随后多年的发展中也成为全球植物园学习的"样地"。

18 世纪伦敦的城市建筑集中在泰晤士河的北侧，主要通过伦敦桥到达河南岸。以邱园的选址来看，其位置位于伦敦西南部的泰晤士河南岸，建设初期只是满足皇家对植物学的兴趣，选址皇家园林用地，有着便利的水源，并离中心城市距离不远，地势相对比较平坦。对比伦敦的发展地图可以看出，邱园以皇家园林为基础，随着收集植物及伦敦的快速扩张，邱园面积也开始沿着泰晤士河南岸开始扩张起来，并将全球收集而来的植物在园区内有序地进行分类种植和保护。邱园在维多利亚女王登基后，于 1840 年成为英国国家植物园，随后邱园建立了博物馆、经济植物部、标本和图书馆。而标本馆的建设更是将邱园推上植物园的"宝座"，成为后来大多数国家植物园建设的"模板"，其收集的植物标本至今仍是全球第一。

根据城市的发展，邱园的面积随着泰晤士河的走向而慢慢扩展。将周边的许多皇家园林划归成为植物园，面积扩展到 $120hm^2$，成为现今为世人所了解的植物园，并在 2003 年被联合国指定为世界文化遗产。而在 1965 年随着英国殖民地的扩张，邱园的面积远远不能满足收集而来的植物种植需求，而邱园并没有无限地在泰晤士河继续扩张下去，而是将接收的其他的皇家园林区域，如威克赫斯特宫作为邱园的补充，成了邱园的"卫星城"，这样的做法改变了国家植物园是单一用地的使用，从而形成英国的皇家植物园体系。不管城市发展如何迅速，邱园作为植物园的重要性，一直都是伦敦重要的绿地组成，并融合在城市的发展过程中，因为一方面是植物园的特有优势，另一方面是一直归属英国皇室所有，植物园的用地一直未曾改变，却带动和影响了周边的规划。现如今，邱园周边的土地是伦敦有名的富人区，也是伦敦中心区最适合游玩娱乐的场地。

2.2 美国国家植物园（The United States National Garden）

美国国家植物园的历史几乎和美国一样悠久，是为数不多的由联邦政府资助的项目之一,选址在政府所在地是当时的政治家乔治·华盛顿、托马斯·杰斐逊和詹姆斯·麦迪逊提出的,主要是在收集、栽培和展示世界植物群落,成为一个国家首都的代表。美国国家植物园于 1842 年始建,最初在政府广场东端、宾夕法尼亚大道和马里兰大道之间选择一块土地,并计划将台伯河引水到区域内,供给植物园使用。而后随着华盛顿运河上的规划调整,植物园在建设过程中位置有所调整,因为植物园选址在紧邻国会大厦的位置,是便于其成为国会大厦的一个"附属装饰品",并在国会的监督下,将任何可能对美国人民有用的外国树木和植物进行培育,并将其推广给民众,更容易被民众所接受。但当时收集的植物都被种植在旧办公大楼后面的专业温室里,而后批准在国会大厦的西侧,哥伦比亚学院花园的原址上建一个新的温室。用来收集展示。在 20 世纪 30 年代,因为作为"华盛顿美化计划"的一部分,将植物园重新规划,选址在马里兰大道和西南第一街,紧邻国会大厦,作为永久位置,并建立了新的温室。整个植物园用地 14hm²,其中温室面积 28651m²,并延续一直到今(孙尚姣,2019)。作为国家植物园,总体面积虽然很小,但其温室系统现今仍是世界领先水平,并其管理部门一直与国会大厦、参议院等同为国家管理部门。

2.3 南非克斯腾伯斯国家植物园(Kirstenbosch National Botanical Garden)

南非克斯腾伯斯国家植物园,位于世界自然遗产"桌山"的东麓,面积约 528hm²(1300 英亩),始建于 1903 年。最初是英国殖民地统治下的产物,随着南非共和国成立,除了在开普敦地区的克斯腾伯斯国家植物园、卡鲁沙漠国家植物园、哈罗德·波特国家植物园外,南非亦开始建设国家植物园体系,并先后在 1967 年的自由州(1967 年)、1969 年的纳塔尔和低地、1982

年的沃尔特西苏鲁等地建立国家植物园以涵盖不同的植被带和植物类群。

曼德拉曾评价说:"南非克斯腾伯斯国家植物园是南非人民献给地球的礼物。"克斯腾伯斯(Kirstenbosch)这个名字可能是源于 18 世纪这块土地的拥有者 Kirsten 家族,"bosch"可翻译成森林或灌木。而这块用地,野生植物资源较多,又紧邻海岸线,水资源丰富,历史上为许多人提供了"庇护"。而本身这块地作为植物园使用,是源于植物学家亨利·哈罗德·皮尔森(Henry Harold Pearson)。他在 1903 年从剑桥大学来到南非,担任南非学院(现开普敦大学的前身)新设立的植物学主席。最初他没有选址 Kirstenbosch 作为植物园,而是想考虑与大学相连的 Grootte Schuur 庄园。但 1911 年,他沿着罗德大道行驶,环顾 Kirstenbosch 四周,被"桌山"的自然景观而吸引,并认为此处是最适合作为植物园的选址处,向殖民地的政府提出了建立申请。1913 年 5 月,政府将 Kirstenbosch 庄园拨出用于建立国家植物园,目的是鼓励民众参与 Kirstenbosch 的发展,吸引多方面资金支持,并启发指导植物学的成员(Department of Agriculture, Forestry & Fisheries, 2020)。而 Kirstenbosch 的地形复杂多变,对园艺、植物种植、景观构建(特别是岩石的布置)都具有挑战性。经过 50 多年的建设,Kirstenbosch 已经是世界上景观最美的植物园之一,宣传和展示南非高山大海、蓝天绿地的广袤之美和国家丰富独特的植物资源。

2.4 澳大利亚国家植物园(Australian National Botanic Gardens)

澳大利亚国家植物园,面积约 250hm²,于 1949 年正式开园。但早在 1933 年就开始规划"建设一座植物园",用于作为堪培拉这个"鲜花之城"的重要组成部分。狄科森博士(DR B. T. Dickson)参观走访了世界上很多的知名植物园,如英国邱园、巴黎植物园、柏林达勒姆植物园、纽约植物园、日本东京帝国大学植物园等，收集植物园的各类信息，并1935年9月提交了他的选址报告。报告中提出选址的建议：先要考虑植物园用地的土壤适应性、排水、防风等问题，同时与城市发展布局相呼应，也应该靠近大学，毗邻森林保护区和黑山山脉。报告中指出在莫隆洛河较低的河道周边，可以形成植物园并与森林保护区延续起来，同时也可以与黑山相连，这样的选址，可以保证植物园在建设过程的地形富于变化，为植物的种植提供多重便利条件。而面积的划定选择，报告中明确表明需要考虑土地价值，面积大小要与发展相匹配，同时要与城市中的建筑形成呼应，将城市中很多知名的场地、大学、遗址等形成城市中一道壮观的绿带。随着战争的结束，根据这个报告开始了建设过程，并于1949年9月在入口处种植了一棵橡树和一棵桉树，以庆祝植物园的建立。随后政府将植物园周边的土地进行了清理，并勘测批准了边界，形成了现有的规模。

2.5 中国国家植物园（China National Botanical Garden）

中国国家植物园，地处北京香山脚下，面积约582hm^2。植物园源起于1954年中国科学院植物所的十名青年科技人员上书毛泽东，请求解决植物园永久园址的问题（俞德浚，1993）。随后得到国务院的批示，并开始在北京市进行选址。中国科学院提出"植物园需5000~6000亩，有山地，有平地，有充足的水源和各种地形，并须在交通方便之处，园址以玉泉山和碧云寺附近为宜。"最初中国科学院先在清华园附近进行了苗圃筹建，为后期建设植物园做苗木的准备。随后植物研究所会同北京市规划局、市园林处等单位在北京郊区调查选址。先后勘察了圆明园、金山、十三陵等处，但均由于地形、土壤、水源等条件不适宜或距

市区较远交通不便而没有选定。最终认为以卧佛寺为中心，利用樱桃沟水源，在适当整理地形和增加土层后可作为植物园园址，并上报上级部门请示批复用地范围。同时，中国科学院植物研究所对卧佛寺一带进行了地形、水源、土壤、道路、植被分布情况以及农村社会情况等初步调查，规划具体用地范围。1959年植物园收到建管局的千分之一地形图，明确了植物园的用地范围（当年的测量与现在的测量精准度存在一定的差距），拟计划拨8000亩。之后，各方通过对卧佛寺一带的土层情况进行调研，并会同水利部进行再次考察，以明确樱桃沟的蓄水能力。随后中国科学院、北京市投入了大量的人力、物力进行了长期的建设，并在行业内一直处于引领地位。而随着2020年联合国生物多样性大会（COP15）在昆明召开，国家植物园的设立更是推到了日程上。2022年1月4日，国务院发布了同意在北京设立国家植物园的公示，并在同年4月18日进行了揭牌仪式，宣告了我国植物园正式进入新的篇章。

3 影响国家植物园选址的因素

3.1 作为城市的重要配套

在初期的选址时，基本上都是按照当时的城市发展而必须建设的基础上，进行位置选择，同时考虑到与城市用地发展的相匹配，一般情况是在当时城市的近郊区，一定程度上远离中心区域。这样的选址既可以保证在筹建过程中交通的可达性，又可以在未来建成后，将城市的发展向一定的方向区域有引领作用。从植物园发展的历史上看，其所带来的环境优势，成为所在地域发展的独特魅力，而国家植物园的地理位置的重要性，能提升植物园本身的知名度（贺善安，2002）。随着世界大城市的发展，拥有一流的植物园也是作为世界城市、国际化大都市的必要条件，成为一个城

市的重要配套所需。

3.2 水资源的保证

水作为活体植物内最多的物质,植物的生长离不开水的保障提供,是植物园的重要选址影响条件。通过对水的利用,对局部气候进行影响,有利于植物的生长。水既是保障植物生长发育、清洁园区、活化园区的必要条件,而依存已有的大体量水源是最佳选择(贺善安等,2001)。

3.3 高水平的科研实力

在各个国家级植物园的建设过程中,作为国家植物园的选址中的重要人员组成部分,往往是由能代表当时高水平的植物相关的研究人员作为主要的领导者或带领者,保证在收集植物的同时,也进行着相关实验,并对民众进行植物相关的宣传教育(贺善安,2005)。随着经济的发展,植物相关的标本馆、实验室、科普馆都是支撑一个国家植物园的必备条件,而这些都需要一流的科研实力支撑。

3.4 影响区域环境的地貌基础

国家植物园的选址,一般在国家首都比较重要的地理位置,场地周边最好先有一定的地形、地貌比较复杂的地方。但避免风口或有冷空气直泻而下、强风袭击和易发生冰雹、旱涝等,最好有较大的平地,有山、有谷、有坡的多种地形可用。而具有独特的历史资源和自然资源更是选址的重要参考因素,可以为营造多方位、多层次的园林风景,形成一个"巧于因借"的植物群落来支撑起整个园区。

3.5 政府的经济支持

植物园的建设和发展都离不开经济和文化的支撑,而国家植物园更是一个国家经济实力、科学技术、文化繁荣程度的体现之一。很多植物的科研工作需要大量的基础性研究,物种的保护也是不能直接产生经济效益的行为,所以都需要政府的经济或者经济实力比较强大的专业群体支持。很多基础研究的成果不能作为经济效益的转化,都需要接着做更为专业的研究,这些都依赖于国家,需要长期可持续的支撑园区物力、人力和环境的整体的发展。所以,国家植物园一般都选在首都,既可保证选址的稳定性,又可以保证资金支持。

在建设国家植物园体系的过程中,需要选址能代表不同植物区系的地方区域,但选址只是一个影响发展的重要参考价值,对于现阶段的发展而言,多功能的现代化技术的使用,选址的很多因素可以通过不同的技术发展进行调整,但以上的选址因素是十分重要的,期望今后我国国家植物园体系的建设发展,能根据现有的实际情况,进行合理的选址方案。只有这样,才能继续推进国家植物园成为植物发展的带动者。

参考文献

贺善安,2005. 植物园学[M]. 北京:中国农业出版社.

贺善安,顾姻,褚瑞芝,等,2001. 植物园与植物园学[J]. 植物资源与环境学报,10(4):4.

黄宏文,廖景平,2022. 论我国国家植物园体系建设:以任务带学科构建国家植物园迁地保护综合体系[J]. 生物多样性,30,22220. doi:10.17520/biods.2022220.

孙尚姣,2019. 美国国家植物园用户体验应用研究[J]. 建材与装饰(2):2.

俞德浚,1983. 中国植物园[M]. 北京:科学出版社.

余树勋,2000. 植物园规划与设计[M]. 天津:天津大学出版社.

He S A, Gu Y,2001. On the strategy of botanical garden development[J]. Journal of Plant Resources and Environment,11(1):44-46.

Heywood V H,1987. The changing role of the botanic garden[M]// Botanic Gardens and the World Conservation Strategy(eds Bramwell D, Hamann O, Heywood V, Synge H). Academic Press, London:3-18.

Heywood V H, 2011. The role of botanic gardens as resource and introduction centres in the face of global change [J]. Biodiversity and Conservation, 20:221-239.

Holttom R E, 1999. Tropical botanic gardens: Past, present and future [J]. Garden's Bulletin Singapore, 51:27-139.

Jackson P W, Sutherland L A, 2000. International agenda for botanic gardens in conservation [J]. International Agenda for Botanic Gardens in Conservation, 11:1-56.

基于植物园资源开展青少年科学创新的实践与思考
Practice and Thinking on Scientific Innovation of Teenagers Based on Botanical Garden Resources

郭江莉

（上海植物园,上海,200231）

GUO Jiangli

（*Shanghai Botanical Garden*, *Shanghai*,200231,*China*）

摘要:本文以植物园资源为基础,依循青少年认知水平和学习特点,设计了以青少年为目标群体的科学创新实践课程,探讨了课程的具体内容及其实施方法,以期为提高中学生科学创新实践能力和自然科学素养提供参考。

关键词:科学创新实践;科普教育;植物园;实验探索;青少年

Abstract: Based on botanical garden resources, according to the cognitive level and learning characteristics of junior high school students at this stage, this paper designs a scientific innovation practice course aiming at teenagers group, and discusses the specific contents and implementation methods of the course, so as to provide effective reference for improving the practical ability of scientific innovation and natural science literacy of middle school students.

Keywords: Scientific innovation practice; Science popularization education; Botanical garden; Experiment and exploration; Teenagers

创新教育已成为科普学习、交流的主流教育形式,尤其在青少年核心能力的提升方面能起到事半功倍的效果,对培养科学创新人才具有积极的实践意义(刘沫,2005)。长期以来,受教育理论和实践范围的局限,我国青少年的教育重心主要集中于学校教育,而对校外教育资源的应用较少。单纯的学校教育显然不是教育功能的全部,由于它在青少年科学创新实践课程中缺乏系统性的构建,因而不能有效促进青少年的创新精神和实践能力(姬广敏,2015)。想要深化教育领域的综合改革,推进素质教育的全面实施,就需要充分利用各种社会资源。同时,对青少年科学兴趣的激发与科学创新精神的培养也是科普教育基地的重要使命。将学校教育与科普教育基地相结合,完善科学教育课程体系,促进学生的全面发展和个性发展,注重学生创新思维培养,开设形式新颖、内容科学性高、操作性强的科学创新实践课程,能够实现多种途径提升青少年的综合素质发展(任翠英,2018)。

生物学是自然科学中最受关注的基础科学之一,与人类的生存发展和经济建设有密切的联系。青少年即将担负起社会建设的重任,他们有必要加强对基础自然科

基金项目:上海市科学技术委员会科研计划项目"上海植物园青少年科学创新实践工作站(小学至初中)"(编号:18dz2313900)。

学的学习和创新。但青少年目前对生物学相关知识的学习与探索主要以课堂教学为主，与自然的接触和观察较少，很难树立正确的自然认知(纪秀群，2018)。教学脱离实践，便无法与自然建立良好的沟通，导致中学生的科学兴趣与科学创新像是无根之萍，很难找到生长的土壤与发挥的空间。青少年与自然的疏离不仅是国内的现状，更是全世界正在面临的问题。在青少年科学素质培养中，除了学校科学教育作为重要的途径外，校外教育体系同样发挥着不可忽视的作用(王丽慧，2010)。所以，这一问题的解决不仅是学校的重任，也是科研科普机构需要担负起的社会责任。

植物园作为最贴近生活的自然类科普教育基地，不仅拥有丰富的动植物资源，还具备专业性的科普教育基础条件和师资力量，包括科普场馆与设施、科普专职与兼职人员、科普志愿者等。众多资源的积累具备了广泛开展自然观察、探索实践和科学普及的条件。通过系列课程的设计开发，运用项目式、探究式的学习方式，开展青少年科学创新实践，植物园对培养青少年自然科学兴趣方面具有很大的优势。能够让青少年在植物园的自然环境中对植物、昆虫、鸟类、兽类、物候等进行有目的、有计划地接触与学习，了解它们的特征、特性及其在自然界中的地位和作用。以上海植物园为例，受训的课程内容不仅包括科学知识，还融入艺术、文化等内容，打造集中式的、有特色的科学创新"实践课堂"，拓展学生的学习内容与思维空间，培养其实践探索能力，从而激发青少年的科学兴趣，增强创

新意识，提升综合素质(王丽慧，2010)。

本文基于植物园资源提出了青少年科学创新实践的课程和教学模式，目标是在青少年掌握一定理论知识的基础上，能够通过自主思考和查阅文献对学习和实践中的科学问题提出独特的看法，并通过进一步的阅读、探究及试验，掌握科学的问题解决方法，得出正确的结论。进而培养青少年的科学兴趣、自主探索精神和实践能力。

1 青少年科学创新实践课程设计

1.1 科学依据

结合植物园的资源和科普特色，依循初中生现阶段的认知水平和学习特点设计课程，从科普讲座、科普讲解、互动体验、科普夏令营和科学实验探索五个方面形成系列特色课程。并采取循序渐进的方式实施，形成"认识-学习-体验-实践-总结"的学习循环，最后构建一个科学而系统的创新课程体系，形成以植物自然科学为导引的集中式、多元化、趣味化的特色"实践课堂"，逐步建立起中学生对植物及相关知识和科学实验的认识，进一步在学习中掌握知识，在思考中有所突破(曾庆江，2011)。

1.2 课程安排

本课程以上海植物园为实践站，在基础设施完善、物种多样性丰富、特色科普效果显著的基础上实施。上海地区春、夏、秋三季物种多样性高，授课时间选择在3月至10月开展。鉴于中学生课业压力较大，课程又以暑假期间集中开展，每周设置一次课程，约半天时间，每课时40min，每次为4课时，8次课程，共计32课时(表1)。

表 1　青少年科学创新实践课程表
Table 1　Curriculum of scientific innovation practice for teenagers

课次	课程主题	课程内容		课时	课程类型
第 1 次课程	走进植物园	安全教育——中学生户外安全教育及应急处理		1	A
		植物园与科学研究		1	A
		趣味植物学(植物收集、展示与保护)		1	A
		了解植物多样性		1	CE
第 2 次课程	植物园里的植物多样性	认识草本植物		1	A
		认识木本植物		1	A
		植物标本收集		1	E
		植物标本制作		1	CE
第 3 次课程	植物与生命	植物与生命		1	A
		植物科研实验室参观体验		1	CE
		植物的繁育 I	植物的繁育方式	1	A
			植物扦插探究实验	1	E
第 4 次课程	植物样方调查	植物样方调查方法		1	A
		样方调查实践		1	E
		数据统计分析总结		1	E
	植物的繁育 II	植物繁育实验数据采集分析		1	E
第 5 次课程	科普讲解	科普场馆介绍与讲解技巧培训		1	A
		科普讲解实践		2	B
	植物的花艺	花艺体验		1	C
第 6 次课程	暗访夜精灵	夜间生物多样性		1	AC
		夜间自然观察探索		2	D
		行为模式分析总结		1	D
第 7 次课程	生物多样性	生物多样性及科学探索		1	AC
		以生物限时寻(Bioblitz)的方式探索生物多样性	植物	2	CE
			昆虫		
			鸟类		
			水生生物		
		物种多样性分析总结		1	CE
第 8 次课程	自然笔记	自然笔记——开启奇妙的自然探索之旅		1	A
		自然笔记创作实践		2	CE
		优秀作品展示及交流		1	C
共计				32	

注:A. 科普讲座;B. 科普讲解;C. 互动体验;D. 科普夏令营;E. 科学实验探索。

Note:A. Science lecture B. Science popularization C. Interactive experience D. Summer camp E. Scientific experiment and exploration

2　课程内容

2.1　科普讲座

通过科普讲座，将与课程相关的基础生物学内容以科学讲座的形式呈现给学生，图文结合，内容丰富。讲座课程以安全教育为先，以植物为主线进行设计策划，包含植物园的职能及其与科学研究的关系、植物园里的物种多样性及常见的木本与草本植物。各项实践探索和实验课程的理论知识以及观察探索自然的自然笔记方法。内容注重知识层层递进、环环相扣，初步建立起中学生对自然的科学认知。

应以贴近生活的趣味植物进行课程设计。比如，一串红、二月蓝、三角梅以数字开头的"数字植物"，或鼠尾草、牛膝、虎尾兰等带有生肖的"生肖植物"，以及成语中含有植物的"成语植物"，如昙花一现、桃之夭夭、不稂不莠等，引起学生兴趣。

2.2　科普讲解

课程目的旨在通过系统自然类课程培训后，让学生能将理论和实践相结合，在植物园、学校、社区为广大市民和青少年进行各类科学普及讲解和自然导赏，参与公众服务，扩大科学传播的广度和深度，从而培养学生的科学意识、志愿服务精神，营造一个热爱自然、崇尚公益的社会氛围。

如学生在参加完课程学习、培训后，可根据兴趣自主选择上海植物园的展览温室、四季温室、草药园、盆景园等讲解区域，考核通过后上岗服务。

2.3　互动体验

为了让更多的青少年关注植物之美及探索自然奥秘，课程将植物、园艺跟学习生活相结合，融入植物园相关的园艺布置、展览、科普活动等内容，开展互动体验课程。让学生进入植物科研实验室参观并体验实验室常规设备的操作、采集植物及标本制作、花艺创作及参与植物相关展览展示等。

2.4　科普夏令营

以上海植物园"一馆一品"建设特色活动品牌"暗访夜精灵"为课程开展，夜晚的大自然充满无尽的奥秘，等待中学生探索发现，通过夏令营夜间活动，了解身边的夜行性动物和它们的行为模式，探索行为背后的秘密。引导中学生了解大自然生物之间的关系和科学联系。

如探索夜晚出现的昆虫、两栖动物、鸟类、兽类，通过观察动物的行为模式探索它们对自然的适应。观察对比植物昼夜的差异，比如晚上"睡觉"的含羞草、温带睡莲，"上夜班"的紫茉莉、王莲等植物都可用作昼夜状态观察对比。指导学生运用五感体验，用视觉寻找"夜精灵"，用听觉聆听蛙叫、虫鸣，用触觉摸柠檬草的锯齿叶缘、蛙类光滑的皮肤，用嗅觉闻花香、臭蜡的异臭，用味觉尝酢浆草的酸、甜叶菊的甘。

2.5　科学实验探索

科学实验探索注重引导学生如何提出和聚焦问题，让学生选择有能力独立进行或组队完成的自然课题作为科学任务，围绕科学任务设计、开展趣味活动和科普课程。学生的探索课题应与个人兴趣和课业需求相结合，鼓励学生查阅资料设计研究方案，在此期间专业教师指导数据的收集和获取，学生通过研究与探索发现问题、解决问题，并通过交流讨论作出结论，最后撰写探究报告和心得体会，完成科学任务。这对激发学生对物种的兴趣、动物行为的理解，及认识本土生物多样性和资源保护非常有必要。

例如，物候观察课程是根据节气的变化，观察植物、昆虫、鸟类和水生生物等物种的种类和行为是否有变化，总结节气与生物的关系；植物繁殖课程通过快速有效的植物扦插实验，让学生掌握植物的生长、繁殖过程；样方调查课程要求学生掌握植被样方的调查方法和物种优势度的原因，并学会科学记录和简单数据处理;生物多样性调查是一项生物限时寻(Bioblitz)的科学物种普查活动,学生在专家指导下对选定区域的物种进行调查、统计。课程最后引导学生通过所学和自然观察,创作图文相结合的自然观察日记。

3　课程评价

3.1　课程学做结合,科学知识难易适中

课程内容包含了科普讲座、科普讲解、互动体验、科普夏令营、科学实验探索五大方面。课程内容应符合初中学生认知水平,并在此基础上加以拓展,确保内容难易程度均衡,并有选择性。同时应注重学生的特长发展,丰富学生创新实践经历,在提升青少年综合素质的基础上,对钻研型的学生加强引导。

3.2　课时安排紧凑合理,课程内容系统完整

本课程共计32课时,8次课,适合学生暑假期间集中完成,也可在春、夏、秋季开展。课程内容系统完整,涵盖植物学及相关领域的生物学、动物学、动物行为学和生态学等知识。

3.3　聘请专家授课指导,人员设备管理规范

课程设立专家团队,聘任高校教师,并配备专业的科学教师和实践协助人员,同时保证物料齐全、仪器设备安全使用。

3.4　注重科学探究过程,知识运用实践为主

课程从学生生活实践和教学需求出发,科学安排创新实践课程,采取授课式、探索体验式、动手实践式、课题式等方式,注重学生的参与、互动、创作、展示、分享和总结等过程,提高教育创新的针对性和实效性。

3.5　整合学校场馆资源,多方联动优势互补

课程设计充分利用植物园资源,如场馆、设备、实验室、师资力量等,使实践课程与校本课程相互结合、补充,形成校内外知识与实践相结合的教育合力。

4　问题与展望

通过课程建设,结合植物园丰富的动植物资源和教育资源,设计开发出了与中学生发展核心素养相衔接的自然科学课程。使青少年了解基本的科学知识,理解基础的生物学现象,掌握一定的方法和技能,能解释一些常见的自然现象,解决相关的实际问题,并保持对自然的好奇心和求知欲,融入自然,养成与自然和谐相处的生活态度。

在课程的设计和实施过程中,中学生通过系统的科学探究能够学以致用,养成科学探究的习惯,从而增强创新意识和实践能力,最终养成科学的思维习惯,用科学的知识、方法和态度去解决个人与自然问题,形成科学的世界观。同时,植物园等场馆通过科学创新实践工作站建设助力生态文明教育发展。

参考文献

纪秀群,2018. 在科学探究中提升青少年的科技创新素养[J]. 科技传播(1):158-159.

姬广敏,2015. 青少年科技创新能力的结构构建与培养研究[D]. 济南:山东师范大学.

刘沫,2005. 理工科大学生创新教育的理论研究与实践[D]. 南京:南京工业大学.

任翠英,2018. 中小学生校外教育研究[D]. 上海:华东师范大学.

王丽慧,2010. 大教育观引领青少年科普教育基地发展[J]. 科普研究(2):56-59.

曾庆江,2011. 青少年科普基地的建设研究[D]. 济南:山东师范大学.

贝叶棕种子贮藏及萌发技术初探
Preliminary Study on Seed Storage and Germination Technology of *Corypha umbraculifera*

刘勐　杨婷婷*

(中国科学院西双版纳热带植物园,云南勐腊,666303)

LIU Meng　YANG Tingting

(*Xishuangbanna Tropical Botanical Garden*, *Chinese Academy of Sciences*, *Mengla*, 666303, *Yunnan*, *China*)

摘要:为了探究贝叶棕种子的最佳贮藏及萌发条件,本试验研究了不同贮藏时间对种子含水量及种子活力的影响,同时探究贝叶棕种子萌发的最佳萌发基质及基质覆盖厚度。结果表明,贝叶棕新鲜种子含水量为30.23%,萌发率为50%,贮藏30d后,种子含水量迅速下降至12.86%,萌发率下降为15%,贮藏60天,含水量降至10.91%,基本失去萌发能力。园土+河沙(2∶1),覆盖4cm,贝叶棕种子萌发率最高,为69%。贝叶棕种子不耐贮藏,应随采随播。

关键词:贝叶棕;含水量;萌发率;种子贮藏;基质;覆盖厚度

Abstract: In order to study the optimum condition for the seed storage and germination of *Corypha umbraculifera*. This study explores the effects of different storage time on the water content of seeds. The optimum cultivation medium and covering depth for seed germination were also explored at the same time. The results showed that the water content of fresh seeds were 30.23%, germination percentage were 50%, after 30 days storage, the water content of seeds decreased rapidly to 12.86%, the germination percentage decreased to 15%, After 60 days storage, the water content of seeds decreased to 10.91%, the germination ability was completely lost. garden soil+ river sand(2∶1), laying mulch to a depth of 4 centimeters, the seed germination percentage were highest, reached 69%. The seed of *Corypha umbraculifera* has low storage ablity, should be sowed immediately once harvest.

Keywords: *Corypha umbraculifera*; Water content; Germination percentage; Seed storage; Cultivation medium; Covering depth

贝叶棕(*Corypha umbraculifera* L.)是棕榈科(Arecaceae)贝叶棕属(*Corypha* L.)一种大型棕榈科植物(刘海桑,2003),其树干高大雄伟、树冠像一把大伞,景观价值极高。贝叶棕原产于印度、斯里兰卡,700多年前随南传上座部佛教传入西双版纳地区,被广泛种植于低海拔地区的寺院和村寨中(张泽洪,2002)。傣族僧人将文字和佛经刻写在贝叶棕的叶片上,制作贝叶经,传播知识文化。其也成为贝叶文化传承的主要载体和代表植物(申国晋等,2020)。

贝叶棕植株寿命为30~80年,是一次性开花植物,开花结果后植株便慢慢死去,自20世纪90年代以来,由于母树稀少、种子难以采集,育苗难度大、保护意识缺失等诸多原因,西双版纳境内贝叶棕数量明显减少,一度只剩下几十株。有报道称,如不及时有效地对贝叶棕进行保护,未来20~30年,贝叶棕将在西双版纳这片土地上消失(申国晋等,2020)。亟须探索有效的育种、育苗等人为栽培技术,增加种植数量,使种质资源得到保护。但因种子极为稀少,目前对贝叶棕种子的贮藏及萌发的研究极少。胡建湘等在 20 年前对所收集的贝叶棕种子开展萌发试验,结果显示,贝叶棕种子室内放置一年发芽率为 33.3%(胡建湘,韩华,1997)。钟如松等(2004)编著的《引种棕榈图谱》一书中描述,贝叶棕种子贮藏超过 3 个月即失去发芽力。这些研究结果表明贮藏时间、基质及覆盖厚度对于贝叶棕种子萌发的影响是至关重要的。但是,这些报道没有描述具体的贮藏方法和条件,也没有对播种基质和基质覆盖厚度做对比试验。中国科学院西双版纳热带植物园 1963 年引种栽培的植株 2020 年 4 月开花,2021 年 5 月底种子成熟。本研究以这些种子为试验材料,探索贝叶棕种子在室内常温下不同贮藏时间的种子含水量变化,以及由此引起的种子萌发率改变。同时,探索不同基质及不同的覆盖厚度对种子萌发率的影响,以期为贝叶棕种子贮藏条件及种子最佳萌发条件的优化提供参考,从而达到保护的目的。

1 材料与方法

1.1 试验材料

试验材料为 2021 年 5 月底在中国科学院西双版纳热带植物园采收的贝叶棕种子。

1.2 试验条件

试验于 2021 年 6 月 4 日至 11 月 5 日在西双版纳热带植物园园林园艺中心苗圃扦插棚内进行。棚内日间温度 35℃、夜间温度 24℃、平均温度 29.5℃,相对湿度 75%。

1.3 试验设计

2021 年 6 月 4 日测定新鲜种子的形态性状,含水量,以及不同基质、覆盖厚度条件下种子的萌发率。将剩余种子置于牛皮袋中,放入抽屉中,保持干燥状态,室内常温(25℃左右)下避光保存。分别贮藏 1~2 个月时(7 月 4 日和 8 月 4 日)取出种子测定含水量,并在最佳基质和最佳覆盖厚度条件下测定种子的萌发率。3 种基质分别为园土、河沙、园土与河沙 2∶1 的混合基质。3 种覆盖厚度分别为 2cm、4cm、8cm。

1.4 试验方法

1.4.1 种子形态性状测定

选择大小一致的果实,去除果皮,随机取出 30 粒为 1 个样本,重复 3 次,用电子天平(天美 FA1204C)测定其质量,游标卡尺测定种子的长、宽及厚度,长度测量范围为种脐到另一端。剥开种皮并测定种皮质量,重复 3 次。用以下公式计算种皮种子质量比。

种皮/种子质量比=种皮质量/种子质量
× 100%

1.4.2 含水量测定

把种子置于 103℃ 的鼓风烘箱中 17h,以样品烘干前后的重量变化计算含水量(%),计算公式如下。每次测 10 粒种子,重复 3 次。

含水量=(鲜重 −干重)/ 鲜重× 100%

1.4.3 萌发率测定

每个批次随机抽取 810 粒种子,根据基质和覆盖厚度分为 9 个处理,每个处理设 3 个重复,每个重复 30 粒种子,播于准备好的基质中进行发芽。从种子开始萌发(播种后 30d)开始每 3d 记录 1 次种子的萌发情况,到 7d 内无种子萌发(播种后第 90d)止。从基质中掘出种子,以胚根从种孔处伸出 2mm 记为种子发芽。试验过程根据基质需水情况每 3~5d 浇水 1 次。

$$种子萌发率 = \frac{发芽种子总数}{播种总数} \times 100\%$$

2 结果

2.1 种子形态性状

成熟贝叶棕种子为灰棕色,种子长度、宽度和厚度测量结果几近相等,认定种子为近圆球形。种子直径为(4.26±0.13)cm,单粒种子质量为(28.65±0.75)g,种皮/种子质量比为(10.28±0.26)%。

2.2 贮藏时间对种子含水量和萌发率的影响

由图1可看出,随着贮藏时间的增加,贝叶棕种子的含水量明显降低。种子贮藏30d时含水量降低较快,含水量从最初30.23%降到12.86%,随后含水量减低变缓,60d时水量为10.91%。由图2可以看出,随着贮藏时间的延长,种子萌发率呈快速下降趋势,贮藏30d时,种子萌发率由50%降低为15%,而贮藏60d时,种子萌发率仅为3%,大部分种子失去发芽能力。贮藏30d,无论种子含水量还是萌发率都存在快速下降的趋势,贮藏30~60d仍呈下降状态,但趋势减缓。

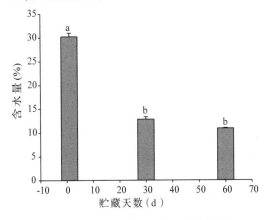

图1 贮藏时间对种子含水量的影响

Fig. 1 The effect of seed storage period on water content

注:柱子上方不同小写字母表示不同处理间在 $P<0.05$ 水平差异显著。

Note:Different small letters above the column indicate significant difference between different treatments at $P<0.05$ level.

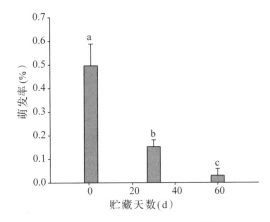

图2 贮藏时间对种子萌发率的影响

Fig. 2 The effect of seed storage period on germination rate

注:柱子上方不同小写字母表示不同处理间在 $P<0.05$ 水平差异显著。

Note:Different small letters above the column indicate significant difference between different treatments at $P<0.05$ level.

2.3 基质和覆盖厚度对种子萌发率的影响

新鲜采收的种子用河沙、园土、园土与河沙混合(1:2)作为基质,萌发率分别为49.67%、43.67%和62.67%。园土与河沙1:2混合的基质萌发率要显著高于河沙和园土,而河沙和园土两个处理之间差异不显著(图3)。而以2:1混合的园土与河沙为基质,覆盖厚度为2cm、4cm、8cm时,萌发率分别为45%、69%和44%,覆盖厚度为4cm时萌发率显著高于覆盖厚度2cm和8cm,而2cm和8cm两个处理之间则无显著差异(图3)。

3 讨论与结论

棕榈科植物的种子,是典型的热带类种子,一般寿命只有2个月左右,某些种类的种子保存期少于7d,本试验发现贝叶棕种子在室温条件下非密封贮藏2个月基本失去萌发能力。这类种子保存难度较大,既要保持种子含水量在安全范围内,又要

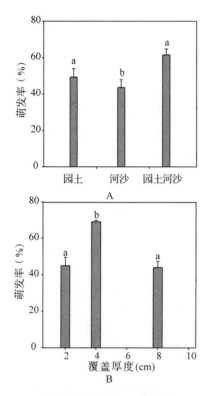

图 3　不同基质和覆盖厚度对种子萌发率的影响

Fig. 3　The effect of different medium on germination rate

注:柱子上方不同小写字母表示不同处理间在 $P<0.05$ 水平差异显著。

Note: Different small letters above the column indicate significant difference between different treatments at $P<0.05$ level.

保证种子仍能进行气体交换,同时还要采用杀菌剂处理,将种子置于保湿环境中。何洁英(2022)对华南植物园部分引种棕榈植物种子开展贮藏及萌发试验,发现多数棕榈种子适宜的贮藏温度在 28℃ 左右,大体相当于热带地区的室温。而采用简单的缸、瓶等容器贮藏容易使种子失水,或因瓶内凝结水珠致使部分种子吸水膨胀或霉烂,而在容器中加入 $1/2\sim1/3$ 干沙或苔藓与种子混合贮藏,则可以延长种子寿命 $2\sim3$ 个月。胡建湘等(1997)研究发现,贝叶棕种子室内沙藏条件下放置一年发芽率为

33.3%……。这些研究中,贝叶棕种子贮藏时间的差异,可能是因为贝叶棕种子的初始成熟度、种子贮藏环境的温度和湿度差异不同所致。

河沙和园土的理化性质和保水供肥能力存在显著差异,对贝叶棕种子发芽有一定的影响。贝叶棕种子在 3 种播种基质中,河沙+园土(2:1)的发芽率最好。采用河沙、园土为基质的种子萌发率较河沙与园土混合基质的萌发率低。这可能与河沙保水力不高,在高温天气下容易干燥及园土含水量较高和不透气有关。不同覆盖深度对贝叶棕种子的发芽率有显著影响。贝叶棕种子在覆盖厚度为 4cm 时发芽率最好,而基质覆盖厚度为 2cm 和 8cm 的处理萌发情况较差。这可能是过深不易出苗,过浅难以保持水分。

本研究表明,贮藏时间对种子含水量和萌发率有显著影响,随着贮藏时间延长,种子含水量和萌发率都明显降低,特别是贮藏前 30d,呈快速下降趋势,第 60d 时种子含水量为 10.9%,基本失去萌发力,可见贝叶棕种子不耐贮藏,生产上应随采随播,以提高萌发率。受种子数量限制,本试验未开展种子耐脱水性研究以及控温控湿的种子贮藏研究,虽得出贝叶棕种子不耐脱水等结论,但要确定贝叶棕种子是否为顽拗性种子,寻找最适合的贮藏条件及萌发条件,将种子萌发率提高至 80% 以上,更好地应用于生产,还需未来在种子数量允许的情况下,开展更多的研究。以期为西双版纳地区傣寨庭院及佛寺绿化提供更多的苗木,同时促进贝叶棕的迁地栽培和物种保护。

参考文献

何洁英,2002. 棕榈植物种子贮藏和繁殖研究[J]. 广东园林(3):37-40.

胡建湘,韩华,1997. 贝叶棕繁殖栽培技术研究初
　　报[J]. 福建热作科技,22(4):4-6

刘海桑,2003. 一种新的棕榈科贝叶棕亚科的属的
　　检索方法[J]. 云南植物研究,25(5):525-
　　531.

欧永森,1996. 认识棕榈科植物[J]. 中国花卉盆
　　景(4):26-27.

申国晋,甘燕君,李志勇,等,2020. 西双版纳贝叶
　　棕的种植和保护现状[J]. 绿色科技,(9):

58-59.

张玉凤,董经纬,蒋菊生,2007. 种子贮藏的研究进
　　展[J]. 安徽农业科学,35(19):5855-5856.

张泽洪,2002. 贝叶经的传播及其文化意义-贝叶
　　文化与南方丝绸之路[J]. 贵州民族研究,22
　　(2):66-72

钟如松,何洁英,2004. 引种棕榈图谱[M]. 合肥:
　　安徽科学技术出版社.

陈俊愉院士与植物园
Academician CHEN Junyu's Relationship with Botanic Gardens

赵世伟

(北京市园林科学研究院,北京,100093)

ZHAO Shiwei

(*Beijing Academy of Forestry & Landscape Architecture Beijing*, 100093, *China*)

摘要:陈俊愉院士曾经是花卉方面的中国工程院院士。在他的职业生涯中与植物园有着千丝万缕的联系。本文记述了陈俊愉院士与植物园工作的经历,记录了他在植物引种驯化、观赏植物育种、栽培植物登录、专类园建设、科普教育以及国家植物园建设等方面作出的贡献。

关键词:植物园;国家植物园

Abstract: Professor Chen Junyu was the academician of China Engineering Academy and his career was related with botanic gardens in a number of ways. In this article, his relationship with botanic gardens was described. He was involved with a number fields with botanic gardens such as plant introduction and domestication, ornamental plant breeding, cultivated plant registration, the building of themed gardens, education and the construction of national botanic gardens.

Keywords: Botanic garden; National Botanic Garden

植物园是拥有具有数据记录的活植物收集,用于保护、研究、展示、教育目的的专业机构。目前世界上有大约3000座植物园,我国的植物园事业始于20世纪初,改革开放以后发展迅猛,目前植物园的数量有250座以上。植物园因其丰富多样的植物收集、优美的植物景观、内涵丰富的科学知识受到人们广泛的关注和喜爱。拥有一座或一座以上的植物园成为现代化城市的重要标配。植物园在促进植物科学进步、提升社会公众素质、保护植物资源等方面发挥了巨大作用。

陈俊愉院士是中国著名的园林园艺家和教育家。他对中国植物园建设、科研工作十分关心,并亲自参与了许多植物园的具体建设与科研工作。陈俊愉院士关于植物园工作的思想和认识,是其学术思想的重要组成部分。

1 植物园的建设

陈俊愉先生1940年毕业于金陵大学园艺系,留校任教并攻读研究生。1947—1950年赴丹麦皇家兽医和农业大学留学。在丹麦留学期间,导师帕卢丹教授鼓励他加强实践,提高实际操作动手能力。于是他每逢周末和假期就去植物园和农场劳动,在植物园不仅能通过园艺实践加深对园艺行业的认识,还能接触到各种植物,了解植物的习性,对植物园的管理和运营也有了第一手的资料。1950年,陈俊愉得知新中国成立,毅然携妻带女回国,执教于武汉大学。1957年,他调入北京林学院(俞善福,2012)。

新中国成立以后,北京植物园的建设纳入了议事日程。1956年中国科学院和北京市人民委员会签订了共建北京植物园的合约。1957年,北京植物园建设开始,身为筹建专家组组长的植物学家吴征镒先生推荐了9位专家作为北京植物园的规划委员会委员,他们分别是中国科学院植物所吴征镒、秦仁昌和俞德浚,北京市农林水利局汪菊渊,北京市园林局刘仲华,北京市都市规划委员会李嘉乐,华中农学院陈俊愉,中国科学院南京中山植物园陈封怀和城市建设部城市设计院程世抚。陈俊愉先生渊博的园林园艺学知识和在欧洲留学的经历,使他成为北京植物园规划委员会的成员之一,他在担任北京林学院教授的同时兼任北京植物园研究员,并直接参与北京植物园的植物引种收集工作。他一边教学,一边在北京植物园进行树木引种驯化工作。他的梅花抗寒育种也从此起步。

20世纪50年代中期,余森文先生领导建设一座杭州植物园,当时聘请了国内最优秀的植物与园林专家。1957年9月,杭州城市建设委员会召开杭州植物园第二次筹备委员会,增聘了余树勋、陈俊愉、周瘦鹃等专家参加筹委会。陈俊愉先生正式参与杭州植物园的建设指导,这是他参与的又一个植物园建设工作。1964年,陈俊愉应邀前往庐山植物园工作两周,并带学生在此开展规划与调查,写成《庐山植物园造园设计的初步分析》。

1972年底,上海市园林管理处开始筹划建设上海植物园,着手研究在龙华苗圃的基础上进行建设植物园。1973年秋,在程绪珂的带领下完成了植物园的规划方案。当时陈俊愉先生已经随北京林学院搬到云南,为了保证植物园的顺利建设,程绪珂专门赴云南拜访陈俊愉,请求得到帮助。陈俊愉很快就组织了人员,赶到上海,实行开门办学,支援上海植物园的建设,完成了上海植物园植物收集名录的规划和编写工作。

1993年3月28日,合肥植物园梅园开始规划建设,陈俊愉赶来为合肥植物园的梅园奠基,并与江泽慧、龙念等一起,植下了植物园内的第一棵造型梅花树——徽派游龙梅。2008年2月,中国第十一届梅花蜡梅展在合肥植物园举办,陈俊愉先生又亲临合肥植物园,指导植物园的建设管理工作。

北京植物园的梅园、展览温室建设凝聚了陈俊愉先生的智慧和心血。作为北京植物园的顾问,他多次参加方案的论证,提出许多建设性的意见和建议。他多次表示:植物园一定要有特色,而特色的关键是体现中国特色和地方特色,要充分体现中国作为世界园林之母的植物特色,也要体现中国悠久的植物、园艺的历史和文化特色。

陈俊愉为北京植物园梅园建设提出了具体的建议,为了梅园的品种选择和苗木筹备而四处联络。经过他的努力,一批抗寒的梅花特别是杏梅和樱李梅率先入驻北京植物园梅园,成为梅园的主要骨架。2008年北京奥运会期间,北京植物园举办世界花卉展,他把珍藏多年的花卉图书赠送给北京植物园的同志参考。北京植物园月季园提升改造时,他欣然为月季园的和平月季品种区题写了"和平月季园"的景名。

进入21世纪,建设高水平的国家级的植物园,已经不仅是植物学家的心声,更成了社会共识。2003年12月26日,侯仁之、陈俊愉、张广学、孟兆祯、匡廷云、冯宗炜、洪德元、王文采、金鉴明、张新时、肖培根等11位院士联名给中央写信,提出"关于恢复建设国家植物园的建议",由此推动了国家植物园体系的萌芽。如今,国家植物园已经正式挂牌,这其中也凝聚了陈俊愉先生等一批专家的心血。

2 引种驯化

为了进行梅花引种,1957年秋天陈俊愉到长江流域一带收集梅花种子,从湖南"沅江骨"和南京梅花山的梅树上采集来的种子在北京大面积播种,并对所生长的梅苗进行自然选择,终于使这一批梅苗在1962—1963年露地开花结果。他又从几千株梅苗中选育出'北京玉蝶''北京小梅'两个能抗–19℃的梅花新品种,迈出了南梅北植的第一步。

陈俊愉先生非常重视引种驯化,强调植物引种驯化必须遵循科学的理论,循序渐进,不可一蹴而就。他主张:植物的引种应该"从种子到种子",即通过采集种子进行播种,待种子成长为成熟的植物并开花结实,完成完整的生命周期。衡量植物引种是否成功的标准就是能否从种子到种子,生成一个完整的生命周期。而且他说:植物引种不能仅看该植物园短时间内是否越冬成功,而要从更长的周期来检验。

他说:在植物引种上,我是有深刻教训的。初到北京,就在北京植物园搞了乌桕的引种栽培。经过几年以后,乌桕正常生长,安全过冬,就以为成功了,等文章发表了,突然遇到极寒的冬季,乌桕一下子全被冻死。所以,仅仅几年是不足以肯定植物是否引种成功的。一个树种引种成功,没有十年二十年,结论是不保险的。

3 科普教育

陈俊愉先生一直重视科普教育,他经常写科普文章,介绍植物、花卉的科普知识。1998年北京植物园科普馆落成,时任园长张佐双邀请陈俊愉先生来植物园做一场科普讲座,陈先生欣然应允。作为系列大家讲座的第一个专家,陈先生重点讲述了中国花卉文化。

关于科普教育在植物园的作用和地位,有一次陈俊愉先生说:科普是植物园最重要的功能之一。植物园就是要充分利用植物园丰富的植物收集、优美的环境以及蕴含的丰富的植物科学知识,让公众近距离接触植物、感受植物、认识植物,陶冶情操,提高公众的科学素养和文明素质。

他认为,科研人员要主动参加科普教育活动,培养教育青少年,这是义不容辞的责任。他是这么说的,也是这么做的。2006年3月30日上午,88岁高龄的陈俊愉院士来到北京植物园梅园为前来观赏梅花的游客现场说梅,讲解梅花的历史渊源、梅花现状以及梅花的相关知识。2007年2月19日大年初二,陈俊愉院士成为植物园首位院士志愿者,到植物园为大家进行梅花、牡丹知识及名花与传统文化方面的科普讲座。

他在许多场合说:花卉的科普很重要。不仅仅许多百姓缺少花卉常识,就连一些业内人士也似是而非,最为典型的当属已经贻误的"玫瑰"、月季"姊妹异嫁"了。玫瑰和月季是不同的花卉,但在西方则将它们简单地统称为"Rose",而两者的关键区别之一,就是月季"月月花季",而玫瑰却一年只开一次花。

4 珍稀濒危植物保护与种质创新

金花茶是我国珍贵稀有的观赏植物种质资源,因其花朵黄色而备受全世界花卉爱好者的追逐,并濒临灭绝的危险。从1973年起,陈俊愉先生就开始金花茶资源与育种的研究。进入80年代以后,越来越多的金花茶被发现,金花茶的保护与利用的矛盾日益突出。陈俊愉先生带领科研团队,开展金花茶种质资源的收集和保护工作,调查了广西境内的金花茶资源,研发出多种快速繁殖技术,在广西良凤江树木园(后来的南宁树木园)和新竹苗圃(今天的金花茶公园)建立了世界上第一个金花茶种质资源库,开展金花茶的杂交育种,为金花茶的可持续利用奠定了基础。

复兴中国的花卉业,这是陈俊愉先生的梦想。他说:早在宋朝,甚至清朝以前,我国的花卉还处于较高的水平。西方人都承认,中国的许多花卉引入西方之前,中国的园艺师们已经经过了千年的培育,孕育出丰富的品种。然而,近代以来,中国的花卉落后了,复兴中国花卉,是当代园艺人的责任(刘青林,2012)。2007年5月,陈俊愉先生到北京植物园参加月季座谈会,他提道:要充分利用古老的和野生资源的抗寒抗旱抗病虫害能力,培育新优品种。'月月粉'是个古老月季,在南方几乎全年开花,花开不断。中国古代培育的'月月红''月月粉''淡黄''粉晕'4个月季品种引入欧洲以后,与欧洲的蔷薇杂交选育,在欧洲培育出现代月季。国外用我们的资源培育了很多优秀的月季品种,而国内对我们自己的古典月季很不重视,品种逐渐丧失。分布在华北、西北、华南地区大量的野生蔷薇资源大多都没有利用。因此,利用我国的野生蔷薇和古典月季资源远缘杂交,培育新品种潜力很大。他殷切希望培育出更多有中国特色的月季,特别是在月季的品种类型上出奇制胜。他说关于月季育种他有四个梦:第一个是利用中国原产野生蔷薇和古老月季之优良种质远缘杂交培育中国特有新品种;第二个是用木香和现代月季杂交培育常绿、无刺、有香气的木香月季新品种群;第三个是以缫丝花为主要亲本培育出花果兼用的月季新品种群;第四个是以四季开花、叶片发亮、管理粗放的"雪山娇霞"为基础,培育出新型树月季品种群。

5 栽培植物命名与登录

植物园是开展植物从野生到家生、外地到本地引种栽培的场所。本质上说,植物园的植物都是栽培植物。栽培植物的命名与记录是科学性极强的工作。陈俊愉先生非常重视栽培植物的命名、登录和分类工作。他主持了中国园艺学会栽培植物登录的多次研讨会,部署园艺植物的登录工作。他领导利用植物园开展栽培植物的登

录,梅花成为北京植物园首批进行国际登录的品种。鉴于林语堂错误地将梅花英译为plum,国外的资料将梅花翻译成为Japanese apricot等不恰当的做法,他率先提议将梅直接英译为"Mei",这是了不起的创举,是民族自信的体现。他在《中国日报》撰写的英文文章,将玉兰直接翻译为Yulan,也是令人钦佩。1998年8月,他被国际园艺学会任命为"国际梅品种登录权威",为中国在国际园艺学会里的第一个园艺类植物的"国际登录权威",梅在外文中第一次正式以汉语拼音(Mei)公诸于世,有力推动了梅文化走向世界。中国园艺学会栽培植物命名及国际品种登录工作委员会第一次工作会于2006年11月26日在中国农业科学院蔬菜花卉研究所召开,会上,陈俊愉号召尽快加强对植物品种名称混乱局面进行整治和规范。为此,亲自审校了由向其柏、臧德奎和孙卫邦等翻译的《国际栽培植物命名法规(第七版)》,并出版,对促进我国对栽培植物命名的"规范化、科学化和国际化"意义重大。他竭力倡导国内的园艺专家积极参与国际园艺学会的品种登录工作。在他的指导下,目前我国继梅花以后,陆续又有桂花、海棠、蜡梅、竹子、枣、猕猴桃等获得了国际园艺品种登录的权威机构,其中北京植物园成为国际海棠品种登录的机构(张启翔,2012)。

6 结语

陈俊愉院士作为一名园林花卉园艺专家,博览群书,博古通今,学贯中西,知识面极广,对中国植物园的工作给予了大量的关注和指导,并积极参与植物园的引种驯化、专类园建设、科普教育和园艺植物命名和登录工作,同时为植物园培养和输送人才,为植物园事业奔走呼喊,为植物园工作创新出谋划策,为中国植物园事业作出了重要的贡献,值得被铭记。

参考文献

刘青林,2012. 花卉院士与现代园林——追忆花卉院士陈俊愉先生[J]. 农业科技与信息(现代园林)(6):10-12.

俞善福,2012. 永远的怀念——追忆陈俊愉先生对我的教诲[J]. 中国园林,28(8):9-10.

张启翔,2012. 花凝人生香如故——深切怀念陈俊愉院士[J]. 中国园林,28(8):20-22.

国家植物园(北园)冬季园林树木
冻害调查与分析
Investigation and Analysis on Freezing Injury of
Ornamental Plants in Winter at Beijing

虞雯　卢珊珊　蒋靖婉　李菁博

[国家植物园(北园),北京市花卉园艺工程技术研究中心,城乡生态环境北京实验室,北京,100093]

YU Wen　LU Shanshan　JIANG Jingwan　LI Jingbo

[*China National Botanical Garden（North）,Beijing Floriculture Engineer Technology Research Centre,Beijing Laboratory of Urban and Rural Ecological Environment,Beijing,100093,China*]

摘要:极端低温和大范围降雪对北京市的园林植物造成了严重的冻害。本文通过实地调查国家植物园(北园)的100种代表性园林植物受冻害情况,对不同植物的受冻害程度进行观测评价,对受冻植物第二年物候期和生长发育表现进行了跟踪观测并进行评价,探讨植株防寒措施及受冻后的恢复对策,以期为北京市园林绿化树种的引种和养护提供参考。

关键词:北京地区;国家植物园;园林植物;冻害

Abstract:Extreme low temperature and snow have caused serious freezing damage toornamental plants in Beijing. This paper aims to investigate the freezing injury of 100 representative ornamental plants in the China National Botanical Garden（North）. We observed and evaluated the degree of freezing injury of different plants, tracked and observed the phenological period and growth performance of those plants in the second year, and discussed the cold prevention measures and recovery countermeasures after freezing, so as to provide reference for the introduction and maintenance of garden greening in Beijing.

Keywords:Beijing area;National Botanical Garden;Ornamental plant;Freeze injury

园林植物冻害是指树木因受 0℃ 以下低温而使细胞、组织、器官受伤,甚至死亡的现象,多发生在秋末初冬、隆冬和早春(田菲菲,2018)。叶片冻害多发生在秋末初冬,枝条则在冬季和早春易受冻害影响,突降大雪及大幅度降温均会对园林植物造成不同程度冻害(刘锦,2017;韩梅梅等,2021)。2021 年 11 月 6~7 日,北京出现大到暴雪和气温骤降天气,最低气温达-4℃,骤降 14℃。此时大多数园林植物还未进入落叶休眠期,骤然降雪降温使得北京许多园林植物,尤其是近年引种栽植的植物,受到不同程度冻害,园林植物的物候期也受到影响。为了更好地了解北京园林植物冻害情况,进一步做好养护管理措施,笔者对国家植物园露地栽培植物受冻害情况进行了实地调查。

1　观测对象及方法

国家植物园位于北京市海淀区西郊,地处北纬 40°,东经 116°28′,总规划面积近 600hm² ,是目前我国北方最大的植物园。观测对象为国家植物园树木区露地栽培的木本植物,以及栽培在小环境下的边缘植物,均引种栽植 3 年以上,共选择具有代表性乔灌木 100 种。

为了全面了解此次冬季降雪和低温对园林植物的危害,冻害调查分为 3 次。分别为:2021 年 11 月 13 日,即第一次大雪降温后 7d,重点观测植物叶片受冻害情况;2022 年 2 月 23 日,即第二次暴雪降温后

10d,主要观测植物叶片和枝条受冻害情况;2022 年 8 月 1 日,即植物第二年营养生长停滞后,主要观测植物生长和恢复情况。通过 3 次观测对植物受害及后期生长恢复表现进行分级评价(陈进勇,2010;王炜,2017)(表 1)。

表 1　植株受冻及生长恢复等级划分标准

Table 1　Grading table of plant freezing and growth recovery

等级	叶片表现	枝条表现	第二年生长生长发育表现
0 级	叶片基本无冻害	枝条基本无冻害	基本无影响
1 级	1%～10%的叶片受冻,叶缘卷曲、变色,出现褐斑	1%～10%的 1 年生枝条顶端受冻	生长势稍弱,花期延后或开花量有所减少
2 级	11%～50%的叶片受冻,失水卷曲、变色,出现褐斑	11%～50%的 1 年生枝条受冻变干	经过修剪,植株能正常抽枝展叶,但整体长势变弱,开花受到影响
3 级	51%～90%的叶片受冻,成水浸样、变色、干枯	51%～90%的 1 年、2 年生枝条受冻,抽干	终修剪后,萌生枝条较弱,基本不开花或少开花
4 级	>91%的叶片受冻,成水浸样,变色、干枯	>91%的 2 年生枝条冻干,影响到主干	植株基本死亡,或仅有少数瘦弱萌蘖条从根部发出

2　结果与分析

2.1　2021 年冬季至 2022 年春季气候特点

对国家植物园 2021 年 10 月下旬至

2022 年 3 月的气象数据进行分析,发现平均气温相较城区低 2℃ 左右,最高可达 4℃。同时此阶段的气象有如下特点(图 1):

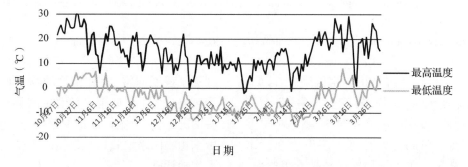

图 1　国家植物园 2021 年 10 月至 2022 年 3 月气温

Fig. 1　Temperature from October 2021 to March 2022 of CNBG

首先,降雪和低温天气出现时间较早,很多植物还未完全进入休眠期。2021 年 11 月 6～7 日出现一场暴雪,温度骤降至 0℃ 以下,较前一日降低了 14℃。此时,北京的不少落叶树种还未落叶,树冠上有大

量积雪,很多枝条折断。此后最低气温持续在 0℃ 左右,昼夜温差较大,达 15℃。

其次,极端低温气候持久。观测期间,最低气温低于 -10℃ 的天数达 26d。2021 年 12 月 25～29 日,连续 5 日最低气温低于

−10℃,最低达−13℃;2022 年 2 月 13 日暴雪后,14 ~ 24 日,连续 11 日最气温低于 −10℃,最低达−15.4℃。

最后,低温和降雪气候交织。2021 年霜降(10 月 23 日)至 2022 年春分(3 月 20 日),北京地区出现了 6 场降雪。频繁的降雪与低温交织,容易造成植物细胞和组织受损,加剧植株的受冻害程度。

2.2 首次降雪对植物影响的调查

2021 年 11 月 13 日,即 11 月 6~7 日暴雪后的一周,对 100 种园林植物进行调查,结果如表 2 所示。

叶片受冻害较严重(≥3 级)的树种有 48 种,如山茱萸、紫薇、紫荆、梧桐等国内引种树种;'品虹'桃、'品霞'桃等栽培品种;毛白杨、槐、元宝槭、连翘、木槿等北方常见栽培的乡土树种;以及柘等野生树种。主要症状为一半以上叶片受冻,成水浸样,变色、干枯、脱落,物候期提前。

叶片受冻害较轻(1~2 级)的树种有 16 种,如杜仲、朝鲜小檗、金银忍冬等。

叶片未受冻害(0 级)的树种有 36 种,如油松、青杆、锦熟黄杨、粗榧、冬青卫矛等常绿树种;平枝栒子、四照花等叶片呈革质的树种;以及鸡麻、'丰后'梅、郁李等已落叶的树种。未受冻植物中,一部分与革质叶含水量偏低,能耐受短时间的低温有关,另一部分与植物的生长休眠特性有关。

2.3 早春持续低温对植物影响的调查

2022 年 2 月 23 日,即 2 月 13 日暴雪和持续 11d 的−10℃以下低温后,对同一批植物进行第二次调查,结果如表 2 所示。

受冻较严重(≥3 级)的树种有 12 种,其中紫薇、文冠果、红瑞木、猬实、木姜子、蜡梅、棣棠花和珙桐,这 8 种植物为原产黄河流域及其以南地区,耐寒性较差,主要症状为枝条受冻抽干;金叶女贞、冬青卫矛、皱叶荚蒾、雪松这 4 种边缘植物的叶片干枯、变色,成水浸样。

受冻害较轻(1~2 级)的树种有 14 种,如扶芳藤、冬青卫矛、雪松等,症状为少量叶片或枝条抽干、变色。

未受冻害(0 级)的树种有 74 种,如粗榧、锦熟黄杨、油松、青杆等常绿或半常绿树种。

2.4 冬季冻害对第二年植物生长影响的调查

2022 年 8 月 1 日,对同一批植物进行第三次调查,此时树木的营养生长基本停滞,重点观察冬季的低温、降雪对植物第二年生长的影响,结果如表 2 所示。

受影响较大(≥3 级)的树种有 1 种,为珙桐,该种为引种试验植物,仅零星栽植,但损失惨重,只有 1~2 株存活。

受轻微影响(1~2 级)的树种有 11 种,如红瑞木、文冠果等,变现为生长势稍弱,花期延后或开花量有所减少。

未受影响的树种有 88 种,总体上看,国家植物园(北园)露地植物在经历2021—2022 年冬季的频繁降雪及低温后,大部分园林植物第二年生长发育情况未受到影响,经受住了考验。

表 2 不同树种的耐寒性极其生长表现
Table 2 Cold resistance and growth performance of differentplant species

树种名称	学名	2021 年 11 月 13 日表现	2022 年 2 月 23 日表现	2022 年 8 月 1 日表现
血皮槭	*Acer griseum* (Franch.) Pax	>91%的叶片受冻,成水浸样,变色、干枯	落叶,枝条基本无冻害	无影响
梣叶槭	*Acer negundo* L.	雪后落叶	落叶,枝条基本无冻害	无影响

（续）

树种名称	学名	2021 年 11 月 13 日表现	2022 年 2 月 23 日表现	2022 年 8 月 1 日表现
茶条槭	*Acer tataricum* subsp. *ginnala* (Maxim.) Wesm.	自然落叶	落叶,枝条基本无冻害	无影响
元宝槭	*Acer truncatum* Bunge	雪后落叶	落叶,枝条基本无冻害	无影响
七叶树	*Aesculus chinensis* Bunge	50%~75%落叶	落叶,枝条基本无冻害	无影响
'品虹'桃	*Amygdalus* 'Pin Hong'	雪后落叶	落叶,枝条基本无冻害	无影响
'品霞'桃	*Amygdalus* 'Pin Xia'	雪后落叶	落叶,枝条基本无冻害	无影响
山桃	*Amygdalus davidiana* (Carrière) de Vos ex Henry	雪后落叶	落叶,枝条基本无冻害	无影响
[碧桃]	*Amygdalus persica* 'Duplex'	雪后落叶	落叶,枝条基本无冻害	无影响
[照手红]桃	*Amygdalus persica* 'Terutebeni'	雪后落叶	落叶,枝条基本无冻害	无影响
榆叶梅	*Amygdalus triloba* (Lindl.) Ricker	雪后落叶	落叶,枝条基本无冻害	无影响
'白花山碧桃'	*Amygdalus* 'Bai Hua Shan Bi Tao'	个别叶片受冻,叶缘卷曲、变色,出现褐斑	落叶,枝条基本无冻害	无影响
'美人'梅	*Armeniaca* × *blireana* 'Mei Ren'	雪后落叶	落叶,枝条基本无冻害	无影响
'丰后'梅	*Armeniaca mume* Siebold 'Feng Hou'	叶片基本无冻害	落叶,枝条基本无冻害	无影响
[辽梅]山杏	*Armeniaca sibirica* 'Pleniflora'	11%~50%的叶片受冻,失水卷曲、变色,出现褐斑	落叶,枝条基本无冻害	无影响
杏	*Armeniaca vulgaris* Lam.	雪后落叶	落叶,枝条基本无冻害	无影响
朝鲜小檗	*Berberis koreana* Palib.	11%~50%的叶片受冻,失水卷曲、变色,出现褐斑	落叶,枝条基本无冻害	无影响
[紫叶]小檗	*Berberis thunbergii* 'Atropur-purea'	>91%的叶片受冻,成水浸样,变色、干枯	落叶,枝条基本无冻害	无影响
白桦	*Betula platyphylla* Sukaczev	自然落叶	落叶,枝条基本无冻害	无影响
锦熟黄杨	*Buxus sempervirens* L.	叶片基本无冻害	叶片、枝条基本无冻害	无影响
锦鸡儿	*Caragana sinica* (Buc'hoz) Rehder	雪后落叶	落叶,枝条基本无冻害	无影响
梓	*Catalpa ovata* G. Don	自然落叶	落叶,枝条基本无冻害	无影响
雪松	*Cedrus deodara* (Roxb. ex Lamb.) G. Don	叶片基本无冻害	>91%的叶片受冻,成水浸样,变色、干枯;11%~50%的 1 年生枝条受冻变干	生长势稍弱
南蛇藤	*Celastrus orbiculatus* Thunb.	>91%的叶片受冻,成水浸样,变色、干枯	落叶,枝条基本无冻害	无影响
粗榧	*Cephalotaxus sinensis* (Rehder et E. H. Wilson) H. L. Li	叶片基本无冻害	叶片、枝条基本无冻害	无影响
[染井吉野]东京樱花	*Cerasus* × *yedoensis* (Matsum.) A. N. Vassiljeva 'Somei - Yoshi-no'	自然落叶	落叶,枝条基本无冻害	无影响

（续）

树种名称	学名	2021 年 11 月 13 日表现	2022 年 2 月 23 日表现	2022 年 8 月 1 日表现
郁李	*Cerasus japonica*（Thunb.）Loisel.	叶片基本无冻害	落叶,11%~50%的 1 年生枝条受冻变干	无影响
紫荆	*Cercis chinensis* Bunge	>91%的叶片受冻,成水浸样,变色,干枯	落叶,枝条基本无冻害	无影响
贴梗海棠	*Chaenomeles speciosa*（Sweet）Nakai	自然落叶	落叶,枝条基本无冻害	无影响
蜡梅	*Chimonanthus praecox*（L.）Link	个别叶片受冻,叶缘卷曲、变色,出现褐斑	落叶,51%~90%的 1、2 年生枝条受冻,抽干	开花量有所减少
流苏树	*Chionanthus retusus* Lindl. et Paxton	雪后落叶	落叶,枝条基本无冻害	无影响
红瑞木	*Cornus alba* L.	叶片基本无冻害	落叶,51%~90%的 1、2 年生枝条受冻,抽干	经过修剪,植株能正常抽枝展叶,但整体长势变弱
灯台树	*Cornus controversa* Hemsl.	叶片基本无冻害	落叶,枝条基本无冻害	无影响
四照花	*Cornus kousa* subsp. *chinensis*（Osborn）Q. Y. Xiang	叶片基本无冻害	落叶,枝条基本无冻害	无影响
山茱萸	*Cornus officinalis* Siebold et Zucc.	雪后落叶	落叶,枝条基本无冻害	无影响
黄栌	*Cotinus coggygria* Scop.	叶片基本无冻害	落叶,枝条基本无冻害	无影响
平枝栒子	*Cotoneaster horizontalis* Decne.	叶片基本无冻害	落叶,枝条基本无冻害	无影响
水栒子	*Cotoneaster multiflorus* Bunge	雪后落叶	落叶,枝条基本无冻害	无影响
山楂	*Crataegus pinnatifida* Bunge	自然落叶	落叶,枝条基本无冻害	无影响
珙桐	*Davidia involucrata* Baill.	雪后落叶	落叶,>91%的 2 年生枝条冻干,影响到主干	植株基本死亡,或仅有少数瘦弱萌蘖条从根部发出
柿	*Diospyros kaki* Thunb.	自然落叶	落叶,枝条基本无冻害	无影响
杜仲	*Eucommia ulmoides* Oliv.	11%~50%的叶片受冻,失水卷曲、变色,出现褐斑	落叶,枝条基本无冻害	无影响
扶芳藤	*Euonymus fortunei*（Turcz.）Hand.-Mazz.	叶片基本无冻害	11%~50%的叶片受冻,失水卷曲、变色,出现褐斑;1%~~0%的 1 年生枝条顶端受冻	生长势稍弱
冬青卫矛	*Euonymus japonicus* Thunb.	叶片基本无冻害	51%~90%的叶片受冻,成水浸样,变色、干枯;11%~50%的 1 年生枝条受冻变干	生长势稍弱
丝绵木	*Euonymus maackii* Rupr.	落叶 50%~75%	落叶,枝条基本无冻害	无影响
栓翅卫矛	d*Euonymus phellomanus* Loes.	自然落叶	落叶,枝条基本无冻害	无影响
白鹃梅	*Exochorda racemosa*（Lindl.）Rehder	个别叶片受冻,叶缘卷曲、变色,出现褐斑	落叶,枝条基本无冻害	无影响
梧桐	*Firmiana simplex*（L.）W. Wight	雪后落叶	落叶,11%~50%的 1 年生枝条受冻变干	无影响

（续）

树种名称	学名	2021 年 11 月 13 日表现	2022 年 2 月 23 日表现	2022 年 8 月 1 日表现
雪柳	*Fontanesia phillyreoides* subsp. *fortunei* (Carrière) Yalt.	11%～50%的叶片受冻，失水卷曲、变色，出现褐斑	落叶，枝条基本无冻害	无影响
连翘	*Forsythia suspensa* (Thunb.) Vahl	51%～90%的叶片受冻，成水浸样、变色、干枯	落叶，枝条基本无冻害	无影响
白蜡树	*Fraxinus chinensis* Roxb.	雪后落叶	落叶，枝条基本无冻害	无影响
银杏	*Ginkgo biloba* L.	雪后落叶	落叶，枝条基本无冻害	无影响
皂荚	*Gleditsia sinensis* Lam.	51%～90%的叶片受冻，成水浸样、变色、干枯	落叶，枝条基本无冻害	无影响
孩儿拳头	*Grewia biloba* var. *parviflora* (Bunge) Hand.-Mazz.	自然落叶	落叶，枝条基本无冻害	无影响
木槿	*Hibiscus syriacus* L.	>91%的叶片受冻，成水浸样、变色、干枯	落叶，枝条基本无冻害	无影响
毛叶山桐子	*Idesia polycarpa* var. *vestita* Diels	自然落叶	落叶，枝条基本无冻害	无影响
迎春花	*Jasminum nudiflorum* Lindl.	个别叶片受冻，叶缘卷曲、变色，出现褐斑	落叶，枝条基本无冻害	无影响
棣棠花	*Kerria japonica* (L.) DC.	11%～50%的叶片受冻，失水卷曲、变色，出现褐斑	落叶，51%～90%的 1、2 年生枝条受冻，抽干	生长势稍弱，开花量有所减少
栾树	*Koelreuteria paniculata* Laxm.	雪后落叶	落叶，枝条基本无冻害	无影响
猬实	*Kolkwitzia amabilis* Graebn.	叶片基本无冻害	落叶，51%～90%的 1、2 年生枝条受冻，抽干	无影响
紫薇	*Lagerstroemia indica* L.	>91%的叶片受冻，成水浸样、变色、干枯	落叶，51%～90%的 1、2 年生枝条受冻，抽干	生长势稍弱，开花量有所减少
胡枝子	*Lespedeza bicolor* Prain	雪后落叶	落叶，枝条基本无冻害	无影响
金叶女贞	*Ligustrum* × *vicaryi* Rehder	11%～50%的叶片受冻，失水卷曲、变色，出现褐斑	51%～90%的叶片受冻，成水浸样、变色、干枯；枝条基本无冻害	生长势稍弱
杂种鹅掌楸	*Liriodendron* × *sinoamericanum* P. C. Yieh ex C. B. Shang & Zhang R. Wang	雪后落叶	落叶，枝条基本无冻害	无影响
木姜子	*Litsea pungens* Hemsl.	叶片基本无冻害	落叶，51%～90%的 1、2 年生枝条受冻，抽干	生长势稍弱，开花量有所减少
金银忍冬	*Lonicera maackii* (Rupr.) Maxim.	个别叶片受冻，叶缘卷曲、变色，出现褐斑	落叶，枝条基本无冻害	无影响
柘	*Maclura tricuspidata* Carrière	>91%的叶片受冻，成水浸样、变色、干枯	落叶，枝条基本无冻害	无影响
楝	*Melia azedarach* L.	51%～90%的叶片受冻，成水浸样、变色、干枯	落叶，11%～50%的 1 年生枝条受冻变干	生长势稍弱
水杉	*Metasequoia glyptostroboides* Hu et W. C. Cheng	51%～90%的叶片受冻，成水浸样、变色、干枯	落叶，11%～50%的 1 年生枝条受冻变干	生长势稍弱

（续）

树种名称	学名	2021 年 11 月 13 日表现	2022 年 2 月 23 日表现	2022 年 8 月 1 日表现
桑	*Morus alba* L.	11%~50%的叶片受冻，失水卷曲、变色，出现褐斑	落叶，枝条基本无冻害	无影响
青杆	*Picea wilsonii* Mast.	叶片基本无冻害	叶片、枝条基本无冻害	无影响
油松	*Pinus tabuliformis* Carrière	叶片基本无冻害	叶片、枝条基本无冻害	无影响
二球悬铃木	*Platanus* × *acerifolia*（Aiton）Willd.	叶片基本无冻害	落叶，枝条基本无冻害	无影响
加杨	*Populus* × *canadensis* Moench	51%~90%的叶片受冻，成水浸样、变色、干枯	落叶，枝条基本无冻害	无影响
毛白杨	*Populus tomentosa* Carrière	雪后落叶	落叶，枝条基本无冻害	无影响
紫叶李	*Prunus cerasifera* f. *atropurpurea*	自然落叶	落叶，枝条基本无冻害	无影响
鼠李	*Rhamnus davurica* Pall.	51%~90%的叶片受冻，成水浸样、变色、干枯	落叶，枝条基本无冻害	无影响
鸡麻	*Rhodotypos scandens*（Thunb.）Makino	叶片基本无冻害	落叶，枝条基本无冻害	无影响
香茶藨子	*Ribes odoratum* H. L. Wendl.	自然落叶	落叶，枝条基本无冻害	无影响
刺槐	*Robinia pseudoacacia* L.	雪后落叶	落叶，个别 1 年生枝条顶端受冻	无影响
黄刺玫	*Rosa xanthina* Lindl.	11%~50%的叶片受冻，失水卷曲、变色，出现褐斑	落叶，枝条基本无冻害	无影响
绦柳	*Salix babylonica* 'Pendula'	个别叶片受冻，叶缘卷曲、变色，出现褐斑	落叶，个别 1 年生枝条顶端受冻	无影响
龙爪柳	*Salix babylonica* 'Tortuosa'	>91%的叶片受冻，成水浸样、变色、干枯	落叶，11%~50%的 1 年生枝条受冻变干	无影响
珍珠梅	*Sorbaria sorbifolia*（L.）A. Braun	51%~90%的叶片受冻，成水浸样、变色、干枯	落叶，枝条基本无冻害	无影响
膀胱果	*Staphylea holocarpa* Hemsl.	自然落叶	落叶，枝条基本无冻害	无影响
槐	*Styphnolobium japonicum*（L.）Schott	雪后落叶	落叶，个别 1 年生枝条顶端受冻	无影响
紫丁香	*Syringa oblata*	11%~50%的叶片受冻，失水卷曲、变色，出现褐斑	落叶，枝条基本无冻害	无影响
北京丁香	*Syringa reticulata* subsp. *pekinensis*（Rupr.）P. S. Green et M. C. Chang	雪后落叶	落叶，枝条基本无冻害	无影响
臭檀吴萸	*Tetradium daniellii*（Benn.）T. G. Hartley	雪后落叶	落叶，枝条基本无冻害	无影响
糠椴	*Tilia mandshurica* Rupr. & Maxim.	自然落叶	落叶，枝条基本无冻害	无影响
榆树	*Ulmus pumila* Walter	11%~50%的叶片受冻，失水卷曲、变色，出现褐斑	落叶，枝条基本无冻害	无影响

（续）

树种名称	学名	2021年11月13日表现	2022年2月23日表现	2022年8月1日表现
皱叶荚蒾	*Viburnum rhytidophyllum* Hemsl.	叶片基本无冻害	>91%的叶片受冻,成水浸样,变色、干枯,枝条基本无冻害	无影响
荆条	*Vitex negundo* var. *heterophylla* (Franch.) Rehder	>91%的叶片受冻,成水浸样,变色、干枯	落叶,枝条基本无冻害	无影响
海仙花	*Weigela coraeensis* Thunb.	51%~90%的叶片受冻,成水浸样,变色、干枯	落叶,枝条基本无冻害	无影响
红王子锦带花	*Weigela* 'Red Prince'	>91%的叶片受冻,成水浸样,变色、干枯	落叶,枝条基本无冻害	无影响
紫藤	*Wisteria sinensis* (Sims) Sweet	雪后落叶	落叶,枝条基本无冻害	无影响
文冠果	*Xanthoceras sorbifolium* Bunge	雪后落叶	落叶,51%~90%的1、2年生枝条受冻,抽干	整体长势变弱,开花受到影响
望春玉兰	*Yulania biondii* (Pamp.) D. L. Fu	雪后落叶	落叶,枝条基本无冻害	无影响
玉兰	*Yulania denudata* (Desr.) D. L. Fu	雪后落叶	落叶,枝条基本无冻害	无影响
枣	*Ziziphus jujuba* Mill.	叶片基本无冻害	落叶,个别1年生枝条顶端受冻	无影响

3 讨论与总结

3.1 冻害对园区植物生长发育的影响

通过对国家植物园(北园)内100种植物的冻害调查发现,园林植物经过2021—2022年冬季的频繁降雪及低温后,受严重冻害的树木较少,其中珙桐遭受冻害最为严重;另外11种冻害3级以上的植株,第二年生长势较弱;其他受冻害1~2级的植株,结合春季养护计划加强养护管理,第2年基本均能恢复树势,对园内景观效果影响较小。由于与园内植物选择有关,以乡土树种为主,乡土树种比较适应本地气候,也经过异常气候的锻炼,所以植物整体抗寒能力较强。尽量少选或不选择边缘树种,若少量引种边缘植物,则冬季需要做好防寒保护。

3.2 边缘树种在不同小环境条件下的越冬表现

植物的生长环境对其越冬起着较明显的作用,尤其是在北京栽培的边缘植物,以

珙桐为例,种植在宿根园的珙桐,北侧是高墙和竹林,周边树木茂密,可避免暴晒和风寒,加上采用塑料布缠干防寒,植株受害较轻,有一株甚至连续多年开花;种植在办公楼前空地处的珙桐,虽然周围也有树木,但缺少建筑物的庇护,温度湿度变化较大,枝条受冻较重,植株上部枝条死亡,下半部存活;种植在樱桃沟的珙桐,尽管周围环境较为湿润,但受冻害严重,导致死亡;而种植在树木区空旷位置的珙桐,则完全没有周围树木的保护,与原生境大相径庭,无法适应北方冬季的寒冷干燥,导致死亡。由此可见,微环境的选择对北京地区边缘树种的栽培应用具有重要影响。

3.3 同属内不同树种的耐寒性差异

同属内不同树种受其遗传和产地等因素影响,抗寒性有所差异(李远超,2010)。青杆、栾树、白桦等原产北方的树种比珙桐、紫薇、蜡梅等原产黄河流域以南的树种抗寒能力明显要强。另外,同一属的树种在不同的发育阶段抗寒性也有差异,如槭

属植物的抗寒性总体较强,但血皮槭、栟叶槭、元宝槭由于落叶晚,由于11月的低温和降雪影响,受到冻害;而茶条槭由于落叶早,已进入休眠状态,低温降雪未对其产生影响(表2)。卫矛属常绿植物中,扶芳藤比冬青卫矛的耐寒性要强,叶片和枝条受害程度较轻;柳属中,绦柳抗寒性强,生长势未受影响,而龙爪柳稍差。

综合此次调查和分析,2021—2022年北京地区的降雪和低温气候,给城市园林植物的应用敲响了警钟,也给园林引种提出了新的建议。首先,在引种时应适地适树选择树种,对边缘植物谨慎引种。其次,对引来的植物开展引种驯化工作,外来植物在推广应用前,需要完成一定生长周期的试种观察,在确保植物能够适应本地气候环境的情况下,再逐步推广应用。最后,对边缘树种应采取必要的越冬保护措施,小型花灌木,如月季、牡丹等可采取植株基部培土,保湿增温;花灌木,如紫薇,可用草绳或无纺布包裹枝干;绿篱,如黄杨,可用无纺布整体包裹;落叶乔木,如珙桐,一定要搭风障,近年来,有采用"防寒罩"的方法,可有效保障植物安全越冬。

参考文献

陈进勇,虞雯,程炜,等,2010. 北京地区2009—2010年园林树木冻害分析及生长恢复对策[C]//中国植物园(第十三期). 北京:中国林业出版社:172-180.

郭坤,王绍华,2021. 鲁北地区植物冻害的预防及救治措施[J]. 农业开发与装备(3):200-201.

韩梅梅,谭延肖,杜梦扬,等,2021. 德州地区园林植物冬季养护管理措施探讨[J]. 园艺与种苗,41(5):7-9.

刘锦,王挺,章银柯,2017. 杭州园林植物冻害调查与分析[J]. 浙江林业科技,37(5):82-86.

刘均,王府京,2019. 宜昌市城市主要公园2017年冬季园林植物冻害情况调查分析与建议[J]. 现代园艺(8):210-211.

李远超,2010. 园林植物冻害发生原因及其防护策略[J]. 林业科学(12):186-188.

田菲菲,2018. 浅析石家庄地区园林植物冻害及防寒策略[J]. 河北林业科技(2):52-56.

王炜,左翔,郑伟,2017. 昆明市呈贡区2016年1月主要园林植物的冻害调查与分析[J]. 中国园林,33(9):93-97.

温玲,2021. 北方城市园林植物冻害技术研究[J]. 中国林副特产(4):61-62.

张振花,朱学亮,孙恺,2021. 济南市三个公园植物冻害调查与分析[J]. 农业与技术,41(18):126-128.

江阴红豆树对空气污染物甲醛、SO_2 和 PM2.5 的消减能力研究

Study on the Ability of Jiangyin *Oymosia hosies* to Reduce Air Pollutants Formaldehyde, SO_2 and PM2.5

周冬琴[1]　　葛仲良[2]　　于金平[1,*]

(1. 江苏省中国科学院植物研究所,江苏省植物资源研究与利用重点实验室,江苏南京,210014;

2. 江阴市金顾山红豆树专业合作社,江苏江阴,214400)

ZHOU Dongqin[1]　　GE Zhongliang[2]　　YU Jinping[1,*]

(1. *Institute of Botany, Jiangsu Province and Chinese Academy of Sciences, Jiangsu Key Laboratory for the Research and Utilization of Plant Resources, Nanjing, 210014, Jiangsu, China;*

2. *Jiangyin Jingushan red bean tree cooperative, Jiangyin, 214400, Jiangsu, China;*)

摘要:江阴红豆树是国家级重点保护珍稀植物,为中国特有种。本研究在自然光照下,将江阴红豆树盆栽苗置于密闭透明的人工烟雾箱内,采用甲醛测定仪、SO_2 分析检测仪和空气动力学粒径谱仪,连续测定2h内江阴红豆树消减甲醛、SO_2 和 PM2.5 的动态数值。结果显示,单株江阴红豆树在2h内对污染物的消减率为甲醛83%、SO_2 75%、PM2.5 82%。通过对江阴红豆树叶片表面进行电镜扫描发现,江阴红豆树叶片表面具突起,幼叶疏备毛,气孔密度达 400~500N/mm^2。研究结果表明,江阴红豆树对空气污染物甲醛、SO_2 和 PM2.5 均有较强的消减能力,为江阴红豆树在室内和园林中的绿化布置、应用推广提供科学依据。

关键词:江阴红豆树;甲醛;SO_2;PM2.5

Abstract: Jiangyin *Oymosia hosies* is a national class II key protected rare plant and endemic to China. In this study, the potted seedlings of Jiangyin *Oymosia hosies* were placed in a closed and transparent artificial smoke box under natural light. Formaldehyde analyzer, SO_2 analysis detector and aerodynamic particle size spectrometer were used to continuously measure the reduction of formaldehyde in Jiangyin *Oymosia hosies* within 2 hours, SO_2 and PM2.5 dynamic values. The results show that the reduction rate of pollutants by a single tree within 2 hours: formaldehyde 83%, SO_2 75%, PM2.5 82%. By scanning electron microscope on the surface of Jiangyin *Oymosia hosies* leaves, it was found that leaves had protrusions on the surface, young leaves were sparse and hairy, and the stomatal density reached 400~500N/mm^2. The research results show that Jiangyin *Oymosia hosies* has a strong ability to reduce air pollutants formaldehyde, SO_2 and PM2.5, which provides a scientific basis for the greening layout and application of Jiangyin *Oymosia hosies* in indoor and garden.

Keywords: Jiangyin *Oymosia hosies*; Formaldehyde; SO_2; PM2.5

基金项目:省级重点研发专项(BE2018801)。

作者简介:周冬琴(1979—),女,浙江临海人,博士,助理研究员,主要从事植物生态修复和资源应用研究。E-mail: zhoudongqin @ cnbg. net,Tel:025-84347106。

通讯作者:于金平(1971—),女,硕士,正高级实验师,主要从事植物生态修复和微生物肥料研究。E-mail:yujinping @ cnbj. net。

江阴红豆树是园林绿化、城市美化一个优良的乡土树种。江苏省江阴市顾山镇红豆村有棵相传为南朝梁代昭明太子萧统手植的红豆树,距今已有1400余年(张连全,2012)。经植物学家考证,正式命名为"江阴红豆树",并载入《中国相物学大辞典》(曹贵庭,2000)。红豆树具有观赏、生态、实用、药用和文化等五大价值,有着奇特、宝树、长寿、耐阴、耐湿、适应、深根七大特点。是"江阴三奇"中唯一"活着的文物"。它以古老、奇异、珍稀著称于世,被列为国家二级重点保护的濒危珍稀植物(张俊,2014)。

空气污染,又称为大气污染,是指由于人类活动或自然过程引起某些物质进入大气中,呈现出足够的浓度,达到足够的时间,并因此危害了人体的舒适、健康和福利或环境的现象(孙小莉,李生才,2008)。甲醛是一种无色具有强烈刺激性气味,并被广泛用于各种行业的物体。甲醛已被世界卫生组织定为致癌和致畸性物质,也是潜在的强制突变物之一(William,2003)。甲醛的主要危害表现为,对神经以及呼吸系统的刺激作用,以咳嗽、恶心、头痛、流泪、打喷嚏、呼吸困难为多见(Henry & Casano-va,2004),亦可引起致敏作用,引起过敏性皮炎、色斑、坏死(吴忠标,赵伟荣,2005)。同时甲醛也可以致基因突变(郑希,2016),能引起大鼠鼻腔肿瘤,国内刘金玲等人的研究,也发现了甲醛暴露者胃癌发病的危险性是非暴露者的9倍,且其发病率与暴露浓度、暴露年限呈显著正相关(刘金玲等,1998)。颗粒物2.5(particulate matter 2.5,PM2.5)又称为细颗粒物,是一种颗粒直径 ≤ 2.5μm 的可吸入肺颗粒物。PM2.5粒径小,可富集空气中的有害物质,可直达肺泡吸附于黏膜,永久留于体内(洪秀玲等,2015),从而危害人体健康。目前,越来越多的研究表明PM2.5与呼吸系统疾病(李维忠等,2018)、免疫疾病、心脑血管疾病(高丽云等,2018;Nurkiewicz et al.,2006;Zhang et al.,2016)、肿瘤的发生等有着直接关系(Raaschou-Nielsen et al.,2016)。SO₂是一种有毒气体,被人体吸收可形成亚硫酸、硫酸,刺激呼吸道黏膜,大量吸入会造成对肺、心血管等器官的损伤,从而引起慢性支气管炎、肺水肿等疾病(曹冬梅,2013)。

近年来,随着社会的快速发展,环境污染与修复问题已越发突出,植物作为现代化城市环境建设的主体,在城市美化、污染治理等方面发挥着重要作用(夏冰和马晓,2017)。研究证明,绿色植物能净化空气中的颗粒物,树种的叶、枝、根等都具有吸收SO₂能力,其中叶片是吸收能力最强的部位(贺勇等,2010)。潘文等采用人工模拟熏气法,研究了36种广州市园林绿化植物对SO₂和NO₂气体吸收净化能力,以系统聚类分析方法为依据,将参试植物的吸收净化能力划分为强性、较强、中等、较弱及弱5个等级(潘文等,2012)。为了评价江阴红豆树对空气污染物的消减能力,本研究通过自制的烟雾箱装置,模拟自然状态下植物对大气污染物的消减过程,定量分析了江阴红豆树对甲醛、SO₂和PM2.5消减的动态变化,并结合叶片的微观特征揭示其净化机制,为城市绿化植物的选择提供依据。

1 材料与方法

1.1 供试材料

供试材料为江阴红豆树3~5年生实生苗,树高1.2~1.6m,长势良好,没有病虫害感染。

1.2 试验方法

1)烟雾箱装置:自主设计的烟雾箱专利号:ZL201620892149.X,实验室自制的烟雾箱装置,模拟自然状态下植物对大气污染物的消减过程。烟雾箱的框架是用高为2m,直径为60cm的圆柱形不锈钢制成。整个烟雾箱由特氟龙膜(对污染物无吸附)包裹,四周密封,每次试验时用密封棒将顶部密封。在烟雾箱的中部有2个直径为1cm的圆孔,分别用于进样和连接监测仪器,分别采用美国 Thermo Scientific 公司的 SO_2 分析仪(Model43i)和 NOx 分析仪(Model42i)对烟雾箱中 SO_2 和 NOx 的浓度进行实时检测。利用美国 TSI 公司的扫描电迁移率颗粒物粒径谱仪(SMPS)实时测量烟雾箱中大气颗粒物的粒径分布和浓度。为了使通入烟雾箱内的污染气体快速扩散均匀,在烟雾箱中置入1台小型风扇。试验在25℃恒温光照室中进行。室内配有温湿度计,用于烟雾箱内温度和湿度实时监测。

2)数据测定:将盆栽江阴红豆树叶片用去离子水擦洗干净后整盆小苗置于自主设计的烟雾箱内,在上午 9:00~11:00 进行数据测定,每组检测重复3次。烟雾箱密封后,通入污染气体(SO_2、甲醛、PM2.5)。参考室内空气质量标准(GB/T18883-2002)设置污染气体的初始浓度,其中 SO_2、甲醛、PM2.5 的初始浓度分别为 $0.7mg/m^3$、$4mg/m^3$ 和 $75μg/m^3$。烟雾箱内风扇打开5min,待烟雾箱中污染气体扩散均匀后(读数稳定),开始记录数据。每隔1min记录1次污染气体的浓度。根据前期预试验结果,连续记录2h,用于计算烟雾箱中污染气体的净化百分率变化情况。

3)叶面积测定:利用打孔称重法估算单株江阴红豆树总叶面积(dm^2),用于计算单位面积消减率。打孔称重法(陶洪斌,2006)是基于相近叶位叶片的比叶重(单位面积叶片重量)相对恒定的原理,通过测定采样区植物叶片干重和少量叶片比叶重计算叶面积和叶面积指数的方法。具体方法如下:观察整株红豆树叶片大小,通过肉眼观察随机选取3大、3中、3小,不同大小的

9片叶子,用孔径6mm的单孔打孔器分别从距叶梢和叶柄2cm处开始顺次打孔,每片叶片共打孔6次,并注意避开中心叶脉和已经枯萎的部分,将打下的圆形叶片计数并装入纸袋烘干(75℃下烘48h)、称重($W1$,单位:g);打孔后的叶片装入纸袋烘干、称重($W2$,单位:g)。计算公式为:叶面积 $1(cm) = (W1+W2)×$打孔数$×πr^2×10^{-2}/W1$,其中:r 为打孔器的半径,这里为3mm。再数一下整株的叶片数 n,则单株总叶面积(dm^2)$= n×$叶面积 $1×10^{-2}/9$。

4)数值计算:实验数据利用 Excel 2013 软件进行整理,应用 SPSS17.0 进行统计分析。

1.3 室内空气质量参考标准(GB/T 18883-2022)

(1)世界卫生组织规定 PM2.5 年均浓度小于 $10μg/m^3$ 是安全值;世界卫生组织在 2005 年版《空气质量准则》中指出:当 PM2.5 年均浓度达到 $35μg/m^3$ 时,人的死亡风险比 $10μg/m^3$ 的情形约增加 15%。PM2.5 年、24h 平均浓度小于 $25μg/m^3$ 是安全值;世界卫生组织在 2005 年版《空气质量准则》中也指出:当 PM2.5 24 小时均浓度超过 $25μg/m^3$ 时,每立方米增加 $10μg$,死亡率约增加 5%。三级过渡标准:$75μg/m^3$;二级过渡标准:$50μg/m^3$;一级过渡标准:$35μg/m^3$;空气质量准则值 AQG 标准:$25μg/m^3$。本实验选择 $75μg/m^3$ 为 PM2.5 初始浓度。

(2)据文献报道(宋春燕,2022),关闭门窗 1h 后,每立方米室内空气中,甲醛释放量不得大于 0.08mg;如达到 0.1~2.0mg,正常人能闻到臭气;达到 2.0~5.0mg,眼睛、气管将受到强烈刺激,出现打喷嚏、咳嗽等症状;达到 10mg 以上,呼吸困难;达到 50mg 以上,会引发肺炎等危重疾病,甚至导致死亡。本实验选择 $4mg/m^3$ 为甲醛初始浓度。

（3）我国室内 SO₂ 标准浓度分为三个级别。一级 SO₂ 标准：$\leq 0.15mg/m^3$；二级 SO₂ 标准：$0.15mg/m^3 \sim 0.50mg/m^3$；三级 SO₂ 标准：$0.50 \sim 0.70mg/m^3$。本实验选择 $0.7mg/m^3$ 为 SO₂ 初始浓度。

2 结果与分析

2.1 江阴红豆树对空气污染物消减的动态变化

密闭的烟雾箱（图1），由可密闭箱体1，外部包裹聚四氟乙烯膜2，内设有通风装置3、照明装置4和温湿度计5，聚四氟乙烯膜2上设有第一开口6-1和第二开口6-2，一个用于通入有毒气体或者 PM2.5 颗粒物，一个用于连接测定仪器进行数据读取。从开口通入一定量的甲醛或 SO₂，启动通风装置，待有毒气体在烟雾箱内均匀分散开后，由另一头连接的仪器开始读取数据。经过分析发现，如图2所示，甲醛浓度随时间变化在前 30min 内快速降低，随后缓慢减少至一定浓度；SO₂ 浓度在前 60min 内迅速减少，之后缓慢降低至一定的浓度基本不再变化；PM2.5 颗粒物随时间的变化趋势与 SO₂ 基本一致。结果显示，江阴红豆树对甲醛、SO₂ 和 PM2.5 颗粒物的消减，在 120min 内基本达到最大值（图2）。

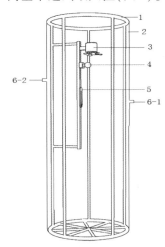

图1 烟雾箱示意图

Fig. 1 Schematic diagram of smoke box

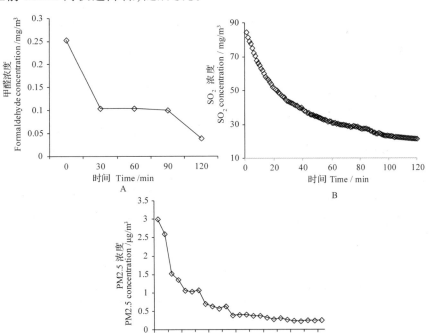

图2 甲醛（A）、SO₂（B）和 PM2.5（C）浓度随时间的动态变化

Fig. 2 Dynamic changes of formaldehyde（A）、SO₂（B）and PM2.5（C）concentration with time

2.2 江阴红豆树对空气污染物甲醛、SO₂ 和 PM2.5 的消减能力

通过查阅资料(表1),发现室内甲醛浓度在 0.05~5.0mg/m³ 范围内,人体开始有嗅觉、视觉以及上呼吸道刺激反应。因此本实验设置了甲醛浓度在 0.5~5.0mg/m³,检测江阴红豆树对甲醛的消减效果。同时也检测了对 SO₂ 和 PM2.5 的单株消减率。单株消减率 =(初始浓度−观测时浓度)/初始浓度;结果如图 3,江阴红豆树对甲醛、SO₂ 和 PM2.5 的单株消减率分别高达 83%、75% 和 82%。

表 1　室内甲醛浓度与人体反应

Table 1　Indoor formaldehyde concentration and human reaction

甲醛浓度/mg/m³ Formaldehyde concentration/mg/m³	人体反应 Human reaction	甲醛浓度/mg/m³ Formaldehyde concentration/mg/m³	人体反应 Human reaction
0.0~0.05	无刺激和不适	0.1~25	上呼吸道刺激反应
0.05~1.0	嗅阈值	5.0~30	呼吸系统和肺部刺激反应
0.05~1.5	神经生理学影响	50~100	肺部水肿及肺炎
0.01~2.0	眼睛刺激反应	>100	死亡

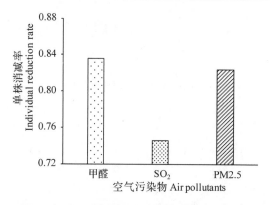

图 3　江阴红豆树对空气污染物的单株消减率

Fig. 3　Individual reduction rate of air pollutants by Jiangyin *Oymosia hosies*

2.3 江阴红豆树叶片表面特征

植物对大气颗粒物的净化作用与其叶片的微形态特征密切相关,植物叶片表面的表皮细胞、气孔和被毛等微观结构、叶面积大小及粗糙程度是影响植物吸附大气颗粒物的关键因素(张鹏骞等,2017)。相关研究表明,植物的叶片结构形态、质地、类型及叶面积都直接影响叶片对 SO₂、PM0.5 和重金属的吸收能力(刘璐等,2013)。植物叶片的粗糙程度、附着绒毛的形状及气孔大小直接影响叶片滞尘能力(王磊等,2018)。为了了解江阴红豆树叶片表面特征,我们对其叶片进行了电镜扫描(图4),其叶片表面特征如表2所示,叶片表面具有突起和疏毛(图 4B、C),气孔较多(图4D),每平方毫米达 400 多个,而常见的园林绿化树种香樟叶片每平方毫米气孔数仅有 220 个,女贞叶片每平方毫米气孔数 144 个,而红豆树气孔凹陷明显(图4A)。

表 2　江阴红豆树的叶片表面特征

Table 2　Leaf surface characteristics of Jiangyin *Oymosia hosies*

叶片数 Number of leaves	叶形 Leaf shape	质地 texture	叶片凹凸 Unevenness of blade	被毛 Coat	气孔密度 N/mm² Stomatal density N/mm²
280~460	椭圆	革质	叶片具突起	幼叶疏被细毛,老叶无毛 或仅下面中脉有疏毛	400~500

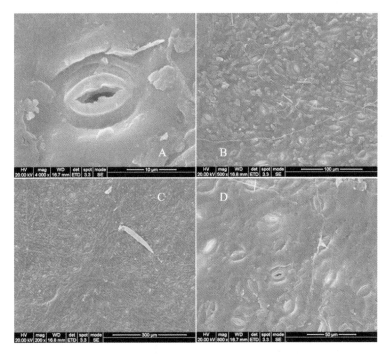

图4 江阴红豆树叶片扫描电镜照片
Fig. 4 Scanning electron micrograph of leaves of Jiangyin *Oymosia hosies*

3 结论

试验研究结果表明,江阴红豆树对室内空气污染物甲醛的消减效果十分显著,消减率高达83%,同时对 SO_2 和 PM2.5 也具有很高的消减能力,分别达到 75% 和 82%。进一步通过对红豆树叶片电镜扫描,发现其叶片表面具有突起和疏毛,气孔多达每平方毫米 400 多个,显著高于香樟和女贞叶片的气孔数。已有研究结果表明叶片褶皱、表皮毛、气孔等能够对滞留的颗粒物起到固定作用(张鹏骞等,2017)。一般叶片上表皮具有较深褶皱和沟状结构,具有表皮毛以及具有突起的植物,要较上表皮光滑的滞尘能力强;气孔密度对植物的滞尘能力影响较小,但是气孔的凹陷程度却对滞尘能力有很大的影响,导致保卫细胞与表皮细胞之间形成了一个较深的凹槽,颗粒物被卡在凹槽里。通过对江阴红豆树叶片表面形态电镜扫描,也验证了这一点。此项研究结果为园林绿化城市美化的推广应用提供了新树种,为更好地利用自然绿色生态,优化空气质量,造福人类绿色健康提供了基础数据。

参考文献

曹冬梅, 2013. 我国 SO_2 污染、危害及控制技术[J]. 环境科学导刊, 32(2):73-74.

曹贵庭, 2000. 江阴顾山红豆树的新生[J]. 江苏绿化(3):29.

高丽云, 聂林坤, 李潇等, 2018. 大气细颗粒物PM2.5对心血管疾病损害机制的研究进展[J]. 新乡医学院学报, 35(7): 551-553.

贺勇, 李磊, 李俊毅, 等, 2010. 北方30种景观树种净化空气效益分析[J]. 东北林业大学学报, 38(5):37-39.

洪秀玲, 杨雪媛, 杨梦尧, 等, 2015. 测定植物叶片滞留PM2.5等大气颗粒物质量的方法[J].

北京林业大学学报,5:147-154.

李继忠,边毓尧,郭文有,等,2018. PM2.5 与呼吸系统疾病发病率关系流行病学调查研究[J]. 陕西医学杂志,47(6):805-808.

刘金玲,崔毅,贾崇奇,等,1998. 甲醛职业暴露与胃癌关系的回顾性队列研究[J]. 中国慢性病预防与控制,4:175-176.

刘璐,管东生,陈永勤,2013. 广州市常见行道树种叶片表面形态与滞尘能力[J]. 生态学报,33(8):2604-2614.

潘文,张卫强,张方秋,等,2012. 广州市园林绿化植物苗木对二氧化硫和二氧化氮吸收能力分析[J]. 生态环境学报,21(4):606-612.

宋春燕,2022. 室内空气中甲醛检测方法研究进展[J]. 大众标准化,2:184-186.

孙小莉,李生才,曾庆轩,等,2008. 城市空气污染及其防治对策[J]. 安全与环境学报,8(4):73-76.

王磊,万欣,江浩,等,2018. 植物叶片表面特征对吸附 PM2.5 能力的影响研究[J]. 江苏林业科技,45(6):39-43.

吴忠标,赵伟荣,2005. 室内空气污染及净化技术[M]. 北京:化学工业出版社.

夏冰,马晓,2017. 郑州市绿化植物滞尘效应及其生理特征响应[J]. 江苏农业科学,45(6):127-131.

张俊,2014. 葛仲良——红豆文化的守望者[J]. 江阴旅游,4:22-25.

张连全,2012. 珍稀的姊妹树——红豆树与花榈木[J]. 园林植物,2:68-69.

张鹏骞,朱明淏,刘艳菊,等,2017. 北京路边 9 种植物叶片表面微结构及其滞尘潜力研究[J]. 生态环境学报,26(12):2126-2133.

郑希,2016. 室内空气甲醛来源以及危害[J]. 民营科技(4):238.

Henry H, Casanova M, 2004. The implausibility of leukemia induction by formaldehyde: a critical review of the biological evidence on distant-site toxicity[J]. Regulatory Toxicology and Pharmacology, 40(2): 92-106.

Nurkiewicz T R, Porter D W, Barger M, et al, 2006. Systemic microvascular dysfunction and inflammation after pulmonary particulate matter exposure[J]. Environ Health Perspect, 114(3): 412-419.

Raaschou - Nielsen O, Beelen R, Wang M, et al, 2016. Particulate matter air pollution components and risk for lung cance[J]. Environ Int, 87(5):66-73.

William E L, 2003. Toxic tips: Formaldehyde[J]. Chemical Health and Safety, 10(3): 29-30.

Zhang B, Liang S, Zhao J, et al, 2016. Maternal exposure to air pollutant PM 2.5 and PM 10 during pregnancy and risk of congenital heart defects[J]. J Expo SciEnv Epid,26(4):422-427.

极危植物南川木波罗研究进展
Recent Advance on *Artocarpus nanchuanensis*, a Critically Endangered Plant

王淑敏[1]　权俊萍[1]　张绍林[1]　郭涛[2,3]　陈静[1]

(1. 重庆市南山植物园管理处,重庆,400065; 2. 重庆市风景园林科学研究院,重庆,401329;
3. 川渝共建乡土植物种质创新与利用重庆市重点实验室,重庆,401329)

WANG Shumin[1]　QUAN Junping[1]　ZHANG Shaolin[1]　GUO Tao[2,3]　CHEN Jing[1]

(1. *Nanshan Botanical Garden of Chongqing*, *Chongqing*, 400065; 2. *Chongqing Landscape
and Gardening Research Institute*, *Chongqing*, 401329; 3. *Chongqing Key Laboratory of Germplasm
Innovation and Utilization of Native Plants*, *Chongqing*, 401329, *China*)

摘要:南川木波罗(*Artocarpus nanchuanensis* S. S. Chang, S. H. Tan et Z. Y. Liu)是中国重庆地区特有的一种桑科波罗蜜属植物,被世界自然保护联盟(IUCN)濒危物种红色名录列为极危树种,《国家重点保护野生植物名录》(2021)中列为二级保护植物,收录于重庆市重点保护野生植物名录(第一批),具有很高的药用和观赏价值。本文对南川木波罗的栽培技术、成分鉴定和分子生物学研究进行了总结,为其后续保护和种质挖掘提供理论依据。

关键词:南川木波罗;保育繁殖;物种评价;基因研究

Abstract: *Artocarpus nanchuanensis* is a kind of plant belonging to *Artocarpus* (*Moraceae*), which is endemic to Chongqing, China. It is listed as a critically endangered tree species by IUCN Red List of Threatened Species. It is also a class II protected plant in the List of National Key Protected Wild Plants (version 2021), and included in the list of key protected wild plants in Chongqing (the first batch), which has high medicinal and ornamental value. In this paper, the cultivation techniques, component identification and molecular biology research of *Artocarpus nanchuanensis* were summarized to provide theoretical basis for its follow-up protection and germplasm utilization.

Keywords: *Artocarpus nanchuanensis*; Conservation and propagation; Species evaluation; Genetic research

引言

生物种质资源多样性是地球上的生命经过几十亿年演变进化的结果,维持了地球生命的延续和生态系统的平衡,为人类生存提供了食物、药物、能源、环境等生产生活资料和生态系统服务,是人类赖以生存的物质环境基础(黄至欢,2020)。2021

基金项目:(Botanic Gardens Conservation International)BGCI 合作项目:Integrated Conservation of Critically Endangered Species Artocarpus nanchuanensis(GTC/2022/026)(2022-2025);重庆市城市管理科研项目"南川木菠萝种苗更新及苗期抚育关键技术研究"【CGKZ-2022 第(11)号】。

作者简介:王淑敏(1986—),女,博士,园林工程师,研究方向:植物资源评价及新种质创新,E-mail:wsmin2011@126.com。

通讯作者:权俊萍,高级园林工程师,研究领域:植物资源评价及新种质创新,E-mail:151209328@qq.com。

年10月,《生物多样性公约》第十五次缔约方大会在云南昆明举行,大会以"生态文明:共建地球生命共同体"为主题,体现了全球生物多样性保护对于推进全球生态文明建设,实现人与自然和谐共生,提高人类福祉具有重要作用。

南川木波罗(*Artocarpus nanchuanensis* S. S. Chang, S. H. Tan et Z. Y. Liu)是我国重庆地区特有的多年生常绿乔木,是桑科波罗蜜属白桂木亚属植物在我国自然分布纬度最高的一种(罗宏果,王红娟,2012)。我国桑科波罗蜜属白桂木亚属包括12种2亚种:长圆叶波罗蜜(*Artocarpus gomezianus*)、贡山波罗蜜(*Artocarpus gongshanensis*)、白桂木(*Artocarpus hypargyreus*)、野波罗蜜(*Artocarpus lacucha*)、南川木波罗、牛李(*Artocarpus nigrifolius*)、光叶桂木(*Artocarpus nitidus*)、披针叶桂木(亚种)(*Artocarpus griffithii*)、桂木(亚种)(*Artocarpus parvus*)、光叶桂木(原亚种)(*Artocarpus nitidus*)、短绢毛波罗蜜(*Artocarpus petelotii*)、猴子瘿袋(*Artocarpus pithecogallus*)、二色波罗蜜(*Artocarpus styracifolius*)、胭脂(*Artocarpus tonkinensis*)和黄果波罗蜜(*Artocarpus xanthocarpus*)。其中,白桂木亚属植物具有较高的综合价值(范繁荣,2010;刘曦,2018)。

南川木波罗于1979年被重庆市药物种植研究所植物专家谭士贤、刘正宇等人发现(马建伦,2006),后由贵州生物研究所张秀实,联合谭士贤、刘正宇鉴定为新物种并命名,最终于1989年由中国科学院昆明植物研究所吴征镒院士和张秀实教授在《云南植物研究》11卷第1期上正式发表,将其定为桑科的一个新种(吴征镒,张秀实,1989)。南川木波罗被世界自然保护联盟(IUCN)濒危物种红色名录列为极危物种,《国家重点保护野生植物名录》(2021)中列为二级保护植物,收录于重庆市重点

保护野生植物名录(第一批)。南川木波罗野生资源稀少,分布范围狭窄,集中在重庆南川区、渝北区、南岸区、巴南区和綦江区等地,目前野外分布居群仅有6个,且自然生长的结果母树不足百株(罗宏果,王红娟,2012)。

1　南川木波罗保育及繁殖技术研究现状

南川木波罗是我国特有的珍稀极危物种之一,需要高度重视保护,所以对其扩繁保育技术研究具有特别重要的意义。南川木波罗在人工繁殖养护条件下,生长良好,种子繁殖成活率较高(图1)。但其幼苗期生长较为缓慢(孙容,2011),且可采种母株数量有限,使得南川木波罗野外自然更新较弱,苗木人工推广工作受到制约。

图1　南川木波罗

Fig. 1　*Artocarpus nanchuanensis*

A:南川木波罗古树;B:南川木波罗叶片、果实和种子;C:南川木波罗幼苗

A: *Artocarpus nanchuanensis* ancient tree;B: Leaves, fruits and seeds of *Artocarpus nanchuanensis*;C: The seedling of *Artocarpus nanchuanensis*

1.1　南川木波罗种子育苗技术研究

南川木波罗果实一般在8月中下旬成熟,呈金黄色,采摘后去掉瓤,获得棕褐色的种子。清洗干净的种子通过一系列的催芽方法可提高发芽率。研究表明,南川木波罗种子经0.5%高锰酸钾溶液浸种1~

1.5h 消毒杀菌,与湿沙按 1∶3 的比例混合,且表面再覆盖一层 10～20cm 厚的湿沙,置于低温 0～5℃下催芽;也可以将种子置于 15～25℃ 环境条件下进行高温催芽(刘立才等,2019)。也有研究结果发现,南川木波罗种子可采用 50% 多菌灵稀释 1000 倍后浸种 12h 消毒杀菌,随后置于发芽盘中保湿催芽,分批选择胚芽和种根初露的种子,移植到预先灭菌的营养基质中育苗(周正邦等,2012)。

育苗营养基质一般选择肥沃湿润,团粒结构好的沙质壤土。土壤可用福尔马林 50mL/m² 加水 8～12L 或者 2%～3% 的硫酸亚铁水溶液清除病虫害。播种后随时保持土壤湿度,同时保证土壤的透气性,及时施肥促进苗木生长(刘立才等,2019)。本课题组在南川木波罗育苗试验中也发现,种子繁殖成苗率高,且在 20～30℃ 的条件下,幼苗生长速度较快。

1.2 南川木波罗外植体组织培养扩繁技术研究

南川木波罗兼具药用、食用、经济及环境保护的较高综合价值,所以开展其组织培养研究具有十分重要的意义。在南川木波罗外植体组织培养扩繁技术研究过程中,需要从外植体选择、杀菌消毒处理方法、体细胞脱分化、愈伤组织生成、芽诱导分化、根诱导分化等不同阶段进行系统研究分析,获得合适的培养基配方及正确的操作方法,建立起南川木波罗的组织培养体系。有研究人员对南川木波罗组织培养各相关环节进行了研究,筛选出适宜进行组织培养的外植体为南川木波罗的带芽茎段,并探明了外植体杀菌消毒的处理方法。对愈伤组织诱导、芽诱导、根诱导各分化发育阶段的培养基配比进行了初步探索,通过组织培养繁殖体系获得了无菌南川木波罗组培苗(吴军,2016)。但是,在南川木波罗组织培养过程中,容易出现愈伤组织发育缓慢以及较严重的褐化现象,还需进一步调节培养基各激素、各营养的成分配比,促使愈伤健康生长发育,促进芽的分化。

1.3 南川木波罗苗木栽植技术研究

南川木波罗种子在自然条件下休眠期长,成苗困难。本课题组通过相关栽植技术研究,提高了栽植成活率,该技术要点初步如下:首先将种子进行打破休眠催芽处理,然后种植在灭菌的营养袋中,待成活长大进一步移栽到种植土地继续生长,这种技术称为营养袋育苗技术(图 2)。在育苗袋中,分为上下两层定植土,上层为灭菌处理后的蛭石+黄壤土,确保种子生根,下层为营养土(含腐熟农家肥和草炭),保障植株生长的养分需求。在生长期间需及时进行水肥和除草等相关管理。

南川木波罗树根属直根深根系,近肉质根,主根通直发达,侧根较少,根毛相对较少(图 1C),幼苗移栽需要严格的管护条件。若移栽裸根苗成活率极低,仅为 20.0%,所以生产上不宜采用裸根苗定植。在苗木移栽时,应去除营养袋,幼苗带土球进行大田移栽。

图 2 南川木波罗营养袋育苗

Fig. 2 Nutrition bag seedling of *Artocarpus nanchuanensis*

针对大苗移栽的技术要点:首先,做好栽植前的起苗、捆扎运输、栽植穴的整地培土、新鲜营养土或肥沃种植土的添加等准备工作。同时为减少苗木蒸腾失水,提高栽植成活率,起苗后须对苗木全面修剪,除去全部树叶,截去多余枝条,保留一级树枝。其次,及时精细栽植,在苗木四周用细土混合营养土填充夯实后,再灌水使新加的土与苗木泥球紧密接触。移栽时尽量缩短栽植期,从起苗到入土栽植不能超过3d,若遇到特殊情况不能及时下地栽植,需及时向植株喷洒适量水,否则栽植成活率下降;栽后每周灌水1次,高温干旱天气每周灌水2~3次,水是栽植成活的关键。苗木移栽需在春秋季进行。

目前,对南川木波罗的种子播种繁殖技术得到了较大的提高,但该技术依然缺乏系统性、规范性,推广实施难度较大。因此,建议针对实生苗的移栽技术、营养扦插技术、组织培养快速繁殖技术以及有性繁殖技术等进一步深入研究,完善规范,建立一套南川木波罗苗木产业化繁殖及抚育关键技术规范。

2　南川木波罗的种质评价研究

波罗蜜属植物主要分布在亚热带地区,南川木波罗是波罗蜜属植物中在我国最北端自然分布的物种,其不仅被列为珍稀濒危物种,也是价值很高的多用途物种。

2.1　南川木波罗的林业价值

南川木波罗是园林绿化的优良树种,已列入重庆市"主城区园林树种规划"的潜力乡土树种之一。其四季常绿,树干直立、粗壮、枝叶繁茂、树形美观,耐贫瘠、抗逆性强、病虫害极少,叶片能吸收大量烟尘和富积二氧化硫等污染物,具有净化空气抗污染的作用,是庭院及市街绿化的优质树种,对美化园林景观和平衡生态系统具有很大的意义。南川木波罗的木材红棕色,纹理细密紧实、质地坚硬,是优质的工业和建筑用材;树皮还是造纸、制造人造棉的良好材料(孙容,2011)。

2.2　南川木波罗的保健价值

南川木波罗也具有较高的营养和医用保健价值,是培育发展新型水果产业的理想树种,许多热带地区正在引种栽培。南川木波罗的果实、种子、叶片、树皮等含有多种有利于人体健康的氨基酸、维生素、微量元素、多糖、蛋白质、酯类等营养物质,在心血管疾病的预防、胃肠道的调节以及皮肤过敏、氧化和衰老的防治等维护身体生理机能方面具有一定的效果。南川木波罗果实形似面包,富含果酸和维生素,生食酸甜可口,烧食有面包味,深受雀、鸟等动物喜爱,猴子尤其喜食,故又称猴面包树;可用于酿酒、加工果酱及饮料,产品风味独特、品质优良。果实中含有的乙酸橙黄胡椒酰胺脂、环木波罗烯酮、多种多糖和氨基酸,具有通便通气的效果明显,有利于改善便秘等肠道疾病;其叶、树皮和树根对皮肤病亦有较好的疗效,还具有清热解毒的作用(贺丽,2014)。

重庆当地民众以南川木波罗果实泡酒,对身体疾病有较好的疗效。南川木波罗酒一般采用南川木波罗浸提液、枸杞酒、大枣酒和肉苁蓉酒按照10:10:10:1的比例进行调制,对中老年人身体有很好的保健效果(丁显平,包善飞,2016)。该成果也将南川木波罗这一珍稀资源融入我国的药酒文化中,推动其在保健产业中的应用。

2.3　南川木波罗的化学成分研究

在南川木波罗根皮的化学成分研究中,分离出9种化合物:4-羟基苯甲醛(p-hydroxybenzaldehyde)、2,4-二羟基苯甲酸(2,4-dihydroxybenzoic acid)、香豆酸(p-coumaric acid)、儿茶素[(+)catechin]、(E)-阿魏酸甲酯[(E)-ferulic acid methyl ester]、E-对-羟基肉桂酸甲酯(p-E-hedroxycinnamic acid methyl ester)、norartocarpetin、反式氧化白黎芦醇(trans-oxyresveratrol)、 moracin M。其中,化合物 4-羟基苯甲醛、2,4-二羟基苯甲酸、(E)-阿魏酸甲酯和 E-对-羟基肉桂酸甲酯是首次从桑科植物中获得,香豆酸为首次在波罗蜜属植物中发现,而化合物 norartocarpetin、反式氧化白黎芦醇、moracin M 为首次从南川木波罗中分离得到(刘爱红等,2014)。

在南川木波罗枝条的化学成分研究中,分离出 10 种化合物:diosgenin、prosapogenin of dioscin、progenin Ⅱ、薯蓣皂苷元-3-O-α-L-吡喃鼠李糖基(1→4)-α-L-吡喃鼠李糖基(1→3)-β-D-吡喃葡萄糖苷、7-ox-ositosterol acilglicosilado、咖啡酸乙酯、邻苯二甲酸二丁酯、松脂素、(7S,8S,8′R)-5,5′-二甲氧基落叶松树脂醇、棕榈酸。除咖啡酸乙酯和棕榈酸外,其他化合物均为首次从桑科植物中分离得到。化合物薯蓣皂苷元-3-O-α-L-吡喃鼠李糖基(1→4)-α-L-吡喃鼠李糖基(1→3)-β-D-吡喃葡萄糖苷为首次以天然产物的形式从自然界获得(任刚等,2013)。

在南川木波罗种子的化学成分研究中,分离出 3 种化合物:甘草素(Liquiritigenin)、桂木二氢黄素(Artocarpanone)和桑叶活性黄酮(Norartocarpetin)。其中甘草素为首次从该植物中分离得到(季宇彬等,2018)。

从南川木波罗茎中分离出 4 种新的二苯乙烯衍生物(Zhang et al.,2015):二苯乙烯 B(hypargystilbene B)、二苯乙烯 C(hypargystilbene C)、二苯乙烯 D(hypargystilbene D)、二苯乙烯 E(hypargystilbene E)。同时也分离出 7 种已知的化合物:二苯乙烯 A(hypargystilbene A)、5,7,2′,4′-四羟基黄酮(5,7,2′,4′-tetrahydroxyflavone)、4-prenylmoracin、4-牻牛儿基-3,5,20,4-四羟基-反式二苯乙烯(4-geranyl-3,5,2′,4′-tetrahydroxy-trans-stilbene)、氧化白黎芦醇(oxy resveratrol)、3′,5′,2,4-四羟基-4′-(3-甲基丁烯基)-二苯乙烯(3′,5′,2,4-tetrahydroxy-4′-(3-methylbutenyl)-stilbene)、polystachyol。

综上所述,南川木波罗是一种集药用、食用、材用和观赏价值于一体的优质种质资源,可在园林、饮料食品、医药保健、经济木材等方面进行开发利用,应用前景广阔,符合当今社会节约、低碳、生态、绿色的理念,具有重要的保护和开发利用价值。

3 南川木波罗的基因研究进展

3.1 南川木波罗的遗传多样性研究

利用 ISSR-PCR 分子标记技术分析研究了重庆市 7 个地区野生的 46 株南川木波罗样品的遗传多样性。结果表明:7 个地区南川木波罗之间的遗传相似性介于 0.062~0.989 之间。表明野生南川木波罗既有相同的遗传背景,又存在较明显的差异。46 份材料划分为 4 类,聚类基本符合地理来源相近的材料聚为一类,呈现出一定的地域性分布规律(胡连清等,2018)。

3.2 南川木波罗的叶绿体基因组研究

南川木波罗叶绿体基因组长度为 160752 bp,呈现出典型的带有一对 25693 bp 的反向重复区(IRs)的四边形结构,分别由 89345 bp 的大单拷贝区(LSC)和 20021 bp 的小单拷贝区域(SSC)分隔。此外,对 24 个桑科植物和大麻科植物的完整叶绿体基因组进行了最大似然系统发育分析(the maximum likelihood phylogenetic analysis),表明木波罗和桑属之间有着更密切的关系(Li & Song,2019)。

3.3 南川木波罗的染色体基因组研究

2022 年 3 月,研究首次报道了南川木波罗的高质量基因组组装和注释信息,从而得到木波罗属的第一个参考基因组(He et al.,2022)。共 123.38 Gb clean reads 被获得,769.44 Mb 的基因组被组装,比桑树(Morus notabilis)和构树(Broussonetia papy-

rifera)的基因组更大。

南川木波罗的核基因组被预测含有 7 对染色体,共 28 条。桑树的核基因组也含有 7 对染色体,并且南川木波罗和桑树在基因顺序上具有高度相似性,表明它们之间基因具有高度连续性。根据 Nr 同源物种分布,南川木波罗和桑树之间的同源基因数量为 30510 个,占总基因数的 77.14%,表明南川木波罗和桑树高度同源。大约在 52.85 万年前,南川木波罗从桑树中分化而来。

对南川木波罗和相关物种(拟南芥 *Arabidopsis thaliana*、无油樟 *Amborella trichopoda*、毛果杨 *Populus trichocarpa*、猕猴桃 *Actinidia chinensis*、葡萄 *Vitis vinifera*、川桑 *Morus notabilis* Schneid 和可可树 *Theobroma cacao*)之间的蛋白质序列进行比较,41636 个南川木波罗预测基因中的 33925 个基因聚类到 15436 个基因家族中,其中 512 个是南川木波罗特有的。

Nucleotide-binding site and leucine-rich repeat(*NBS-LRR*)是一类已知的主要植物抗病基因(He et al.,2013),南川木波罗中 *NBS-LRR* 的基因数为 316 个。由于特定的 *NBS-LRR* 基因识别特定的病原体感应器,因此 *NBS-LRR* 基因的数量可能代表了病原体识别的良好潜力,这与南川木波罗的强大抗病性一致。为了尽量减少虫害的危险,植物通过表达植物蛋白酶抑制剂(Protease inhibitors,PIs)来干扰昆虫的消化系统,进化出一种防御机制(Tuskan et al.,2006)。在南川木波罗中检测到 8 个格氏链霉菌 Glu-*Streptomyces griseus* 蛋白酶抑制剂基因,这与南川木波罗固有的较强的病虫害抗性相一致。在南川木波罗基因分析中,多种抗炎代谢和抗炎物质合成途径被检测到,这可能与南川木波罗独特的抗过敏功能有关。

Long Terminal Repeat(LTR)的积累能够反映出物种在生存时可能会应对一些环境压力(Xu & Wang,2007)。LTR 插入时间在 100 万年前左右的窄峰表明,环境胁迫或环境变化已对南川木波罗及其生活环境造成影响。南川木波罗物种基因组分析不仅揭示了它们的功能和进化关系,还反映了它们的生长环境。

总之,南川木波罗基因组数据既为今后保护、合理开发和利用濒危物种奠定坚实的基础;也有助于遗传改良和更好地了解南川木波罗的基因组进化;同时该基因组在开发新品种、解决农艺和生物学重要问题方面也将是非常宝贵的。

4 小结

南川木波罗作为一种珍稀保护植物,兼具药用、食用、经济及环境保护的较高综合价值,是一种极具保护、科研、推广和开发利用价值的特有物种。

通过以上研究进展可以看出,南川木波罗在育苗繁殖技术研究方面已取得一些初步成果,但是种子发芽的一致性以及苗木移栽技术还需进一步研究;组织培养扩繁技术需针对愈伤组织生长缓慢、褐化以及芽和根的分化较慢等一系列问题进行技术优化;在南川木波罗嫁接繁殖技术和扦插繁殖技术上,需要有所突破。加快建立南川木波罗育苗繁殖技术规范和标准不仅会对该物种的保护提供重要理论依据,也将为其园林绿化、水果生产、药用保健食品生产等方面提供苗木资源。

南川木波罗的果实、种子、叶片、树皮等都含有利于人体健康的丰富的营养物质和药用物质,但其功能成分很大程度也仍处于未知。当前的基因组研究结果为今后南川木波罗的保护、开发和利用奠定了坚实基础,加快开展代谢组、脂质代谢组等分析研究,将对探明其营养及药用物质的代谢机理,助推南川木波罗一系列高经济价值产品的研发,提供重要科学依据。

参考文献

丁显平,包善飞,2016. 一种南川木波罗酒及其制作方法:CN103897967B[P]. 05-18.

范繁荣,2010. 濒危植物白桂木的遗传多样性研究[J]. 浙江林学院学报,27(2):266-271.

贺丽,2014. 南川木波罗(*Artocarpus nanchuanensis*)幼苗形态、构件生物量分配及光合特征研究[D]. 重庆:西南大学.

胡连清,王清明,丁显平,等,2018. 极危物种——南川木波罗遗传多样性 ISSR 分析[J]. 四川大学学报(自然科学版),55(4):865-872.

黄至欢,2020. 中国珍稀植物濒危原因及保护对策研究进展[J]. 南华大学学报(自然科学版),34(3):42-50.

季宇彬,夏欣怡,易思荣,2018. 南川木波罗种子的化学成分研究[J]. 科学技术创新(7):53-54.

刘爱红,胡志成,任刚,等,2014. 南川木波罗根皮的化学成分[J]. 中国实验方剂学杂志,20(22):91-94.

刘立才,胡景容,韦会平,等,2019. 南川木波罗种子育苗及栽培技术[J]. 绿色科技(11):141-142.

刘曦,2018. 三种波罗蜜属植物化学成分及其活性研究[D]. 南昌:南昌大学.

罗宏果,王红娟,2012. 南川木波罗野生资源现状与迁地保护[J]. 南方农业,6(11):31-32.

马建伦,2006. 濒危树种——南川木波罗[J]. 大自然(3):51.

任刚,胡志成,相恒云,等,2013. 南川木波罗枝条的化学成分研究[J]. 中国实验方剂学杂志,19(22):92-96.

孙容,2011. 南川木波罗种质资源保护与开发利用对策[J]. 绿色科技(9):20-21.

吴军,2016. 濒危植物南川木波罗组织培养技术研究[J]. 现代农业科技(19):67-69.

吴征镒,张秀实,1989. 中国桑科的一些新分类单位[J]. 云南植物研究(1):24-34.

周正邦,欧珍贵,龚德勇,等,2012. 重庆南川面包树(木波罗)种子育苗和定植技术研究[J]. 种子,31(12):122-123.

He J, Bao S, Deng J, Li Q, et al, 2022. A chromosome-level genome assembly of *Artocarpus nanchuanensis* (Moraceae), an extremely endangered fruit tree[J]. GigaScience, 11.

He N, Zhang C, Qi X, et al, 2013. Draft genome sequence of the mulberry tree *Morus notabilis*[J]. Nature communications, 1:2445.

Li Y, Song Y, 2019. The chloroplast genome of an endangered tree *Artocarpus nanchuanensis* (Moraceae)[J]. Mitochondrial DNA Part B, 4(1):20.

Tuskan G A, DiFazio S, Jansson S, et al, 2006. Genome of Black Cottonwood, *Populus trichocarpa* (Torr. & Gray)[J]. Science, 5793:1596-1604.

Xu Z, Wang H, 2007. LTR_FINDER:an efficient tool for the prediction of full-length LTR retrotransposons[J]. Nucleic acids research, Web Server issue:W265-W268.

Zhang P Z, Gu J, Zhang G L, 2015. Novel stilbenes from *Artocarpus nanchuanensis*[J]. J Asian Nat Prod Res, 17(3):217-223.

杂交兰[黄金小神童]花朵精油成分分析
Essential Oil Components Analysis on Flowers of Hybrid Orchid *Cymbidium* Golden Elf 'Sundust'

王晓静[2]　池森[1*]　董知洋[1]　虞雯[1]

[1. 国家植物园(北园),北京,100093;2. 运城学院,山西运城,044000]

WANG Xiaojing[2], CHI Miao[1*], DONG Zhiyang[1], YU Wen[1]

[1. *National Botanical Garden*(*North Garden*), *Beijing*, 100093, *China*;

2. *Yuncheng University*, *Yuncheng Shanxi*, 044000, *China*]

摘要:为研究杂交兰[黄金小神童]花朵精油的成分,采用蒸馏萃取法(SDE)和气相色谱-质谱联用(GC-MS)技术,对[黄金小神童]的花朵精油成分进行了分析。从[黄金小神童]花朵精油中共鉴定出65种化合物,主要有烷烃类、酯类、醛类、烯烃类、醇类等物质,另有少量的酚类物质等。主要包括二十三烷、2,4-二叔丁基酚、二十五烷、乙酸香叶酯、菲、苯乙醛、红没药烯、橙化基丙酮、角鲨烯、苯甲酸乙酯、法尼醇等。烷烃类、酯类和醛类物质在[黄金小神童]精油组成中相对含量较高,可认为是[黄金小神童]花朵精油的主要化合物成分。

关键词:兰花;[黄金小神童];精油;GC-MS

Abstract: Essential oil components in *Cymbidium* Golden Elf 'Sundust' flower were collected using SDE, and analyzed by GC-MS. In total, 65 components were isolated and identified from the sample extracts. They are mainly alkanes, esters, aldehydes, olefins, alcohols and a little phenolics. Alkanes, esters and aldehydes occupied a large proportion, which would be identified as the main essential oil components in *Cymbidium* Golden Elf 'Sundust' flower. The main components are tricosane, 2,4-di-tert-butylphenol, pentacosane, (*Z*)-2,6-octadien-1-ol, phenanthrene, benzeneacetaldehyde, bisabolene, (*E*)-5,9-undecadien-2-one, squalene, ethanone, 2,6,10-dodecatrien-1-ol and so on.

Keywords:Orchids; *Cymbidium* Golden Elf 'Sundust'; Essential oil; GC-MS

　　植物精油是从芳香植物中提取的具有挥发性的植物次生代谢物质,具有抗氧化、抑菌、抗癌抑瘤、保鲜、驱蚊灭虫等多种功能特性,广泛应用于食品、化妆品、医药、农业等领域(何凤平等,2019;陈潘等,2020)。兰科(Orchidaceae)兰属(*Cymbidium*)植物中建兰(*C. ensifolium*)、蕙兰(*C. hybridium*)、春兰(*C. goeringii*)、墨兰(*C. sinense*)、寒兰(*C. kanran*)等部分地生种类被称为中国兰,在我国又被简称为国兰。绝大部分国兰品种香味清新幽远,被孔子誉为"王者之香",可作为优质香料植物,在化妆品、医药等领域具有较好的应用前景。但目前研究者对国兰的花香成分、精油的研究、开发和利用仍较为薄弱(彭红明,2009)。

　　杂交兰[黄金小神童](*C.* Golden Elf

基金项目:北京植物园基金项目"春兰特征香气成分及代谢机制研究"(BZ202002)。

'Sundust')是由四季兰'素心'(*C. ensifolium* var. *rubrigemmum* 'Suxin')和大花蕙兰(*C. hybridium*)杂交培育的多年生国兰优良品种。其花色金黄、花型硕大并组成总状花序(图1),具有花期长、一年四季多次开花、适应性较强等特点(李涵等,2018)。[黄金小神童]属于浓香型兰花,花香醇正,清新幽远,解郁提神,沁人心脾,但目前对[黄金小神童]的研究主要集中于多倍体育种、组织培养、栽培等方面(余洪,2005;祁翔等,2013;李涵等,2018;席银凯等,2022),对其花香成分和精油的研究相对较少。

　　本研究采用气相色谱-质谱联用技术(GC-MS)对[黄金小神童]鲜花精油的成分和含量进行初步鉴定和分析,旨在为国兰花香成分和国兰育种的研究提供参考。同时为国兰精油的提取及其在食品、化妆品、医药以及农业环保领域中的应用提供科学依据,为国兰资源产业的发展提供理论基础。

1　材料与方法

1.1　供试材料与主要仪器

　　本研究试验材料杂交兰[黄金小神童]栽培于中国林业科学研究院温室苗床,于2019年4月,选择生长状态良好且健康的植株,采集盛花期花朵,液氮速冻后密封在聚乙烯袋中,置于-80℃超低温冰箱保存备用。精油成分分析主要使用6890N/5973气相色谱-质谱(GC-MS)联用仪。

1.2　试验方法

1.2.1　精油提取

　　采用同时蒸馏萃取法(SDE)提取精油。称取25g[黄金小神童]花朵样品置于500mL的圆底烧瓶,加入250mL双蒸水和10mL浓度为0.2μL/mL的异戊酸甲酯(使用二氯甲烷稀释),在另一个500mL圆底烧瓶中装入20mL二氯甲烷,将两个烧瓶连接

图1　[黄金小神童]盛开花朵
Fig. 1　The blooming flowers of *Cymbidum* Golden Elf 'Sundust'

在SDE装置的两侧,同时加热至沸腾,萃取3h。将萃取后的有机相转入干净玻璃瓶,-20℃冷冻,去除结冰水,加入无水硫酸钠干燥过夜,随后使用真空旋转蒸发仪进行浓缩,得到精油,并置于-80℃冰箱中保存。试验进行3次重复。

1.2.2　气相色谱-质谱分析

　　使用进样器将1μL精油样品注入气相色谱质谱6890N/5973GC/MS连用仪进行GC-MS分析。

　　(1)色谱条件:色谱柱为HP-5MS(30m×0.25mm×0.25μm)弹性石英毛细管柱;进样口温度:230℃;进样方式:不分流进样;载气:高纯氦气,恒流流速1.0mL/min;程序升温:初始温度50℃,以4℃/min升至150℃,保持2min,然后以8℃/min升至250℃;接口温度:280℃。

　　(2)质谱条件

　　电子轰击(EI)离子源;电子能量70eV;离子阱温度为250℃;四级杆温度为150℃;质量扫描范围 m/z 35~500。

1.3　定性和定量分析

　　根据GC/MS分析得到质谱图,通过NIST-MS标准谱库进行图谱检索,查询获

得结果中的挥发性物质,通过保留指数法验证质谱检索结果,用峰面积归一法定量分析挥发性物质(图2)。

2　结果与分析

以往研究发现,植物花香由许多低分子量挥发性成分组成,按组成成分可分为烷烃类、烯类、醇类、醛类及酯类等。本研究通过蒸馏萃取法提取精油,结合 GC-MS 检测,在杂交兰[黄金小神童]盛开花朵中共检测到 65 种挥发性物质,含量为 0.12%~12.18%。这些物质主要属于烷烃类、酯类、醛类、烯烃类、醇类,另有少量的酚类、菲类等物质。各物质保留时间及其相对含量详见表1。

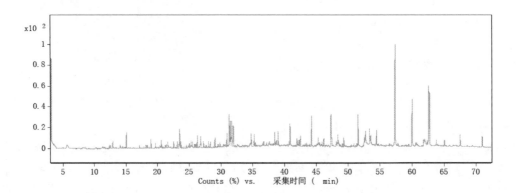

图2　[黄金小神童]花朵精油成分的 GC-MS 总离子色谱图

Fig. 2　The ion chromatogram of the essential oils from *Cymbidum* Golden Elf 'Sundust' flowers

其中烷烃类化合物检测到的物质含量最多,共占总检出物质总含量的 33.50%。含量较高的烷烃类物质是二十三烷(12.18%)、二十五烷(6.79%)等,这与李杰等(2015)在墨兰品种'小香'(*C. sinense* 'Xiao Xiang')的花蕾精油中检测到大量二十三烷(9.96%)和二十五烷(12.45%)的结果是相似的。其次检测到 14.74% 的酯类物质,彭红明(2009)在建兰、蕙兰、春兰等多种国兰种类的精油中也检测到酯类物质相对百分含量较高。本研究在[黄金小神童]盛开花朵中检测到乙酸香叶酯(2.30%)、棕榈酸乙酯(1.36%)、十三甲基十五烷酸甲酯(0.97%)、棕榈酸异丙酯(0.63%)等多种酯类物质。其中乙酸香叶酯香气清甜而平和,似有玫瑰(*Rosa rugosa*)、柠檬(*Citrus limon*)、薰衣草(*Lavandula angustifolia*)的香气,也是玫瑰、茶树(*Camellia sinensis*)、柠檬等植物挥发性成分之一(冯立国, 2007; 马军辉, 2008; 张晴, 2021)。

此外,醛类、醇类和烯烃类等物质含量比例分别为 13.04%、7.71% 和 6.75%。值得注意的是,酚类物质 2,4-二叔丁基酚(8.75%)和菲类物质 Phenanthrene(7.8%)含量较高,但本研究检测到的酚类和菲类物质种类较少(图3)。

表 1 杂交兰[黄金小神童]盛开花朵中主要成分及相对含量

Table 1 The main components and their relative amount of the flower of *Cymbidium* Golden Elf 'Sundust'

序号 Serial Number	保留时间 (RT)	化合物 Compound	分子式 Formula	相对含量(%) Relative content
1	3.597	正庚烷 Heptane	C_7H_{16}	0.88
2	5.63	己醛 Hexanal	$C_6H_{12}O$	0.58
3	8.163	己酸-2-苯乙酯 Hexanoic acid, 2-phenylethyl ester	$C_{14}H_{20}O_2$	0.18
4	8.511	庚醛 Heptanal	$C_7H_{14}O$	0.14
5	11.359	溴化香叶酯 1-Bromo-3,7-dimethyl-2,6-octa-diene	$C_{10}H_{17}Br$	0.40
6	12.378	对伞花烃 o-Cymene	$C_{10}H_{14}$	0.83
7	12.516	假性柠檬烯 Cyclohexane, 1-methylene-4-(1-methylethenyl)-	$C_{10}H_{16}$	0.54
8	12.968	苯乙醛 Benzeneacetaldehyde	C_8H_8O	3.33
9	14.13	N-甲基-3-甲苯基氨基甲酸酯 Carbamic acid, methyl-, 3-methylphenyl ester	$C_9H_{11}NO_2$	0.71
10	15.102	壬醛 Nonanal	$C_9H_{18}O$	1.59
11	18.226	2-(4-甲基苯基)丙-2-醇 Benzenemethanol, α,α,4-trimethyl-	$C_{10}H_{14}O$	0.52
12	18.445	α-松油醇 α-Terpineol	$C_{10}H_{18}O$	0.20
13	19.04	癸醛 Decanal	$C_{10}H_{20}O$	0.69
14	19.735	2,6,6-三甲基-二环[3.1.1]庚-2-烯-4-乙酸乙酯 Bicyclo[3.1.1]hept-2-en-4-ol,2,6,6-trimethyl-, acetate	$C_{12}H_{18}O_2$	0.76
15	20.668	4-Oxononanal	$C_9H_{16}O_2$	0.90
16	21.302	(E)-2-癸烯醛 (E)-2-Decenal	$C_{10}H_{18}O$	0.30
17	21.687	柠檬醛/橙花醛 Citral	$C_{10}H_{16}O$	0.77
18	23.178	十一醛 Undecanal	$C_{11}H_{22}O$	0.43
19	23.44	2'-羟基-5'-甲基苯乙酮(苯甲酸乙酯) Ethanone, 1-(2-hydroxy-5-methylphenyl)-	$C_9H_{10}O_2$	1.24
20	23.545	(E,E)-2,4-癸二烯醛(E,E)-2,4-Decadienal	$C_{10}H_{16}O$	4.32
21	23.74	莳萝醚 3,6-Dimethyl-2,3,3a,4,5,7a-hexa-hydrobenzofuran	$C_{10}H_{16}O$	0.91
22	24.911	异胡薄荷醇 p-Menth-8-en-3-ol, acetate	$C_{12}H_{20}O_2$	0.23
23	25.473	13-十四烯醛 13-Tetradecenal	$C_{14}H_{26}O$	0.43
24	25.902	10-十一碳炔酸,十一碳炔酯 Undec-10-ynoic acid, undecyl ester	$C_{22}H_{40}O_2$	0.18

续表

序号 Serial Number	保留时间 (RT)	化合物 Compound	分子式 Formula	相对含量(%) Relative content
25	26.107	2-异丙烯基-5-甲基-6-庚烯-1-醇 2-Isopro-penyl-5-methyl-6-hepten-1-ol	$C_{11}H_{20}O$	0.89
26	26.349	乙酸香叶酯 (Z)-2,6-Octadien-1-ol, 3,7-dimethyl-, acetate	$C_{12}H_{20}O_2$	2.30
27	26.867	新戊二醇 2,6-Octadienoic acid, 3,7-dimethyl-, ethyl ester	$C_{12}H_{20}O_2$	1.63
28	27.321	十二烷醛 Dodecanal	$C_{12}H_{24}O$	0.45
29	27.726	特戊酸-6-柠檬酯 Limonen-6-ol, pivalate	$C_{15}H_{24}O_2$	0.12
30	28.383	α-香柠檬烯 α-Bergamotene	$C_{15}H_{24}$	0.89
31	29.097	橙化基丙酮 (E)-5,9-Undecadien-2-one, 6,10-dimethyl-	$C_{13}H_{22}O$	1.52
32	29.588	2,5-二叔丁基-1,4-苯醌 2,5-di-tert-Butyl-1,4-benzoquinone	$C_{14}H_{20}O_2$	0.28
33	31.292	红没药烯 Bisabolene	$C_{15}H_{24}$	2.99
34	31.364	法尼醇 2,6,10-Dodecatrien-1-ol, 3,7,11-tri-methyl-	$C_{15}H_{26}O$	2.11
35	31.483	2,4-二叔丁基酚 2,4-Di-tert-butylphenol	$C_{14}H_{22}O$	8.75
36	32.811	叔十六硫醇 tert-Hexadecanethiol	$C_{16}H_{34}S$	0.29
37	35.231	炔-十一酸,十四酯 Undec-10-ynoic acid, tetradecyl ester	$C_{25}H_{46}O_2$	0.66
38	38.431	十七烷 Heptadecane	$C_{17}H_{36}$	2.25
39	38.702	3,4-二乙基联苯 1,1'-Biphenyl, 3,4-diethyl-	$C_{16}H_{18}$	0.83
40	38.94	十六烷基环氧乙烷 Oxirane, hexadecyl-	$C_{18}H_{36}O$	0.98
41	40.802	菲类 Phenanthrene	$C_{14}H_{10}$	7.80
42	41.921	2,6,10-三甲基十四烷 Tetradecane, 2,6,10-trimethyl-	$C_{17}H_{36}$	1.04
43	42.24	2,6,10,14-四甲十六烷 2,6,10,14-tetramethyl-Hexadecane	$C_{20}H_{42}$	0.96
44	42.478	十六基环氧乙烷 Oxirane, hexadecyl-	$C_{18}H_{36}O$	0.77
45	43.454	十二烯基丁二酸酐 2-Dodecen-1-yl(-)succin-ic anhydride	$C_{16}H_{26}O_3$	0.27
46	43.912	2,5-呋喃二酮,3-十二烷基 2,5-Furandione, 3-dodecyl-	$C_{16}H_{26}O_3$	0.26
47	45.04	Z-(13,14-环氧)tetradec-11-烯-1-醇乙酸酯 Z-(13,14-Epoxy)tetradec-11-en-1-ol acetate	$C_{16}H_{28}O_3$	0.32
48	45.259	2-甲基十六烷醇 1-Hexadecanol, 2-methyl-	$C_{17}H_{36}O$	0.85

续表

序号 Serial Number	保留时间 （RT）	化合物 Compound	分子式 Formula	相对含量(%) Relative content
49	45.488	1-三十七烷醇 1-Heptatriacotanol	$C_{37}H_{76}O$	0.53
50	45.859	E,E,Z-1,3,12-十九碳三烯-5,14-二醇 E,E,Z-1,3,12-Nonadecatriene-5,14-diol	$C_{19}H_{34}O_2$	0.46
51	46.14	十三甲基十五烷酸甲酯 Pentadecanoic acid, 13-methyl-, methyl ester	$C_{17}H_{34}O_2$	0.97
52	48.316	棕榈酸乙酯 Hexadecanoic acid, ethyl ester	$C_{18}H_{36}O_2$	1.36
53	48.45	7-甲基-8-Z-十六碳烯酸 7-Methyl-Z-tetradecen-1-ol acetate	$C_{17}H_{32}O_2$	0.78
54	49.278	棕榈酸异丙酯 Isopropyl palmitate	$C_{19}H_{38}O_2$	0.63
55	51.507	二十一烷 Heneicosane	$C_{21}H_{44}$	3.88
56	52.512	亚油酸 (Z,Z)-9,12-Octadecadienoic acid	$C_{18}H_{32}O_2$	0.67
57	52.693	油酸 Oleic Acid	$C_{18}H_{34}O_2$	0.56
58	53.34	亚油酸乙酯 Linoleic acid ethyl ester	$C_{20}H_{36}O_2$	0.88
59	53.517	油酸乙酯 Ethyl Oleate	$C_{20}H_{38}O_2$	0.47
60	54.426	二十二烷 Docosane	$C_{22}H_{46}$	1.63
61	57.298	二十三烷 Tricosane	$C_{23}H_{48}$	12.18
62	59.936	己二酸二(2-乙基己基)酯 Hexanedioic acid, bis(2-ethylhexyl) ester	$C_{22}H_{42}O_4$	5.12
63	62.55	二十五烷 Pentacosane	$C_{25}H_{52}$	6.79
64	67.436	二十七烷 Heptacosane	$C_{27}H_{56}$	1.32
65	70.931	角鲨烯 Squalene	$C_{30}H_{50}$	1.51

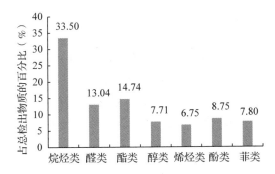

图3　主要物质种类及其在总检出物质中的含量占比

Fig 3　Main components and their contents in total componentsof the flower of *Cymbidum* Golden Elf 'Sundust'

本研究在［黄金小神童］鲜花精油中检测到壬醛、油酸等物质,其相对含量分别为1.59%和0.56%。刘运权等(2011)采用顶空固相微萃取(HS-SPME)和GC-MS联用技术对建兰原生种及两个品种进行花香成分分析,发现油酸和壬醛分别是原生种和品种'铁骨素'(*C. ensifolium*'Tiegu Su')花香的主要成分之一。其中壬醛是蜜源植物花朵中重要的花香物质成分;可能作为蜜蜂与其授粉植物之间的化学交流信号,指示植物提供授粉报酬信息(刘一博,2021)。推测壬醛、油酸也可能与［黄金小神童］的花香有关。

袁媛等(2019)测定了9个蕙兰品种的花香成分,发现醇类、萜烯类和酯类化合物是蕙兰主要的香气成分,其中β-红没药烯、异胡薄荷醇在本研究杂交兰[黄金小神童]花朵精油中也被检测到,含量分别为2.99%和0.23%。β-红没药烯属于单环倍半萜类化合物,在自然界中广泛分布,存在柠檬、柑橘(Citrus reticulata)等精油中,有木香、柑橘香、花香、果香等气味,且具有抗痒、消炎的功能和抗癌活性(庞亚如等,2018;林婉玲等,2022),推测β-红没药烯参与形成了[黄金小神童]的花香。此外,作为本研究精油成分中红没药烯、橙花醛、橙化基丙酮、乙酸香叶酯、溴化香叶酯等物质合成的衍生物质,红没药烯环氧化物、橙花叔醇、柠檬醛、香叶醇等化合物在以往对蕙兰、建兰等花朵挥发性化合物的研究中也均检测到(杨慧君,2011;周雅莲,2020;晋宇轩等,2021)。

在杂交兰[黄金小神童]盛开花朵精油中也检测到1.51%的角鲨烯,这是一种不饱和三萜类化合物,也是一种重要的脂质不皂化物,有较广泛的生物活性,被广泛应用于食品、药品及化妆品等行业(刘纯友等,2015)。苯甲酸乙酯别名为安息香酸乙酯,具有较强的冬青油和水果香气,天然存在于桃子、菠萝、醋栗等中(李公春等,2010)。与之类似,苯甲酸乙酯(1.24%)也可能对杂交兰[黄金小神童]盛开花朵香气成分有重要贡献。另一种重要的香气化合物苯乙醛,具有类似风信子的香气,为祁门红茶的特有香气的成分之一(王红玲,2017),杂交兰[黄金小神童]盛开花朵中也检测到较大含量的苯乙醛(3.33%)。另

外,[黄金小神童]盛开花朵中也检测到法尼醇(2.11%)、α-松油醇(0.2%)等醇类物质,这也是本研究[黄金小神童]花朵精油的重要化合物之一。

3 讨论

前人对墨兰、建兰、蕙兰等国兰的挥发性成分进行研究,结果表明不同花发育时期、品种、花色之间挥发性成分存在差异(彭红明,2009;李杰等,2015;郑燕等,2021)。本研究提取的精油与以往文献报道的国兰植物精油种类和含量也有部分差异,推测这可能与试验材料、栽培条件等因素有关。国兰种或品种的基因型不同会导致其香气有差异,香气的散发又受到栽培条件和植株长势的影响,因此不同品种及栽培条件对其花朵精油成分的影响需进一步研究。

目前,植物精油提取方法还包括超临界CO_2流体萃取法、亚临界水提取法、分子蒸馏法等,本研究仅采用同时蒸馏法进行样品精油的提取,尚未进一步探究提取温度、提取液、提取时间等对精油成分、精油纯度等的影响。未来需要进一步联合其他提取方法,继续探究适合[黄金小神童]的高效、简便、环保的精油提取方法。

此外,国兰精油成分与国兰香气成分并不等同,国兰精油成分对国兰花香的关系也需要更加全面深入地研究。目前研究者已获得国兰精油中的部分组成成分,但是这些成分的生物功能特性仍是未知的,这也是下一步工作的重点之一。总之,国兰作为一种天然优质香料,其开发和利用仍需要进行大量的工作和研究。

参考文献

陈潘,席斌,高雅琴,等,2020. 4种精油组成成分及总抗氧化活性分析研究[J]. 中国调味品,

45(11):60-66.

冯立国,2007. 玫瑰野生种质资源评价及其与栽培种质亲缘关系的研究[D]. 泰安:山东农业大学.

何凤平,雷朝云,范建新,等,2019. 植物精油提取方法、组成成分及功能特性研究进展[J]. 食品工业科技,40(3):307-312,320.

晋宇轩,杜致辉,杨澜,等2021. 贵州春兰花朵与花苞的挥发性成分及含量[J]. 贵州农业科学(11):84-90.

李公春,张万强,周威,等,2010. 苯甲酸乙酯的合成[J]. 河北化工(1):46-47.

李涵,李慧敏,陆琳,等,2018. 杂交兰"黄金小神童"四倍体诱导技术研究[J]. 西南林业大学学报(2):70-75.

李杰,王再花,章金辉,等,2015. 墨兰"小香"花蕾的精油成分分析[C]//中国观赏园艺研究进展. 北京:中国林业出版社:702-706.

林婉玲,刘亚群,刘谋泉,等,2022. 不同陈化年份老香黄品质的综合评价[J]. 食品工业科技,16(4):42-62.

刘纯友,马美湖,靳国锋,等,2015. 角鲨烯及其生物活性研究进展[J]. 中国食品学报,15(5):147-156.

刘一博,2021. 植物花朵挥发物对蜜蜂吸引效应研究[D]. 南昌:江西农业大学.

刘运权,罗玉容,闻真珍,等,2011. 3种建兰挥发性成分的比较分析[J]. 现代食品科技,27(7):863-866.

马军辉,2018. HS-SPME-GC-MS检测茶叶内挥发性组分方法的建立及应用[D]. 杭州:浙江大学.

庞亚如,胡智慧,肖冬光,等,2018. 柠檬烯和红没药烯的微生物代谢工程[J]. 生物工程学报,34(1):10.

彭红明,2019. 中国兰花挥发及特征花香成分研究[D]. 北京:中国林业科学研究院.

祁翔,刘燕,向立容,等,2013. 栽培措施对建兰品种"黄金小神童"幼苗生长的影响[J]. 贵州农业科学,41(2):77-80.

王红玲,2017. 祁门红茶特征香气成分研究[D]. 上海:上海应用技术大学.

王济红,刘燕,祁翔,等,2014. 建兰新品种黄金小神童组培育苗集成技术的优化[J]. 西南农业学报,27(5):2135-2140.

席银凯,杨武德,2022. 大花蕙兰"黄金小神童"胚性愈伤组织诱导及植株再生研究[J]. 广西植物,42(4):682-690.

杨慧君,2011. 中国兰花挥发性成分分析[D]. 呼和浩特:内蒙古农业大学.

余洪,2005. 黄金小神童[J]. 中国花卉盆景(2):12.

袁媛,孙叶,李凤童,等,2018. 蕙兰不同品种花香成分分析[J]. 江苏农业科学,47(16):186-189.

张晴,石珮瑶,韩美丽,等,2021. GC-MS分析柠檬挥发油的化学成分[J]. 山东化工,50(21):88-91.

郑燕,刘舒雅,曹映辉,等,2021. 建兰大青花朵脂肪酸类物质萃取条件优化及成分分析[J]. 甘肃农业大学学报,56(6):127-132.

周雅莲,2020. 江西产兰属花卉挥发性化合物代谢组学研究[D]. 南昌:南昌大学.

樱花品种花粉形态研究
Studies on the Pollen Morphology of Flowering Cherry Varieties

吕彤

[国家植物园(北园),北京市花卉园艺工程技术研究中心,北京,100093]

LV Tong

[*China National Botanical Garden*(*North Garden*),*Beijing Floriculture Engineering Technology Research Centre*,*Plant Institute*,*Beijing* 100093]

摘要:通过对42个具有代表性的樱花栽培品种在扫描电镜下进行花粉形态观察研究,结果显示樱花的花粉均为两侧对称的长球形。花粉为N3P4C5型(赤道三孔沟类型),侧面观为长椭圆形,极面观为三角形。樱花中大部分属于条嵴-穿孔类型,但是条嵴的密度、条嵴的宽度、条嵴间的宽度和深度、条嵴的走向、条嵴间穿孔的密度、穿孔的形状、穿孔的深度、穿孔的大小均有差异。此外,外壁光滑程度也存在差异。这些都可以作为樱花品种分类和品种群划分的依据。

关键词:樱花;花粉形态;品种鉴别

Abstract:The pollen morphology of 42 representative flowering cherry varieties was observed via scanning electron microscope. The results showed that the pollen of flowering cherry was long spherical with symmetrical sides. Pollen is N3P4C5 (equatorial three-hole groove type), oblong in lateral view and triangular in polar view. Most of flowering cherry varieties belong to the type of ridge-perforation, but the density, width, width and depth of ridge, trend of ridge, density, shape, depth and size of perforation between ridges are different. Different varieties and groups can be distinguished, and the smoothness of outer wall is also different. All of these can be used to distinguish flowering cherry varieties and serve as the basis for classification of flowering cherry varieties and groups.

Keywords:Flowering cherry;Pollen morphology;Variety identification

花粉超微形态的特征主要包括花粉粒外观形态、大小、长宽比,萌发孔数量,条嵴类群及穿孔有无、多少和深度等,这些指标都较为稳定,可用来鉴别不同的栽培品种(高博静等,1994;王伏雄,1995)。

研究樱花品种间花粉形态的差异对其种质资源的分类和鉴定具有重要意义。本研究选取樱花具有代表类型的42个栽培品种(大场秀章等,2007;张杰,2010;王贤荣,2014;王青华等,2105)为研究材料,主要通过观察比较花粉形态特征的差异为樱花品种分类标准的提出提供依据。

1 材料与方法

1.1 试验材料

对42个樱花品种的花粉形态进行观察研究(表1)。

基金项目:国家林业和草原局科技发展中心资助项目(2016-LY-107)。

表 1 樱花品种

Table 1   Vareities offlowering cherry

编号	样品编号	品种名	学名	采集地点
1	FS-01	'惜春'樱	*Prunus campanulata* 'Xichun'	福州
2	FS-07	'灿霞'樱	*Prunus campanulata* 'Canxia'	福州
3	FS-10	'阳光'樱	*Prunus campanulata* 'Youkou'	北京
4	FS-11	[青肤]樱	*Prunus pseudocerasus* 'Multiplex'	北京
5	FS-13	[椿寒]樱	*Prunus pseudocerasus* 'Introsa'	北京
6	FS-41	樱桃	*Prunus pseudocerasus*	北京
7	FS-14	[八重红枝垂]樱	*Prunus spachiana* 'Plena Rosea'	北京
8	FS-15	[垂枝]樱	*Prunus spachiana* 'Pendula	北京
9	FS-09	迎春樱	*Prunus discoidea*	北京
10	FS-18	'杭州早樱'	*Prunus discoidea* 'Hangzhou Zaoying'	北京
11	FS-19	大山樱	*Prunus sargentii*	北京
12	FS-31	大山樱	*Prunus sargentii*	北京
13	FS-32	大山樱	*Prunus sargentii*	北京
14	FS-33	大山樱	*Prunus sargentii*	北京
15	FS-34	大山樱	*Prunus sargentii*	北京
16	FS-38	大山樱	*Prunus sargentii*	北京
17	FS-12	[越之彼岸]樱	*Prunus × subhirtella* 'Koshiensis'	北京
18	FS-20	[小彼岸]樱	*Prunus × subhirtella* 'Subhirtella'	北京
19	FS-21	[江户彼岸]樱	*Prunus × spachiana*	北京
20	FS-22	[八重红彼岸]樱	*Prunus × subhirtella* 'Yaebeni-higan'	北京
21	FS-24	毛樱桃	*Prunus tomentosa*	北京
22	FS-16	[染井吉野]樱	*Prunus × yedoensis* 'Somei-yoshino'	北京
23	FS-27	[美国]樱	*Prunus × yedoensis* 'America'	北京
24	FS-35	[御帝吉野]樱	*Prunus × yedoensis* 'Mikodo-yoshino'	北京
25	FS-54	[美国]樱	*Prunus × yedoensis* 'America'	北京
26	FS-43	[思川]樱	*Prunus ×subhirtella* 'Omoigawa'	北京
27	FS-44	欧洲甜樱桃	*Prunus avium*	北京
28	FS-23	大岛樱	*Prunus speciosa*	北京
29	FS-28	大岛樱	*Prunus speciosa*	北京
30	FS-30	大岛樱	*Prunus speciosa*	北京
31	FS-37	大岛樱	*Prunus speciosa*	北京
32	FS-40	大岛樱	*Prunus speciosa*	北京
33	FS-42	大岛樱	*Prunus speciosa*	北京
34	FS-49	[八重红大岛]樱	*Prunus speciosa* 'Yaebeni-ohshima'	北京
35	FS-51	[松前红绯衣]樱	*Prunus lannesiana* 'Matsumae-benihigoromei'	北京

续表

编号	样品编号	品种名	学名	采集地点
36	FS-25	山樱	*Prunus serrulata*	北京
37	FS-26	山樱	*Prunus serrulata*	北京
38	FS-29	[苔清水]樱	*Prunus lannesiana* 'Kokeshimidsu'	北京
39	FS-52	[太白]樱	*Prunus lannesiana* 'Taihaku'	北京
40	FS-39	[白妙]樱	*Prunus lannesiana* 'Sirotae'	北京
41	FS-47	[普贤象]樱	*Prunus lannesiana* 'Albo-rosea'	北京
42	FS-50	[一叶]樱	*Prunus lannesiana* 'Hisakura'	北京

1.2 研究方法

选取 42 个樱花品种含苞待放的樱花花蕾样品,每个样品取 4~5 朵,取其花药,在室内阴干散粉,花粉收集到小离心管中并置于干燥器中备用。后将花粉均匀涂于金属载台上,喷镀金膜,并移于日立-S-3400N 扫描电子显微镜下观察,每个品种随机选取 10 粒花粉进行花粉粒单体摄片。对每个品种花粉外壁纹饰进行分析。

2 结果与分析

2.1 钟花品种群花粉形态

在福州采集 2 个钟花樱样品花粉('惜春'樱图 1 和'灿霞'樱图 2),北京采集 1 个樱花样品花粉('阳光'樱图 3),3 个樱花品种的花粉粒均为两侧对称的长球形。花粉为 N3P4C5 型(赤道三孔沟类型),侧面观为长椭圆形,极面观为三角形。被子植物外壁纹饰的演化方向是从表明光滑→表面具有穿孔、小沟状纹饰→表面棒状、刺状→表面皱波状→表面网状。樱花花粉的外壁纹饰属于进化到中间阶段。钟花樱花粉外壁表面有穿孔和条嵴。'惜春'的条嵴密度大,条嵴间的深度大于'灿霞'的,两者的条嵴走向近平行,穿孔处于条嵴之间,'灿霞'的穿孔直径大于'惜春'的。'阳光'的条嵴弧形走向,条嵴间深度更浅。通过表面纹饰可以有效区分这 3 个品种。钟花樱从进化水平上处于中等进化水平。

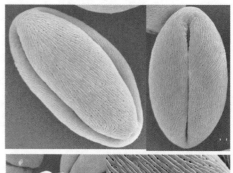

图 1　FS01 '惜春' 樱(钟花品种群)
Fig. 1　*Prunus campanulata* 'Xichun'

图 2　F07 '灿霞' 樱(钟花品种群)
Fig. 2　*Prunus campanulata* 'Canxia'

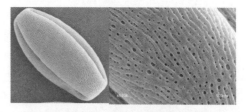

图 3　FS-10 '阳光' 樱(钟花品种群)
Fig. 3　*Prunus campanulata* 'Youkou'

2.2 樱桃品种群花粉形态

［青肤］樱（图4）、［椿寒］樱（图5）和樱桃（图6）的花粉粉饰有别于钟花樱，［椿寒］樱和樱桃的外壁表面皱波状，为进化类型，而［青肤］樱属于平滑表面有穿孔，条嵴不明显，属于由原始类型向较进化类型过渡类型。通过花粉纹饰可有效区分其他品种群，群内品种也可有效区分。

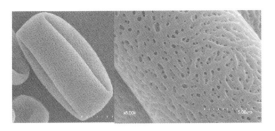

图4 FS-11［青肤］樱（樱桃品种群）
Fig. 4 *Prunus pseudocerasus* 'Multiplex'

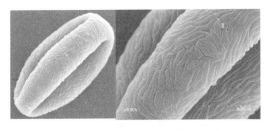

图5 FS-13［椿寒］樱（樱桃品种群）
Fig. 5 *Prunus pseudocerasus* 'Introsa'

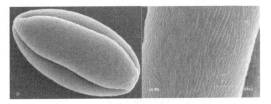

图6 FS-41樱桃（樱桃品种群）（北植）
Fig. 6 *Prunus pseudocerasus*

2.3 垂枝品种群花粉形态

［八重红枝垂］樱（图7）和［垂枝］樱（图8）的花粉外壁纹饰属于条嵴-穿孔类型。［八重红枝垂］樱条嵴平行网状分布，穿孔处于条嵴间，条嵴密度大，条嵴间宽度和深度均大于［垂枝］樱。前者的穿孔大于后者。前者花粉外形属于椭球形，端部尖，后者花粉两端平截。通过外壁纹饰可以有效区分两个品种。

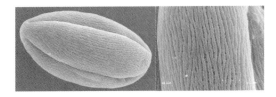

图7 FS-14［八重红枝垂］樱（垂枝品种群）
Fig. 7 *Prunus pendula* 'Plena-rosea'

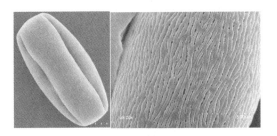

图8 FS-15［垂枝］樱（垂枝品种群）
Fig. 8 *Prunus pendula* 'Pendula'

2.4 迎春品种群花粉形态

迎春樱（图9）条嵴不连续近平滑，属于平滑向条嵴-穿孔过渡类型，'杭州早樱'（图10）是明显的条嵴-穿孔类型，但是条嵴密度很大，呈曲线排列。前者较后者更原始一些。通过外壁纹饰可以区分两个品种。

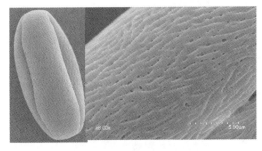

图9 FS-09迎春樱（迎春品种群）
Fig. 9 *Prunus discoidea*

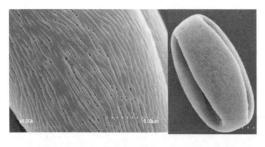

图 10 FS-18'杭州早樱'(迎春品种群)

Fig. 10 *Prunus discoidea*'Hangzhou Zaoying'

2.5 大山樱品种群花粉形态

6 个不同的大山樱的实生后代(图 11
至图 16),虽然基因型不同但是花粉外壁表
现基本稳定,都属于条峰-穿孔类型,只是
在条峰宽窄、密度、条峰间宽度、深度以及
穿孔的密度、大小、形状和深度有微弱的区
别。但是也可以有效区分不同的个体。

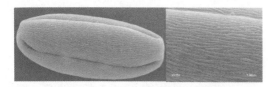

图 11 FS-19 大山樱(大山樱品种群)

Fig. 11 *Prunus sargentii*

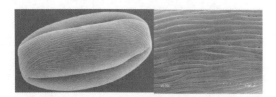

图 12 FS-31 大山樱(大山樱品种群)

Fig. 12 *Prunus sargentii*

图 13 FS-32 大山樱(大山樱品种群)

Fig. 13 *Prunus sargentii*

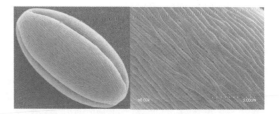

图 14 FS-33 大山樱(大山樱品种群)

Fig. 14 *Prunus sargentii*

图 15 FS-34 大山樱(大山樱品种群)

Fig. 15 *Prunus sargentii*

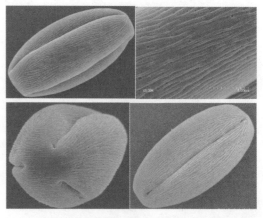

图 16 FS-38 大山樱(大山樱品种群)

Fig. 16 *Prunus sargentii*

2.6 彼岸品种群花粉形态

[越之彼岸]樱(图 17)、[小彼岸]樱
(图 18)、[江户彼岸]樱(图 19)、[八重红
彼岸]樱(图 20)这 4 个品种,花粉外壁纹
饰都属于条峰-穿孔类型,属于较进化类
型,但是不同品种间差异明显,[小彼岸]樱
和[八重红彼岸]樱纹饰更接近,条峰和穿
孔明显,穿孔密度也大,而[越之彼岸]樱和
[江户彼岸]樱纹饰更相似,条峰明显,而穿

孔少而小。通过花粉外壁纹饰可以有效区分形态相似的樱花品种。

图 17　FS-12[越之彼岸]樱（彼岸品种群）
Fig. 17　*Prunus × subhirtella* 'Koshiensis'

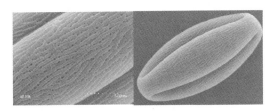

图 18　FS-20[小彼岸]樱（彼岸品种群）
Fig. 18　*Prunus × subhirtella* 'Subhirtella'

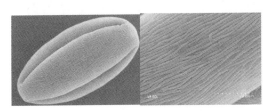

图 19　FS-21[江户彼岸]樱（彼岸品种群）
Fig. 19　*Prunus × spachiana*

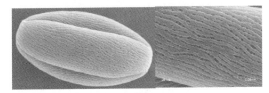

图 20　FS-22[八重红彼岸]樱（彼岸品种群）
Fig. 20　*Prunus × subhirtella* 'Yaebeni-higan'

2.7　矮樱品种群花粉形态

　　毛樱桃是园林中广泛应用的广义樱花类型，其花粉外壁纹饰属于平滑-穿孔类型（图 21），就是在平滑的外壁上有大小不同、形状不同、深度不同的穿孔，属于原始类型向较进化类型过渡类型。可以有效区分于所有其他樱花品种群。

图 21　FS-24 毛樱桃（矮樱品种群）
Fig. 21　*Prunus tomentosa*

2.8　吉野品种群花粉形态

　　[染井吉野]樱（图 22）、[美国]樱（图 23）、[御帝吉野]樱（图 24）、[美国]樱（图 25）的花粉外壁纹饰都属于条嵴-穿孔类型，两个[美国]樱样品的花粉外壁纹饰几乎没有差别，而且和[染井吉野]樱的也很相似，与[玉帝吉野]的差别比较大。花粉外壁纹饰主要受基因控制，几乎不受外界环境影响。

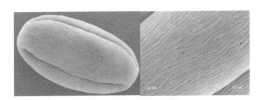

图 22　FS-16 [染井吉野]（吉野品种群）
Fig. 22　*Prunus × yedoensis* 'Somei-yoshino'

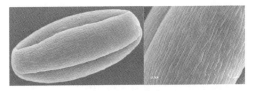

图 23　FS-27 [美国]樱（吉野品种群）
（北京奥林匹克公园）
Fig. 23　*Prunus × yedoensis* 'America'

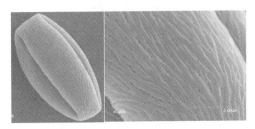

图 24　FS-35 [御帝吉野]樱（吉野品种群）
Fig. 24　*Prunus × yedoensis* 'Mikodo-yoshino'

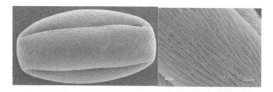

图 25 FS-54 [美国]樱(吉野品种群)(北京玉渊潭公园)

Fig. 25 *Prunus × yedoensis* 'America'

2.9 多季节开花品种群花粉形态

[思川]樱(图 26)外壁纹饰也属于条峰-穿孔类型。

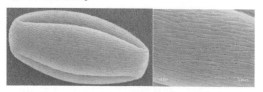

图 26 FS-43[思川]樱(多季开花品种群)

Fig. 26 *Prunus × subhirtella* 'Omoigawa'

2.10 欧洲甜樱桃品种群花粉形态

欧洲甜樱桃(图 27)花粉外壁纹饰为条峰-穿孔类型,属于较进化类型。

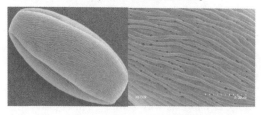

图 27 FS-44 欧洲甜樱桃(北京奥林匹克森林公园)

Fig. 27 *Prunus avium*

2.11 大岛品种群花粉形态

大岛樱有很多实生后代群体,不同的大岛樱花粉外壁纹饰十分相似(图 28 至图 33),都属于条峰-穿孔类型。[八重红大岛]樱(图 3-34)也属于条峰-穿孔类型,但是条峰宽度、密度、条峰间深度和条峰间穿孔密度和大小深度与大岛樱有明显区别。

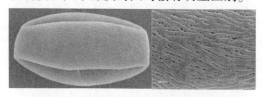

图 28 FS-23 大岛樱(大岛品种群)

Fig. 28 *Prunus speciosa*

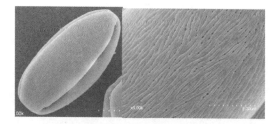

图 29 FS-28 大岛樱(大岛品种群)

Fig. 29 *Prunus speciosa*

图 30 FS-30 大岛樱(大岛品种群)

Fig. 30 *Prunus speciosa*

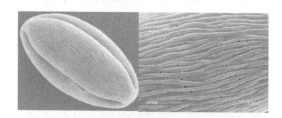

图 31 FS-37 大岛樱(大岛品种群)(江苏盐城)

Fig. 31 *Prunus speciosa*

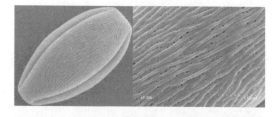

图 32 FS-40 大岛樱(大岛品种群)[国家植物园(南园)]

Fig. 32 *Prunus speciosa*

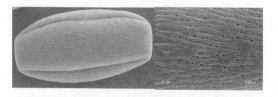

图 33 FS-42 大岛樱(大岛品种群)[国家植物园(北园)]

Fig. 33 *Prunus speciosa*

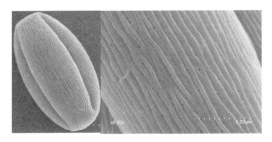

图 34　FS-49［八重红大岛］樱（大岛品种群）

Fig. 34　*Prunus speciosa*'Yaebeni-ohshima'

2.12　松前品种群花粉形态

　　［松前红绯衣］樱（图 35）属于平滑-穿孔向条嵴-穿孔的过渡类型。可以有效区分其他的樱花品种群。

图 35　FS-51［松前红绯衣］樱（松前品种群）

Fig. 35　*Prunus lannesiana*'Matsumae-benihigoromei'

2.13　山樱品种群花粉形态

　　山樱的花粉外壁纹饰（图 36、图 37）属于条嵴-穿孔类型。但是不同基因型之间的花粉外壁纹饰在条嵴密度、条嵴走向、条嵴间深度和宽度都有显著差异，可以区分不同品种。

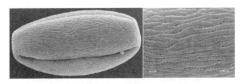

图 36　FS-25 山樱（山樱品种群）

Fig. 36　*Prunus serrulata*

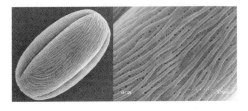

图 37　FS-26 山樱（红山樱品种群）

Fig. 37　*Prunus serrulata*

2.14　日本晚樱单瓣品种群花粉形态

　　［苔清水］樱（图 38）和［太白］樱（图 39）都是高度杂合的樱花品种，花粉外壁纹饰差异显著，前者属于条嵴-穿孔类型，但是条嵴间很浅，穿孔也很少，后者属于波皱类型，更进化。

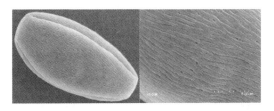

图 38　FS-29［苔清水］樱（日本晚樱单瓣品种群）

Fig. 38　*Prunus lannesiana*'Taihaku'

图 39　FS-52［太白］樱（日本晚樱单瓣品种群）

Fig. 39　*Prunus lannesiana*'Kokeshimidsu'

2.15　日本晚樱半重瓣品种群花粉形态

　　［白妙］樱（图 40）花粉外壁纹饰属于条嵴单一类型，穿孔不可见。属于中度进化类型。

图 40　FS-39［白妙］樱（日本晚樱半重瓣品种群）

Fig. 40　*Prunus lannesiana*'Sirotae'

2.16　叶化品种群花粉形态

　　'普贤象'樱（图 41）和［一叶］樱（图 42）都是日本晚樱重瓣类型，雌蕊都叶化，虽然有这样共同的特征，但是从花粉外壁纹饰看，存在明显差异，前者属于波皱类型,属于更高的进化水平,而后者仍然属于条嵴-穿孔类型,属于中等进化水平。可见两个品种的进化水平和遗传背景是有明显差异的,通过花粉外壁纹饰可以有效区分形态上相似的樱花品种。

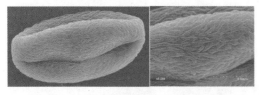

图41　FS-47[普贤象]樱(叶化品种群)
Fig. 41　*Prunus lannesiana* 'Albo-rosea'

图42　FS-50[一叶]樱(叶化品种群)
Fig. 42　*Prunus lannesiana* 'Hisakura'

3　讨论与结论

被子植物花粉的外壁纹饰的演化方向是由覆盖层光滑类型→覆盖层有穿孔类型→半覆盖层呈网纹类型(朱岭仁等,1995;刘忠民等,1996;周丽华等,1999)。

对42个樱花品种的花粉粒进行超微观察之后发现,樱花的花粉均为两侧对称的长球形。花粉为N3P4C5型(赤道三孔沟类型),侧面观为长椭圆形,极面观为三角形。以往的研究发现,樱花的花粉大小平均为31.70(25.67~35.47)μm×26.27(20.03~31.52)μm(长×宽)(雷海清,2001)。

樱花花粉外壁纹饰大部分属于条嵴-穿孔类型,但是条嵴的密度、条嵴的宽度、条嵴间的宽度和深度、条嵴的走向、条嵴间穿孔的密度、穿孔的形状、穿孔的深度、穿孔的大小均有差异。此外,外壁光滑程度也存在差异。这些都可以区分樱花品种,作为樱花品种分类和品种群划分的依据。花粉外壁纹饰属于微观形态性状,受外界因素干扰小,主要受遗传因素控制,是进行樱花品种分类的重要参考。

参考文献

大场秀章,川崎哲也,田中秀明,2007.新日本の樱[M].日本:山と溪谷社.

高博静,李绮,李莹,1994.蔷薇属和李属植物花粉形态结构的扫描电镜观察[J].辽宁大学学报(自然科学版),21(1):80-84.

雷海清,2001.樱属花粉形态研究[J].亚热带植物科学,30(4):14-7.

刘忠民,孙京田,徐砚田,1996.山东李属花粉的扫面电镜研究[J].山东师范大学学报:自然科学版,11(1):81-83.

王伏雄,1995.中国植物花粉形态[M].北京:科学出版社.

王青华,柳新红,徐梁,2015.中国主要栽培樱花品种图鉴[M].杭州:浙江科学技术出版社.

王贤荣,2014.中国樱花品种图志[M].北京:科学出版社.

俞德浚,李朝銮,1986.樱属[M]//中国科学院中国植物志编辑委员会.中国植物志(38卷).北京:科学出版社:41-87.

张杰,2010.樱花品种资源调查和园林应用研究[D].南京:南京林业大学.

周丽华,韦仲新,吴征镒,1999.国产蔷薇科李亚科的花粉形态[J].云南植物研究,21(2):207-211.

朱岭仁,孙京田,1995.山东蔷薇科植物花粉亚显微形态研究[J].山东师范大学学报:自然科学版,10(2):192-196.